de Gruyter Lehrbuch

Pfanzagl · Elementare Wahrscheinlichkeitsrechnung

Johann Pfanzagl

Elementare Wahrscheinlichkeitsrechnung

2., überarbeitete und erweiterte Auflage

Walter de Gruyter
Berlin · New York 1991

Johann Pfanzagl
Mathematisches Institut
Universität Köln
Weyertal 86-90
D-5000 Köln-Lindenthal

1991 Mathematics Subject Classification: Primary: 60-01, 60-03, 62-01, 62-03

1988 Erstauflage

⊗ Gedruckt auf säurefreiem Papier, das die US-ANSI-Norm über Haltbarkeit erfüllt.

Die Deutsche Bibliothek – CIP-Einheitsaufnahme

Pfanzagl, Johann:
Elementare Wahrscheinlichkeitsrechnung / Johann Pfanzagl. –
2., überarb. und erw. Aufl. – Berlin ; New York : de Gruyter, 1991
(De-Gruyter-Lehrbuch)
ISBN 3-11-013384-9 brosch.
ISBN 3-11-013385-7 Gb.

Satz: Asco Trade Typesetting Ltd., Hong Kong. – Druck: Gerike GmbH, Berlin. –
Buchbinderische Verarbeitung: D. Mikolai, Berlin.

Vorwort zur zweiten Auflage

Die vorliegende Einführung in die Wahrscheinlichkeitsrechnung ist "elementar" in dem Sinn, daß weder Kenntnisse aus der Maßtheorie noch aus der Funktionentheorie vorausgesetzt werden. Kenntnisse aus der Analysis, wie sie in den üblichen zwei- bis dreisemestrigen Vorlesungen vermittelt werden, reichen zum Verständnis der Beweise aus. Als Standard-Referenz dient Barner und Flohr (1982). Nur vereinzelt werden in der Maßtheorie wurzelnde Begriffe und Schlußweisen benutzt. Soweit diese über den Stoff einer Analysis-Vorlesung hinausgehen, sind sie im Anhang zusammengestellt.

Das Anliegen des Buches ist die Entwicklung eines anwendungsbezogenen stochastischen Denkens. Diesem Ziel dient eine verhältnismäßig große Anzahl von Beispielen, die – deutlicher als dies in den meisten anderen Lehrbüchern geschieht – zeigen sollen, daß es sich bei der Wahrscheinlichkeitsrechnung um ein Teilgebiet der Mathematik handelt, das durch Anwendungen immer wieder neue Facetten erhält.

Der Autor möchte mit diesem Buch verschiedene Leserkreise ansprechen. Dies sind vor allem Mathematik-Studenten, die – ohne Spezialkenntnisse über Maßtheorie – einen Einblick in die Stochastik erhalten wollen. Ferner hofft der Autor auf das Interesse von Mathematik-Studenten, die eine Vorlesung über Wahrscheinlichkeitstheorie besuchen und die ein lebendigeres Bild von den Anwendungsmöglichkeiten haben möchten, als es solche Spezialvorlesungen üblicherweise geben.

Eine weitere Zielgruppe sind Gymnasiallehrer, die im Rahmen des Mathematik-Unterrichts das Gebiet der Stochastik zu behandeln haben und die sich die hierfür nötige Sicherheit durch ein Wissen verschaffen wollen, das mit dem Schulstoff in Verbindung steht, aber doch einen tiefergehenden Einblick erlaubt. Ein Teil der Beispiele in diesem Buch ist elementar und direkt für den Unterricht brauchbar. (Dies entschuldigt auch, daß wir eine Reihe von Beispielen bringen, die sich in verschiedenen anderen Lehrbüchern finden. Viele dieser Beispiele sind so schön, daß wir sie dem Leser nicht vorenthalten wollen.) Die meisten Beispiele haben jedoch das Ziel, dem Lehrer selbst das Eindringen in den Stoff zu erleichtern. Einige der Beispiele knüpfen Beziehungen zu anderen Fächern (wie Physik oder Biologie) und können als Anregungen für die Ausgestaltung von Leistungskursen dienen. Stochastik sollte kein lästiges Anhängsel des Mathematik-Unterrichts sein. Sie eignet sich in hervorragender Weise dazu, die Schüler – je nach Reifegrad – an einfacheren oder komplexeren Beispielen mit der Aufgabe vertraut zu machen, Ausschnitte der Wirklichkeit in mathematischen Modellen abzubilden. Stochastische Modelle sind vom mathematischen Standpunkt her interessanter als so manches Teilgebiet der Mathematik, das seinen festen Platz im Gymnasialunterricht hat. Außerdem bieten stochastische Modelle eine hervorragende Möglichkeit, mathematische Überlegungen durch Computer-Simulationen zu ergänzen.

Von Interesse ist dieses Buch auch für Naturwissenschaftler (inklusive Techniker und Mediziner), die um ein tiefergehendes Verständnis stochastischer Phänomene in ihrer Wissenschaft bemüht sind, denen aber mangels einer entsprechenden mathematischen Vorbildung die für Mathematiker bestimmten Vorlesungen über Wahrscheinlichkeitstheorie nicht zugänglich sind. Sie können dieses Buch mit Gewinn lesen, wenn sie über mathematische Grundkenntisse (etwa im Umfang einer zweisemestrigen Vorlesung "Mathematik für Naturwissenschaftler") verfügen und bereit sind, gewisse Ergebnisse ohne mathematischen Beweis zu akzeptieren.

Das Manuskript zu diesem Buch entstand im Zusammenhang mit Vorlesungen über "Elementare Wahrscheinlichkeitsrechnung und Statistik", die ich an der Universität zu Köln mehrmals für Mathematik-Studenten ohne Spezialkenntnisse in Maßtheorie abgehalten habe. Es empfiehlt sich daher insbesondere als Begleitlektüre zu solchen Vorlesungen. Der Dozent, der dieses Buch für die Gestaltung einer solchen Vorlesung heranziehen möchte, hat reichlich Stoff zur Auswahl: Sein Inhalt entspricht etwa dem Umfang von zwei vierstündigen Vorlesungen.

Fragen aus dem Bereich der Mathematischen Statistik werden in mehreren Beispielen angeschnitten. Auf eine systematische Einführung in die Methoden der Mathematischen Statistik wurde verzichtet, weil hier genügend elementare Literatur verfügbar ist. Es werden jedoch in einem Kapitel verschiedene grundsätzliche Fragen aus diesem Bereich angeschnitten, mit dem Ziel, Leser, die mit elementaren statistischen Methoden vertraut sind, zu einem tieferen Verständnis der mit den Anwendungen verbundenen Probleme zu führen.

Auf die Aufnahme eines Kapitels über "Stochastische Prozesse" wurde verzichtet, da eine befriedigende Darstellung anspruchsvollere mathematische Hilfsmittel erfordert. Die einer elementaren Behandlung zugänglichen Teile (hauptsächlich Markov-Ketten mit diskreter Zeit) finden sich z.B. bei Krengel (1990, Kapitel III) oder Isaacson und Madsen (1978).

Das Buch enthält verschiedene Hinweise auf die historische Entwicklung. Diese sollen dem Leser vor Augen führen, wie weit die Wurzeln der Wahrscheinlichkeitsrechnung in die Vergangenheit reichen. Der Leser, der sich intensiver mit der Geschichte dieses Teilgebietes der Mathematik befassen will, sei auf Hald (1990) und Schneider (1988) hingewiesen. Abgesehen von dem überdeckten Zeitraum (Hald bis 1750, Schneider bis 1933) unterscheiden sich diese Bücher noch dadurch, daß Hald über die Bedeutung der Originalarbeiten in ihrem historischen Zusammenhang berichtet und die Beweise in moderner Schreibweise wiedergibt, während in dem Buch von Schneider nach knappen Einleitungen den Originaltexten breiter Raum gegeben wird. Für die Mathematische Statistik sei auf Stigler (1986) hingewiesen.

Lesern, die an weiterführender Literatur über Wahrscheinlichkeitstheorie interessiert sind, steht eine große Zahl hervorragender Werke zur Verfügung. Unter diesen seien genannt Bauer (1991), Gänssler und Stute (1977) sowie Ash (1972).

Ein Buch, das im Zusammenhang mit einer mehrmals gehaltenen Vorlesung entstanden ist, verdankt seine Ausgestaltung vielfältigen Anregungen: den Hörern, die mich durch Zeichen der Langeweile oder der Ratlosigkeit – vereinzelt sogar durch Fragen – auf didaktische Unzulänglichkeiten aufmerksam gemacht haben, verschiedenen Mitarbeitern, die in Zusammenhang mit Übungen wertvolle Beiträge zur Ausgestaltung gegeben haben – zuletzt Herrn U. Einmahl, der auch bei der Abfassung der Abschnitte über Kombinatorik und über geometrische Wahrscheinlichkeiten mitgewirkt hat. Herr W. Wefelmeyer hat Anregungen zur Ausgestaltung verschiedener Stellen – insbesondere des Kapitels über Mathematische Statistik – gegeben.

Die numerischen Berechnungen und die Zeichnungen wurden von Herrn W. Krimmel ausgeführt. Herr P. Baeumle hat die Fertigstellung der 1. Auflage betreut.

Der Verfasser dankt dem Verlag für die Bereitschaft zur Herausgabe einer 2. Auflage, bei der das Kapitel “Extremwertverteilungen” ergänzt und verschiedene Fehler eliminiert wurden, auf die mich die Herren F. Ferschl, W.-R. Heilmann, U. Krengel, R.-D. Reiß und F. Weiling aufmerksam gemacht hatten. Herr R. Hamböker hat anläßlich der Neuauflage den Text durchgearbeitet, zahlreiche Verbesserungen angeregt, und mich zusammen mit Herrn L. Schröder bei der Fertigstellung der 2. Auflage unterstützt. Die Schreibarbeiten wurden von Frau E. Lorenz ausgeführt.

Köln, im September 1991 *Johann Pfanzagl*

Inhaltsverzeichnis

1. Zufallsexperimente und Wahrscheinlichkeit

1.1 Zufallsexperimente

Unter einem *Zufallsexperiment* verstehen wir ein Ursachensystem, das ein vom Zufall beeinflußtes Ergebnis produziert. Die Menge der möglichen Ergebnisse bildet den *Grundraum*. Die verschiedenen möglichen Ergebnisse haben verschiedene *Wahrscheinlichkeiten.*

Diese verschiedenen Wahrscheinlichkeiten können auf Grund gewisser Eigenschaften des Zufallsexperiments a priori bekannt sein. Dies trifft insbesondere dann zu, wenn nur endlich viele Ergebnisse möglich sind und es auf Grund gewisser Symmetrien in der Struktur des Zufallsexperiments offensichtlich ist, daß alle möglichen Ergebnisse gleich wahrscheinlich sind. Dieser Wahrscheinlichkeitsbegriff – von D. Bernoulli stammend und nach Laplace benannt – ist unserer Intuition besonders leicht zugänglich. Er ist jedoch nur in speziellen Situationen anwendbar. Im allgemeinen sind die Wahrscheinlichkeiten uns unbekannte Eigenschaften des Zufallsexperiments. Sie erschließen sich nur dann, wenn es möglich ist, das Zufallsexperiment beliebig oft so zu wiederholen, daß die einzelnen Ergebnisse voneinander unabhängig sind.

Mit diesen Worten beschreiben wir jene Situationen, auf die der Wahrscheinlichkeitsbegriff anwendbar ist. Wir können sie nicht präzise definieren, sondern nur durch Beispiele explizieren.

1.1.1 Beispiel: Das Zufallsexperiment besteht im Würfeln. Die Menge der möglichen Ergebnisse ist $\{1, 2, 3, 4, 5, 6\}$. Auf Grund der Symmetrie des Würfels erwarten wir, daß jedes Ergebnis die gleiche Wahrscheinlichkeit, also 1/6, besitzt.

Ersetzen wir den Würfel durch einen Quader, dann ist aus Symmetriegründen klar, daß von den 6 Wahrscheinlichkeiten je 2 übereinstimmen. Die Größe dieser Wahrscheinlichkeiten ist nun aber nicht mehr a priori bekannt. Trotzdem bleibt die Vorstellung zwingend, daß es bestimmte – nun unbekannte – Wahrscheinlichkeiten gibt, mit denen die verschiedenen Augenzahlen auftreten, und daß wir über diese Wahrscheinlichkeiten durch Erfahrung Informationen sammeln können, sofern es möglich ist, das Zufallsexperiment "Würfeln und Feststellen der Augenzahl" beliebig oft zu wiederholen. Die relativen Häufigkeiten, mit denen die verschiedenen Augenzahlen in einer langen Serie unabhängiger Wiederholungen auftreten, geben uns Hinweise auf die Wahrscheinlichkeiten.

Daß sehr lange Versuchsreihen bei einem konkreten Würfel stets zu etwa den gleichen relativen Häufigkeiten führen werden, läßt sich nicht "beweisen", – genausowenig wie sich beweisen läßt, daß das Fallgesetz auch im Jahr 2000 noch gelten wird. Eine lange Erfahrung hat uns jedoch gelehrt, dies als sicher anzunehmen.

1.1.2 Beispiel: "Kontinuierliches" Roulette. Eine drehbare Scheibe ist zum Teil rot, zum Teil schwarz gefärbt. Das Zufallsexperiment besteht im Drehen der Scheibe und in der Feststellung, ob ein fixierter Pfeil nach dem Stillstand der Scheibe in das rote oder in das schwarze Feld zeigt. Die Menge der möglichen Ergebnisse besteht in diesem Fall aus den beiden Farben "rot" und "schwarz".

Wenn wir wissen, daß die Scheibe zu einem Viertel rot, zu drei Vierteln schwarz ist, werden wir vermuten, daß die Wahrscheinlichkeit für rot $\frac{1}{4}$, die für schwarz $\frac{3}{4}$ ist. Sind uns nur die Ergebnisse mehrerer Zufallsexperimente bekannt, müssen wir die Wahrscheinlichkeiten für rot und schwarz aus diesen schätzen.

1.1.3 Beispiel: Eine Urne enthält rote und schwarze Kugeln. Das Zufallsexperiment besteht im Ziehen einer Kugel und in der Feststellung ihrer Farbe. Das Ziehen erfolgt so, daß jede Kugel mit gleicher Wahrscheinlichkeit gezogen wird.

Wenn wir wissen, daß die Urne 1 rote und 9 schwarze Kugeln enthält, ist die Wahrscheinlichkeit, eine rote Kugel zu ziehen, 1/10. Ist der Inhalt der Urne unbekannt, können wir deren Zusammensetzung nur durch die Ergebnisse der Ziehungen erschließen. Eine Wiederholung des gleichen Zufallsexperiments liegt in diesem Fall allerdings nur dann vor, wenn die gezogene Kugel nach jedem Zug zurückgelegt wird.

1.1.4 Beispiel: Das Zufallsexperiment besteht im Messen einer physikalischen Größe. Die Messungen können im allgemeinen mit demselben Apparat beliebig oft wiederholt werden. Bleibt die Apparatur unverändert, so handelt es sich um Wiederholungen ein und desselben Zufallsexperiments; diese sind voneinander unabhängig, d.h. der Meßwert bei einem bestimmten Versuch wird nicht von den Meßwerten der vorhergehenden Versuche abhängen. (Dieses Modell trifft nicht mehr zu, wenn der Experimentator im Laufe der Versuchsserie lernt, mit dem Meßgerät besser umzugehen, und die Meßwerte immer genauer werden.)

1.1.5 Beispiel: Das Zufallsexperiment besteht in der Herstellung eines bestimmten technischen Produkts und der Ermittlung der Lebensdauer. Das Modell der unabhängigen Wiederholungen desselben Zufallsexperiments träfe nicht mehr zu, wenn sich die Lebensdauer des Produkts im Laufe der

Zeit systematisch verändern würde. Für kurz nacheinander entnommene Proben ist dies jedoch nicht zu erwarten.

Das Gemeinsame hinter diesen Beispielen: Das Ergebnis des Zufallsexperiments ist nicht vorhersagbar. Die möglichen Ergebnisse haben unterschiedliche Wahrscheinlichkeiten. Diese können a priori aus der Struktur des Zufallsexperiments bekannt sein. Ist dies nicht der Fall, dann können wir aus den Häufigkeiten, mit denen die verschiedenen Ergebnisse auftreten, Rückschlüsse auf deren Wahrscheinlichkeiten ziehen.

Zur intuitiven Beschreibung eines Zufallsexperiments gebrauchen wir die Vorstellung einer *Zufallsvariablen* (Symbol: **x**, **y** etc.). Die Werte, die die Zufallsvariable **x** bei den verschiedenen Durchführungen annimmt, bezeichnen wir als Realisationen (Symbol: $x_1, x_2, \ldots$). Zur Unterscheidung sind die Symbole für Zufallsvariable fett gedruckt, die für Realisationen normal.

Ein solcher Begriff der Zufallsvariablen ist für die intuitive Beschreibung nützlich und dem Praktiker in dieser Form vertraut. Für den Mathematiker ist er entbehrlich. Das zur Beschreibung eines Zufallsexperiments ausreichende mathematische Konzept ist das eines Wahrscheinlichkeits-Maßes. Mit diesem Konzept werden wir uns in Abschnitt 1.2 vertraut machen.

Der Leser wird bemerken, daß das Wort "Zufallsvariable" in der wahrscheinlichkeitstheoretischen Literatur in einem anderen Sinn verwendet wird: als meßbare Abbildung eines Raums $(\Omega, \mathscr{A})$ in den Raum $(\mathbb{R}, \mathbb{B})$, wenn auf $\mathscr{A}$ ein Wahrscheinlichkeits-Maß definiert ist. Wir werden von dieser Version des Begriffs "Zufallsvariable" keinen Gebrauch machen.

1.2 Die Kolmogorov'schen Axiome

Es hat sich gezeigt, daß man große Teile der Wahrscheinlichkeitstheorie unter sehr allgemein gehaltenen Bedingungen entwickeln kann. Den Ausgangspunkt bilden folgende Begriffe:

a) X: Der Grundraum, der alle möglichen Ergebnisse des Zufallsexperiments enthält.

   Der Grundraum wird in der Wahrscheinlichkeitstheorie üblicherweise als Ω, in der Statistik aber als X bezeichnet. Vor diesen unlösbaren Widerspruch gestellt, haben wir uns hier für X entschieden.

b) $\mathscr{A}$: Ein System von Teilmengen aus X.

c) P: Eine Funktion, die jeder Menge $A \in \mathscr{A}$ eine Wahrscheinlichkeit $P(A)$ zuordnet.

Damit diese Begriffe mathematisch brauchbar sind, muß man voraussetzen, daß $\mathscr{A}$ unter verschiedenen Operationen abgeschlossen ist. Als zweckmäßig hat sich die Voraussetzung erwiesen, daß $\mathscr{A}$ eine σ-Algebra ist.

1.2.1 Definition: Ein Mengensystem $\mathscr{A}$ heißt *σ-Algebra*, wenn es folgende Eigenschaften besitzt:

(1.2.2) $X \in \mathscr{A}$;

(1.2.3) $A \in \mathscr{A}$ impliziert $\bar{A} \in \mathscr{A}$
(wobei $\bar{A}$ das Komplement von A bezeichnet);

(1.2.4) $A_n \in \mathscr{A}$ für $n \in \mathbb{N}$ impliziert $\bigcup_1^\infty A_n \in \mathscr{A}$.

Aus den Eigenschaften (1.2.2)–(1.2.4) folgt sofort

(1.2.5) $\emptyset \in \mathscr{A}$ (da $\emptyset = \bar{X}$),

(1.2.6) $A_n \in \mathscr{A}$ für $n \in \mathbb{N}$ impliziert $\bigcap_1^\infty A_n \in \mathscr{A}$ $\left(\text{da} \bigcap_1^\infty A_n = \overline{\left(\bigcup_1^\infty \bar{A}_n\right)}\right)$.

Selbstverständlich gelten die Abgeschlossenheitseigenschaften (1.2.4) und (1.2.6) nicht nur für abzählbar viele Mengen A_n, sondern auch für endlich viele, da man ja – formal – jedes System von endlich vielen Mengen durch Hinzunahme von abzählbar vielen Mengen $A_n = \emptyset$ bei (1.2.4) (bzw. $A_n = X$ bei (1.2.6)) zu einem abzählbaren System ergänzen kann.

Unsere Anwendungen beschränken sich auf den Fall $X = \mathbb{R}^m$. Hier ist die natürliche σ-Algebra das System der Borel-Mengen (vgl. Definition M.1.6).

1.2.7 Definition: Eine reellwertige Funktion $P|\mathscr{A}$ heißt *Wahrscheinlichkeits-Maß* (*W-Maß*), wenn sie die folgenden *Kolmogorov'schen Axiome* erfüllt:

(1.2.8) $P(A) \geqq 0$ für alle $A \in \mathscr{A}$;

(1.2.9) $P(X) = 1$;

(1.2.10) *σ-Additivität*: Sind die Mengen $A_n \in \mathscr{A}$, $n \in \mathbb{N}$, paarweise disjunkt, so gilt: $P\left(\bigcup_1^\infty A_n\right) = \sum_1^\infty P(A_n)$.

(1.2.8)–(1.2.10) sind die Axiome, mit denen Kolmogorov (1933) die Wahrscheinlichkeitstheorie als Teilgebiet der Maßtheorie etabliert hat. (Im Jahre 1900 hatte Hilbert noch als sechstes Problem gefordert, nach dem Vorbild der Geometrie "diejenigen physikalischen Disziplinen axiomatisch zu behandeln, in denen schon heute die Mathematik eine hervorragende Rolle spielt: dies sind in erster Linie die Wahrscheinlichkeitsrechnung und die Mechanik".)

Die wichtigste Interpretation von $P(A)$ ist die eines "Grenzwertes" der relativen Häufigkeiten in einer langen Versuchsserie. Wir werden uns mit der Rechtfertigung dieser Interpretation in Abschnitt 1.3 ausführlich auseinandersetzen. Eine andere für die Veranschaulichung nützliche Interpretation ist die einer "Massenbelegung": Wir denken uns die Masse 1 im Grundraum X verteilt. $P(A)$ gibt an, wieviel von dieser Masse auf die Menge A entfällt.

Im Zusammenhang mit der Annahme, daß die Wahrscheinlichkeiten für alle Mengen einer σ-Algebra definiert sind, stellen sich zwei Fragen:

a) Genügt es nicht, die Wahrscheinlichkeiten für sehr einfache Mengen (z.B. alle Quader) zu definieren? Dies reicht nicht aus. Schwierigkeiten treten im Zusammenhang mit der Definition induzierter Maße (vgl. Abschnitt 3.1) auf, denn auch die Urbilder sehr einfacher Mengen können vielgestaltig sein: Wenn ein Wahrscheinlichkeits-Maß P über dem $\mathbb{R}^2$ nur für Quader definiert wäre, könnten wir nicht einmal so einfachen Mengen wie $\{(x, y) \in \mathbb{R}^2: x < y\}$ oder $\{(x, y) \in \mathbb{R}^2: x^2 + y^2 \leqq 1\}$ eine Wahrscheinlichkeit zuordnen.

b) Kann man nicht voraussetzen, daß die Wahrscheinlichkeiten für alle Teilmengen des Grundraums definiert sind? Im allgemeinen nicht. Hier gibt es innermathematische Schwierigkeiten: Man kann – unter Verwendung der Kontinuumshypothese – zeigen, daß es kein W-Maß im Sinn von Definition 1.2.7 geben kann, welches für alle Teilmengen des Einheitsintervalls definiert ist und jeder einelementigen Menge das Maß 0 zuordnet. (Vgl. Oxtoby (1971), S. 29, Satz 5.6.)

Wir diskutieren nun einige Folgerungen aus den Kolmogorov'schen Axiomen.

Aus der σ-Additivität folgt insbesondere die (*endliche*) *Additivität*:

(1.2.11) Für disjunkte Mengen $A, B \in \mathscr{A}$ gilt:
$P(A \cup B) = P(A) + P(B)$.

1.2.12 Aufgabe: Zeigen Sie, daß aus der Additivität für zwei disjunkte Mengen die Additivität für jede beliebige endliche Anzahl paarweise disjunkter Mengen folgt, d.h.: Sind $A_n \in \mathscr{A}$, $n = 1, \ldots, m$, paarweise disjunkt, so gilt:

(1.2.11') $$P\left(\bigcup_1^m A_n\right) = \sum_1^m P(A_n).$$

1.2.13 Aufgabe: Zeigen Sie, daß für beliebige (d.h. nicht notwendig paarweise disjunkte) Mengen $A_n \in \mathscr{A}$, $n \in \mathbb{N}$, gilt:

$$P\left(\bigcup_1^\infty A_n\right) \leqq \sum_1^\infty P(A_n).$$

Durch Anwendung von (1.2.11) für $A = B = \emptyset$ erhalten wir

(1.2.14) $P(\emptyset) = 0$,

durch Anwendung für $B = \bar{A}$ folgt wegen (1.2.9)

(1.2.15) $P(\bar{A}) = 1 - P(A)$.

(1.2.16) Für $A, B \in \mathscr{A}$ mit $A \subset B$ gilt:
$P(A) \leqq P(B)$, d.h. P ist *monoton*.

(Es ist $B = A \cup (\bar{A} \cap B)$; da A und $\bar{A} \cap B$ disjunkt sind, gilt $P(B) = P(A) + P(\bar{A} \cap B) \geqq P(A)$.)

Aus der Monotonie und aus (1.2.9) folgt insbesondere:

(1.2.17) $P(A) \leqq 1$ für alle $A \in \mathscr{A}$.

Die σ-Additivität faßt zwei grundverschiedene Eigenschaften zusammen: Die Additivität und die "Stetigkeit".

(1.2.18) *Aufsteigende Stetigkeit:*
Für $A_n \in \mathscr{A}$ mit $A_n \subset A_{n+1}$, $n \in \mathbb{N}$, gilt

$$P\left(\bigcup_1^\infty A_n\right) = \lim_{n\to\infty} P(A_n).$$

(1.2.19) *Absteigende Stetigkeit:*
Für $A_n \in \mathscr{A}$ mit $A_n \supset A_{n+1}$, $n \in \mathbb{N}$, gilt:

$$P\left(\bigcap_1^\infty A_n\right) = \lim_{n\to\infty} P(A_n).$$

1.2.20 Proposition: *Für Mengenfunktionen, die additiv sind und (1.2.9) erfüllen, gilt:*

a) *Auf- und absteigende Stetigkeit sind äquivalent;*

b) *Die aufsteigende (absteigende) Stetigkeit folgt bereits aus der Stetigkeit für Folgen, die zu X aufsteigen (bzw. zu $\emptyset$ absteigen).*

Beweis: a) ist trivial.

b) Sei $B_n \in \mathscr{A}$, $n \in \mathbb{N}$, eine beliebige Folge mit $B_n \subset B_{n+1}$, $n \in \mathbb{N}$; wir bezeichnen $B := \bigcup_1^\infty B_n$. Sei $A_n := \bar{B} \cup B_n$. Die Folge A_n, $n \in \mathbb{N}$, ist aufsteigend und es gilt: $\bigcup_1^\infty A_n = X$. Daher gilt $\lim_{n\to\infty} P(\bar{B} \cup B_n) = 1$. Da $\bar{B}$ und B_n disjunkt sind, ist $P(\bar{B} \cup B_n) = P(\bar{B}) + P(B_n)$, daher: $\lim_{n\to\infty} P(B_n) = 1 - P(\bar{B}) = P(B)$. □

1.2.21 Proposition: *Eine Mengenfunktion ist genau dann σ-additiv, wenn sie additiv und aufsteigend (oder absteigend) stetig ist.*

Beweis: a) σ-Additivität impliziert aufsteigende Stetigkeit. Sei A_n, $n \in \mathbb{N}$, aufsteigend. Wir definieren $B_1 = A_1$ und $B_n = A_n - A_{n-1}$ für $n = 2, 3, \ldots$.

Die Mengen B_n, $n \in \mathbb{N}$, sind paarweise disjunkt, und es gilt für alle $n \in \mathbb{N}$: $A_n = \bigcup_1^n B_k$, sowie $\bigcup_1^\infty A_n = \bigcup_1^\infty B_k$, daher wegen (1.2.10) und (1.2.11′) auch

$$P\left(\bigcup_1^\infty A_n\right) = P\left(\bigcup_1^\infty B_k\right) = \sum_1^\infty P(B_k) = \lim_{n\to\infty} \sum_1^n P(B_k)$$

$$= \lim_{n\to\infty} P\left(\bigcup_1^n B_k\right) = \lim_{n\to\infty} P(A_n).$$

b) Aufsteigende Stetigkeit und Additivität implizieren σ-Additivität. Seien $B_k \in \mathscr{A}$, $k \in \mathbb{N}$, paarweise disjunkt. Wir definieren $A_n := \bigcup_1^n B_k$. Es gilt: $\bigcup_1^\infty B_k = \bigcup_1^\infty A_n$. Da die Folge A_n, $n \in \mathbb{N}$, aufsteigend ist, folgt aus (1.2.18) und (1.2.11')

$$P\left(\bigcup_1^\infty B_k\right) = P\left(\bigcup_1^\infty A_n\right) = \lim_{n\to\infty} P(A_n) = \lim_{n\to\infty} P\left(\bigcup_1^n B_k\right)$$

$$= \lim_{n\to\infty} \sum_1^n P(B_k) = \sum_1^\infty P(B_k). \qquad \square$$

Die aufsteigende Stetigkeit ist eine intuitiv naheliegende Eigenschaft. Ohne aufsteigende Stetigkeit gäbe es insbesondere eine aufsteigende Folge $A_n \in \mathscr{A}$, $n \in \mathbb{N}$, mit $\bigcup_1^\infty A_n = X$, aber $P(A_n) \leqq \alpha < 1$ für alle $n \in \mathbb{N}$, d.h. ein Rest der Wahrscheinlichkeit von der Größe $1 - \alpha$ bliebe im Komplement $\bar{A}_n$ für "beliebig große" Mengen A_n.

Der oben erörterte Zusammenhang mit der Stetigkeit läßt die σ-Additivität als eine intuitiv wünschenswerte Eigenschaft erscheinen. Zwingende Gründe für die σ-Additivität gibt es von den Anwendungen her jedoch nicht. Es sind ausschließlich innermathematische Gründe, die dafür sprechen, auf die σ-Additivität nicht zu verzichten.

Wir werden uns in diesem Buch nur mit diskreten und mit stetigen W-Maßen befassen, zwei Grundtypen, die in Abschnitt 1.4 genauer besprochen werden. Hier sei vorweg festgestellt, daß diskrete und stetige W-Maße automatisch σ-additiv sind, so daß die Forderung der σ-Additivität für uns keine weitere Einschränkung bedeutet.

Die Tatsache, daß sowohl diskrete als auch stetige W-Maße automatisch σ-additiv sind, führt zu der Frage, ob es überhaupt Wahrscheinlichkeiten gibt, die nur endlich additiv sind.

Dies ist tatsächlich der Fall. Ein triviales Beispiel: Sei X eine abzählbar unendliche Menge. Für $A \subset X$ definieren wir $P(A) = 0$, falls A endlich ist, und $P(A) = 1$, falls $\bar{A}$ endlich ist. Für die übrigen $A \subset X$ ist P nicht definiert. P ist additiv, aber nicht σ-additiv. Ein nichttriviales Beispiel (bei dem die Wahrscheinlichkeit auf einer σ-Algebra definiert ist und nicht nur die Werte 0 und 1 annimmt) geben Hewitt und Stromberg (1965), S. 359, Exercise (20.40) (b): Die Gleichverteilung über einem Intervall kann (unter Verwendung des Auswahl-Axioms) zu einer additiven Mengenfunktion auf der Potenzmenge des Intervalls fortgesetzt werden. Da die Fortsetzung jeder einelementigen Menge das Maß 0 zuordnet, kann sie nach der Definition 1.2.7 folgenden Bemerkung b) nicht σ-additiv sein.

Ein Versuch, gewisse Fragen der Anwendung mit Hilfe endlich additiver Wahrscheinlichkeiten zu behandeln, findet sich bei Dubins und Savage (1965).

1.3 Die Häufigkeitsinterpretation

Die Axiome (1.2.8), (1.2.9) und (1.2.10) für W-Maße sind dem Verhalten relativer Häufigkeiten nachgebildet. Sei $x_1, x_2, \ldots$ eine Folge von Ergebnissen eines Zufallsexperiments. Die Häufigkeit, mit der das Ergebnis unter den ersten n Versuchen in der Menge $A \subset X$ liegt, ist dann $\sum_1^n 1_A(x_\nu)$; die relative Häufigkeit ist

$$R_n(A) := n^{-1} \sum_1^n 1_A(x_\nu).$$

(Da wir uns die Folge $x_1, x_2, \ldots$ fest denken, bringen wir die Abhängigkeit der relativen Häufigkeit $R_n(A)$ von $x_1, x_2, \ldots$ in der Symbolik nicht zum Ausdruck.)

Betrachten wir $R_n(A)$ als Funktion von A, so zeigt sich:

(1.3.1) $R_n(A) \geqq 0$ für alle $A \subset X$;

(1.3.2) $R_n(X) = 1$;

(1.3.3) Für disjunkte Mengen A, B gilt: $R_n(A \cup B) = R_n(A) + R_n(B)$.

Daraus folgt die Additivität. Die σ-Additivität ist, wie oben ausgeführt, eine aus mathematischen Gründen allgemein akzeptierte zusätzliche Bedingung. Die Anwendungen der Wahrscheinlichkeitstheorie lassen es wünschenswert erscheinen, Wahrscheinlichkeiten als "Grenzwerte" relativer Häufigkeiten in unendlich langen Versuchsserien zu interpretieren (bei denen dasselbe Zufallsexperiment beliebig oft unabhängig wiederholt wird). Tatsächlich zeigt die empirische Untersuchung solcher Versuchsserien sehr oft, daß sich die relativen Häufigkeiten mit steigender Zahl der Versuche so verhalten, als würden sie gegen einen bestimmten Wert konvergieren.

Im Unterricht wird man dieses empirische "Konvergenzverhalten" mit einer Münze (besser noch durch eine Computer-Simulation) vorführen, um den Schülern lebendig vor Augen zu führen, daß die relativen Häufigkeiten am Anfang, bei einer kleinen Zahl von Versuchen, sehr unterschiedlich sein können, mit steigender Anzahl der Versuche aber stets gegen den Wert $\frac{1}{2}$ streben.

Nun gibt es keine unendlich langen Versuchsserien, und von einer Konvergenz im mathematischen Sinn können wir bei empirisch gegebenen Folgen nicht sprechen. Von den empirisch gegebenen relativen Häufigkeiten zu dem mathematischen Konstrukt des W-Maßes ist daher ein großer Sprung.

Der Zusammenhang zwischen "Wahrscheinlichkeit" und "relativer Häufigkeit" erschöpft sich jedoch nicht darin, daß die in den Kolmogorov'schen Axiomen beschriebenen Eigenschaften der Wahrscheinlichkeiten den Eigenschaften relativer Häufigkeiten nachgebildet sind. Die Interpretation von Wahrscheinlichkeiten als "Grenzwerte relativer Häufigkeiten in langen Serien

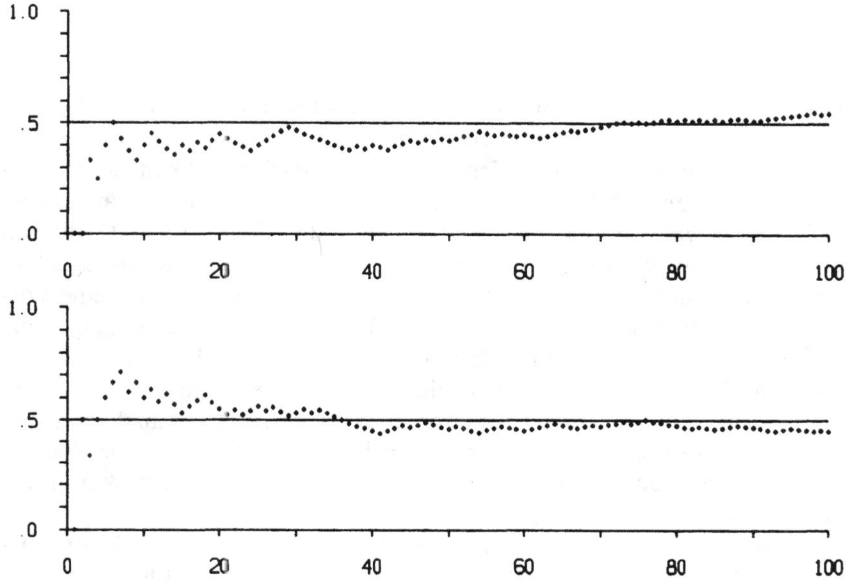

Bild 1.1 Verlauf der relativen Häufigkeiten eines Ereignisses mit der Wahrscheinlichkeit $\frac{1}{2}$ in zwei verschiedenen Versuchsserien.

von Zufallsexperimenten" hat ein solides Fundament im sogenannten Gesetz der großen Zahlen. Wir kommen auf diese Frage in Abschnitt 7.2 zurück.

Lange bevor Kolmogorov (1933) mit seinen Axiomen der Wahrscheinlichkeitstheorie ein mathematisches Fundament im Rahmen der Maßtheorie geschaffen hat, hat von Mises (1919) eine Grundlegung des Wahrscheinlichkeitsbegriffs versucht, die deutlicher auf die Anwendungen Bezug nimmt. Er hat – unter dem Namen "Kollektiv" – ein mathematisches Konstrukt einzuführen versucht, welches das Verhalten einer durch beliebig oftmalige unabhängige Wiederholung entstandenen Folge von Ergebnissen eines Zufallsexperiments imitiert. Mit dieser Idee geht man einen Schritt näher an die Wirklichkeit heran: Es wird nicht der Begriff der "Wahrscheinlichkeit" axiomatisiert, sondern der Begriff der "Folge von Ergebnissen eines Zufallsexperiments".

Eine Folge von Ergebnissen eines Zufallsexperiments zeichnet sich durch ihre "Regellosigkeit" aus: Eine beliebige Teilfolge, die man aus einer solchen regellosen Folge blindlings herausgreift, muß von der gleichen Natur sein wie die ursprünglich gegebene Folge selbst. Hat man den Begriff der "regellosen" Folge mathematisch im Griff, dann kann man die Wahrscheinlichkeit, mit der ein bestimmtes Ereignis in einer gegebenen regellosen Folge auftritt, als Grenzwert der relativen Häufigkeiten derselben definieren:

$$P(A) := \lim_{n\to\infty} n^{-1} \sum_1^n 1_A(x_\nu).$$

Für die so definierten Wahrscheinlichkeiten kann man dann die Axiome (1.2.8), (1.2.9) und die Additivität beweisen.

So befriedigend diese Grundlegung des Wahrscheinlichkeitsbegriffs erscheint, sie ist – zunächst – an innermathematischen Schwierigkeiten gescheitert. Diese Schwierigkeiten betreffen den Begriff der "Regellosigkeit", die von Mises und seine Nachfolger mit Hilfe des Begriffs der "Auswahlregel" zu präzisieren versucht haben. Unter einer *Auswahlregel* verstehen wir eine Vorschrift, durch die festgelegt wird, welche Elemente der Folge $(x_\nu)_{\nu\in\mathbb{N}}$ in die Teilfolge einbezogen werden sollen. Eine solche Auswahlregel kann z.B. lauten: Die Teilfolge wird aus allen Elementen mit geradem Index gebildet: $(x_{2\nu})_{\nu\in\mathbb{N}}$. Ob das Element x_ν einbezogen werden soll, darf auch von den Werten abhängen, welche $x_1, \ldots, x_{\nu-1}$ annehmen. (Wenn x_ν nur die Werte 0 und 1 annimmt, könnte eine solche Auswahlregel etwa lauten: x_ν wird in die Teilfolge einbezogen, wenn $x_{\nu-1} = 0$.)

Die *Regellosigkeit* der Folge $(x_\nu)_{\nu\in\mathbb{N}}$ wird dadurch definiert, daß jede Auswahlregel zu einer Teilfolge führt, in der die relativen Häufigkeiten des Ergebnisses "$x_\nu \in A$" zum gleichen Grenzwert streben wie die relativen Häufigkeiten in der gesamten Folge, und dies für alle Mengen A des Grundraums.

Wald (1937, 1938) hat gezeigt, daß es zu jedem abzählbaren System von Auswahlregeln Folgen gibt, die sich bei einer Überprüfung mit diesen Auswahlregeln als "regellos" im oben definierten Sinn erweisen, wenn man sich auf Mengen A in der Peano'schen Vervollständigung einer abzählbaren Algebra beschränkt. Zur Verdeutlichung des Wald'schen Ergebnisses: Lebesguefast alle Zahlen (vgl. Bemerkung M.3.9) in $[0, 1]$ haben eine dyadische Entwicklung, in der die Folge der Ziffern "0" und "1" "regellos" im oben definierten Sinn ist. Ville (1939) hat gezeigt, daß dieser Begriff der Regellosigkeit nicht genügt, um ein mathematisches Abbild der empirischen "Zufallsfolgen" zu schaffen: Zu jedem abzählbaren System von Auswahlregeln gibt es Folgen $(x_\nu)_{\nu\in\mathbb{N}}$, die regellos im Sinn dieser Auswahlregeln sind, und bei denen dennoch für gewisse Teilmengen A gilt:

$$n^{-1} \sum_1^n 1_A(x_\nu) \geqq \lim_{n\to\infty} n^{-1} \sum_1^n 1_A(x_\nu) \qquad \text{für alle } n \in \mathbb{N}.$$

Daß die relative Häufigkeit in einer solchen Folge nicht um die (als Grenzwert definierte) Wahrscheinlichkeit fluktuiert, sondern nie kleiner als diese ist, widerspricht nicht nur unserer intuitiven Vorstellung von einer regellosen Folge. Es widerspricht auch mathematisch beweisbaren Aussagen über das Verhalten einer Folge unabhängiger Realisationen eines Zufallsexperiments (vgl. Abschnitt 7.3). Eine Übersicht über diese Problematik gibt Martin-Löf (1969).

In letzter Zeit wurde – ausgehend von einer Anregung von Kolmogorov – versucht, diesen Fragenkomplex mit tiefergehenden mathematischen Hilfsmitteln neuerlich aufzugreifen. Der interessierte Leser findet einen Übersichtsartikel bei Jacobs (1970), eine detaillierte Information bei Schnorr (1971).

1.4 Diskrete und stetige Wahrscheinlichkeits-Maße

W-Maße als Funktionen auf einer σ-Algebra sind abstrakte Gebilde. Wir können ein W-Maß $P|\mathscr{A}$ im allgemeinen nicht dadurch beschreiben, daß wir für jede Menge A den Funktionswert $P(A)$ angeben; wir müssen vielmehr ein übersichtliches Verfahren angeben, wie man für die Mengen $A \in \mathscr{A}$ den Funktionswert $P(A)$ berechnen kann.

Bei Anwendungen treten fast nur zwei Typen von W-Maßen auf: *Diskrete* W-Maße, die ihre gesamte Wahrscheinlichkeit in endlich oder abzählbar vielen Punkten konzentriert haben, und *stetige* W-Maße auf $\mathbb{B}^m$, die eine Dichte (bezüglich des Lebesgue-Maßes) besitzen.

Nur gelegentlich treffen wir auf W-Maße, die einem "gemischten" Typ angehören:

Die Verteilung der täglichen Niederschlagsmenge ist "stetig" mit einer Ausnahme: Die Niederschlagsmenge 0 besitzt positive Wahrscheinlichkeit.

Bei Lebensdauer-Untersuchungen wird gelegentlich die Untersuchung nach einer bestimmten Zeit t_0 abgebrochen. Das empirische Material besteht dann aus den Lebensdauern für jene Einheiten, deren Lebensdauer unterhalb von t_0 liegt, und der Anzahl der Einheiten mit einer Lebensdauer $\geqq t_0$.

Bei mehrdimensionalen Merkmalen kommt es vor, daß eine Komponente stetig, die andere diskret ist. Auf die Darstellung solcher W-Maße kommen wir in Abschnitt 9.2 zurück.

A) Diskrete W-Maße

Seien $a_k \in X$, $k \in \mathbb{N}$, abzählbar viele Punkte einer beliebigen Menge X, die als mögliche Ergebnisse des Zufallsexperiments in Frage kommen. Ob wir in diesem Fall X oder $\{a_k : k \in \mathbb{N}\}$ als Grundmenge wählen, ist eine Frage der Zweckmäßigkeit. Jedem a_k sei eine Wahrscheinlichkeit p_k zugeordnet, so daß

(1.4.1) $\quad p_k \geqq 0 \qquad$ für $k \in \mathbb{N}$,

(1.4.2) $\quad \sum_1^\infty p_k = 1.$

Davon ausgehend können wir ein W-Maß P definieren, das jeder Teilmenge A von X eine Wahrscheinlichkeit zuordnet:

(1.4.3) $\quad P(A) := \sum_1^\infty p_k 1_A(a_k)$

(d.h. es werden die Wahrscheinlichkeiten p_k jener a_k aufaddiert, die in A liegen). Die Wahrscheinlichkeit $P(A)$ ist also für beliebige Teilmengen $A \subset X$ definiert; der Definitionsbereich besteht aus allen Teilmengen von X (oder von $\{a_k: k \in \mathbb{N}\}$).

Die durch (1.4.3) definierte Funktion P ist ein W-Maß, d.h. sie erfüllt die Kolmogorov'schen Axiome (1.2.8)–(1.2.10):

$$P(A) \geqq 0 \qquad \text{für alle } A \subset X, \text{ da } p_k 1_A \geqq 0;$$

$$P(X) = 1 \qquad \text{folgt sofort aus (1.4.2);}$$

für paarweise disjunkte Mengen $A_n \subset X$, $n \in \mathbb{N}$, gilt

$$1_{\bigcup_1^\infty A_n} = \sum_1^\infty 1_{A_n}, \qquad \text{also}$$

$$P\left(\bigcup_1^\infty A_n\right) = \sum_{k=1}^\infty p_k 1_{\bigcup_{n=1}^\infty A_n}(a_k) = \sum_{k=1}^\infty \sum_{n=1}^\infty p_k 1_{A_n}(a_k)$$
$$= \sum_{n=1}^\infty \sum_{k=1}^\infty p_k 1_{A_n}(a_k) = \sum_1^\infty P(A_n),$$

da wir die Reihenfolge der beiden unendlichen Summationen nach dem "großen Umordnungssatz" vertauschen dürfen (denn alle Summanden sind nicht-negativ).

Wir haben bisher von abzählbar vielen möglichen Ergebnissen a_k, $k \in \mathbb{N}$, gesprochen. Die Überlegungen gelten sinngemäß, wenn die Anzahl der möglichen Ergebnisse endlich ist. (Die bisherigen Überlegungen umfassen diesen Fall als Spezialfall, bei dem nur endlich viele der Wahrscheinlichkeiten p_k, $k \in \mathbb{N}$, positiv sind.)

Das einfachste Beispiel eines diskreten W-Maßes ist die *diskrete Gleichverteilung*. Darunter verstehen wir ein W-Maß, das jedem von endlich vielen Punkten die gleiche Wahrscheinlichkeit zuordnet: Beim Würfelspiel gibt es die möglichen Ergebnisse 1, 2, 3, 4, 5, 6. Jedes dieser Ergebnisse hat die gleiche Wahrscheinlichkeit $\frac{1}{6}$. Weitere Beispiele für diskrete Verteilungen finden sich in Abschnitt 1.6.

B) Stetige W-Maße

Sei $\lambda_m | \mathbb{B}^m$ das Lebesgue-Maß. Sei $p | \mathbb{R}^m$ eine meßbare Funktion mit folgenden Eigenschaften:

(1.4.4) $\quad p(x) \geqq 0 \quad$ für $x \in \mathbb{R}^m$,

(1.4.5) $\quad \int p \, d\lambda_m = 1.$

Davon ausgehend können wir ein W-Maß P definieren, das jeder Menge $A \in \mathbb{B}^m$ eine Wahrscheinlichkeit zuordnet:

(1.4.6) $\quad P(A) := \int p 1_A \, d\lambda_m.$

p heißt *Dichte* von P.

Da Funktionen, die sich nur auf λ_m-Nullmengen unterscheiden, gleiche Werte des Integrals ergeben, ist die Dichte nicht eindeutig bestimmt. Die in Anwendungen auftretenden stetigen W-Maße besitzen meist eine stetige Dichte. Wenn es unter den Dichten eine stetige Version gibt, dann gibt es genau eine (denn zwei stetige Funktionen, die sich höchstens auf einer λ_m-Nullmenge unterscheiden, sind identisch).

Die durch (1.4.6) definierte Funktion erfüllt die Kolmogorov'schen Axiome (1.2.8)–(1.2.10), ist also ein W-Maß:

$$P(A) \geqq 0 \qquad \text{für } A \in \mathbb{B}^m, \quad \text{da } p1_A \geqq 0;$$

$$P(\mathbb{R}^m) = 1, \qquad \text{da } \int p\, d\lambda_m = 1;$$

für paarweise disjunkte $A_n \in \mathbb{B}^m$, $n \in \mathbb{N}$, gilt:

$$1_{\bigcup_1^\infty A_n} = \sum_1^\infty 1_{A_n}, \qquad \text{also}$$

$$P\left(\bigcup_1^\infty A_n\right) = \int p 1_{\bigcup_1^\infty A_n} d\lambda_m = \int p \sum_1^\infty 1_{A_n} d\lambda_m$$

$$= \sum_1^\infty \int p 1_{A_n} d\lambda_m = \sum_1^\infty P(A_n),$$

nach dem Satz von der monotonen Konvergenz M.3.8, angewendet auf die Folge $p \sum_1^k 1_{A_n}$, $k \in \mathbb{N}$.

Um nachzuweisen, daß eine meßbare Funktion $p: \mathbb{R}^m \to [0, \infty)$ Dichte des W-Maßes $P|\mathbb{B}^m$ ist, haben wir im Prinzip zu zeigen, daß (1.4.6) für alle $A \in \mathbb{B}^m$ erfüllt ist. Es genügt jedoch, diese Beziehung für ein kleineres System von Mengen A nachzuweisen, z.B. für alle m-dimensionalen Quader. Dies folgt sofort daraus, daß $A \to \int p 1_A d\lambda_m$ ein Maß ist, und Maße auf $\mathbb{B}^m$ nach dem Eindeutigkeitssatz M.4.2 identisch sind, wenn sie auf allen Quadern übereinstimmen.

Den speziellen Fall von Maßen über $\mathbb{R}$ greifen wir in Abschnitt 1.5 nochmals auf.

Das triviale Beispiel eines stetigen W-Maßes ist die *Gleichverteilung* über einer Menge $B \in \mathbb{B}^m$ mit $0 < \lambda_m(B) < \infty$, definiert durch die Dichte $x \to 1_B(x)/\lambda_m(B)$. In diesem Fall gilt einfach

$$P(A) = \lambda_m(A \cap B)/\lambda_m(B), \qquad A \in \mathbb{B}^m.$$

Einen Überblick über die wichtigsten stetigen Verteilungen findet der Leser in Abschnitt 1.6 B).

Stetige W-Maße wurden definiert als solche, bei denen sich die Wahrscheinlichkeiten mit Hilfe einer Dichte durch Integration (nach (1.4.6)) ermitteln lassen. Das Wort "Dichte" erinnert an die Interpretation der Wahrscheinlichkeit als Massenbelegung. Dichte im physikalischen Sinn ist Masse pro

Volumeinheit. Die Dichte in einem Punkt ist jener Wert, den wir erhalten, wenn wir die Volumina auf diesen Punkt schrumpfen lassen.

Um den Begriff "Dichte" eines W-Maßes zu interpretieren, denken wir uns eine Folge B_n, $n \in \mathbb{N}$, von offenen Würfeln oder Kugeln im $\mathbb{R}^m$, die sich um einen Punkt $x_0 \in \mathbb{R}^m$ zusammenzieht. Interpretieren wir $P(B_n)$ als die "Masse" in der Menge B_n, dann ist "Dichte" im anschaulichen Sinn $\frac{P(B_n)}{\lambda_m(B_n)}$. Dies ist die mittlere Dichte in der Menge B_n. Die Dichte im Punkt x_0 erhalten wir als $\lim_{n\to\infty} \frac{P(B_n)}{\lambda_m(B_n)}$.

Wir zeigen, daß

$$\lim_{n\to\infty} \frac{P(B_n)}{\lambda_m(B_n)} = p(x_0), \tag{1.4.7}$$

wenn p in x_0 stetig ist. Dann gibt es nämlich zu jedem $\varepsilon > 0$ ein n_ε, so daß

$$|p(x) - p(x_0)| < \varepsilon \qquad \text{für } x \in B_n, \quad n \geqq n_\varepsilon.$$

Wegen

$$\begin{aligned} &P(B_n) - p(x_0)\lambda_m(B_n) \\ &\quad = \int (p(x) - p(x_0)) 1_{B_n}(x) \lambda_m(dx) \end{aligned}$$

gilt also $|P(B_n) - p(x_0)\lambda_m(B_n)| \leqq \varepsilon\lambda_m(B_n)$. Daher ist $\left|\frac{P(B_n)}{\lambda_m(B_n)} - p(x_0)\right| \leqq \varepsilon$ für alle $n \geqq n_\varepsilon$; also gilt (1.4.7).

Mit tieferliegenden Methoden kann man zeigen, daß die Beziehung (1.4.7) ganz allgemein für λ_m-fast alle Punkte gilt, auch ohne die Stetigkeit der Dichte (vgl. Satz H.3).

Für $m = 1$ ist dies der Satz, daß das unbestimmte Integral $x \to \int_{-\infty}^{x} p(\xi)\,d\xi$ für λ-fast alle x eine Ableitung besitzt, die mit $p(x)$ übereinstimmt. Übereinstimmung besteht insbesondere an allen Punkten, in denen p stetig ist.

1.5 Verteilungsfunktionen

In Abschnitt 1.4 haben wir zwei wichtige Typen von W-Maßen kennengelernt: Diskrete W-Maße, die wir durch Angabe der Wahrscheinlichkeiten von abzählbar vielen Punkten beschreiben können, und stetige W-Maße, die wir durch Angabe einer Dichte beschreiben können. Für die Anwendungen sind nur diese beiden Typen von Bedeutung. Für den Mathematiker ist es dennoch von Interesse, eine praktikable Möglichkeit zu haben, beliebige W-Maße einfach zu beschreiben. Eine solche Möglichkeit bietet die "Verteilungsfunktion" für W-Maße über $\mathbb{R}^m$. Wir beschränken uns auf W-Maße über $\mathbb{R}$.

1.5.1 Definition: Unter der *Verteilungsfunktion* des W-Maßes $P|\mathbb{B}$ verstehen wir die Funktion F, definiert durch

$$F(r) := P(-\infty, r], \qquad r \in \mathbb{R}.$$

1.5.2 Satz: *Jede Verteilungsfunktion hat folgende Eigenschaften:*

(1.5.3) *F ist nicht fallend,*

(1.5.4) $\lim_{r \to -\infty} F(r) = 0, \qquad \lim_{r \to \infty} F(r) = 1,$

(1.5.5) *F ist rechtsseitig stetig (d.h. $s \downarrow r$ impliziert $F(s) \downarrow F(r)$).*

Gelegentlich wird $F(r) = P(-\infty, r)$ definiert. In diesem Fall tritt linksseitige Stetigkeit an die Stelle der rechtsseitigen.

Beweis:

1) Wenn $a < b$, dann $P(-\infty, b] = P(-\infty, a] + P(a, b]$, also $F(b) \geqq F(a)$.
2) Für jede Folge $r_n \downarrow -\infty$ gilt $(-\infty, r_n] \downarrow \emptyset$, so daß $F(r_n) = P(-\infty, r_n] \downarrow 0$ wegen der absteigenden Stetigkeit (1.2.19).
   Für jede Folge $r_n \uparrow \infty$ gilt $(-\infty, r_n] \uparrow \mathbb{R}$, so daß $F(r_n) = P(-\infty, r_n] \uparrow 1$ wegen der aufsteigenden Stetigkeit (1.2.18).
3) Für jede Folge $r_n \downarrow r$ gilt $(-\infty, r] = \bigcap_1^\infty (-\infty, r_n]$, so daß wegen der absteigenden Stetigkeit

$$F(r) = P(-\infty, r] = \lim_{n \to \infty} P(-\infty, r_n] = \lim_{n \to \infty} F(r_n). \qquad \square$$

Eine Verteilungsfunktion ist im allgemeinen nicht auch noch linksseitig stetig, denn $r_n \uparrow r$, $r_n < r$, impliziert $\lim_{n \to \infty} F(r_n) = \lim_{n \to \infty} P(-\infty, r_n] = P(-\infty, r)$, da $\bigcup_1^\infty (-\infty, r_n] = (-\infty, r)$. Die Verteilungsfunktion ist also genau dann stetig im Punkt r, wenn $P(-\infty, r) = P(-\infty, r]$, d.h. wenn $P\{r\} = 0$.

Punkte r mit $P\{r\} > 0$ nennt man *Atome* von P. Da eine monotone und beschränkte Funktion höchstens abzählbar viele Sprungstellen haben kann, hat $P|\mathbb{B}$ höchstens abzählbar viele Atome.

1.5.6 Satz: *Zu jeder Funktion F mit den Eigenschaften (1.5.3)–(1.5.5) gibt es genau ein W-Maß P, dessen Verteilungsfunktion F ist.*

Beweis: Da der Beweis in jedem Lehrbuch der Maßtheorie dargestellt ist, begnügen wir uns mit einer Skizze: Das Mengensystem $\mathscr{R} := \{(a, b]: a, b \in \mathbb{R}\}$ ist ein Semiring (vgl. Abschnitt M.1).

Wir definieren $P|\mathscr{R}$ durch

$$P(a, b] := F(b) - F(a).$$

Man prüft sofort nach, daß $P|\mathscr{R}$ additiv ist, und daß folgende Monotonie-Eigenschaften gelten:

(a) $\bigcup_1^n (a_k, b_k] \subset (a, b]$ impliziert $\sum_1^n P(a_k, b_k] \leqq P(a, b]$, falls $(a_k, b_k]$, $k = 1, \ldots, n$, disjunkt.

(b) $(a, b] \subset \bigcup_1^n (a_k, b_k]$ impliziert $P(a, b] \leqq \sum_1^n P(a_k, b_k]$.

Wir zeigen nun, daß $P|\mathscr{R}$ sogar σ-additiv ist:

Sei $(a, b]$ die disjunkte Vereinigung von Intervallen $(a_k, b_k]$, $k \in \mathbb{N}$. Wegen der Monotonie (a) folgt daraus sofort

$$\sum_1^\infty P(a_k, b_k] \leqq P(a, b].$$

Wir zeigen nun, daß, umgekehrt,

$$P(a, b] \leqq \sum_1^\infty P(a_k, b_k]. \tag{1.5.7}$$

Sei $\varepsilon > 0$ beliebig. Da F rechtsseitig stetig ist, gibt es zu jedem $k \in \mathbb{N}$ ein $b'_k > b_k$ derart, daß

$$F(b'_k) - F(b_k) < \varepsilon 2^{-k}.$$

Sei nun $a' \in (a, b)$ beliebig. Da $(a, b] = \bigcup_1^\infty (a_k, b_k]$, gilt

$$[a', b] \subset \bigcup_1^\infty (a_k, b'_k).$$

Da $[a', b]$ kompakt ist, gibt es nach dem Satz von Heine-Borel (vgl. Barner und Flohr (1982a), S. 228) ein n, so daß

$$[a', b] \subset \bigcup_1^n (a_k, b'_k),$$

also auch

$$(a', b] \subset \bigcup_1^n (a_k, b'_k].$$

Wegen der Monotonie (b) folgt daraus

$$\begin{aligned} P(a', b] &\leqq \sum_1^n P(a_k, b'_k] \leqq \sum_1^\infty P(a_k, b'_k] \\ &\leqq \sum_1^\infty P(a_k, b_k] + \sum_1^\infty P(b_k, b'_k] \\ &< \sum_1^\infty P(a_k, b_k] + \varepsilon. \end{aligned}$$

Da $\varepsilon > 0$ und $a' \in (a, b)$ beliebig waren, folgt (1.5.7).

Da $P|\mathscr{R}$ σ-additiv ist, läßt es sich nach dem Erweiterungssatz M.4.8 zu einem Maß auf dem von $\mathscr{R}$ erzeugten σ-Ring fortsetzen, und dies ist die Borel-Algebra $\mathbb{B}$.

Das W-Maß P ist durch die Verteilungsfunktion eindeutig bestimmt: Zwei W-Maße mit der gleichen Verteilungsfunktion stimmen auf allen Halbstrahlen $(-\infty, r]$ überein, also nach dem Eindeutigkeitssatz M.4.2 auch auf der Borel-Algebra. □

Die Verteilungsfunktion eines diskreten W-Maßes hat (höchstens) abzählbar viele Sprungstellen. Sie sieht daher in den meisten Lehrbüchern etwa so aus:

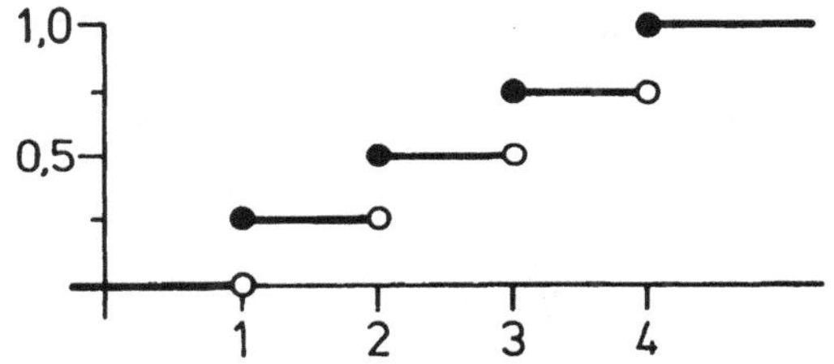

Bild 1.2 Verteilungsfunktion der Gleichverteilung über $\{1, 2, 3, 4\}$.

Ganz so einfach ist es nicht notwendigerweise: Auch die Verteilungsfunktion eines diskreten Maßes kann streng monoton sein.

1.5.8 Beispiel: Sei $\{r_k : k \in \mathbb{N}\}$ eine Aufzählung der rationalen Zahlen. Dann definiert $P\{r_k\} = 2^{-k}$, $k \in \mathbb{N}$, ein diskretes W-Maß mit streng monotoner Verteilungsfunktion. (Das Intervall $(r', r'']$ enthält rationale Zahlen; daher ist $F(r') < F(r'')$.)

Als monotone Funktion ist jede Verteilungsfunktion Lebesgue-fast überall differenzierbar (siehe Hewitt und Stromberg (1965), S. 264, Theorem (17.12)). Im folgenden wollen wir den Zusammenhang zwischen der Ableitung der Verteilungsfunktion und der Dichte diskutieren. (Daß die Ableitung nur Lebesgue-fast überall definiert ist, stört dabei nicht, da die Dichte ohnedies nur eindeutig bis auf Lebesgue-Nullmengen ist.)

1.5.9 Satz: *Wenn P eine Dichte besitzt, dann ist auch die Ableitung der Verteilungsfunktion, F', eine Dichte.*

Dieser Satz ist relativ tiefliegend. Wir können daher den Leser nur auf die Literatur verweisen (Natanson (1969), S. 280, Satz 2). Er folgt jedoch relativ einfach aus Satz H.3. (Vgl. hierzu Ash (1972), S. 76, Theorem 2.3.10, im Verein mit S. 73, Theorem 2.3.4.)

Satz 1.5.9 gibt uns ein Mittel in die Hand, Dichten zu berechnen: Wir haben einfach die Verteilungsfunktion zu differenzieren. Dabei ist aber vorausgesetzt, daß eine Dichte tatsächlich existiert. Wenn wir dies nicht von vornherein wissen – wie können wir dann sicherstellen, daß die Ableitung der Verteilungsfunktion tatsächlich eine Dichte ist?

Zur Veranschaulichung der Schwierigkeiten betrachten wir die in Bild 1.2. dargestellte Verteilungsfunktion. Diese ist nicht nur Lebesgue-fast überall differenzierbar, sie ist sogar überall differenzierbar mit Ausnahme von endlich vielen Punkten. Ihre Ableitung ist – dort, wo sie existiert – identisch gleich 0, also sicher nicht Dichte eines W-Maßes.

Ein positives Kriterium dafür, daß F' tatsächlich eine Dichte ist, gibt der folgende Satz (siehe Natanson (1969), S. 301, Satz 1).

1.5.10 Satz: *Ist F* überall *differenzierbar, dann ist die Ableitung F' eine Dichte.*

Nützlich ist das folgende elementare

1.5.11 Kriterium: *Erfüllt eine meßbare Funktion $p\colon \mathbb{R} \to [0, \infty)$ die Beziehung*

$$(1.5.12) \qquad \int_{-\infty}^{r} p(x)\,dx = F(r) \qquad \text{für alle } r \in \mathbb{R},$$

dann ist p eine Dichte des zur Verteilungsfunktion F gehörenden W-Maßes.

Beweis: $A \to \int p(x) 1_A(x)\,dx$ definiert ein W-Maß auf $\mathbb{B}$, dessen Verteilungsfunktion wegen (1.5.12) mit F übereinstimmt. Daher gilt nach dem Eindeutigkeitssatz M.4.2: $\int p(x) 1_A(x)\,dx = P(A)$ für alle $A \in \mathbb{B}$. □

Man könnte vermuten, daß man jedes W-Maß in einen “diskreten” und einen “stetigen” Anteil zerlegen kann. Dies ist tatsächlich der Fall; jedoch hat der “stetige” Anteil nicht notwendig eine Lebesgue-Dichte. Das, was man intuitiv vermuten würde: daß ein atomloses Maß eine Lebesgue-Dichte besitzt, trifft nicht zu.

Für Maße auf $\mathbb{B}^m$, $m \geqq 2$, ist das eigentlich klar: Man denke an ein W-Maß im $\mathbb{R}^2$, das ganz in der x-Achse konzentriert ist und dort eine Dichte bezüglich des Lebesgue-Maßes λ besitzt. Erstaunlich ist, daß es auch im Fall $m = 1$ W-Maße auf $\mathbb{B}$ gibt, die atomlos sind, jedoch keine Lebesgue-Dichte besitzen (weil ihre ganze Wahrscheinlichkeit auf einer Lebesgue-Nullmenge konzentriert ist). Der interessierte Leser wird auf Witting (1985), S. 133, Beispiel 1.137, verwiesen. Ein tieferliegendes Beispiel wird in Abschnitt 3.1 erwähnt.

1.6 Beispiele für Wahrscheinlichkeits-Maße

Dieser Abschnitt enthält eine Zusammenstellung verschiedener W-Maße. Es handelt sich dabei in erster Linie um W-Maße, die zur approximativen Beschreibung in der Wirklichkeit auftretender Phänomene brauchbar sind, vereinzelt auch um solche mit interessanten mathematischen Eigenschaften (wie z.B. die Cauchy-Verteilung).

Wir begnügen uns in der Regel damit, das W-Maß zu definieren und einige wichtige Eigenschaften aufzuführen. Dabei verwenden wir Begriffe (wie Erwartungswert, Varianz und Faltung), die erst später erklärt werden. (Siehe die Abschnitte 6.2, 6.6 bzw. 4.6.) Wir verzichten darauf, jede Aussage dieses Abschnitts zu beweisen. Die Beweise sind in der Regel rein mathematischer Natur, d.h. sie tragen nichts zur Interpretation des durch das W-Maß beschriebenen Phänomens bei und finden sich in den meisten Lehrbüchern der Wahrscheinlichkeitsrechnung. Einen ausführlichen Überblick über verschiedene W-Maße findet der Leser in dem vierbändigen Werk von Johnson und Kotz.

Die meisten W-Maße enthalten Parameter, sind also eigentlich Familien von W-Maßen.

Durch Verschiebung ($x \to x + c$) und Streckung ($x \to ax$) bzw. einer Kombination beider Operationen ($x \to ax + c$) erhalten wir aus jedem W-Maß $P|\mathbb{B}$ eine ganze Familie von W-Maßen. Hat P eine Dichte p, so hat das aus P durch die Transformation $x \to ax + c$ entstandene W-Maß die Dichte $x \to \frac{1}{|a|} p\left(\frac{x-c}{a}\right)$ (vgl. Beispiel 3.2.10). Die so eingeführten Parameter c und a heißen Lage-bzw. Skalen-Parameter. (siehe Abschnitt 6.1.)

A) Diskrete Wahrscheinlichkeits-Maße

1.6.1 Binomial-Verteilung $B_{n,p}$

Für $n \in \mathbb{N}$ und $p \in [0, 1]$ ist die *Binomial-Verteilung* $B_{n,p}$ definiert durch

$$B_{n,p}\{k\} := \binom{n}{k} p^k (1-p)^{n-k}, \qquad k = 0, 1, \ldots, n.$$

$$\text{Erwartungswert:} \quad \mathscr{E}(B_{n,p}) = np,$$

$$\text{Varianz:} \quad \mathscr{V}(B_{n,p}) = np(1-p).$$

Die Familie der Binomial-Verteilungen ist – bei festem p – reproduktiv (siehe Definition 4.6.3):

$$B_{n_1,p} * B_{n_2,p} = B_{n_1+n_2,p}$$

Das wird in Proposition 4.8.3 bewiesen.

1.6.2 Hypergeometrische Verteilung $H_{N,K,n}$

Für $N \in \mathbb{N}$, $K \in \{0, 1, \ldots, N\}$ und $n \in \{0, 1, \ldots, N\}$ ist die *Hypergeometrische Verteilung* $H_{N,K,n}$ definiert durch

$$H_{N,K,n}\{k\} := \frac{\binom{K}{k}\binom{N-K}{n-k}}{\binom{N}{n}},$$

$$\max\{0, K-N+n\} \leqq k \leqq \min\{K, n\}.$$

Erwartungswert: $\mathscr{E}(H_{N,K,n}) = n\frac{K}{N}$,

Varianz: $\mathscr{V}(H_{N,K,n}) = n\frac{K}{N}\left(1-\frac{K}{N}\right)\frac{N-n}{N-1}$.

Zur Herleitung der Hypergeometrischen Verteilung siehe Abschnitt 2.4.

1.6.3 Negative Binomial-Verteilung $B_{n,p}^-$

Für $n \in \mathbb{N}$ und $p \in [0, 1]$ ist die *Negative Binomial-Verteilung* $B_{n,p}^-$ definiert durch

$$B_{n,p}^-\{k\} := \binom{k+n-1}{k} p^n (1-p)^k, \qquad k \in \mathbb{N}_0.$$

Erwartungswert: $\mathscr{E}(B_{n,p}^-) = \frac{n(1-p)}{p}$,

Varianz: $\mathscr{V}(B_{n,p}^-) = \frac{n(1-p)}{p^2}$.

Die Familie der Negativen Binomial-Verteilungen ist – bei festem p – reproduktiv:

$$B_{n_1,p}^- * B_{n_2,p}^- = B_{n_1+n_2,p}^-.$$

Zur Herleitung der Negativen Binomial-Verteilung siehe Abschnitt 4.10.

1.6.4 Poisson-Verteilung P_a

Für $a > 0$ ist die *Poisson-Verteilung* P_a definiert durch

$$P_a\{k\} := \frac{a^k}{k!}\exp[-a], \qquad k \in \mathbb{N}_0.$$

Erwartungswert: $\mathscr{E}(P_a) = a$,

Varianz: $\mathscr{V}(P_a) = a$.

Die Familie der Poisson-Verteilungen ist reproduktiv:

$$P_{a_1} * P_{a_2} = P_{a_1+a_2}.$$

Zur Poisson-Verteilung vergleiche auch Kapitel 11.

B) Stetige Verteilungen

1.6.5 Eindimensionale Normalverteilung $N_{(\mu,\sigma^2)}$

Die (*eindimensionale*) *Normalverteilung* $N_{(0,1)}$ (*Standard-Normalverteilung*) ist definiert durch die Dichte

$$\varphi(x) := \frac{1}{\sqrt{2\pi}} \exp\left[-\frac{1}{2}x^2\right], \qquad x \in \mathbb{R}.$$

Ihre Verteilungsfunktion wird mit Φ bezeichnet. Sie ist nicht explizit darstellbar.

Durch Einführung eines Lage-Parameters μ und eines Skalen-Parameters σ entsteht aus $N_{(0,1)}$ die Normalverteilung $N_{(\mu,\sigma^2)}$ mit Dichte

$$x \to \frac{1}{\sigma}\varphi\left(\frac{x-\mu}{\sigma}\right), \qquad x \in \mathbb{R},$$

und Verteilungsfunktion

$$x \to \Phi\left(\frac{x-\mu}{\sigma}\right), \qquad x \in \mathbb{R}.$$

Erwartungswert: $\mathscr{E}(N_{(\mu,\sigma^2)}) = \mu$,

Varianz: $\mathscr{V}(N_{(\mu,\sigma^2)}) = \sigma^2$.

Die Familie der Normalverteilungen ist reproduktiv (siehe Proposition 4.6.12):

$$N_{(\mu_1,\sigma_1^2)} * N_{(\mu_2,\sigma_2^2)} = N_{(\mu_1+\mu_2,\sigma_1^2+\sigma_2^2)}.$$

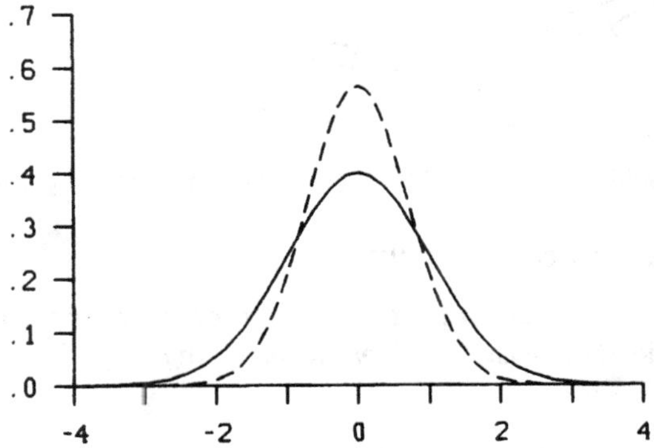

Bild 1.3a Dichten der eindimensionalen Normalverteilungen mit $\mu = 0$, $\sigma^2 = 1$ und mit $\mu = 0$, $\sigma^2 = \frac{1}{2}$ (gestrichelt).

Historisch ist die Normalverteilung zuerst als Grenzverteilung aufgetreten (zunächst als Grenzverteilung bei Binomial-Verteilungen, dann im allgemeineren Zusammenhang mit dem Zentralen Grenzwertsatz als Verteilung standardisierter Summen). Vergleiche hierzu Abschnitt 8.7. Abschnitt 8.8. befaßt sich mit der Charakterisierung der Normalverteilung.

1.6.6 Zweidimensionale Normalverteilung $N_{(\mu_1,\mu_2,\sigma_1^2,\sigma_2^2,\rho)}$

Die *zweidimensionale Normalverteilung* $N_{(\mu_1,\mu_2,\sigma_1^2,\sigma_2^2,\rho)}$ ist definiert durch die Dichte

$$(x_1,x_2) \to \frac{1}{2\pi\sigma_1\sigma_2\sqrt{1-\rho^2}} \cdot \exp\left[-\frac{1}{2(1-\rho^2)}\left(\frac{(x_1-\mu_1)^2}{\sigma_1^2} - 2\rho\frac{x_1-\mu_1}{\sigma_1}\cdot\frac{x_2-\mu_2}{\sigma_2} + \frac{(x_2-\mu_2)^2}{\sigma_2^2}\right)\right], \quad (x_1,x_2) \in \mathbb{R}^2.$$

Für $i = 1, 2$ gilt:

Erwartungswert: $\mathscr{E}(\mathbf{x}_i) = \mu_i$,

Varianz: $\mathscr{V}(\mathbf{x}_i) = \sigma_i^2$.

Der Parameter ρ heißt *Korrelationskoeffizient* und bestimmt die Abhängigkeit zwischen $\mathbf{x}_1$ und $\mathbf{x}_2$ (vgl. Abschnitt 6.10).

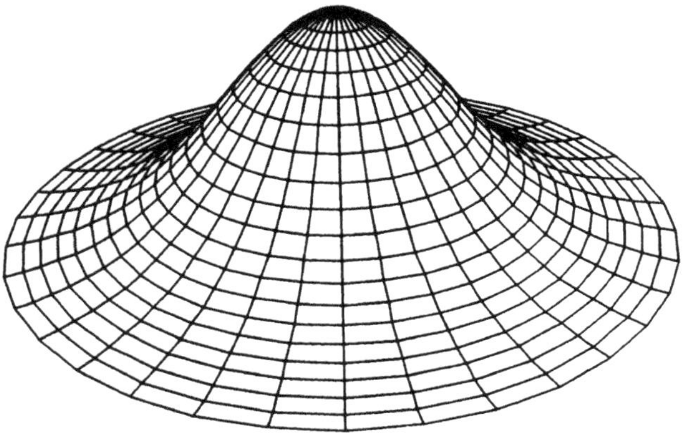

Bild 1.3b Dichte der zweidimensionalen Normalverteilung mit $\sigma_1^2 = \sigma_2^2$ und $\rho = 0$.

1.6.7 m-dimensionale Normalverteilung $N_{(\mu,\Sigma)}$

Für einen m-dimensionalen Vektor μ und eine symmetrische, positiv-definite $m \times m$-Matrix Σ ist die *m-dimensionale Normalverteilung* $N_{(\mu,\Sigma)}$ definiert durch die Dichte

$$x \to (2\pi)^{-m/2}(\det\Sigma)^{-1/2}\exp\left[-\frac{1}{2}(x-\mu)^T\Sigma^{-1}(x-\mu)\right], \qquad x \in \mathbb{R}^m.$$

Dabei heißt μ der *Erwartungswertvektor* und Σ die *Kovarianz-Matrix* von $N_{(\mu,\Sigma)}$. Für $\mu = (\mu_1, \ldots, \mu_m)^T$ und $\Sigma = (\sigma_{ij})_{1 \leq i,j \leq m}$ haben die Komponenten von $\mathbf{x}$

Erwartungswert: $\mathscr{E}(\mathbf{x}_i) = \mu_i$,

Varianz: $\mathscr{V}(\mathbf{x}_i) = \sigma_{ii}$.

Die Familie der m-dimensionalen Normalverteilungen ist reproduktiv:

$$N_{(\mu_1,\Sigma_1)} * N_{(\mu_2,\Sigma_2)} = N_{(\mu_1+\mu_2,\Sigma_1+\Sigma_2)}.$$

Für $m = 1$ erhalten wir die eindimensionale Normalverteilung (siehe 1.6.5), für $m = 2$ die zweidimensionale (siehe 1.6.6), wobei mit $\Sigma = \begin{pmatrix}\sigma_{11} & \sigma_{12}\\ \sigma_{21} & \sigma_{22}\end{pmatrix}$ gilt:

$$\sigma_i^2 = \sigma_{ii}, \qquad \rho = \frac{\sigma_{12}}{(\sigma_{11}\sigma_{22})^{1/2}}.$$

1.6.8 Die Gamma-Verteilung $\Gamma_{a,b}$

Für $b > 0$ ist die *Gamma-Verteilung* Γ_b definiert durch die Dichte

$$x \to \frac{1}{\Gamma(b)} x^{b-1} \exp[-x], \qquad x > 0.$$

Der Parameter b bestimmt die Gestalt der Dichte.

Dabei bedeutet Γ die durch

$$\Gamma(t) := \int_0^\infty u^{t-1} \exp[-u]\, du, \qquad t > 0,$$

definierte *Gamma-Funktion*. Wir erinnern daran, daß $\Gamma(\frac{1}{2}) = \sqrt{\pi}$ und $\Gamma(1) = 1$. Da $\Gamma(t) = (t-1)\cdot\Gamma(t-1)$ für $t > 1$, gilt insbesondere $\Gamma(n+1) = n!$ für $n \in \mathbb{N}_0$.

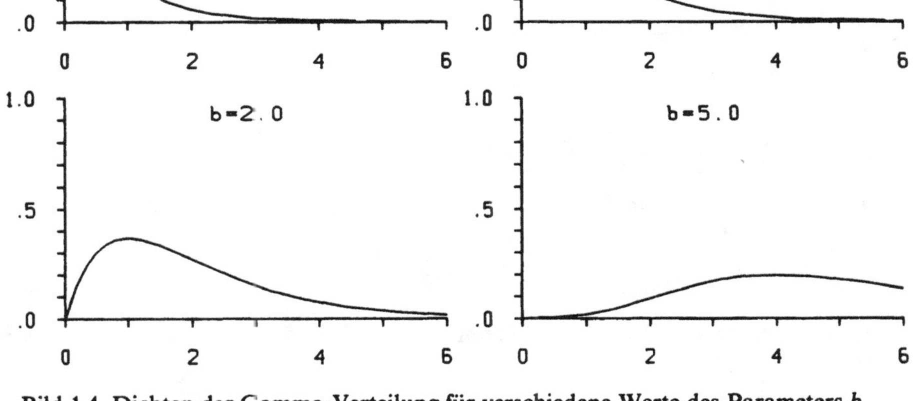

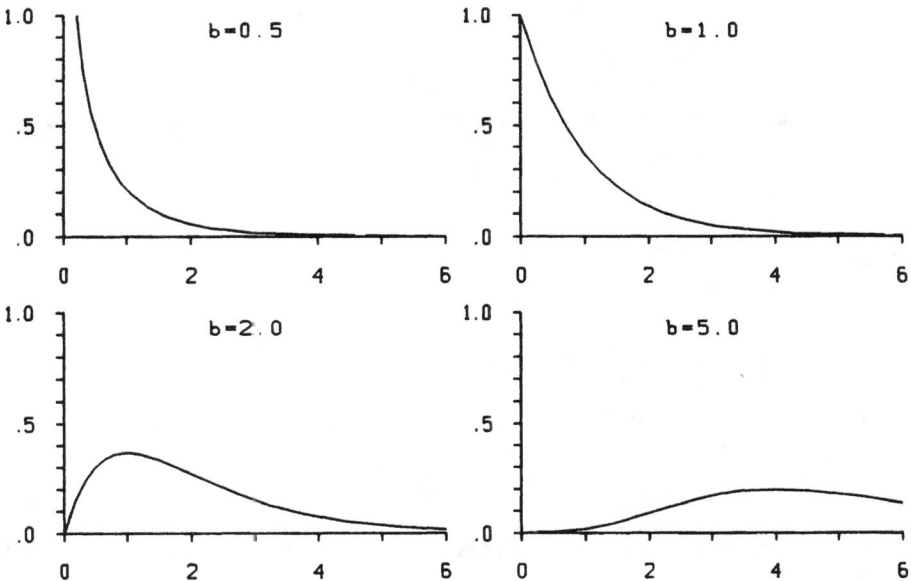

Bild 1.4 Dichten der Gamma-Verteilung für verschiedene Werte des Parameters b.

Für Anwendungen ist es zweckmäßig, zusätzlich einen Skalen-Parameter, a, einzuführen; für $a > 0$ und $b > 0$ wird die Gamma-Verteilung $\Gamma_{a,b}$ definiert als die von Γ_b und der Abbildung $x \to ax$ induzierte Verteilung. Sie besitzt die Dichte

$$x \to \frac{1}{a^b \Gamma(b)} x^{b-1} \exp\left[-\frac{x}{a}\right], \qquad x > 0.$$

Die Verteilungsfunktion von $\Gamma_{a,b}$ ist nur für ganzzahlige Werte von b explizit darstellbar. In diesem Fall gilt:

$$\Gamma_{a,b}(0, x] = 1 - \exp\left[-\frac{x}{a}\right] \cdot \sum_{k=0}^{b-1} \frac{1}{k!}\left(\frac{x}{a}\right)^k, \qquad x > 0.$$

Erwartungswert: $\mathscr{E}(\Gamma_{a,b}) = ab$,

Varianz: $\mathscr{V}(\Gamma_{a,b}) = a^2 b$.

Die Familie der Gamma-Verteilungen ist – bei festem Skalen-Parameter a – reproduktiv (siehe Beispiel 4.6.10):

$$\Gamma_{a,b_1} * \Gamma_{a,b_2} = \Gamma_{a,b_1+b_2}.$$

1.6.9 Exponentialverteilung E_a

Die *Exponentialverteilung* E_a ist für $a > 0$ definiert durch die Dichte

$$x \to \frac{1}{a} \exp[-x/a], \qquad x > 0.$$

Sie ist eine spezielle Gamma-Verteilung: $E_a = \Gamma_{a,1}$, $a > 0$.

Ihre Verteilungsfunktion ist

$$x \to 1 - \exp[-x/a], \qquad x > 0.$$

Erwartungswert: $\mathscr{E}(E_a) = a$,

Varianz: $\mathscr{V}(E_a) = a^2$.

1.6.10 Chiquadrat-Verteilung χ_n^2

Für $n \in \mathbb{N}$ ist die *Chiquadrat-Verteilung* χ_n^2 definiert durch die Dichte

$$x \to \frac{1}{2^{n/2} \Gamma(n/2)} x^{(n/2)-1} \exp[-x/2], \qquad x > 0.$$

Der Parameter n heißt *Freiheitsgrad*. Die Chiquadrat-Verteilung ist eine spezielle Gamma-Verteilung:

$$\chi_n^2 = \Gamma_{2,(n/2)}.$$

Erwartungswert: $\mathscr{E}(\chi_n^2) = n$,

Varianz: $\mathscr{V}(\chi_n^2) = 2n$.

Die Familie der Chiquadrat-Verteilungen ist reproduktiv:

$$\chi_{n_1}^2 * \chi_{n_2}^2 = \chi_{n_1+n_2}^2.$$

Historisch tritt die Chiquadrat-Verteilung χ_n^2 zunächst auf als Verteilung von $\sum_1^n \mathbf{x}_\nu^2$, wenn die $\mathbf{x}_\nu$, $\nu = 1, \ldots, n$, voneinander unabhängig nach $N_{(0,1)}$ verteilt sind (Abbé (1863), Helmert (1876), Pearson (1900)).

1.6.11 t-Verteilung t_n

Die *t-Verteilung* t_n ist für $n \in \mathbb{N}$ definiert durch die Dichte

$$x \to \frac{\Gamma((n+1)/2)}{\sqrt{\pi n}\,\Gamma(n/2)} \frac{1}{(1 + x^2/n)^{(n+1)/2}}, \qquad x \in \mathbb{R}.$$

Der Parameter n heißt *Freiheitsgrad*.

Erwartungswert: $\mathscr{E}(t_n) = 0$, falls $n > 1$,

Varianz: $\mathscr{V}(t_n) = \frac{n}{n-2}$, falls $n > 2$.

Ist $\mathbf{x}$ verteilt nach $N_{(0,1)}$ und $\mathbf{y}$ von $\mathbf{x}$ unabhängig verteilt nach χ_n^2, dann ist $\mathbf{x}/\sqrt{\mathbf{y}/n}$ verteilt nach t_n. Dieser Eigenschaft verdankt die t-Verteilung ihre Bedeutung.

Sind $\mathbf{x}_1, \ldots, \mathbf{x}_n$ stochastisch unabhängig verteilt nach $N_{(\mu,\sigma^2)}$, dann ist $n^{1/2}(\bar{\mathbf{x}}_n - \mu)/\sigma$ nach $N_{(0,1)}$ verteilt und $\sum_1^n (\mathbf{x}_\nu - \bar{\mathbf{x}}_n)^2 \big/ \sigma^2$ davon stochastisch unabhängig nach χ_{n-1}^2. Also ist $n^{1/2}(\bar{\mathbf{x}}_n - \mu)/\mathbf{s}_n$ mit $\mathbf{s}_n := \left(\frac{1}{n-1}\sum_1^n (\mathbf{x}_\nu - \bar{\mathbf{x}}_n)^2\right)^{1/2}$ verteilt nach t_{n-1}. (Dieses Ergebnis stammt von Gosset (1908).)

1.6.12 Cauchy-Verteilung C_a

Die *Cauchy-Verteilung* C ist definiert durch die Dichte

$$x \to \frac{1}{\pi} \frac{1}{1 + x^2}, \qquad x \in \mathbb{R}.$$

Dies ist die t-Verteilung mit 1 Freiheitsgrad.

Für verschiedene Anwendungen ist es zweckmäßig, sie mit einem Skalen-Parameter a auszustatten: Die von C und der Abbildung $x \to ax$ induzierte Verteilung C_a besitzt die Dichte

$$x \to \frac{1}{\pi a} \cdot \frac{1}{1 + \frac{x^2}{a^2}}, \qquad x \in \mathbb{R}.$$

Die Cauchy-Verteilung besitzt keinen Erwartungswert (und daher auch keine Varianz).

Sie ist reproduktiv:

$$C_{a_1} * C_{a_2} = C_{a_1 + a_2}.$$

Die zweidimensionale Cauchy-Verteilung wird in Beispiel 3.6.5 eingeführt.

1.7 Simulation von Zufallsexperimenten

Wahrscheinlichkeitstheoretische Aussagen, die sich auf Wiederholungen eines Zufallsexperiments beziehen, gelten oft nur asymptotisch, d.h. bis auf einen Fehler, der mit steigender Zahl der Wiederholungen gegen 0 strebt. Dies gilt für die Konvergenz der relativen Häufigkeiten gegen die Wahrscheinlichkeit (Gesetz der großen Zahlen) ebenso wie für die Konvergenz der Verteilungen (Zentraler Grenzwertsatz). Genau genommen ist es unzulässig, asymptotische Aussagen zu interpretieren als Aussagen, die bei Vorliegen einer großen Anzahl von Wiederholungen näherungsweise gelten. Die praktische Bedeutung asymptotischer Aussagen besteht jedoch gerade in dieser Uminterpretation. Da die Wahrscheinlichkeitstheorie selten in der Lage ist, asymptotische Aussagen durch eine realistische Fehlerabschätzung zu ergänzen, gibt oft nur die Simulation des Zufallsexperiments Aufschluß über den tatsächlichen Fehler. Simulationen werden auch dort erfolgreich angewendet, wo das Zufallsgeschehen zu komplex ist, um es in einem mathematischen Modell zu erfassen, oder wenn – eine in der Schule häufige Situation – die verfügbaren mathematischen Hilfsmittel zu einer adäquaten Behandlung nicht ausreichen, wie beispielsweise beim Zentralen Grenzwertsatz (vgl. Abschnitt 8.9).

1.7.1 Beispiel: Um festzustellen, ob die Mediane aus Stichproben normalverteilter Größen vom Umfang 50 tatsächlich die (sich aus Satz 8.5.1 ergebende) Varianz $\pi/100$ besitzen, können wir das Zufallsexperiment: "Bestimmung des Medians von 50 normalverteilten Zufallszahlen" N-mal wiederholen und aus den sich ergebenden N Medianen die Varianz errechnen. (Die Alternative wäre die numerische Berechnung eines sehr komplizierten Integrals.)

Die für eine Simulation benötigten Zufallszahlen (im obigen Beispiel sind es normalverteilte Zufallszahlen) werden von einem Computer-Programm bereitgestellt. Im Grunde genommen braucht es den Wahrscheinlichkeitstheoretiker nicht zu interessieren, wie diese Zufallszahlen zustande kommen. Dennoch – zur Befriedigung der Neugierde – hier einige kurze Hinweise. Wie in Beispiel 3.2.7 erläutert, kann man von Zufallszahlen, die im Intervall (0, 1) gleichverteilt sind, durch die Transformation $u \to F^{-1}(u)$ Zufallszahlen mit einer beliebigen Verteilungsfunktion F erzeugen. (Vgl. auch Beispiel 3.4.5.)

Den Schlüssel für die Erzeugung beliebiger Zufallszahlen bildet also die Erzeugung von Zufallszahlen, die in (0, 1) gleichverteilt sind. Was die Computer-Programme liefern, sind sog. Pseudo-Zufallszahlen. Eine solche Folge von Pseudo-Zufallszahlen u_ν, $\nu \in \mathbb{N}$, hat folgenden Forderungen zu genügen:

a) Die Zahlen u_ν, $\nu \in \mathbb{N}$, müssen im Intervall (0, 1) annähernd gleichverteilt sein, d.h. es muß für jedes Teilintervall $I \subset (0, 1)$ gelten

$$n^{-1} \sum_{\nu=1}^{n} 1_I(u_\nu) \doteq \lambda(I).$$

b) Die Werte u_ν, $\nu \in \mathbb{N}$, müssen voneinander unabhängig sein, zumindest also für alle $I', I'' \subset (0, 1)$ die Bedingung

$$n^{-1} \sum_{\nu=1}^{n} 1_{I'}(u_\nu) 1_{I''}(u_{\nu+1}) \doteq \lambda(I')\lambda(I'')$$

erfüllen.

Hier eine Veranschaulichung, wie Pseudo-Zufallszahlen erzeugt werden können: Für $\nu \in \mathbb{N}$ sei $y_\nu = a^\nu \pmod{m}$, und $u_\nu = y_\nu/m$, wobei a und m ganze Zahlen sind. Die daraus resultierende Folge $u_\nu \in [0, 1]$, $\nu \in \mathbb{N}$, ist periodisch, mit einer Periodenlänge, die kleiner als m ist. Die Gleichverteilung über (0, 1) wird also durch eine diskrete Verteilung approximiert. Eine Kombination von zahlentheoretischen Überlegungen mit Heuristik hilft bei der Festlegung von m (z.B. $m = 2^{31}$) und eines dazu passenden a (z.B. $a = 2^{16} + 3$), die nicht nur zu einer möglichst großen Periodenlänge führen, sondern auch die Bedingung der näherungsweisen Gleichverteilung und Unabhängigkeit erfüllen.

Der interessierte Leser findet bei Devroye (1986) Ausführungen darüber, wie man aus in (0, 1) gleichverteilten Zufallszahlen solche mit beliebiger Verteilung gewinnt. Über die Erzeugung gleichverteilter Zufallszahlen gibt es eine umfangreiche Literatur, z.B. Donald E. Knuth (1980), Kap. 3.2.

2. Laplace'sche Zufallsexperimente

2.1 Grundbegriffe der Kombinatorik

Wir betrachten Zufallsexperimente mit endlich vielen möglichen Ergebnissen, die alle gleich wahrscheinlich sind. Um die Wahrscheinlichkeit dafür zu berechnen, daß das Ergebnis in eine bestimmte Menge A fällt, müssen wir nur abzählen, wieviele der möglichen Ergebnisse in A liegen. In der traditionellen Sprechweise werden solche Ergebnisse "günstig" genannt. Die Wahrscheinlichkeit von A berechnet sich damit als

$$\frac{\text{Anzahl der günstigen Ergebnisse}}{\text{Anzahl der möglichen Ergebnisse}}.$$

Häufig wird in der Formel von "gleichmöglichen" Ergebnissen gesprochen, um nochmals an die Voraussetzung zu erinnern, daß alle möglichen Ergebnisse gleich wahrscheinlich sind.

Das geeignete Hilfsmittel zum Abzählen der in eine bestimmte Menge A fallenden möglichen Ergebnisse ist die Kombinatorik. Einige einfache Beziehungen erweisen sich bei den verschiedensten Aufgaben als nützlich.

A) Permutationen

Für $k \in \{1, \ldots, n\}$ ist die Anzahl der k-tupel aus verschiedenen Zahlen, die man aus der Menge $\{1, \ldots, n\}$ herausgreifen kann, gleich

(2.1.1) $\quad (n)_k := n(n-1)\ldots(n-k+1).$

k-tupel, die die gleichen Zahlen in unterschiedlicher Anordnung enthalten, werden unterschieden.

In einer anderen Interpretation ist dies die Anzahl der injektiven Abbildungen der Menge $\{1, \ldots, k\}$ in die Menge $\{1, \ldots, n\}$.

Insbesondere gilt: Die Anzahl der Möglichkeiten, die Zahlen 1, 2, ..., n anzuordnen, ist gleich der Anzahl der n-tupel, die aus den Zahlen 1, ..., n bestehen, also nach (2.1.1) gleich

(2.1.2) $\quad (n)_n = n \cdot (n-1) \ldots 2 \cdot 1 = n!$

Eine andere Begründung: Es bezeichne P_n die gesuchte Anzahl. Aus jeder Anordnung der Zahlen 1, ..., n gewinnen wir $n+1$ mögliche Anordnungen der Zahlen $1, \ldots, n, n+1$, indem wir die Zahl $n+1$ am Anfang, am Ende oder in eine der $n-1$ Lücken einschieben. Daher ist $P_{n+1} = P_n \cdot (n+1)$. Da $P_1 = 1$, folgt $P_n = n!$ durch vollständige Induktion.

B) Kombinationen (ohne Wiederholung)
Die Anzahl der k-elementigen Teilmengen, die man aus der Menge $\{1,\ldots,n\}$ herausgreifen kann, beträgt

$$\binom{n}{k} = \frac{n!}{(n-k)!\,k!}. \tag{2.1.3}$$

Zur Veranschaulichung: Dies ist die Anzahl der Möglichkeiten, k Kugeln auf n Fächer zu verteilen, wenn jedes Fach höchstens eine Kugel faßt.

Nach (2.1.1) gibt es $(n)_k$ k-tupel, die aus k verschiedenen Zahlen bestehen. Nach (2.1.2) kann jedes dieser k-tupel auf $k!$ verschiedene Arten angeordnet werden. Identifiziert man k-tupel, die sich nur durch die Anordnung unterscheiden, erhält man die gesuchte Anzahl der Teilmengen, $(n)_k/k! = \binom{n}{k}$.

Eine andere Begründung: Es bezeichne $C_{n,k}$ die gesuchte Anzahl. Jede k-elementige Teilmenge aus den Zahlen $1,\ldots,n,n+1$ enthält entweder nur Zahlen aus der Menge $\{1,\ldots,n\}$ (die Anzahl dieser Teilmengen ist $C_{n,k}$), oder sie enthält die Zahl $n+1$ und $k-1$ Zahlen aus der Menge $\{1,\ldots,n\}$. (Die Anzahl dieser Teilmengen ist $C_{n,k-1}$.) Daher ist

$$C_{n+1,k} = C_{n,k} + C_{n,k-1}. \tag{2.1.4}$$

Die Beziehung $C_{n,k} = \binom{n}{k}$ stimmt für $n = 1$ und $k = 0, 1$. Nimmt man an, daß sie für n und $k = 0, 1, \ldots, n$ stimmt, so folgt sie mittels (2.1.4) für $n + 1$ und $k = 0, 1, \ldots, n$. Da außerdem $C_{n+1,n+1} = 1$, ist der Induktionsschritt beendet.

In einer anderen Interpretation ist $\binom{n}{k}$ die Anzahl der Abbildungen f der Menge $\{1,\ldots,n\}$ in die Menge $\{1,2\}$, bei denen $\#f^{-1}\{1\} = k$. Dies führt zu folgender Verallgemeinerung: Die Anzahl der Abbildungen f der Menge $\{1,\ldots,n\}$ in die Menge $\{1,\ldots,r\}$, bei denen $\#f^{-1}\{i\} = k_i$, $i = 1,\ldots,r$, $\sum_1^r k_i = n$, ist $n!/\prod_1^r (k_i!)$.

C) Variationen (mit Wiederholung)
Die Anzahl der k-tupel, die man aus den Zahlen $1,\ldots,n$ bilden kann, beträgt

$$V_{n,k} = n^k. \tag{2.1.5}$$

Dabei dürfen die Zahlen mehrmals vorkommen; k-tupel, die dieselben Zahlen in unterschiedlicher Anordnung enthalten, werden unterschieden.

In einer anderen Interpretation ist dies die Anzahl aller Abbildungen der Menge $\{1,\ldots,k\}$ in die Menge $\{1,\ldots,n\}$.

Aus jedem k-tupel gewinnen wir ein $(k + 1)$-tupel, indem wir eine der Zahlen $1, \ldots, n$ anfügen. Also gilt: $V_{n,k+1} = V_{n,k}n$. Da $V_{n,1} = n$, folgt die Behauptung für jedes n durch Induktion nach k.

2.2 Einige Beispiele aus der Kombinatorik

In diesem Abschnitt stellen wir Beispiele aus der Kombinatorik zusammen, die zum größeren Teil für den Schulunterricht geeignet sind. Weitere interessante Beispiele finden sich bei Feller (1971). Speziell auf die Bedürfnisse des Schulunterrichts abgestellt sind die einschlägigen Kapitel bei Engel (1973) und Kütting (1981). Klassische Lehrbücher der Kombinatorik sind Netto (1901) und Dembowski (1970). Von den aus einer modernen Auffassung heraus geschriebenen Lehrbüchern dürfte vor allem Jacobs (1983) für den Schulunterricht relevant sein.

2.2.1 Beispiel: Wie groß ist die Wahrscheinlichkeit, mit 4 Würfeln mindestens eine "6" zu erhalten? Das Zufallsexperiment: Werfen von 4 Würfeln. Die möglichen Ergebnisse: Alle Quadrupel (i_1, i_2, i_3, i_4) mit $i_k \in \{1, \ldots, 6\}$ für $k = 1, \ldots, 4$; deren Anzahl: 6^4. "Ungünstig" (d.h. ohne "6") sind jene Quadrupel, die nur aus den Zahlen $1, \ldots, 5$ gebildet sind; deren Anzahl: 5^4. Die Zahl der "günstigen" Ergebnisse (d.h. der Quadrupel mit mindestens einer "6") ist demnach $6^4 - 5^4$, die Wahrscheinlichkeit eines "günstigen" Ereignisses daher

$$\frac{6^4 - 5^4}{6^4} \doteq 0{,}52.$$

Es ist also vorteilhaft, beim Werfen von 4 Würfeln auf das Erscheinen mindestens einer "6" zu wetten.

2.2.2 Beispiel: Wie groß ist die Wahrscheinlichkeit, mit 2 Würfeln die Augensumme 10 zu erhalten? Das Zufallsexperiment: Werfen von 2 Würfeln. Die möglichen Ergebnisse: 36 Zahlenpaare (i_1, i_2) mit $i_1, i_2 \in \{1, \ldots, 6\}$. Die "günstigen", d.h. zur Augensumme 10 führenden Ergebnisse: $(4,6)$, $(5,5)$, $(6,4)$. Daher ist die Wahrscheinlichkeit, die Augensumme 10 zu erhalten, gleich $\frac{3}{36}$, also $\frac{1}{12}$.

Eine schwierigere Version dieses Beispiels: Die Wahrscheinlichkeit, mit k Würfeln eine Augensumme $m \in \{1, \ldots, 6\}$ zu erzielen, ist $6^{-k}\binom{m-1}{k-1}$. (Vgl. hierzu Beispiel 2.2.7.)

2.2.3 Beispiel: In einer Reihe bestehend aus 30 Bäumen sind 4 benachbarte Bäume von einer bestimmten Krankheit befallen. Beweist die Tatsache, daß es sich um benachbarte Bäume handelt, daß die Krankheit von Baum zu Baum übertragen wird?

Wir bestimmen die Wahrscheinlichkeit dafür, daß 4 befallene Bäume zufällig benachbart sind: Es gibt $\binom{30}{4} = 27405$ Möglichkeiten, eine Menge von 4 Bäumen aus 30 auszuwählen. 27 dieser Mengen bestehen aus vier benachbarten Bäumen. Die Wahrscheinlichkeit, daß zufällig 4 benachbarte Bäume befallen werden, ist daher $27/\binom{30}{4} = \frac{1}{1015}$, also verschwindend klein.

2.2.4 Beispiel: Wie groß ist die Wahrscheinlichkeit, daß beim Werfen von $2m$ Münzen genau m mal "Wappen" und m mal "Zahl" auftritt?

Wir denken uns die Münzen von $1, \ldots, n$ durchnumeriert. Dann läßt sich jedes Ergebnis des Zufallsexperiments durch ein n-tupel aus $\{0, 1\}^n$ beschreiben (z.B. Zahl $= 1$, Wappen $= 0$). Die Anzahl dieser n-tupel ist 2^n. Sind die Münzen symmetrisch, so sind "Wappen" und "Zahl" gleich wahrscheinlich, also hat auch jedes der 2^n n-tupel die gleiche Wahrscheinlichkeit. Die Anzahl der n-tupel mit genau k Einsen ist $\binom{n}{k}$. (Zur Kontrolle: $\sum_{k=0}^{n} \binom{n}{k} = 2^n$.) Die Wahrscheinlichkeit für ein Ergebnis mit genau k Einsen ist demnach $2^{-n}\binom{n}{k}$.

Die gesuchte Wahrscheinlichkeit für m mal "Zahl" bei $2m$ Münzen ist demnach $2^{-2m}\binom{2m}{m}$. Aus der Stirling'schen Formel (vgl. Satz H.7) ergibt sich leicht

$$2^{-2m}\binom{2m}{m} \doteq \frac{1}{\sqrt{\pi}\sqrt{m}}.$$

Obwohl ein Ergebnis mit einer gleichen Anzahl von "Zahl" und "Wappen" wahrscheinlicher ist als jedes andere Ergebnis, wird seine Wahrscheinlichkeit für $m \to \infty$ dennoch beliebig klein, da die Anzahl der möglichen Ergebnisse sehr rasch (wie 2^{2m}) anwächst.

2.2.5 Beispiel: Aus den Zahlen $1, \ldots, n$ kann man nach (2.1.5) n^k verschiedene k-tupel bilden. Sei $k \in \{1, \ldots, n\}$. Die Anzahl der k-tupel, die aus lauter verschiedenen Zahlen bestehen, ist nach (2.1.1) gleich $(n)_k$. Die Wahrscheinlichkeit eines k-tupels aus lauter verschiedenen Zahlen ist also gleich $n^{-k}(n)_k$.

Eine Reihe von Beispielen läßt sich damit behandeln.

Das triviale Beispiel: Wie groß ist die Wahrscheinlichkeit, daß 3 geworfene Würfel alle eine verschiedene Augenzahl zeigen? Antwort: $6^{-3}(6)_3 = 5/9$.

Eine Variante: Wie groß ist die Wahrscheinlichkeit, daß bei 3 nacheinander geworfenen Würfeln die Augenzahl sukzessive ansteigt? Hier wird also zusätzlich verlangt, daß die Zahlen in einer bestimmten Reihenfolge auftreten. Von den 3! Anordnungen eines Tripels aus verschiedenen Zahlen erfüllt nur eine die Bedingung des Ansteigens. Die Anzahl der ansteigenden Tripel ist also $(6)_3/3! = \binom{6}{3}$, die Wahrscheinlichkeit gleich $6^{-3}\binom{6}{3} = 5/54$.

Mit den eingangs angestellten Überlegungen läßt sich auch folgende Aufgabe lösen: k Kugeln werden auf n ($\geq k$) Fächer verteilt (so daß jede Kugel mit gleicher Wahrscheinlichkeit in jedes Fach kommt, unabhängig davon, ob das Fach bereits besetzt ist oder nicht). Wie groß ist die Wahrscheinlichkeit, daß es Fächer mit mehr als einer Kugel gibt?

Wir denken uns die Fächer von 1 bis n durchnumeriert. Die Anzahl der Zuordnungen, bei denen auf jedes Fach nur eine Kugel entfällt, ist dann gleich der Anzahl der k-tupel aus verschiedenen Ziffern, also gleich $(n)_k$. Die Anzahl der Aufteilungen, bei denen es Fächer gibt, die mehr als eine Kugel enthalten, ist also $n^k - (n)_k$; die Wahrscheinlichkeit einer solchen Aufteilung daher $1 - \frac{(n)_k}{n^k}$.

Die Frage nach der Wahrscheinlichkeit, daß mindestens 1 Fach leer bleibt, wird in Beispiel 2.3.9 beantwortet.

Spezielle Interpretationen dieser Aufgabenstellung sind:

a) Ein Haus besitzt n Stockwerke. Ein Aufzug befördert $k \leqq n$ Personen aufwärts. Die Wahrscheinlichkeit, daß eine Person in einem bestimmten Stockwerk aussteigt, sei für alle Stockwerke gleich groß. Wie groß ist die Wahrscheinlichkeit, daß mindestens 2 Personen im gleichen Stockwerk aussteigen?

Lösung: $1 - \frac{(n)_k}{n^k}$. Dies folgt direkt aus der vorherigen Aufgabe. (Die Kugeln entsprechen den Personen, die Fächer den Stockwerken.)

b) Eine Gesellschaft besteht aus k Personen. Wie groß ist die Wahrscheinlichkeit, daß mindestens 2 Personen am gleichen Tag Geburtstag haben?

Wir nehmen näherungsweise an, daß jeder Tag des Jahres mit gleicher Wahrscheinlichkeit als Geburtstag vorkommt, und vernachlässigen das Auftreten von Schaltjahren. Dann liegt wieder die gleiche Problemstellung vor. (Die Kugeln entsprechen den Personen, die Fächer den Tagen). Wir erhalten daher für die gesuchte Wahrscheinlichkeit $1 - \frac{(365)_k}{365^k}$.

Diese Wahrscheinlichkeit steigt mit k monoton an. Für $k = 3$ beträgt sie ca. 0,008, ab $k = 23$ ist sie größer als $\frac{1}{2}$. Demnach ist es wahrscheinlicher, daß in einer Schulklasse aus 23 Kindern mindestens 2 Kinder am gleichen Tag Geburtstag haben, als daß alle Kinder an verschiedenen Tagen Geburtstag haben.

Daß die Wahrscheinlichkeit für lauter verschiedene Geburtstage mit steigender Anzahl der Personen sehr rasch klein wird, kann man sich so überlegen: Aus der geometrisch-arithmetischen Ungleichung, $\left(\prod_1^n a_k\right)^{1/n} \leqq \frac{1}{n}\sum_1^n a_k$, folgt:

$$\prod_1^n \left(1 - \frac{k}{365}\right) \leqslant \left(\frac{1}{n}\sum_1^n \left(1 - \frac{k}{365}\right)\right)^n$$
$$= \left(1 - \frac{n+1}{730}\right)^n < \exp\left[-\frac{n(n+1)}{730}\right].$$

Die Anzahl n der Personen geht im Exponenten also quadratisch ein.

Möchte man wissen, wie wahrscheinlich es ist, daß einer der $k-1$ Gäste am gleichen Tag Geburtstag hat wie die Gastgeberin, so ist das obige Modell nicht mehr anwendbar. In diesem Fall ergibt sich für die Anzahl der "günstigen" Fälle: $365^{k-1} - 364^{k-1}$, wobei die Anzahl der Möglichkeiten 365^{k-1} beträgt. (Vgl. hierzu Beispiel 2.2.1.) Daher ist die gesuchte Wahrscheinlichkeit:

$$1 - \left(\frac{364}{365}\right)^{k-1}.$$

Erwartungsgemäß ist dieser Wert für $k \geqq 3$ kleiner als die obige Wahrscheinlichkeit. Für $k = 2$ sind beide Wahrscheinlichkeiten notwendigerweise identisch.

2.2.6 Beispiel: Bei der Glücksspirale der Olympialotterie 1971 wurden die 7-ziffrigen Gewinnzahlen auf folgende Art ermittelt: Aus einer Trommel, welche je 7 Kugeln mit den Ziffern 0, ..., 9 enthielt, wurden nach Durchmischen 7 Kugeln entnommen und deren Ziffern in der Reihenfolge des Ziehens zu einer Zahl angeordnet.

Wir zeigen, daß die Gewinn-Wahrscheinlichkeiten der einzelnen (gleich teuren!) Lose verschieden sind.

Die Aufgabe wird in ihrer Struktur leichter durchschaubar, wenn wir sie verallgemeinern: Jede der Ziffern $0, \ldots, 9$ sei m-fach in der Trommel enthalten; es werden $k \leqq m$ Kugeln gezogen. Dabei sei $k \leqq 10$. Wir zeigen, daß bei dieser Ziehung die Zahl $(0, 1, \ldots, k-1)$ mit größerer Wahrscheinlichkeit vorkommt als die Zahl $(0, 0, \ldots, 0)$.

Da die Trommel $10m$ Kugeln enthält und die Reihenfolge des Ziehens berücksichtigt wird, ist die Anzahl der möglichen Ziehungsergebnisse nach (2.1.1) gleich $(10m)_k$.

Die Anzahl der für $(0, 0, \ldots, 0)$ günstigen Ergebnisse entspricht der Anzahl der k-tupel, die aus der aus den m Nullen bestehenden Teilmenge gebildet werden können, also (nach (2.1.1)) $(m)_k$.

Die Anzahl der Ergebnisse, die zu der Zahl $(0, 1, \ldots, k-1)$ führen, beträgt m^k (da für jede der k Stellen m Kugeln zur Auswahl stehen).

Somit erhalten wir für $(0, 0, \ldots, 0)$ die Wahrscheinlichkeit $(m)_k/(10m)_k$, für $(0, 1, \ldots, k-1)$ die Wahrscheinlichkeit $m^k/(10m)_k$.

Für $k = m = 7$ ergeben sich daraus angenähert die Werte $8{,}3 \cdot 10^{-10}$ bzw. $1{,}4 \cdot 10^{-7}$.

2.2.7 Beispiel: Ein Glücksspiel habe die möglichen Ergebnisse $1, \ldots, n$, die alle gleich wahrscheinlich sind. Das Spiel wird so oft unabhängig wiederholt, bis die Summe der Ergebnisse größer als n ist. Gesucht ist die Wahrscheinlichkeit, daß dies beim k. Versuch eintritt.

Für $1 \leqq k \leqq m \leqq n$ bezeichne $q_k(m)$ die Wahrscheinlichkeit, daß die Summe nach k Versuchen gleich m ist. Dies ist genau dann der Fall, wenn die Summe nach $k-1$ Versuchen gleich $\mu \in \{k-1, \ldots, m-1\}$ und das Ergebnis des k. Versuchs gleich $m - \mu$ ist. Daraus ergibt sich für $k = 2, \ldots, m$ folgende Rekursionsformel:

$$q_k(m) = \frac{1}{n} \sum_{\mu=k-1}^{m-1} q_{k-1}(\mu).$$

Da $q_1(m) = \frac{1}{n}$, folgt durch Induktion über k

$$q_k(m) = n^{-k} \binom{m-1}{k-1}$$

(mit Hilfe der Relation $\sum_{\nu=r}^{m} \binom{\nu}{r} = \binom{m+1}{r+1}$).

Die Wahrscheinlichkeit, daß die Summe beim $(k-1)$. Versuch höchstens n ist, ist daher $\sum_{m=k-1}^{n} q_{k-1}(m) = n^{-(k-1)} \binom{n}{k-1}$; die gesuchte Wahrscheinlichkeit, daß die Summe n genau beim k. Versuch überschritten wird, ist also

$$n^{-(k-1)} \binom{n}{k-1} - n^{-k} \binom{n}{k} = (k-1) n^{-k} \binom{n+1}{k}$$

(also mehr als $\frac{1}{2}$ beim 2. Versuch). Daraus ergibt sich die durchschnittliche Dauer des Spiels als

$$\sum_{k=2}^{n+1} k(k-1) n^{-k} \binom{n+1}{k} = \left(1 + \frac{1}{n}\right)^n \doteq e$$

für große n.

2.2.8 Beispiel: Von den Zahlen $1, \ldots, n$ werden k zufällig gezogen (mit Zurücklegen). Sei m_k die größte Zahl unter den k gezogenen. Man bestimme den Erwartungswert von m_k.

Die Wahrscheinlichkeit für $m_k \leqq m$ ist gleich der Wahrscheinlichkeit, daß k-mal eine Zahl aus $\{1, \ldots, m\}$ gezogen wird, also gleich $\left(\frac{m}{n}\right)^k$. Die Wahrscheinlichkeit für $m_k = m$ ist daher $\left(\frac{m}{n}\right)^k - \left(\frac{m-1}{n}\right)^k$.

Der Erwartungswert von m_k ist nach Proposition 6.2.10 gleich

$$\sum_{m=1}^{n} P\{m_k \geqq m\} = \sum_{m=0}^{n-1} P\{m_k > m\}$$
$$= n - \sum_{m=0}^{n-1} P\{m_k \leqq m\} = n - \sum_{m=0}^{n-1} \left(\frac{m}{n}\right)^k.$$

Für $n \to \infty$ gilt $\frac{1}{n}\sum_{m=0}^{n-1}\left(\frac{m}{n}\right)^k \to \int_0^1 x^k\,dx = \frac{1}{k+1}$, also $\frac{1}{n}\sum_{m=1}^{n} P\{m_k \geqq m\} \to 1 - \frac{1}{k+1} = \frac{k}{k+1}$. Daher verhält sich der Erwartungswert der größten unter den k gezogenen Zahlen für $n \to \infty$ asymptotisch wie $n\frac{k}{k+1}$.

2.2.9 Beispiel: Eine auf Pólya (1930) zurückgehende Aufgabenstellung lautet: Bei jedem Experiment wird von den Zahlen $1, \ldots, n$ eine zufällig ausgewählt. Liegt das Ergebnis des 1. Experiments vor, so kann das 2. Experiment entweder dieselbe oder eine andere Zahl ergeben. m_1 sei die Anzahl der Experimente, die benötigt werden, um eine neue Zahl zu erhalten. Allgemein: Es wurden bereits k verschiedene Zahlen gezogen. m_k sei die Anzahl der Experimente, die benötigt werden, um eine neue Zahl zu erhalten. m_k ist zufallsabhängig. Gesucht ist die Verteilung von m_k und deren Erwartungswert.

Liegen bereits k Zahlen vor, dann ist die Wahrscheinlichkeit, beim nächsten Experiment eine neue Zahl zu erhalten, gleich $(n-k)/n$. Es gilt $m_k = m$, wenn $(m-1)$-mal keine neue und dann beim m. Experiment eine neue Zahl gezogen wird. Die Wahrscheinlichkeit hierfür beträgt

$$\left(\frac{k}{n}\right)^{m-1}\left(1 - \frac{k}{n}\right).$$

Der Erwartungswert für die Anzahl der Experimente bis zum Auftreten einer neuen Zahl ist also

$$\sum_{m=1}^{\infty} m\left(\frac{k}{n}\right)^{m-1}\left(1 - \frac{k}{n}\right) = \frac{n}{n-k}$$

(zur Definition vgl. (6.2.2)).

Die Gesamtanzahl der Experimente bis zum Auftreten der k. Zahl beträgt $1 + \sum_{\nu=1}^{k-1} m_\nu$, deren Erwartungswert also $n\sum_{\nu=0}^{k-1}\frac{1}{n-\nu}$. Der Erwartungswert für die Anzahl der Experimente bis zum Vorliegen aller n Zahlen ist demnach $n\sum_{\nu=0}^{n-1}\frac{1}{n-\nu}$. Die Größe verhält sich asymptotisch für $n \to \infty$ wie $n \log n$.

Das Beachtenswerte an diesem Beispiel: Die Anzahl der Experimente, die man benötigt, um alle n Zahlen zu erhalten, ist sehr ungleichmäßig verteilt. Man erhält die erste Hälfte der Zahlen im Durchschnitt nach

$n \sum_{\nu=0}^{\frac{n}{2}-1} \frac{1}{n-\nu} \doteq n \log 2$ Experimenten; für die restliche Hälfte wird dann eine wesentlich größere Anzahl von Experimenten, nämlich $n \sum_{\nu=\frac{n}{2}}^{n-1} \frac{1}{n-\nu} \doteq n \log \frac{n}{2}$, benötigt.

Eine beliebte Interpretation dieses Zufallsexperiments ist das Sammeln von Coupons, oder das Notieren von Autonummern.

2.3 Die Einschluß-Ausschluß-Formel

In diesem Abschnitt bringen wir die Einschluß-Ausschluß-Formel und einige Beispiele für deren Anwendung.

Gegeben sei eine Grundmenge X und ein System von endlich vielen Teilmengen A_i, $i = 1, \ldots, n$. Wir betrachten die Mengen der Form $\bigcap_1^n A_i^{\delta_i}$ mit $(\delta_1, \ldots, \delta_n) \in \{0,1\}^n$, wobei $A_i^1 := A_i$ und $A_i^0 := X$. Jeder Menge $\bigcap_1^n A_i^{\delta_i}$ sei ein "Inhalt" $M\left(\bigcap_1^n A_i^{\delta_i}\right)$ zugeordnet, der auf dem System dieser Mengen additiv ist. $M\left(\bigcap_1^n A_i^{\delta_i}\right)$ kann beispielsweise interpretiert werden als die Wahrscheinlichkeit der Menge $\bigcap_1^n A_i^{\delta_i}$ oder – bei einer endlichen Grundmenge X – als die Anzahl der Elemente der Menge $\bigcap_1^n A_i^{\delta_i}$.

Die Einschluß-Ausschluß-Formel gestattet es, $M\left(\bigcup_1^n A_i\right)$ darzustellen mit Hilfe der Größen $M\left(\bigcap_1^n A_i^{\delta_i}\right)$, $(\delta_1, \ldots, \delta_n) \in \{0,1\}^n$.

Für den Fall $n = 2$ ist dies die Formel

(2.3.1) $$M(A_1 \cup A_2) = M(A_1) + M(A_2) - M(A_1 \cap A_2).$$

Für $n = 3$ lautet die Einschluß-Ausschluß-Formel

(2.3.2) $$\begin{aligned} M(A_1 \cup A_2 \cup A_3) = {} & (M(A_1) + M(A_2) + M(A_3)) \\ & - (M(A_1 \cap A_2) + M(A_1 \cap A_3) + M(A_2 \cap A_3)) \\ & + M(A_1 \cap A_2 \cap A_3). \end{aligned}$$

Der Fall $n = 3$ läßt sich wie folgt veranschaulichen: Die Ziffern im Bild auf Seite 36 geben an, wie oft die jeweilige Menge in dem linksstehenden Ausdruck gezählt wird.

$M(A_1) + M(A_2) + M(A_3)$

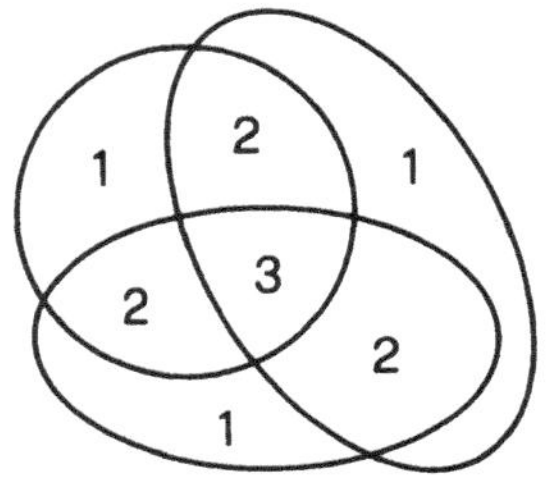

$M(A_1 \cap A_2) + M(A_1 \cap A_3) + M(A_2 \cap A_3)$

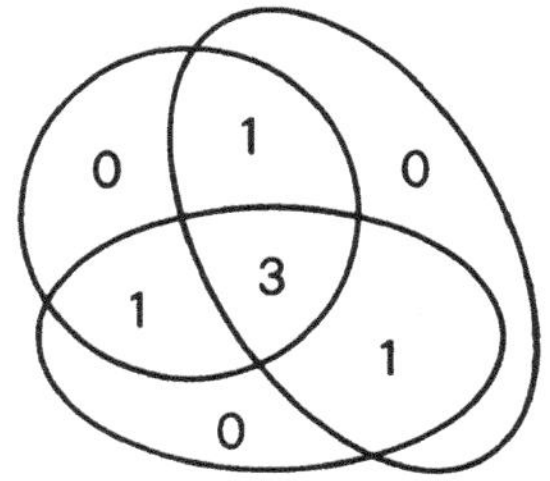

$M(A_1 \cap A_2 \cap A_3)$

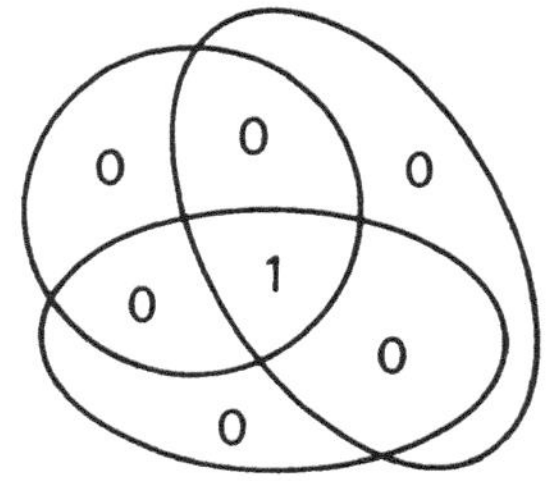

Für beliebiges n lautet die *Einschluß-Ausschluß-Formel*

$$(2.3.3) \qquad M\left(\bigcup_{1}^{n} A_i\right) = \sum (-1)^{1+\sum_{1}^{n} \delta_i} M\left(\bigcap_{1}^{n} A_i^{\delta_i}\right),$$

wobei sich die Summation über alle $(\delta_1, \ldots, \delta_n) \in \{0, 1\}^n$ mit $(\delta_1, \ldots, \delta_n\} \neq (0, \ldots, 0)$ erstreckt.

Wir beweisen (2.3.3) durch vollständige Induktion nach n. Für $n = 2$ reduziert sich (2.3.3) auf die evidente Formel (2.3.1). Gilt (2.3.3) für ein $n \geqq 2$, so erhalten wir aus (2.3.1)

$$(2.3.4) \qquad M\left(\left(\bigcup_{1}^{n} A_i\right) \cup A_{n+1}\right) = M\left(\bigcup_{1}^{n} A_i\right) + M(A_{n+1}) - M\left(\left(\bigcup_{1}^{n} A_i\right) \cap A_{n+1}\right).$$

Nach Induktionsvoraussetzung gilt (mit Summen über alle $(\delta_1, \ldots, \delta_n) \in \{0, 1\}^n$,

$(\delta_1, \ldots, \delta_n) \neq (0, \ldots, 0))$

(2.3.5) $$M\left(\bigcup_1^n A_i\right) = \sum (-1)^{1+\sum_1^n \delta_i} M\left(\left(\bigcap_1^n A_i^{\delta_i}\right) \cap A_{n+1}^0\right)$$

und

(2.3.6) $$M\left(\left(\bigcup_1^n A_i\right) \cap A_{n+1}\right) = M\left(\bigcup_1^n (A_i \cap A_{n+1})\right)$$

$$= \sum (-1)^{1+\sum_1^n \delta_i} M\left(\left(\bigcap_1^n A_i^{\delta_i}\right) \cap A_{n+1}^1\right),$$

da für $(\delta_1, \ldots, \delta_n) \neq (0, \ldots, 0)$

$$\bigcap_1^n (A_i \cap A_{n+1})^{\delta_i} = \left(\bigcap_1^n A_i^{\delta_i}\right) \cap A_{n+1}^1.$$

Aus (2.3.4)–(2.3.6) folgt (2.3.3) für $n + 1$.

Für die Kombinatorik besonders wichtig ist der Spezialfall, daß $M\left(\bigcap_1^n A_i^{\delta_i}\right)$ nur von $\sum_1^n \delta_i$ abhängt, also:

(2.3.7) $$M\left(\bigcap_1^n A_i^{\delta_i}\right) = c\left(\sum_1^n \delta_i\right).$$

(Dies bedeutet, daß der Inhalt eines Durchschnitts $A_{i_1} \cap \cdots \cap A_{i_m}$ nur von der A n z a h l m der Mengen abhängt.)

Da die Anzahl der n-tupel $(\delta_1, \ldots, \delta_n) \in \{0, 1\}^n$ mit $\sum_1^n \delta_i = m$ gleich $\binom{n}{m}$ ist, vereinfacht sich (2.3.3) in diesem Spezialfall zu

(2.3.8) $$M\left(\bigcup_1^n A_i\right) = \sum_{m=1}^n (-1)^{1+m} \binom{n}{m} c(m).$$

2.3.9 Beispiel: k Kugeln werden derart auf n Fächer verteilt, daß jede Kugel mit gleicher Wahrscheinlichkeit in jedes Fach kommen kann, unabhängig davon, ob dieses Fach bereits besetzt ist oder nicht.

Wie groß ist die Wahrscheinlichkeit, daß mindestens 1 Fach leer bleibt?

Wir denken uns die Fächer von $1, \ldots, n$ durchnumeriert. Für $i \in \{1, \ldots, n\}$ bezeichne A_i die Menge jener Zuordnungen (der Kugeln zu den Fächern), bei denen das i. Fach leer bleibt. Die Anzahl der Zuordnungen in A_i ist $M(A_i) = (n-1)^k$, für $i = 1, \ldots, n$. Allgemein gilt für die Anzahl der Zuordnungen, bei denen die Fächer $i_1, \ldots, i_m$ leer bleiben:

$$M(A_{i_1} \cap \cdots \cap A_{i_m}) = (n - m)^k.$$

Nach der Einschluß-Ausschluß-Formel in der vereinfachten Version (2.3.8) ist die Anzahl der Zuordnungen, bei denen mindestens ein Fach leer bleibt,

$$M\left(\bigcup_1^n A_i\right) = \sum_{m=1}^n (-1)^{1+m}\binom{n}{m}(n-m)^k.$$

Da die Anzahl der möglichen Zuordnungen insgesamt n^k ist, erhalten wir als Wahrscheinlichkeit dafür, daß mindestens ein Fach leer bleibt, den Wert

$$n^{-k}M\left(\bigcup_1^n A_i\right) = \sum_{m=1}^n (-1)^{1+m}\binom{n}{m}\left(1-\frac{m}{n}\right)^k.$$

Eine Reihe von Beispielen gleichartiger Struktur läuft unter dem Schlagwort "Rencontre". Die ursprüngliche Problemstellung geht auf de Montmort (1713) zurück:

Jeder von n Spielern erhält eine der Nummern $1, \ldots, n$ zugeteilt. Dann wird ein Satz von Karten mit den Nummern $1, \ldots, n$ zufällig auf die n Spieler aufgeteilt. Wie groß ist die Wahrscheinlichkeit, daß mindestens ein Spieler die Karte mit seiner eigenen Nummer zugeteilt erhält?

Varianten dieser Fragestellung gibt es in zahllosen Einkleidungen, etwa der folgenden Art:

a) n Briefe werden zufällig in n Kuverts gesteckt. Wie groß ist die Wahrscheinlichkeit, daß mindestens einer der Briefe in das richtige Kuvert kommt?

b) n Paare besuchen eine Party. Für ein Tanzspiel werden die Tanzpartner ausgelost. Wie groß ist die Wahrscheinlichkeit dafür, daß dabei mindestens eines der Paare zusammentrifft?

c) n Teilnehmer einer Party bringen je 1 Geschenk mit. Die Geschenke werden durch Los auf die n Teilnehmer verteilt. Wie groß ist die Wahrscheinlichkeit, daß mindestens ein Teilnehmer sein eigenes Geschenk zurückerhält?

Wir behandeln diese Aufgaben in der ursprünglichen Fassung von de Montmort. Das Ergebnis des Zufallsexperiments ist eine Permutation $(v_1, \ldots, v_n)$ der Zahlen $\{1, \ldots, n\}$. Alle Permutationen sind gleich wahrscheinlich. Für $i \in \{1, \ldots, n\}$ bezeichne A_i die Menge aller Permutationen, bei denen $v_i = i$. Die Anzahl dieser Permutationen ist $(n-1)!$ Die Anzahl der Permutationen in $A_{i_1} \cap A_{i_2} (i_1 \neq i_2)$ ist $(n-2)!$ usw. Allgemein ist die Anzahl der Permutationen in $A_{i_1} \cap \cdots \cap A_{i_m}$

$$M(A_{i_1} \cap \cdots \cap A_{i_m}) = (n-m)!$$

Nach der Einschluß-Ausschluß-Formel in der speziellen Form (2.3.8) ist die Anzahl der Permutationen, bei denen mindestens eine Zahl auf ihrem ursprünglichen Platz bleibt, gleich

$$M\left(\bigcup_1^n A_i\right) = \sum_{m=1}^n (-1)^{1+m}\binom{n}{m}(n-m)! = n! \sum_1^n (-1)^{1+m}\frac{1}{m!}.$$

Da es insgesamt $n!$ Permutationen gibt, ist die Wahrscheinlichkeit einer Permutation, bei der mindestens eine Zahl auf ihrem ursprünglichen Platz bleibt, gleich

$$\frac{1}{n!} M\left(\bigcup_1^n A_i\right) = \sum_1^n (-1)^{1+m} \frac{1}{m!}.$$

Für große n ist dies etwa $1 - e^{-1} \doteq 0{,}63$.

Eine Variante dieses Beispiels: An einer Theatergarderobe werden nach Ende der Vorstellung zunächst die Mäntel und anschließend (unabhängig davon) die Hüte zufällig zurückgegeben. Wir bestimmen die Wahrscheinlichkeit, daß keiner der Besucher beide Kleidungsstücke (sowohl den eigenen Mantel als auch den eigenen Hut) zurückerhält.

Wie oben überlegt man sich, daß es $n!$ mögliche Zuordnungen der Mäntel und $n!$ mögliche Zuordnungen der Hüte, insgesamt also $(n!)^2$ mögliche Zuordnungen der Mäntel und Hüte gibt. Sei A_i die Menge jener Zuordnungen, bei denen die i. Person sowohl den eigenen Mantel als auch den eigenen Hut erhält. Die Anzahl dieser Zuordnungen ist $((n-1)!)^2$. Allgemein ist die Anzahl der Zuordnungen in $A_{i_1} \cap \cdots \cap A_{i_m}$ gleich $((n-m)!)^2$, also

$$M(A_{i_1} \cap \cdots \cap A_{i_m}) = ((n-m)!)^2.$$

Somit erhalten wir aus der Einschluß-Ausschluß-Formel (2.3.8) für die Anzahl der Zuordnungen, bei denen mindestens eine Person Hut und Mantel zurückerhält, den Wert

$$M\left(\bigcup_1^n A_i\right) = \sum_{m=1}^n (-1)^{1+m} \binom{n}{m} ((n-m)!)^2$$
$$= n! \sum_{m=1}^n (-1)^{1+m} \frac{(n-m)!}{m!}.$$

Da es insgesamt $(n!)^2$ mögliche Zuordnungen gibt, ist die Wahrscheinlichkeit gleich

$$(n!)^{-2} M\left(\bigcup_1^n A_i\right) = \frac{1}{n!} \sum_{m=1}^n (-1)^{1+m} \frac{(n-m)!}{m!}.$$

Dies ist ein Wert, der mit wachsendem n gegen 0 konvergiert. Die Wahrscheinlichkeit, daß keine der Personen beide Kleidungsstücke zurückerhält, konvergiert also gegen 1.

2.4 Die Hypergeometrische Verteilung

Ein Los der Größe N enthält K defekte Stücke. Es wird eine Stichprobe vom Umfang n entnommen. Wie groß ist die Wahrscheinlichkeit, daß diese Stichprobe k defekte Stücke enthält?

Die Anzahl der möglichen Stichproben vom Umfang n ist $\binom{N}{n}$. Wir setzen voraus, daß die Entnahme der Stichprobe in der Weise erfolgt, daß jede der $\binom{N}{n}$ Stichproben die gleiche Wahrscheinlichkeit hat.

Wieviele von diesen Stichproben sind "günstig", d.h. enthalten genau k defekte Stücke? Zu diesem Zweck denken wir uns die Stücke des Loses so durchnumeriert, daß zuerst die K defekten, dann die $N-K$ nicht defekten Stücke vorkommen:

$$1, 2, \ldots, K, K+1, \ldots, N.$$

Das Ziehen der Stichprobe veranschaulichen wir uns dadurch, daß wir n Kugeln auf N Fächer verteilen (höchstens eine Kugel pro Fach). Einer Stichprobe mit k defekten Stücken entspricht eine Aufteilung, bei der k Kugeln auf die Fächer $1, 2, \ldots, K$ entfallen (Anzahl der Möglichkeiten: $\binom{K}{k}$), und $n-k$ Kugeln auf die Fächer $K+1, \ldots, N$ (Anzahl der Möglichkeiten: $\binom{N-K}{n-k}$). Da jede der möglichen Aufteilungen auf die Fächer $1, \ldots, K$ mit jeder der möglichen Aufteilungen auf die Fächer $K+1, \ldots, N$ kombiniert werden kann, ist die Gesamtanzahl der Stichproben vom Umfang n mit k defekten Stücken gleich

$$\binom{K}{k}\binom{N-K}{n-k}.$$

Zur Probe:

$$\text{(2.4.1)} \qquad \sum_{k=0}^{n} \binom{K}{k}\binom{N-K}{n-k} = \binom{N}{n}.$$

Die Wahrscheinlichkeit von k defekten Stücken in einer Stichprobe vom Umfang n ist demnach

$$\text{(2.4.2)} \qquad H_{N,K,n}\{k\} = \frac{\binom{K}{k}\binom{N-K}{n-k}}{\binom{N}{n}}, \qquad k = 0, 1, \ldots, n.$$

(Falls $K < n$, ist $H_{N,K,n}\{k\} = 0$ für $k \in \{K+1, \ldots, n\}$.) Aus (2.4.1) folgt sofort:

$$\sum_{k=0}^{n} H_{N,K,n}\{k\} = 1.$$

Die Hypergeometrische Verteilung $H_{N,K,n}$ gibt die Wahrscheinlichkeit an, mit der die Zufallsvariable k die Werte $0, 1, \ldots, n$ annimmt. Die Zahlen N, K,

n sind Parameter, die die Verteilung bestimmen. Es gibt also nicht eine Hypergeometrische Verteilung, sondern eine Familie solcher Verteilungen, die sich durch die Parameter N, K, n unterscheiden.

2.4.3 Beispiel: Ein Los vom Umfang $N = 1\,000$ darf laut Liefervertrag höchstens 2% Ausschuß enthalten. Es wird folgendes Prüfverfahren vorgeschlagen: Das Los wird zurückgewiesen, wenn eine Stichprobe vom Umfang $n = 10$ (ein oder mehr) defekte Stücke enthält. Ist dieses Prüfverfahren brauchbar?

Wir berechnen die Wahrscheinlichkeit, daß ein Los, welches den Lieferbedingungen entspricht, zurückgewiesen wird. Das Los entspricht den Lieferbedingungen, solange $K \in \{0, 1, \ldots, 20\}$. Die Wahrscheinlichkeit, daß ein Los mit K defekten Stücken zurückgewiesen wird, ist

$$\begin{aligned} &H_{1000,K,10}\{1, 2, \ldots, 10\} \\ &= 1 - H_{1000,K,10}\{0\} \\ &= 1 - \frac{\binom{K}{0}\binom{1\,000 - K}{10}}{\binom{1\,000}{10}}. \end{aligned}$$

Für $K = 20$ (ein Los, das gerade noch den Lieferbedingungen entspricht), ergibt sich die Ablehnwahrscheinlichkeit $\doteq 0{,}18$, im allgemeinen ein zu hoher Wert.

Es ist plausibel, daß die Ablehnwahrscheinlichkeit für ein besseres Los (d.h. eines mit $K < 20$) kleiner ist. Vernünftige Prüfpläne haben Ablehnbereiche der Form $\{m + 1, \ldots, n\}$. (Das Los wird zurückgewiesen, wenn die Anzahl der defekten Stücke in der Stichprobe einen kritischen Wert m überschreitet.) Daß $H_{N,K,n}\{m + 1, \ldots, n\}$ tatsächlich eine monoton steigende Funktion von K ist, folgt daraus, daß $H_{N,K_2,n}$ für $K_2 > K_1$ einen steigenden Dichtequotienten bezüglich $H_{N,K_1,n}$ besitzt. (Vgl. Proposition 6.5.9 und die darauf folgenden Bemerkungen.)

2.4.4 Beispiel: Um die Auswahl von Geschworenen vorzubereiten, werden in den USA an die in Betracht kommenden Personen (Alter über 21) Fragebögen verschickt. Aus den retournierten Fragebögen wird dann eine endgültige Liste zusammengestellt, aus der im Bedarfsfall die Geschworenen ausgewählt werden. In mehreren Fällen wurden solche Listen wegen des Verdachtes der Rassendiskriminierung angefochten.

Hier ein konkreter Fall: Unter 7374 retournierten Fragebögen stammten 1015 von Schwarzen. Die endgültige Liste von 400 Personen enthielt nur 27 Schwarze. Kann eine so kleine Zahl rein zufällig zustande gekommen sein? Die Antwort des Statistikers: Nein. Die Wahrscheinlichkeit für 27 oder noch weniger Schwarze in der Liste beträgt

$$\sum_{k=0}^{27} H_{7324,1015,400}\{k\} \doteq 0{,}4 \cdot 10^{-5}.$$

Weitere Fälle dieser Art werden in dem Buch von Finkelstein und Levin (1990) besprochen.

3. Induzierte Maße

3.1 Grundbegriffe

Seien $x_1, x_2, \ldots$ die Ergebnisse unabhängiger Wiederholungen eines Zufallsexperiments, das durch ein *W*-Maß P gesteuert wird. Wenn wir uns nicht für die Ergebnisse $x_1, x_2, \ldots$ selbst, sondern für eine gewisse Funktion derselben, etwa $f(x_1), f(x_2), \ldots$, interessieren, liegt ebenfalls eine Folge von Ergebnissen unabhängiger Wiederholungen eines "transformierten" Zufallsexperiments vor. Durch welches *W*-Maß können wir dieses "transformierte" Zufallsexperiment beschreiben?

Wenn die Funktion f ihre Werte in einem Raum Y annimmt, ist $f(X)$ die Menge der möglichen Ergebisse dieses "transformierten" Zufallsexperiments. Wie groß ist die Wahrscheinlichkeit dafür, daß das Ergebnis $f(x)$ in eine bestimmte Menge $B \subset Y$ fällt? Dies trifft zu für jene x, für die $f(x) \in B$, d.h. für die x in der Menge $f^{-1}B \subset X$ liegt. Wir können dieser Menge eine Wahrscheinlichkeit zuordnen, falls sie im Definitionsbereich von P liegt, d.h. wenn $f^{-1}B \in \mathscr{A}$. Ist die Funktion $f\colon (X, \mathscr{A}) \to (Y, \mathscr{B})$ meßbar, dann ist dies (nach Definition) für alle Mengen $B \in \mathscr{B}$ der Fall. Wir definieren dann das durch $P|\mathscr{A}$ und die meßbare Funktion f *induzierte W-Maß*, $P * f|\mathscr{B}$, durch

(3.1.1) $$P * f(B) := P(f^{-1}B), \qquad B \in \mathscr{B}.$$

Ist beispielsweise P ein *W*-Maß auf $\mathbb{B}^n$ und $f\colon \mathbb{R}^n \to \mathbb{R}^m$ eine Borel-meßbare Funktion, dann ist $P * f$ für alle Borel-Mengen $\mathbb{B}^m$ definiert.

3.1.2 Satz: *Die durch* (3.1.1) *definierte Funktion* $P * f|\mathscr{B}$ *ist ein W-Maß.*

Beweis:

1) $P * f(B) \geqq 0$ für alle $B \in \mathscr{B}$.
2) $P * f(Y) = 1$, da $f^{-1}Y = X$.
3) Sind $B_k \in \mathscr{B}$, $k \in \mathbb{N}$, paarweise disjunkt, so sind auch $f^{-1}B_k$, $k \in \mathbb{N}$, paarweise disjunkt (denn $x \in f^{-1}B' \cap f^{-1}B''$ bedeutet $f(x) \in B' \cap B''$), so daß

$$P * f\left(\bigcup_1^\infty B_k\right) = P\left(f^{-1}\left(\bigcup_1^\infty B_k\right)\right) = P\left(\bigcup_1^\infty f^{-1}B_k\right)$$
$$= \sum_1^\infty P(f^{-1}B_k) = \sum_1^\infty P * f(B_k). \qquad \square$$

Zur Veranschaulichung von $P * f$ können wir wieder die Häufigkeitsinterpretation heranziehen: Aus einer langen Serie von Ergebnissen x_ν, $\nu = 1, 2, \ldots$, eines von P gesteuerten Zufallsexperiments berechnen wir die relative Häufigkeit, mit der $f(x_\nu)$ in $B \subset Y$ liegt. Diese approximiert die Wahrscheinlichkeit $P * f(B)$. Eine weitere Möglichkeit zur Veranschaulichung bietet die Interpretation als "Massenbelegung". Die Funktion f "transportiert" die im Punkt x gelegene Masse in den Punkt $f(x) \in Y$. Bei diskreten W-Maßen dürfen wir dies wörtlich nehmen. Im allgemeinen Fall können wir nur sagen, daß die in die Menge B transportierte Masse von jenen x herrührt, für die $f(x) \in B$, also die Masse der Menge $f^{-1}B$ ist.

In Abschnitt 1.1 haben wir die anschauliche Sprechweise von der nach P verteilten Zufallsvariablen $\mathbf{x}$ eingeführt. In Weiterführung dieser Sprechweise sprechen wir von der nach $P * f$ verteilten Zufallsvariablen $f(\mathbf{x})$.

Aus technischen Gründen beschränken wir uns in diesem Buch auf W-Maße, die entweder stetig oder diskret sind. Diese Eigenschaften übertragen sich nicht auf die induzierten Maße. Nimmt die Funktion f höchstens abzählbar viele Werte an, dann ist $P * f$ für jedes beliebige W-Maß P diskret. Andererseits folgt selbst für stetige und streng monotone Funktionen f nicht, daß $P * f$ stetig ist, wenn P stetig war. (Es gibt eine streng monotone, stetige und surjektive Funktion $F: \mathbb{R} \to (0, 1)$, deren Ableitung Lebesgue-fast-überall verschwindet (vgl. Hewitt und Stromberg (1965), S. 278, Example (18.8)). Insbesondere ist F eine Verteilungsfunktion, deren Ableitung keine Dichte des zugehörigen W-Maßes ist. Nach Beispiel 3.2.7 hat $R * F^{-1}$ die Verteilungsfunktion F, ist also nicht stetig. Hierbei bezeichnet R die Gleichverteilung über $(0, 1)$.)

Haben wir ein W-Maß $P|\mathscr{A}$ und zwei hintereinander geschaltete meßbare Abbildungen

$$f: (X, \mathscr{A}) \to (Y, \mathscr{B}),$$

$$g: (Y, \mathscr{B}) \to (Z, \mathscr{C}),$$

dann können wir zuerst mittels $P|\mathscr{A}$ und f auf $\mathscr{B}$ das W-Maß $P * f|\mathscr{B}$ induzieren, dann mittels $P * f|\mathscr{B}$ und g das W-Maß $(P * f) * g|\mathscr{C}$. Dabei haben wir nichts anderes getan, als die Wahrscheinlichkeit zuerst von X nach Y, dann von Y nach Z zu transportieren, d.h. wir haben die Abbildung $g \circ f: (X, \mathscr{A}) \to (Z, \mathscr{C})$ ausgeführt. Tatsächlich gilt:

3.1.3 Proposition: $(P * f) * g = P * (g \circ f)$.
Beweis: Für alle $C \in \mathscr{C}$ gilt:

$$(P * f) * g(C) = P * f(g^{-1}C) = P(f^{-1}(g^{-1}C))$$

$$= P((g \circ f)^{-1}C) = P * (g \circ f)(C). \qquad \square$$

Proposition 3.1.3 wird im folgenden immer wieder stillschweigend benutzt, um die Berechnung induzierter Verteilungen zu erleichtern. Soll die von einer Funktion h induzierte Verteilung ermittelt werden, kann es nützlich sein, h

als Kombination geeigneter Abbildungen f, g darzustellen ($h = g \circ f$) und iterativ zuerst $Q = P * f$, dann $M = Q * g$ zu ermitteln. Wegen 3.1.3 gilt $M = P * h$. (Beispiel: $h(x_1, x_2) = x_1^2 + x_2^2$ wird dargestellt vermittels $f(x_1, x_2) = (x_1^2, x_2^2)$ und $g(y_1, y_2) = y_1 + y_2$.) Konkrete Anwendungen finden sich in den Beispielen 3.6.5 und 3.6.7.

Man könnte die Wahrscheinlichkeitsrechnung geradezu charakterisieren durch die Aufgabe, aus gegebenen Wahrscheinlichkeiten induzierte Wahrscheinlichkeiten zu berechnen. Für den Mathematiker besonders reizvoll ist die Aufgabe, Approximationen für induzierte Wahrscheinlichkeiten zu finden, wo diese nicht in durchschaubarer Form ausdrückbar sind. Durch den Einsatz elektronischer Rechenanlagen wird jedoch gerade diese Funktion des Mathematikers entwertet. Eine schwer in den Griff zu bekommende induzierte Verteilung läßt sich durch numerische Integration oder durch Simulation oft genauer und einfacher ermitteln als durch eine mathematisch fundierte Approximation. Nur dort, wo uns die mathematisch fundierte Approximation allgemeine Einsichten erschließt (vgl. Abschnitt 8.1 zum Zentralen Grenzwertsatz), behält sie ihre Berechtigung.

Die mathematischen Hilfsmittel für die Berechnung induzierter Verteilungen werden in den folgenden Abschnitten bereitgestellt.

3.2 Die Berechnung induzierter Maße

Ist das W-Maß P diskret, gilt das gleiche für $P * f$, und wir erhalten $P * f\{y\}$ einfach durch Aufsummieren über die Wahrscheinlichkeiten $P\{x\}$ jener Punkte x, für die $f(x) = y$.

3.2.1 Beispiel: Das ursprüngliche Zufallsexperiment besteht im Werfen von 2 Würfeln. Für jeden Wurf wird die Augensumme berechnet. Wir haben also $X = \{(i, j): i, j \in \{1, \ldots, 6\}\}$, und $f(i, j) = i + j$. Wir können $Y = \{2, 3, \ldots, 12\}$ wählen. Sind alle Würfe gleich wahrscheinlich, d.h. ist P die Gleichverteilung über den 36 Elementen von X, so gilt

$$P * f\{k\} = \frac{1}{36} \# \{(i, j): i, j \in \{1, \ldots, 6\}, i + j = k\},$$

z.B.: $$P * f\{2\} = \frac{1}{36}, \quad P * f\{3\} = \frac{2}{36}.$$

Bei Funktionen $f: X \to \mathbb{R}$ können wir das induzierte W-Maß $P * f$ sofort durch seine Verteilungsfunktion beschreiben: Es gilt

(3.2.2) $$P * f(-\infty, r] = P\{x \in X: f(x) \leqq r\}.$$

3.2.3 Beispiel: Scheibenschießen. Das Ergebnis ist durch ein Zahlenpaar (x, y) beschrieben. Wenn nicht die Verteilung der Ergebnisse (x_ν, y_ν), $\nu = 1, 2, \ldots$, auf der Scheibe, sondern nur die Verteilung der Abstände vom Mittelpunkt der Scheibe interessiert, lauten die transformierten Ergebnisse

$$f(x_\nu, y_\nu) = (x_\nu^2 + y_\nu^2)^{1/2}, \quad \nu = 1, 2, \ldots .$$

Bezeichnen wir die Verteilung der Ergebnisse (x_ν, y_ν) mit P, so erhalten wir für die Verteilung der Abstände vom Mittelpunkt

$$\begin{aligned} P * f[0, r] &= P\{(x, y) \in \mathbb{R}^2 : (x^2 + y^2)^{1/2} \leqq r\} \\ &= P\{(x, y) \in \mathbb{R}^2 : x^2 + y^2 \leqq r^2\}. \end{aligned}$$

Nur für spezielle W-Maße P hat $P * f$ eine Dichte, die in geschlossener Form darstellbar ist. (Siehe Beispiel 3.4.7.)

Ist die Funktion f injektiv und hat P eine Dichte, dann kann man die Dichte von $P * f$ direkt aus der Dichte von P gewinnen (ohne den Umweg über die Verteilungsfunktion). Wir betrachten zunächst Maße auf $\mathbb{B}$.

3.2.4 Proposition: *Sei $P|\mathbb{B}$ ein W-Maß.*

(a) *Ist $f: \mathbb{R} \to \mathbb{R}$ eine monoton steigende und stetige Funktion, dann hat (mit $f(\mathbb{R}) = (a, b)$, $-\infty \leqq a < b \leqq \infty$) $P * f$ die Verteilungsfunktion*

$$y \to \begin{cases} 0 & y \leqq a, \\ F(f^{-1}(y)) & \textit{für } y \in f(\mathbb{R}), \\ 1 & y \geqq b. \end{cases}$$

(b) *Besitzt P eine Dichte p und ist f überall differenzierbar mit nicht verschwindender Ableitung, dann besitzt $P * f$ die Dichte*

$$(3.2.5) \qquad y \to \begin{cases} \dfrac{p(f^{-1}(y))}{|f'(f^{-1}(y))|} & \textit{für } y \in f(\mathbb{R}), \\ 0 & \phantom{\textit{für }} y \notin f(\mathbb{R}). \end{cases}$$

Beweis:

(a) $P * f(-\infty, y] = P\{x \in \mathbb{R}: f(x) \leqq y\} = P(-\infty, f^{-1}(y)] = F(f^{-1}(y))$.

(b) Für wachsendes f folgt (3.2.5) aus (a) durch Differenzieren, für fallendes f hieraus durch Übergang zu $-f$. □

3.2.6 Beispiel: Die Zufallsvariable $\mathbf{x}$ über $\mathbb{R}$ sei verteilt nach einem W-Maß P mit stetiger, streng monotoner Verteilungsfunktion F. Dann ist die Zufallsvariable $F(\mathbf{x})$ gleichverteilt im Intervall $(0, 1)$, da $F(F^{-1}(u)) = u$ für $u \in (0, 1)$.

3.2.7 Beispiel: Ist, umgekehrt, $\mathbf{u}$ gleichverteilt über $(0, 1)$, $G: \mathbb{R} \to (0, 1)$ streng monoton, stetig und surjektiv, dann ist $G^{-1}(\mathbf{u})$ verteilt nach dem W-Maß mit Verteilungsfunktion G.

Proposition 3.2.4, auf $F(x) = x$, $x \in [0,1]$, und $f = G^{-1}$ angewendet, ergibt G als Verteilungsfunktion des induzierten W-Maßes.

Diese Transformation kann verwendet werden, um aus gleichverteilten Zufallszahlen solche mit beliebiger (streng monotoner und stetiger) Verteilungsfunktion zu erhalten: Ist beispielsweise $\mathbf{u}$ gleichverteilt in $(0,1)$, dann ist $-a \log \mathbf{u}$ exponentialverteilt mit Skalen-Parameter a.

Das Ergebnis 3.2.7 läßt sich wie folgt für beliebige Verteilungsfunktionen verallgemeinern: Sei G Verteilungsfunktion eines W-Maßes P und

(3.2.8) $\quad G^{-1}(u) := \inf\{x \in \mathbb{R}: G(x) \geqq u\}, \quad u \in (0,1).$

Wie man (unter Verwendung der rechtsseitigen Stetigkeit von G) leicht nachprüft, gilt $G^{-1}(u) \leqq x$ genau dann, wenn $u \leqq G(x)$. Daher ist die Funktion G^{-1} meßbar, und es gilt für alle $x \in \mathbb{R}$

(3.2.9) $\quad \lambda\{u \in (0,1): G^{-1}(u) \leqq x\} = G(x).$

Das von $\lambda | \mathbb{B} \cap (0,1)$ und G^{-1} induzierte Maß ist also P (auch dann, wenn P nicht stetig ist).

3.2.10 Beispiel: Die Zufallsvariable $\mathbf{x}$ sei verteilt nach $P|\mathbb{B}$ mit Dichte p. Dann hat die Zufallsvariable $a\mathbf{x} + b$, $a \neq 0$, die Dichte

$$y \to \frac{1}{|a|} p\left(\frac{y-b}{a}\right), \qquad y \in \mathbb{R}.$$

3.2.11 Beispiel: Ist $\mathbf{x}$ nicht-negativ mit Dichte p verteilt, dann hat $\mathbf{x}^a$ für $a \neq 0$ die Dichte

$$y \to \frac{1}{|a|} y^{\frac{1-a}{a}} p(y^{\frac{1}{a}}), \qquad y > 0.$$

Nimmt $\mathbf{x}$ auch negative Werte an, dann kann man die Dichte von $|\mathbf{x}|^a$ mittels obiger Formel berechnen, indem man die Dichte auf $[0,\infty)$ und $(-\infty, 0)$ gesondert betrachtet. Besonders einfach ist dies bei W-Maßen, die um 0 symmetrisch sind. Wir erhalten dann für $|\mathbf{x}|^a$ die Dichte

(3.2.12) $$y \to \frac{2}{|a|} y^{\frac{1-a}{a}} p(y^{\frac{1}{a}}), \qquad y > 0.$$

Eine wichtige Anwendung: Für $N_{(0,\sigma^2)}$ hat die Verteilung von $\mathbf{x}^2$ die Dichte

$$y \to \frac{1}{\sqrt{2\pi}\sigma} y^{-1/2} e^{-y/2\sigma^2}, \qquad y > 0.$$

Also gilt

(3.2.13) $\quad N_{(0,\sigma^2)} * (x \to x^2) = \Gamma_{2\sigma^2, \frac{1}{2}}.$

Eine weitere Anwendung der Beispiele 3.2.10 und 3.2.11: Bei der Fertigung von Kugeln treten geringfügige Schwankungen im Durchmesser auf. Dieser sei verteilt mit der Dichte $p|(0, \infty)$. Dann sind die Volumina der Kugeln verteilt mit der Dichte

$$y \to \left(\frac{2}{9\pi}\right)^{1/3} y^{-2/3} p\left(\left(\frac{6}{\pi}\right)^{1/3} y^{1/3}\right)$$

(da dem Durchmesser x das Volumen $\frac{\pi}{6}x^3$ entspricht).

3.2.14 Proposition: *Die zweidimensionale Zufallsvariable* $(\mathbf{x}, \mathbf{y})$ *sei verteilt nach einem W-Maß* $P|\mathbb{B}^2$ *mit der Dichte p. Die Verteilung der Zufallsvariablen* $\mathbf{x} + \mathbf{y}$ *hat die Dichte*

$$z \to \int p(z - y, y)\, dy.$$

Beweis: Es gilt mit $f(x, y) := x + y$

$$P * f(-\infty, r] = P\{(x, y) \in \mathbb{R}^2 : x + y \leqq r\}$$

$$= \iint_{x+y \leqq r} p(x, y)\, dx\, dy = \int_{-\infty}^{r} \left(\int_{-\infty}^{+\infty} p(z - y, y)\, dy\right) dz.$$

Daher ist $z \to \int p(z - y, y)\, dy$ eine Dichte von $P * f$ nach Kriterium 1.5.11. (Vgl. Abschnitt 4.6 zur Faltung.) □

3.2.15 Beispiel: Ist $(\mathbf{x}, \mathbf{y})$ normalverteilt (vgl. 1.6.6) mit den Parametern $\mu_1, \mu_2, \sigma_1^2, \sigma_2^2, \rho$, dann ist $\mathbf{x} + \mathbf{y}$ normalverteilt mit Erwartungswert $\mu_1 + \mu_2$ und Varianz $\sigma_1^2 + \sigma_2^2 + 2\rho\sigma_1\sigma_2$.

3.2.16 Beispiel: Die zweidimensionale Zufallsvariable $(\mathbf{x}, \mathbf{y})$ habe eine diskrete Verteilung P, die auf $\mathbb{N}_0^2$ konzentriert ist. Dem Paar $(x, y) \in \mathbb{N}_0^2$ sei die Wahrscheinlichkeit $P\{(x, y)\}$ zugeordnet. Die Zufallsvariable $\mathbf{x} + \mathbf{y}$ hat eine diskrete Verteilung Q, die auf $\mathbb{N}_0$ konzentriert ist.

Für $z \in \mathbb{N}_0$ gilt

$$Q\{z\} = \sum_{k=0}^{z} P\{(z - k, k)\}.$$

3.3 Die Randverteilung

Ein spezielles Beispiel eines induzierten W-Maßes ist die Randverteilung. Sei $X \times Y$ ein Produktraum, ausgestattet mit einer Produkt-σ-Algebra $\mathscr{A} \otimes \mathscr{B}$. Die Abbildung $\pi_1 : X \times Y \to X$, definiert durch $\pi_1(x, y) := x$, ist meßbar, da für $A \in \mathscr{A}$ gilt:

$$\pi_1^{-1}(A) = \{(x, y) \in X \times Y : x \in A\} = A \times Y \in \mathscr{A} \otimes \mathscr{B}.$$

Sei $P|\mathscr{A} \otimes \mathscr{B}$ ein W-Maß. Unter der 1. Randverteilung von P (Symbol: P_1) verstehen wir das durch P und π_1 induzierte W-Maß, $P * \pi_1$. Es gilt $P_1(A) = P(A \times Y)$.

Häufigkeitsinterpretation: Ausgehend von den Versuchsergebnissen (x_ν, y_ν), $\nu = 1, 2, \ldots$, untersuchen wir die Verteilung der 1. Komponente x_ν, $\nu = 1, 2, \ldots$.

Interpretation als Massenbelegung: Bei der Projektion π_1 empfängt der Punkt $x \in X$ die gesamte in der Geraden $\{x\} \times Y$ enthaltene Masse.

3.3.1 Satz: *Wenn $P|\mathbb{B}^2$ eine Dichte p besitzt, dann besitzt P_1 die Dichte*

$$x \to \int p(x, y)\, dy, \qquad x \in \mathbb{R}.$$

Beweis: $P_1(-\infty, r] = P\{(x, y) \in \mathbb{R}^2 : x \leqq r\} = \int\limits_{-\infty}^{r} \left(\int\limits_{-\infty}^{+\infty} p(x, y)\, dy \right) dx$. Daher ist $x \to \int p(x, y)\, dy$ eine Dichte von P_1 nach Kriterium 1.5.11. □

Satz 3.3.1 gilt, wie man leicht ersieht, für stetige W-Maße auf $\mathbb{B}^n$ für beliebiges n, und für Projektionen in Teilräume beliebiger Dimension $m < n$: Wir erhalten die Dichte der m-dimensionalen Randverteilung, indem wir die n-dimensionale Dichte der ursprünglichen Verteilung über die $n - m$ wegfallenden Komponenten integrieren.

3.3.2 Beispiel: Aus $N_{(\mu, \Sigma)}|\mathbb{B}^n$ erhalten wir durch die Projektion $(x_1, \ldots, x_n) \to (x_1, \ldots, x_m)$ mit $m < n$ die Normalverteilung $N_{(\mu_0, \Sigma_0)}$, wobei μ_0 und Σ_0 aus μ und Σ durch entsprechende "Verkleinerung" entstehen: Ist $\mu = (\mu_1, \ldots, \mu_n)$ und $\Sigma = (\sigma_{ij})_{i,j=1,\ldots,n}$, dann ist $\mu_0 = (\mu_1, \ldots, \mu_m)$ und $\Sigma_0 = (\sigma_{ij})_{i,j=1,\ldots,m}$.

Insbesondere ist $\mathbf{x}_i$ (die i-te Komponente der Zufallsvariablen $(\mathbf{x}_1, \ldots, \mathbf{x}_n)$) verteilt nach $N_{(\mu_i, \sigma_{ii})}$.

(Dieses Ergebnis folgt sofort aus der in (9.5.5) angegebenen Zerlegung.)

Bemerkung: Sei $P|\mathbb{B}^2$ ein W-Maß. Für die Abbildungen f_i: $\mathbb{R}^2 \to \mathbb{R}$, $i = 1, 2$, hängt die 1. Randverteilung der induzierten Verteilung $P * (f_1, f_2)$ im allgemeinen von ganz P ab. Es gibt jedoch eine wichtige Ausnahme: Wenn $f_1(x_1, x_2)$ nicht von x_2 abhängt (wir schreiben $f_1(x_1)$), dann ist die 1. Randverteilung von $P * (f_1, f_2)$ gleich $P_1 * f_1$, hängt also nicht von ganz P, sondern nur von dessen Randverteilung P_1 ab.

3.4 Der Transformationssatz für Dichten

Der folgende Satz erlaubt uns, Dichten induzierter Maße zu berechnen. Er verallgemeinert Proposition 3.2.4 von Dichten über $\mathbb{R}$ auf Dichten über $\mathbb{R}^n$.

3.4.1 Satz: *Sei $P|\mathbb{B}^n$ ein W-Maß und $U \in \mathbb{B}^n$ eine meßbare Menge mit $P(U) = 1$. Sei $f: U \to \mathbb{R}^n$ eine injektive, meßbare Funktion. Dann ist auch die Bildmenge $V := f(U)$ meßbar, und es existiert eine injektive, meßbare Umkehrfunktion $h: V \to U$ (d.h. $h(f(x)) = x$ für alle $x \in U$). Sei h auf V differenzierbar, und bezeichne ∂h die Funktionaldeterminante von h.*

Ist p eine Dichte von $P|\mathbb{B}^n$, dann ist die auf V definierte Funktion

$$p \circ h \cdot |\partial h|$$

eine Dichte von $P * f|\mathbb{B}^n \cap V$.

Da $P * f(V) = P(f^{-1}V) = P(U) = 1$, können wir $P * f$ als W-Maß auf dem Grundraum V auffassen. Man kann aber auch $\mathbb{R}^n$ als Grundraum wählen, indem man die Dichte auf $\bar{V}$ gleich 0 setzt.

Beweis: Nach dem Transformationssatz für Integrale H.2 gilt für jede meßbare Funktion $g: U \to \mathbb{R}$

$$\int_V g \circ h |\partial h| \, d\lambda_n = \int_{h(V)} g \, d\lambda_n, \tag{3.4.2}$$

(in dem Sinn, daß die Existenz eines der beiden Integrale die Existenz des anderen und die Gültigkeit der Gleichung (3.4.2) impliziert).

Für $g = p 1_{h(B)}$ existiert das rechte Integral für alle Borel-Mengen $B \subset V$, so daß

$$\int_B p \circ h |\partial h| \, d\lambda_n = \int_{h(B)} p \, d\lambda_n = P(h(B)) \quad \text{für alle } B \in \mathbb{B}^n \cap V. \tag{3.4.3}$$

Wegen $h(B) = f^{-1}B$ gilt $P(h(B)) = P(f^{-1}B) = P * f(B)$, also

$$\int_B p \circ h |\partial h| \, d\lambda_n = P * f(B) \quad \text{für alle } B \in \mathbb{B}^n \cap V. \tag{3.4.4}$$ □

Die Meßbarkeitsaussagen folgen aus dem Satz von Kuratowski (vgl. Jacobs (1978), S. 420, Theorem 2.18). □

3.4.5 Beispiel: Sind $\mathbf{u}_1, \mathbf{u}_2$ stochastisch unabhängig und gleichverteilt auf $(0, 1)$, d.h. mit verbundener Dichte $p(u_1, u_2) = 1_{(0,1)\times(0,1)}(u_1, u_2)$, so ist

$$f(\mathbf{u}_1, \mathbf{u}_2) := \left(\sqrt{-2\log \mathbf{u}_1}\sin(2\pi\mathbf{u}_2), \sqrt{-2\log \mathbf{u}_1}\cos(2\pi\mathbf{u}_2)\right)$$

verteilt nach $N^2_{(0,1)}$. (Insbesondere sind die beiden Komponenten von $f(\mathbf{u}_1, \mathbf{u}_2)$ stochastisch unabhängig.)

f ist injektiv von $U := (0,1) \times (0,1)$ nach $\mathbb{R}^2$ mit Bildmenge $V = \mathbb{R}^2 \setminus \{(0, y_2) \in \mathbb{R}^2 : y_2 \geqq 0\}$ und differenzierbarer Umkehrfunktion $h: V \to U$,

$$h(y_1, y_2) = \begin{cases} \left(\exp\left[-\frac{1}{2}(y_1^2 + y_2^2)\right], \frac{1}{2\pi}\arccos\frac{y_2}{\sqrt{y_1^2 + y_2^2}}\right) & \text{für } y_1 \geqq 0, \\ \left(\exp\left[-\frac{1}{2}(y_1^2 + y_2^2)\right], \frac{1}{2\pi}\left(2\pi - \arccos\frac{y_2}{\sqrt{y_1^2 + y_2^2}}\right)\right) & \text{für } y_1 < 0. \end{cases}$$

Nach dem Transformationssatz 3.4.1 ist $f(\mathbf{u}_1, \mathbf{u}_2)$ verteilt mit Dichte $|\partial h|$.
Wie man leicht sieht, gilt

$$\partial h(y_1, y_2) = \frac{1}{2\pi} \exp\left[-\frac{1}{2}(y_1^2 + y_2^2) \right].$$

Dieses Beispiel liefert eine Methode, um aus stochastisch unabhängigen gleichverteilten Zufallszahlen normalverteilte Zufallszahlen zu erzeugen.

Der Transformationssatz gilt nur für Funktionen, die eine Teilmenge des $\mathbb{R}^n$ vom Maß 1 injektiv in den $\mathbb{R}^n$ abbilden. Interessieren wir uns für Funktionen $f: \mathbb{R}^n \to \mathbb{R}^m$ mit $m < n$, dann kann die Dichte von $P * f$ meist nach folgendem Rezept bestimmt werden.

3.4.6 Rezept: 1) Man ergänzt die Funktion $f: \mathbb{R}^n \to \mathbb{R}^m$ mit den Komponenten $(f_1, \ldots, f_m)$ durch Hinzunahme geeigneter Komponenten $f_{m+1}, \ldots, f_n$ so, daß daraus eine injektive Abbildung in den $\mathbb{R}^n$ entsteht, deren Umkehrabbildung die Voraussetzungen des Transformationssatzes erfüllt.

2) Man bestimmt die Dichte der von $(f_1, \ldots, f_m, f_{m+1}, \ldots, f_n)$ induzierten Verteilung nach dem Transformationssatz.

3) Man integriert diese Dichte über die Komponenten $m + 1, \ldots, n$ und erhält so die Dichte der von $(f_1, \ldots, f_m)$ induzierten Verteilung.

Begründung: Bezeichnet π_m die Projektion $\pi_m(y_1, \ldots, y_m, y_{m+1}, \ldots, y_n) = (y_1, \ldots, y_m)$, dann ist $(f_1, \ldots, f_m) = \pi_m \circ (f_1, \ldots, f_m, f_{m+1}, \ldots, f_n)$, nach Proposition 3.1.3 also

$$P * (f_1, \ldots, f_m) = (P * (f_1, \ldots, f_n)) * \pi_m.$$

Zusatz: Ist eine Ergänzung im Sinn von 1) nicht möglich, dann zerlegt man den Träger von P in disjunkte Teilmengen, auf denen sich die Abbildung zu einer injektiven Abbildung ergänzen läßt, berechnet die Dichte nach 2) und 3) jeweils für den auf diesen Teilmengen sitzenden Teil von P und addiert diese "Teildichten" am Schluß auf.

3.4.7 Beispiel: Wir greifen Beispiel 3.2.3 auf und bestimmen nun die Verteilung von $f_1(\mathbf{x}_1, \mathbf{x}_2) := (\mathbf{x}_1^2 + \mathbf{x}_2^2)^{1/2}$, wenn $(\mathbf{x}_1, \mathbf{x}_2)$ verteilt ist nach $N^2_{(0,\sigma^2)}$ mit der Dichte $(x_1, x_2) \to \frac{1}{2\pi\sigma^2} \exp\left[-\frac{1}{2\sigma^2}(x_1^2 + x_2^2) \right]$. Wir ergänzen die Abbildung durch $f_2(x_1, x_2) = x_2$. Die ergänzte Abbildung (f_1, f_2) ist noch immer nicht injektiv, da $f_1(x_1, x_2) = f_1(-x_1, x_2)$. Um den Transformationssatz anwenden zu können, zerlegen wir den Definitionsbereich von (f_1, f_2) in $A_0' := (0, \infty) \times \mathbb{R}$ und $A_0'' := (-\infty, 0) \times \mathbb{R}$. (Die Menge $\{0\} \times \mathbb{R}$ hat die Wahrscheinlichkeit 0 und wird vernachlässigt.) Auf jeder dieser beiden Mengen ist (f_1, f_2) injektiv. Die Bildmenge von A_0' ist $\{(y_1, y_2) \in (0, \infty) \times \mathbb{R}: y_1 > |y_2|\}$. Auf dieser Bildmenge existiert die Umkehrfunktion h mit den Komponenten

$$h_1(y_1, y_2) = (y_1^2 - y_2^2)^{1/2},$$
$$h_2(y_1, y_2) = y_2.$$

Da $|\partial h| = y_1(y_1^2 - y_2^2)^{-1/2}$, wird von (f_1, f_2) und dem auf A_0' sitzenden Teil von $N^2_{(0,\sigma^2)}$ folgende Dichte induziert:

$$(y_1, y_2) \to \frac{1}{2\pi\sigma^2} \exp\left[-\frac{1}{2\sigma^2} y_1^2\right] y_1(y_1^2 - y_2^2)^{-1/2}, \quad y_1 > |y_2|$$

(die integriert den Wert $\frac{1}{2}$ ergibt, da $N^2_{(0,\sigma^2)}(A_0') = \frac{1}{2}$). Den gleichen Beitrag liefert der auf A_0'' sitzende Teil. Daher erhalten wir für das von (f_1, f_2) induzierte W-Maß insgesamt die Dichte

$$(y_1, y_2) \to \frac{1}{\pi\sigma^2} \exp\left[-\frac{1}{2\sigma^2} y_1^2\right] y_1(y_1^2 - y_2^2)^{-1/2}, \quad y_1 > |y_2|.$$

Durch Integration über y_2 erhalten wir (unter Berücksichtigung der Bedingung $|y_2| < y_1$) schließlich die Dichte der von f_1 induzierten Verteilung,

$$y_1 \to \frac{1}{\sigma^2} y_1 \exp\left[-\frac{1}{2\sigma^2} y_1^2\right], \quad y_1 > 0$$

(da $\arcsin(y_2/y_1)$ eine Stammfunktion von $(y_1^2 - y_2^2)^{-1/2}$ ist, gilt $\int_{-y_1}^{y_1} (y_1^2 - y_2^2)^{-1/2}\, dy_2 = \pi$).

Diese Dichte ist auch direkt durch Anwendung der Beispiele 3.2.11 und 4.6.11 zu gewinnen.

Mit Hilfe dieser Dichte kann man beispielsweise jenen Radius errechnen, innerhalb dessen 50% aller Einschläge liegen werden: Es gilt

$$\int_0^r \frac{1}{\sigma^2} y \exp\left[-\frac{1}{2\sigma^2} y^2\right] dy = 1 - \exp\left[-\frac{1}{2\sigma^2} r^2\right].$$

Der gesuchte Radius r ist also bestimmt durch

$$1 - \exp\left[-\frac{1}{2\sigma^2} r^2\right] = \frac{1}{2}, \qquad \text{woraus}$$

$$r = \sqrt{2 \log 2}\, \sigma \qquad \text{folgt.}$$

3.5 Integrale bezüglich induzierter Maße

Sei P ein W-Maß, $f: X \to Y$ eine meßbare Funktion, und $P * f$ das induzierte W-Maß. Dann ist ganz allgemein das Integral einer beliebigen Funktion g bezüglich $P * f$ gleich dem Integral der Funktion $g \circ f$ bezüglich P. Wir sprechen dies explizit für den Spezialfall stetiger W-Maße aus:

3.5.1 Proposition: *Sei P ein W-Maß auf* $\mathbb{B}^n$ *und* $f\colon \mathbb{R}^n \to \mathbb{R}^m$ *eine meßbare Funktion. Wir setzen voraus, daß P eine Dichte p und das induzierte W-Maß* $P * f$ *eine Dichte* p_f *besitzen. Dann gilt für meßbare Funktionen* $g\colon \mathbb{R}^m \to \mathbb{R}$

(3.5.2) $$\int g(y)p_f(y)\,dy = \int g(f(x))p(x)\,dx$$

(in folgendem Sinn: Wenn eines der beiden Integrale existiert, dann existiert auch das andere, und die beiden stimmen überein).

Beweis:

(a) $g = 1_B$. Da p_f Dichte von $P * f$ ist, gilt:

$$\int 1_B(y)p_f(y)\,dy = P * f(B) = P(f^{-1}B)$$
$$= \int 1_{f^{-1}B}(x)p(x)\,dx = \int 1_B(f(x))p(x)\,dx.$$

(b) $g = \sum_1^k b_\nu 1_{B_\nu}$. Da die Aussage nach (a) für Indikator-Funktionen g gilt, folgt

$$\int \left(\sum_1^k b_\nu 1_{B_\nu}(y)\right) p_f(y)\,dy = \sum_1^k b_\nu \int 1_{B_\nu}(y)p_f(y)\,dy$$
$$= \sum_1^k b_\nu \int 1_{B_\nu}(f(x))p(x)\,dx = \int \left(\sum_1^k b_\nu 1_{B_\nu}(f(x))\right) p(x)\,dx.$$

(c) Ist g eine nicht-negative, meßbare Funktion, gibt es eine Folge nicht-negativer Treppenfunktionen $g_k \uparrow g$. Nach dem Satz von Levi M.3.8 gilt:

$$\int g(y)p_f(y)\,dy = \lim_{k\to\infty} \int g_k(y)p_f(y)\,dy.$$

Da auch $g_k \circ f \uparrow g \circ f$, gilt ebenso

$$\int g(f(x))p(x)\,dx = \lim_{k\to\infty} \int g_k(f(x))p(x)\,dx.$$

Nach (b) gilt für jedes $k \in \mathbb{N}$

$$\int g_k(y)p_f(y)\,dy = \int g_k(f(x))p(x)\,dx,$$

daher auch

$$\int g(y)p_f(y)\,dy = \int g(f(x))p(x)\,dx.$$

(Ist eines der beiden Integrale endlich, ist es auch das andere.)

(d) Ist g eine beliebige meßbare Funktion, dann gibt es nicht-negative meßbare Funktionen g_i, $i = 1, 2$, so daß $g = g_1 - g_2$. Also gilt:

$$\int g(y)p_f(y)\,dy = \int g_1(y)p_f(y)\,dy - \int g_2(y)p_f(y)\,dy.$$

Nach (c) gilt

$$\int g_i(y)p_f(y)\,dy = \int g_i(f(x))p(x)\,dx,$$

also auch

$$\begin{aligned}\int g_1(y)p_f(y)\,dy - \int g_2(y)p_f(y)\,dy \\ = \int g_1(f(x))p(x)\,dx - \int g_2(f(x))p(x)\,dx \\ = \int g(f(x))p(x)\,dx.\end{aligned}$$

□

Tatsächlich gilt Relation (3.5.2) ohne die Voraussetzung, daß $P * f$ eine Dichte besitzt. Um sie für ein beliebiges Maß $P * f$ aussprechen zu können, würden wir jedoch einen allgemeineren Integralbegriff benötigen.

Wir betrachten noch den Spezialfall, daß f nur abzählbar viele Werte $\{a_i : i \in \mathbb{N}\}$ annimmt. Dann ist $P * f$ auf jeden Fall diskret. Ist P stetig, gilt

$$\sum_1^\infty g(a_i)P * f\{a_i\} = \int g(f(x))p(x)\,dx.$$

Relation (3.5.2) ist in beiden Richtungen zu lesen:

a) Um das Integral von g bezüglich $P * f$ zu berechnen, ist es nicht notwendig, zuerst p_f zu bestimmen. Wir können dieses Integral einfach als $\int g(f(x))p(x)\,dx$ errechnen.

b) Mindestens ebenso nützlich ist die Umkehrung. Ein Integral $\int h(x)p(x)\,dx$ kann man oft einfacher iterativ berechnen, indem man sich die Funktion h dargestellt denkt als $h = g \circ f$, wenn p_f bekannt ist.

3.5.3 Beispiel: $\mathbf{x}_i$, $i = 1, 2$, seien unabhängig und normalverteilt nach $N_{(\mu_i, \sigma_i^2)}$. Gesucht ist

$$I := \int |(a_1 x_1 + a_2 x_2) - (a_1 \mu_1 + a_2 \mu_2)| \frac{1}{\sigma_1} \varphi\left(\frac{x_1 - \mu_1}{\sigma_1}\right) \frac{1}{\sigma_2} \varphi\left(\frac{x_2 - \mu_2}{\sigma_2}\right) dx_1\, dx_2.$$

Wir erhalten sofort

$$I = \int |a_1 \sigma_1 y_1 + a_2 \sigma_2 y_2| \varphi(y_1)\varphi(y_2)\,dy_1\,dy_2.$$

Da im Integranden der Absolutbetrag vorkommt, ist eine direkte Berechnung umständlich. Sind $\mathbf{y}_1$ und $\mathbf{y}_2$ unabhängig verteilt nach $N_{(0,1)}$, so wissen wir jedoch, daß $a_1\sigma_1\mathbf{y}_1 + a_2\sigma_2\mathbf{y}_2$ normalverteilt ist mit Erwartungswert 0 und Varianz $a_1^2\sigma_1^2 + a_2^2\sigma_2^2$. Aus $\int |u|\varphi(u)\,du = \sqrt{\frac{2}{\pi}}$ folgt

$$I = \sqrt{\frac{2}{\pi}}(a_1^2\sigma_1^2 + a_2^2\sigma_2^2)^{1/2}.$$

3.6 Verteilungen auf Kreis und Kugel

Verschiedene statistische Fragestellungen betreffen die Verteilung von "Richtungen" (im $\mathbb{R}^2$ oder $\mathbb{R}^3$).

D. Bernoulli hat 1734 als erster eine Frage dieser Art studiert: Die Ebenen der Planetenbahnen weichen nicht sehr stark voneinander ab. Könnte eine so gute Übereinstimmung zufällig entstanden sein? Charakterisieren wir jede Planetenbahn durch die Richtung ihres Normalvektors (nach "oben" oder "unten", je nach der Umlaufrichtung), dann drückt sich die Übereinstimmung der Bahnebenen als Übereinstimmung der Richtungsvektoren aus. Bernoulli hat gezeigt, daß die (damals) 5 Richtungsvektoren viel enger beisammen liegen, als man bei 5 "zufällig" herausgegriffenen Richtungen erwarten könnte.

Fragestellungen in den verschiedensten Gebieten führen zu der Hypothese, daß eine gewisse Richtung bevorzugt ist (z.B. Orientierung von Kristallen, Einfluß des Magnetfeldes auf den Orientierungssinn von Vögeln etc.). Der an solchen Anwendungen interessierte Leser wird auf die Bücher von Mardia (1972) und Watson (1983) verwiesen. Auf biologische Anwendungen spezialisiert ist Batschelet (1981). Eine zusammenfassende Darstellung findet sich bei Fisher u.a. (1987).

Wir wollen uns hier nur mit der Frage befassen, wie man eine "Gleichverteilung über alle Richtungen" ausdrücken kann. Der anschaulichste Weg: Wir charakterisieren jede Richtung durch einen Punkt auf der Einheitskugel und definieren "Gleichverteilung" dadurch, daß für jede (meßbare) Menge auf der Kugeloberfläche die Wahrscheinlichkeit proportional zur Größe der Fläche ist, m.a.W.: Gleichverteilung über alle Richtungen definieren wir durch die Gleichverteilung von Punkten auf der Oberfläche der Einheitskugel.

Wir betrachten zunächst die Gleichverteilung auf dem Einheitskreis: Hier läßt sich die Lage des Punkts (x, y) unmittelbar mittels des Winkels φ ausdrücken durch $x = \cos\varphi$, $y = \sin\varphi$. Lassen wir φ alle Werte aus $[0, 2\pi)$ durchlaufen, durchläuft der Punkt (x, y) den Umfang des Einheitskreises.

So, wie wir die Punkte auf dem Einheitskreis durch den "Parameter" φ darstellen, können wir uns ein W-Maß auf dem Einheitskreis durch ein W-Maß auf dem Intervall $[0, 2\pi)$ induziert denken. Da die Länge eines Segments dem Winkel zwischen seinen beiden Endpunkten entspricht, ist es die Gleichverteilung über $[0, 2\pi)$, die die Gleichverteilung der Punkte auf dem Einheitskreis induziert: Sind die Größen φ_ν gleichverteilt in $[0, 2\pi)$, dann sind die Punkte $(\cos\varphi_\nu, \sin\varphi_\nu)$ gleichverteilt auf dem Einheitskreis.

Die Gleichverteilung auf der Einheitssphäre (Oberfläche der Einheitskugel) ist dadurch definiert, daß die Wahrscheinlichkeit für jede meßbare Menge proportional zu deren Fläche ist. Sei $K := \{(x, y) \in \mathbb{R}^2 : x^2 + y^2 \leqq 1\}$ die Einheitskreisscheibe. Um die Überlegungen übersichtlicher zu gestalten, beschränken wir uns zunächst auf die obere Hälfte der Einheitssphäre, $S := \{(x, y, (1 - x^2 - y^2)^{1/2}) : (x, y) \in K\}$. Gesucht ist ein Maß $P|\mathbb{B}^3 \cap S$ mit $P(S) = 1$ derart, daß für jede Menge $B \in \mathbb{B}^3 \cap S$ gilt: $P(B) = \frac{1}{2\pi} \cdot \mu_2(B)$, wenn $\mu_2(B)$ die Fläche der Menge B bezeichnet.

Sei $T(x, y) := (x, y, (1 - x^2 - y^2)^{1/2})$ die Abbildung, die jedem Punkt $(x, y) \in K$ den darüber liegenden Punkt der Einheitssphäre zuordnet. Dann ist μ_2 für alle Flächenstücke der Form $T(A)$ mit $A \in \mathbb{B}^2 \cap K$ definiert.

Ist allgemein dem Punkt (x, y) der Wert $z = f(x, y)$ zugeordnet, so ergibt sich die Fläche der Menge $\{(x, y, f(x, y)): (x, y) \in A\}$ für jede Menge $A \in \mathbb{B}^2$ als

$$\iint_A (1 + f_x(x, y)^2 + f_y(x, y)^2)^{1/2}\, dx\, dy$$

(vgl. Barner und Flohr (1982b), S. 426).

Für $f(x, y) = (1 - x^2 - y^2)^{1/2}$ erhalten wir daraus für die Fläche des oberhalb der Menge $A \in \mathbb{B}^2 \cap K$ gelegenen Flächenstückes der Einheitssphäre den Wert

$$\mu_2(T(A)) = \iint_A (1 - x^2 - y^2)^{-1/2}\, dx\, dy.$$

Also gilt

$$P(T(A)) = \frac{1}{2\pi} \iint_A (1 - x^2 - y^2)^{-1/2}\, dx\, dy, \qquad A \in \mathbb{B}^2 \cap K. \tag{3.6.1}$$

Da die Abbildung $T: K \to S$ meßbar ist (sie ist sogar stetig), gilt $T^{-1}B \in \mathbb{B}^2 \cap K$ für alle $B \in \mathbb{B}^3 \cap S$. Außerdem ist sie surjektiv, so daß $T(T^{-1}B) = B$. Daher liefert (3.6.1), angewendet für $A = T^{-1}B$, die Relation

$$P(B) = \frac{1}{2\pi} \iint_{T^{-1}B} (1 - x^2 - y^2)^{-1/2}\, dx\, dy, \qquad B \in \mathbb{B}^3 \cap S.$$

Aus dieser Darstellung des Maßes $P|\mathbb{B}^3 \cap S$ ist folgende Interpretation abzulesen: Sei $Q|\mathbb{B}^2 \cap K$ das W-Maß mit Dichte

$$q(x, y) = \frac{1}{2\pi}(1 - x^2 - y^2)^{-1/2}, \qquad (x, y) \in K. \tag{3.6.2}$$

Dann ist $P|\mathbb{B}^3 \cap S$ das durch Q und die Abbildung T induzierte W-Maß, d.h. $P = Q * T$. Diese Interpretation können wir auch dazu benutzen, um Punkte zu erzeugen, die auf S gleichverteilt sind: Wir erzeugen Realisationen $(x_\nu, y_\nu) \in K$, $\nu = 1, 2, \ldots$, die mit der Dichte (3.6.2) verteilt sind. Dann sind die Punkte $(x_\nu, y_\nu, (1 - x_\nu^2 - y_\nu^2)^{1/2})$, $\nu = 1, 2, \ldots$, gleichverteilt auf der oberen Hälfte der Einheitssphäre. Um Punkte zu erhalten, die auf der ganzen Einheitssphäre gleichverteilt sind, bestimmen wir außerdem (untereinander und von (x_ν, y_ν)) unabhängige Realisationen ε_ν einer Zufallsvariablen, die die Werte $+1$ und -1 mit der Wahrscheinlichkeit $\frac{1}{2}$ annimmt. Dann sind die Punkte $(x_\nu, y_\nu, \varepsilon_\nu(1 - x_\nu^2 - y_\nu^2)^{1/2})$, $\nu = 1, 2, \ldots$, gleichverteilt auf der ganzen Einheitssphäre.

Für manche Anwendungen ist eine Darstellung der Gleichverteilung auf der Einheitssphäre mittels Polarkoordinaten zweckmäßiger. Wir haben dann für Punkte (x, y, z) auf der Einheitssphäre die Darstellung

$$\begin{aligned} x &= \cos\varphi \cos\theta, \\ y &= \sin\varphi \cos\theta, \\ z &= \sin\theta, \end{aligned} \tag{3.6.3}$$

mit $0 \leqq \varphi < 2\pi$ und $\begin{matrix} 0 \leqq \theta < \frac{\pi}{2} \\ -\frac{\pi}{2} < \theta < 0 \end{matrix}$ für die $\begin{matrix} \text{obere} \\ \text{untere} \end{matrix}$ Hälfte.

Da z (auf jeder Hälfte) durch (x, y) eindeutig bestimmt ist, können wir uns darauf beschränken, die Beziehung zwischen (φ, θ) und (x, y) zu betrachten. Durch $R(\varphi, \theta) := (\cos\varphi\cos\theta, \sin\varphi\cos\theta)$ wird jedem Punkt $(\varphi, \theta) \in [0, 2\pi) \times [0, \pi/2)$ umkehrbar eindeutig ein Punkt in $K - \{(0, 0)\}$ zugeordnet. (Würden wir den Wert $\theta = \frac{\pi}{2}$ zulassen, erhielten wir die volle Einheitskreisscheibe, doch wäre die Abbildung dann nicht mehr injektiv.) Daß bei dieser Abbildung der Punkt $(0, 0)$ ausgeklammert wird, ist irrelevant, da $Q\{(0, 0)\} = 0$.

Wir suchen nun nach einem Maß $M|\mathbb{B}^2 \cap [0, 2\pi) \times [0, \pi/2)$, welches vermittels der Abbildung (3.6.3) auf der oberen Hälfte der Einheitskugel die Gleichverteilung induziert. Dies ist dann der Fall, wenn M mittels der Abbildung R auf $\mathbb{B}^2 \cap K$ das Maß Q induziert. Da R bijektiv ist, ist das jenes Maß, das von Q und der Umkehrabbildung R^{-1} auf $\mathbb{B}^2 \cap ([0, 2\pi) \times [0, \pi/2))$ induziert wird. Da

$$\partial R(\varphi, \theta) = \sin\theta\cos\theta,$$

erhalten wir nach dem Transformationssatz für Dichten 3.4.1, daß M auf $[0, 2\pi) \times [0, \pi/2)$ die Dichte

$$m(\varphi, \theta) = q(\cos\varphi\cos\theta, \sin\varphi\cos\theta)\sin\theta\cos\theta$$

besitzt. Mit (3.6.2) folgt daraus

$$m(\varphi, \theta) = \frac{1}{2\pi}\cos\theta, \qquad 0 \leqq \varphi < 2\pi, \quad 0 \leqq \theta < \frac{\pi}{2}. \tag{3.6.4}$$

Das durch die Dichte (3.6.4) definierte Maß M induziert mittels der Abbildung R auf $\mathbb{B}^2 \cap K$ das Maß Q, also mittels der Abbildung (3.6.3) für $0 \leqq \varphi < 2\pi$, $0 \leqq \theta < \frac{\pi}{2}$, auf $\mathbb{B}^3 \cap S$ die Gleichverteilung.

Um die Gleichverteilung auf der vollen Einheitssphäre zu induzieren, haben wir von dem Maß $\hat{M}|\mathbb{B}^2 \cap [0, 2\pi) \times (-\pi/2, \pi/2)$ mit der Dichte

$$\hat{m}(\varphi, \theta) = \frac{1}{4\pi}\cos\theta, \qquad 0 \leqq \varphi < 2\pi, \quad -\frac{\pi}{2} < \theta < \frac{\pi}{2}$$

und der Abbildung (3.6.3) auf $[0, 2\pi) \times (-\pi/2, \pi/2)$ auszugehen.

Um auf der Einheitssphäre gleichverteilte Punkte (x_ν, y_ν, z_ν), $\nu = 1, 2, \ldots$, zu simulieren, bestimmen wir Realisationen φ_ν aus der Gleichverteilung über $[0, 2\pi)$ und – davon unabhängig – Realisationen θ_ν aus der Verteilung mit Dichte $\theta \to \frac{1}{2}\cos\theta$ über $(-\pi/2, \pi/2)$. Dann sind die Punkte mit den Koordinaten $(\cos\varphi_\nu\cos\theta_\nu, \sin\varphi_\nu\cos\theta_\nu, \sin\theta_\nu)$ gleichverteilt auf der Einheitssphäre.

(Realisationen θ_ν mit der gewünschten Verteilung erhalten wir, ausgehend von Realisationen u_ν aus der Gleichverteilung über (0, 1), indem wir $\theta_\nu = \arcsin(2u_\nu - 1)$ berechnen. (Vgl. hierzu Beispiel 3.2.7.))

3.6.5 Beispiel: Eine Quelle sendet Korpuskeln gleichmäßig nach allen Richtungen aus. In der Entfernung a von der Quelle befindet sich ein ebener Schirm. Gesucht ist die Wahrscheinlichkeit, mit der die Korpuskeln auf den verschiedenen Teilen des Schirms auftreffen. (Alternativ: Es handelt sich um eine Lichtquelle; gesucht ist die Beleuchtungsstärke auf den verschiedenen Teilen des Schirms.)

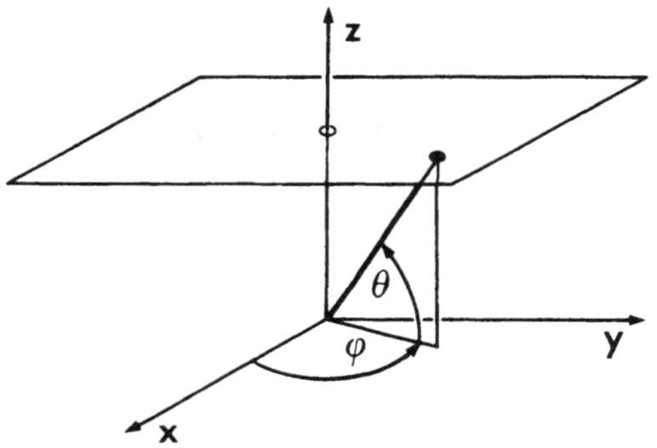

Bild 3.1 Polarkoordinaten.

Wir legen die Quelle in den Ursprung des Koordinatensystems und wählen den Schirm parallel zur x, y-Ebene. Da nur Korpuskeln, die in einem Winkel $0 < \theta \leqq \frac{\pi}{2}$ ausgesandt werden, den Schirm treffen, operieren wir hier mit einer Gleichverteilung aller Punkte in der oberen Hälfte der Einheitssphäre. Diese wird induziert von dem W-Maß über $[0, 2\pi) \times (0, \pi/2]$ mit der Dichte (3.6.4).

Korpuskeln, die die Quelle unter den Winkeln (φ, θ) aussendet, treffen den Schirm im Punkt

$$x = a \cos \varphi \cot \theta,$$

$$y = a \sin \varphi \cot \theta.$$

Die Verteilung der Korpuskeln auf dem Schirm hat daher nach dem Transformationssatz 3.4.1 die Dichte

$$p(x, y) = \frac{1}{2\pi a^2 \left(1 + \frac{x^2 + y^2}{a^2}\right)^{3/2}}. \tag{3.6.6}$$

Dies ist die zweidimensionale Cauchy-Verteilung mit dem Skalen-Parameter a.

3.6.7 Beispiel: Kettenmoleküle. Ein Kettenmolekül besteht aus gleichen Segmenten (Atomgruppen), die so aneinander gekoppelt sind, daß die Richtungen der Bindungen im Raum voneinander unabhängig variieren. Gesucht ist der durchschnittliche End-End-Abstand eines aus n Segmenten bestehenden Kettenmoleküls.

Zur Vereinfachung der Schreibweise setzen wir die Länge der Bindung gleich 1. Die Richtung der ν. Bindung sei durch die Winkel $(\varphi_\nu, \theta_\nu)$ bestimmt (siehe Bild 3.1). Wählen wir den Anfang der 1. Bindung im Ursprung des Koordinatensystems, dann hat das Ende der n. Bindung die Koordinaten

$$x = \sum_1^n \cos\varphi_\nu \cos\theta_\nu, \quad y = \sum_1^n \sin\varphi_\nu \cos\theta_\nu, \quad z = \sum_1^n \sin\theta_\nu. \tag{3.6.8}$$

Der End-End-Abstand des Kettenmoleküls ist demnach

$$\begin{aligned} L_n((\varphi_1, \theta_1), \ldots, (\varphi_n, \theta_n)) := \Bigg(&\left(\sum_1^n \cos\varphi_\nu \cos\theta_\nu\right)^2 \\ &+ \left(\sum_1^n \sin\varphi_\nu \cos\theta_\nu\right)^2 \\ &+ \left(\sum_1^n \sin\theta_\nu\right)^2\Bigg)^{1/2}. \end{aligned}$$

Da die verbundene Verteilung von $((\boldsymbol{\varphi}_1, \boldsymbol{\theta}_1), \ldots, (\boldsymbol{\varphi}_n, \boldsymbol{\theta}_n))$ die Dichte

$$((\varphi_1, \theta_1), \ldots, (\varphi_n, \theta_n)) \to \frac{1}{(4\pi)^n} \prod_1^n \cos\theta_\nu$$

besitzt, ist der Erwartungswert des End-End-Abstands des Kettenmoleküls gleich

$$\int L_n((\varphi_1, \theta_1), \ldots, (\varphi_n, \theta_n)) \frac{1}{(4\pi)^n} \left(\prod_{\nu=1}^n \cos\theta_\nu\right) d\varphi_1 \ldots d\varphi_n \, d\theta_1 \ldots d\theta_n, \tag{3.6.9}$$

wobei sich die Integration über den Bereich $\varphi_\nu \in [0, 2\pi)$, $\theta_\nu \in (-\pi/2, \pi/2)$, $\nu = 1, \ldots, n$ erstreckt.

Für beliebige n ist das Integral (3.6.9) nur numerisch auszuwerten. Durch Anwendung des mehrdimensionalen Zentralen Grenzwertsatzes erhalten wir jedoch eine Approximation für große n.

Sei

$$f_1(\varphi, \theta) = \cos\varphi \cos\theta,$$

$$f_2(\varphi, \theta) = \sin\varphi \cos\theta,$$

$$f_3(\varphi, \theta) = \sin\theta.$$

Wie man leicht nachrechnet, ist

$$\mu_i := \int_0^{2\pi} \int_{-\pi/2}^{\pi/2} f_i(\varphi, \theta) \frac{1}{4\pi} \cos\theta \, d\theta \, d\varphi = 0 \quad \text{für } i = 1, 2, 3$$

und

$$\sigma_{ij} := \int_0^{2\pi} \int_{-\pi/2}^{\pi/2} f_i(\varphi, \theta) f_j(\varphi, \theta) \frac{1}{4\pi} \cos\theta \, d\theta \, d\varphi = \frac{1}{3}\delta_{ij}.$$

Daher konvergiert die Folge der induzierten Verteilungen

$$\hat{M}^n * \left(((\varphi_1, \theta_1), \ldots, (\varphi_n, \theta_n)) \right.$$
$$\left. \to n^{-1/2} \sum_1^n (f_1(\varphi_\nu, \theta_\nu), f_2(\varphi_\nu, \theta_\nu), f_3(\varphi_\nu, \theta_\nu)) \right)$$

mit $n \to \infty$ schwach gegen die dreidimensionale Normalverteilung $N^3_{(0,\frac{1}{3})}$. Nach einer mehrdimensionalen Version von Proposition M.7.5 und nach Beispiel 4.6.11 folgt daraus, daß die Folge $\hat{M}^n * n^{-1} L_n^2$ schwach gegen $\Gamma_{\frac{2}{3},\frac{3}{2}}$ konvergiert. Die Dichte dieser Verteilung ist

$$y \to \frac{1}{\sqrt{2\pi}} 3^{3/2} y^{1/2} \exp[-3y/2], \qquad y > 0.$$

Da der Erwartungswert von $\hat{M}^n * n^{-1} L_n^2$ gleich dem Erwartungswert von $\Gamma_{\frac{2}{3},\frac{3}{2}}$ (gleich 1) ist, konvergiert der Erwartungswert von $n^{-1/2} L_n$ unter $\hat{M}^n$ (nach Satz M.8.4, angewendet für die Funktion $x \to x^{1/2}$, und nach der diesem Satz vorangestellten Bemerkung) gegen

$$\int_0^\infty y^{1/2} \frac{1}{\sqrt{2\pi}} 3^{3/2} y^{1/2} \exp[-3y/2] \, dy = \frac{2^{3/2}}{\sqrt{3\pi}}.$$

Bei einem Kettenmolekül aus n Segmenten, das bei unserer Normierung die Länge n besitzt, verhält sich der Erwartungswert des End-End-Abstands daher asymptotisch, für große n, wie $\frac{2^{3/2}}{\sqrt{3\pi}} n^{1/2}$.

Diese Approximation des Erwartungswerts ist bereits ab $n = 10$ relativ genau: Der Näherungswert für den Erwartungswert des End-End-Abstands beträgt $\frac{2^{3/2}}{\sqrt{3\pi}} 10^{1/2} = 2{,}91$, der tatsächliche Erwartungswert (ermittelt durch Simulation) ist 2,93.

Die Herleitung dieser Relation findet sich in verschiedenen Lehrbüchern über physikalische Chemie, allerdings meist in einer Form, die sich dem zu präzisem Denken erzogenen Mathematiker nicht erschließt.

4. Stochastische Unabhängigkeit

4.1 Der Begriff der Unabhängigkeit

Daß auf den so kargen Axiomen (1.2.8)–(1.2.10) eine so blühende mathematische Disziplin wie die Wahrscheinlichkeitstheorie aufbauen kann, folgt zum Teil daraus, daß der Begriff der "Unabhängigkeit" hinzutritt. Die Wahrscheinlichkeitstheorie beschäftigt sich eben nicht mit beliebigen *W*-Maßen (von denen man nicht mehr weiß, als daß sie die Axiome (1.2.8)–(1.2.10) erfüllen), sondern mit *W*-Maßen, die – im einfachsten Fall – das Ergebnis n unabhängiger Wiederholungen desselben Zufallsexperiments beschreiben.

Wir betrachten zunächst ein Zufallsexperiment, dessen Ergebnis durch ein Paar $(x, y) \in X \times Y$ beschrieben wird.

4.1.1 Beispiel: a) Wir registrieren bei jedem Individuum einer Population zwei Merkmale, z.B. "Geschlecht" und "Intelligenz-Quotient".

b) Wir würfeln mit zwei unterscheidbaren Würfeln und registrieren die Augenzahl des 1. und 2. Würfels.

c) Wir registrieren bei verschiedenen Proben von Gußeisen die Merkmale "Schwefelgehalt" und "Bruchfestigkeit".

Im folgenden versuchen wir, intuitiv zu beschreiben, was es bedeutet, daß das Merkmal "y" vom Merkmal "x" unabhängig ist, und leiten aus dieser Beschreibung eine Definition ab.

Um festzustellen, ob die Intelligenz vom Geschlecht abhängt, sortieren wir die Beobachtungen (x_ν, y_ν), $\nu = 1, 2, \ldots$, in zwei Gruppen, je nachdem, ob x_ν = weiblich oder x_ν = männlich. Unabhängigkeit der Intelligenz vom Geschlecht heißt, daß die Verteilung der y_ν (= I.Q.-Werte) in beiden Gruppen dieselbe ist.

Allgemein können wir so vorgehen: Wir zerlegen X in zwei disjunkte Teilmengen A und $\bar{A}$ und spalten das Beobachtungsmaterial entsprechend dem Wert von x_ν in zwei Gruppen auf: Die mit $x_\nu \in A$, und die mit $x_\nu \in \bar{A}$. Die Größe der beiden Gruppen unter den ersten n Beobachtungen ist $\sum_1^n 1_A(x_\nu)$ bzw. $\sum_1^n 1_{\bar{A}}(x_\nu)$.

Nun greifen wir eine beliebige Menge $B \subset Y$ heraus und zählen ab, wie oft $y_\nu \in B$ in jeder der beiden Gruppen. Die Zahlen lauten: $\sum_1^n 1_{A \times B}(x_\nu, y_\nu)$ bzw.

$\sum_1^n 1_{\bar{A} \times B}(x_\nu, y_\nu)$. Die relative Häufigkeit für $y_\nu \in B$ in den beiden Gruppen ist daher

$$\frac{\sum_1^n 1_{A \times B}(x_\nu, y_\nu)}{\sum_1^n 1_A(x_\nu)} \quad \text{bzw.} \quad \frac{\sum_1^n 1_{\bar{A} \times B}(x_\nu, y_\nu)}{\sum_1^n 1_{\bar{A}}(x_\nu)}.$$

Das Merkmal y ist unabhängig vom Merkmal x, wenn diese beiden relativen Häufigkeiten ungefähr übereinstimmen, d.h.

$$\text{(4.1.2)} \qquad \frac{\sum_1^n 1_{A \times B}(x_\nu, y_\nu)}{\sum_1^n 1_A(x_\nu)} \doteq \frac{\sum_1^n 1_{\bar{A} \times B}(x_\nu, y_\nu)}{\sum_1^n 1_{\bar{A}}(x_\nu)},$$

und zwar für alle $B \subset Y$ und für alle Zerlegungen $X = A \cup \bar{A}$. Den Quotienten $\dfrac{\sum_1^n 1_{A \times B}(x_\nu, y_\nu)}{\sum_1^n 1_A(x_\nu)}$ können wir auch interpretieren als

$$\frac{n^{-1} \sum_1^n 1_{A \times B}(x_\nu, y_\nu)}{n^{-1} \sum_1^n 1_A(x_\nu)},$$

Relation (4.1.2) also als

$$\text{(4.1.3)} \qquad \frac{n^{-1} \sum_1^n 1_{A \times B}(x_\nu, y_\nu)}{n^{-1} \sum_1^n 1_A(x_\nu)} \doteq \frac{n^{-1} \sum_1^n 1_{\bar{A} \times B}(x_\nu, y_\nu)}{n^{-1} \sum_1^n 1_{\bar{A}}(x_\nu)}.$$

Wir nehmen nun an, daß die Ergebnisse (x_ν, y_ν) von einem W-Maß P auf $\mathscr{A} \otimes \mathscr{B}$ gesteuert sind. Den relativen Häufigkeiten $n^{-1} \sum_1^n 1_{A \times B}(x_\nu, y_\nu)$ und $n^{-1} \sum_1^n 1_A(x_\nu)$ entsprechen dann die Wahrscheinlichkeiten $P(A \times B)$ bzw. $P(A \times Y)$, da $1_A(x_\nu) = 1_{A \times Y}(x_\nu, y_\nu)$.

Wenn die Relation (4.1.3) für lange Versuchsserien beliebig genau gelten soll, dann muß sie für die Wahrscheinlichkeiten exakt gelten:

$$\text{(4.1.4)} \qquad \frac{P(A \times B)}{P(A \times Y)} = \frac{P(\bar{A} \times B)}{P(\bar{A} \times Y)} \quad \text{für alle } A \in \mathscr{A}, B \in \mathscr{B}.$$

Dies ist die natürliche Definition der Unabhängigkeit des Merkmals y vom Merkmal x.

Diese Definition ist leichter zu handhaben, wenn wir sie noch etwas umformen. (4.1.4) ist äquivalent zu

$$(4.1.5)\qquad \frac{P(A \times B)}{P(A \times Y)} = \frac{P(A \times B) + P(\bar{A} \times B)}{P(\bar{A} \times Y) + P(A \times Y)} = \frac{P(X \times B)}{P(X \times Y)} = P(X \times B).$$

Führen wir noch die 1. und 2. Randverteilung ein durch

$$P_1(A) := P(A \times Y), \qquad A \in \mathscr{A},$$

$$P_2(B) := P(X \times B), \qquad B \in \mathscr{B},$$

dann erhalten wir die zu (4.1.4) äquivalente Form

$$(4.1.6)\qquad P(A \times B) = P_1(A) \cdot P_2(B) \quad \text{für alle } A \in \mathscr{A}, B \in \mathscr{B}.$$

((4.1.6) ist sogar noch etwas allgemeiner, da (4.1.4), genau genommen, nur für $0 < P(A \times Y) < 1$ sinnvoll ist.)

Diese Relation wählen wir als Definition der *Unabhängigkeit.*

Nach unserer intuitiven Begründung gilt diese Definition mit P_i gleich i-te Randverteilung von P. Dies müssen wir jedoch nicht zusätzlich fordern: Wann immer eine Beziehung $P(A \times B) = Q_1(A) \cdot Q_2(B)$ für alle $A \in \mathscr{A}$, $B \in \mathscr{B}$, mit irgendwelchen W-Maßen Q_i besteht, dann sind diese automatisch die Randverteilungen. (Für $B = Y$ erhält man $P(A \times Y) = Q_1(A)Q_2(Y) = Q_1(A)$.)

Relation (4.1.6) ist in A und B symmetrisch, so daß Unabhängigkeit ein symmetrischer Begriff ist. Wenn **y** von **x** unabhängig ist, dann ist notwendigerweise auch **x** von **y** unabhängig. Man spricht daher kurz von einer (*zweidimensionalen*) *Zufallsvariablen mit unabhängigen Komponenten.* Besteht eine Verwechslungsgefahr mit anderen Unabhängigkeitsbegriffen, spricht man genauer von *stochastischer Unabhängigkeit.*

Relation (4.1.6) wird in elementaren Lehrbüchern als "Multiplikations-Theorem" bezeichnet. Die Autoren befriedigen damit nur ihr Symmetriebedürfnis, denn (1.2.10) wird als "Additions-Theorem" bezeichnet. Theorem ist keins von beiden: Das "Additions-Theorem" ist eines der Axiome, die den Wahrscheinlichkeitsbegriff konstituieren, das "Multiplikations-Theorem" ist die Definition der stochastischen Unabhängigkeit.

Die Definition der Unabhängigkeit verlangt Relation (4.1.6) für alle meßbaren Mengen. Häufig genügt es, diese Relation für ein kleineres Mengensystem zu fordern. Für $X = Y = \mathbb{R}$ und $\mathscr{A} = \mathscr{B} = \mathbb{B}$, genügt

$$(4.1.7)\qquad P((-\infty, s] \times (-\infty, t]) = P(-\infty, s]P(-\infty, t] \qquad \text{für alle } s, t \in \mathbb{R}.$$

Daraus folgt (4.1.6) sofort für alle Intervalle, und schließlich – nach Satz M.4.7 – für alle Mengen in $\mathbb{B}$.

Ob in einer konkreten Situation Unabhängigkeit vorliegt oder nicht, kann man im Prinzip empirisch nachprüfen, indem man sich mittels eines geeigneten Tests davon überzeugt, daß die Relation (4.1.6) für die relativen Häufigkeiten bis auf Zufallsabweichungen erfüllt ist.

Eine der frühesten empirischen Untersuchungen über die Unabhängigkeit stammt von C. Neumann (siehe Graetzer (1883)), der bereits Ende des 17. Jahrhunderts gezeigt hat, daß die Mondphase keinen Einfluß auf die Gesundheit hat.

Meist ist jedoch aus der Struktur des Zufallsexperiments klar, daß Unabhängigkeit vorliegt. Der Prototyp einer solchen Situation: Die Ergebnisse aufeinanderfolgender Würfe einer Münze. Beachtenswert ist, daß in einer solchen einwandfrei durchschaubaren Situation durchaus rationale Personen an der Unabhängigkeit zweifeln: Wer beobachtet hat, daß eine Münze fünfmal hintereinander "Kopf" geliefert hat, wird vermuten, daß beim nächsten Wurf eher "Wappen" als "Kopf" eintrifft, d.h., daß die Wahrscheinlichkeit für "Kopf" plötzlich kleiner als $\frac{1}{2}$ geworden ist (obwohl doch das fünfmalige Auftreten von "Kopf" – wenn Zweifel an der Richtigkeit der Münze überhaupt möglich sein sollten – eher dafür spräche, daß die Wahrscheinlichkeit für "Kopf" größer als $\frac{1}{2}$ ist).

Den besten Mathematikern seiner Zeit (darunter D. Bernoulli, Euler und Laplace) ist es nicht gelungen, einen d'Alembert von diesem Irrglauben abzubringen.*) Wird Ihnen dies bei Ihren Schülern gelingen? Versuchen Sie es notfalls dadurch, daß Sie empirisch nachprüfen lassen, daß die relative Häufigkeit von "Kopf" im Anschluß an eine Serie von fünfmal "Kopf" nach wie vor gleich $\frac{1}{2}$ ist.

Bisher sind wir von einem W-Maß auf $\mathscr{A} \otimes \mathscr{B}$, d.h. von der verbundenen Verteilung der Zufallsvariablen $(\mathbf{x}, \mathbf{y})$ ausgegangen und haben den Begriff der Unabhängigkeit in (4.1.6) definiert. Wichtiger noch ist es, Relation (4.1.6) in der umgekehrten Richtung zu lesen: Sei $\mathbf{x}$ eine Zufallsvariable, die nach einem W-Maß $P_1|\mathscr{A}$ verteilt ist, und $\mathbf{y}$ eine Zufallsvariable, die – unabhängig von $\mathbf{x}$ – nach einem W-Maß $P_2|\mathscr{B}$ verteilt ist, also beispielsweise die Ergebnisse zweier nacheinander ausgeführter Würfe. Wenn wir etwa von der Wahrscheinlichkeit reden wollen, daß $\mathbf{x} < \mathbf{y}$, dann ist diese zunächst gar nicht definiert. Bevor wir von solchen Wahrscheinlichkeiten reden können, müssen wir zuerst die beiden unabhängigen Zufallsexperimente mit den Ergebnissen x und y als e i n Zufallsexperiment mit dem Ergebnis (x, y) auffassen und die verbundene Verteilung von $(\mathbf{x}, \mathbf{y})$ angeben. Relation (4.1.6) sagt uns, welche grundlegende Eigenschaft das W-Maß P haben muß, mit dem wir die Verteilung der Ergebnisse (x, y) beschreiben können: Für Quader $A \times B$ muß $P(A \times B) = P_1(A) \cdot P_2(B)$ gelten.

Mehr als die Werte von P auf den Quadern folgt aus der Unabhängigkeit nicht, aber das genügt. Aus der Maßtheorie ist bekannt, daß dieses zunächst nur auf den Quadern definierte W-Maß auf diesem Mengensystem σ-additiv

*) Der interessierte Leser findet Genaueres in Cantor's "Vorlesungen über Geschichte der Mathematik", Bd. 3 (1901), S. 639ff. und Bd. 4 (1908), S. 225ff.

ist und sich daher nach Satz M.4.8 eindeutig σ-additiv auf die von den Quadern erzeugte σ-Algebra erweitern läßt. Das so gewonnene W-Maß P heißt "Produktmaß", genauer: "unabhängiges Produktmaß von P_1 und P_2", Symbol: $P_1 \otimes P_2$.

Im speziellen Fall $(X, \mathscr{A}) = (\mathbb{R}^m, \mathbb{B}^m)$ und $(Y, \mathscr{B}) = (\mathbb{R}^n, \mathbb{B}^n)$ ist die von den Quadern $A \times B$ mit $A \in \mathbb{B}^m$ und $B \in \mathbb{B}^n$ erzeugte σ-Algebra die Borel-Algebra $\mathbb{B}^{m+n}$. Es gibt in diesem Fall also zu W-Maßen $P_1|\mathbb{B}^m$ und $P_2|\mathbb{B}^n$, die die Verteilung von $\mathbf{x}$ bzw. $\mathbf{y}$ beschreiben, genau ein W-Maß $P|\mathbb{B}^{m+n}$, das die verbundene Verteilung von $(\mathbf{x}, \mathbf{y})$ beschreibt, wenn die beiden Zufallsvariablen $\mathbf{x}$ und $\mathbf{y}$ die Ergebnisse von zwei voneinander unabhängigen Zufallsexperimenten beschreiben.

Warnung: Dies bedeutet nicht, daß es zu zwei W-Maßen $P_1|\mathbb{B}^m$ und $P_2|\mathbb{B}^n$ genau ein W-Maß $P|\mathbb{B}^{m+n}$ gibt, welches P_1 und P_2 als Randverteilung besitzt. Maße P mit dieser Eigenschaft existieren beliebig viele. Nur unter der Bedingung der Unabhängigkeit ist P durch die Randverteilungen eindeutig bestimmt. Zur Illustration: Jede Normalverteilung auf $\mathbb{B}^2$ mit den Parametern $(\mu_1, \mu_2, \sigma_1^2, \sigma_2^2, \rho)$ hat die beiden Randverteilungen $N_{(\mu_1, \sigma_1^2)}$ und $N_{(\mu_2, \sigma_2^2)}$, gleichgültig wie groß ρ ist. Erst durch die Forderung der Unabhängigkeit wird aus dieser Schar von Normalverteilungen auf $\mathbb{B}^2$ eine einzelne ausgewählt, nämlich die mit $\rho = 0$ (vgl. Beispiel 4.3.8).

Ein anderes Beispiel, das zwar artifiziell, dafür aber nicht mit einer so komplexen Formel belastet ist: Sei $X = \{0, 1\}^2$. Für $\alpha \in [-1, 1]$ sei $P_\alpha\{(0,0)\} = P_\alpha\{(1,1)\} = \frac{1}{4}(1 + \alpha)$, $P_\alpha\{(0,1)\} = P_\alpha\{(1,0)\} = \frac{1}{4}(1 - \alpha)$. Die beiden Randverteilungen ordnen den Punkten $\{0\}$ und $\{1\}$ jeweils die Wahrscheinlichkeit $\frac{1}{2}$ zu, unabhängig von α. Von den Maßen P_α ist ein einziges ein Produktmaß, nämlich P_0.

Ein vertrautes Beispiel eines Produktmaßes, das nichts mit "stochastischer Unabhängigkeit" zu tun hat, ist das Lebesgue-Maß. Hier ergeben sich die Werte auf den Quadern aus geometrischen Gesichtspunkten (aus dem Zusammenhang zwischen Kantenlängen und Fläche).

4.2 Unabhängigkeit bei diskreten Wahrscheinlichkeits-Maßen

Sei $\mathbf{x}$ verteilt nach einem diskreten W-Maß P_1 mit Masse in den Punkten a_i, $i \in \mathbb{N}$, und $\mathbf{y}$ verteilt nach einem diskreten W-Maß P_2 mit Masse in den Punkten b_j, $j \in \mathbb{N}$.

Die Zufallsvariable $(\mathbf{x}, \mathbf{y})$ nimmt dann Werte in der Menge $\{(a_i, b_j): i, j \in \mathbb{N}\}$ an. Sind $\mathbf{x}, \mathbf{y}$ voneinander unabhängig, dann nimmt $(\mathbf{x}, \mathbf{y})$ den Wert (a_i, b_j) mit der Wahrscheinlichkeit

(4.2.1) $$P\{(a_i, b_j)\} := P_1\{a_i\} P_2\{b_j\}$$

an. Da $\sum\limits_1^\infty \sum\limits_1^\infty P\{(a_i, b_j)\} = \sum\limits_1^\infty P_1\{a_i\} \sum\limits_1^\infty P_2\{b_j\} = 1$, ist die durch (4.2.1) definierte Funktion P ein W-Maß.

Man überzeugt sich sofort, daß P das unabhängige Produkt von P_1 und P_2 ist (d.h., daß $P(A \times B) = P_1(A)P_2(B)$ für beliebige Mengen $A \subset \{a_i: i \in \mathbb{N}\}$ und $B \subset \{b_j: j \in \mathbb{N}\}$).
Es gilt nämlich

$$\begin{aligned} P(A \times B) &= \sum_1^\infty \sum_1^\infty P\{(a_i, b_j)\} 1_{A \times B}(a_i, b_j) \\ &= \sum_1^\infty \sum_1^\infty P_1\{a_i\} P_2\{b_j\} 1_A(a_i) 1_B(b_j) \\ &= \sum_1^\infty P_1\{a_i\} 1_A(a_i) \sum_1^\infty P_2\{b_j\} 1_B(b_j) \\ &= P_1(A)P_2(B). \end{aligned}$$

Sind P_1 und P_2 Gleichverteilungen über endlich vielen Werten $\{a_1, \ldots, a_{n_1}\}$ bzw. $\{b_1, \ldots, b_{n_2}\}$, dann gilt: $P_1\{a_i\} = \frac{1}{n_1}$ für $i = 1, \ldots, n_1$ und $P_2\{b_j\} = \frac{1}{n_2}$ für $j = 1, \ldots, n_2$, also $P(\{a_i, b_j\}) = \frac{1}{n_1 n_2}$ für $i = 1, \ldots, n_1$, $j = 1, \ldots, n_2$. Das unabhängige Produkt von Gleichverteilungen ist also wieder eine Gleichverteilung. Dies hat es uns ermöglicht, in Kapitel 2 über Laplace'sche Zufallsexperimente Aufgaben zu behandeln, in denen voneinander unabhängige Zufallsexperimente vorkommen (z.B. das Werfen von 2 Würfeln), ohne vorher den Begriff der stochastischen Unabhängigkeit explizit einzuführen. Diese war, wie wir nun sehen, in der Annahme, daß mit $\mathbf{x}$ und $\mathbf{y}$ auch $(\mathbf{x}, \mathbf{y})$ gleichverteilt ist, implizit enthalten. Die Möglichkeit, den Unabhängigkeitsbegriff auf diese Weise zu umgehen, besteht allerdings nur bei gleichverteilten Zufallsvariablen.

4.3 Unabhängigkeit bei stetigen Wahrscheinlichkeits-Maßen

Da die Konstruktion eines W-Maßes auf der Produkt-σ-Algebra, ausgehend von den Werten auf den Quadern, im allgemeinen auf komplizierten Prozessen beruht, ist es wichtig zu wissen, daß die Situation auch bei Maßen mit Dichten ganz einfach ist. (Die Arbeit, die bei der Erweiterung von den Quadern auf beliebige meßbare Mengen zu leisten ist, steckt hier bereits in der Konstruktion des Lebesgue-Maßes.)

4.3.1 Satz: *Sind $P_i|\mathbb{B}$ W-Maße mit Dichten p_i, $i = 1, 2$, dann ist*

(4.3.2) $$(x, y) \to p_1(x)p_2(y)$$

eine Dichte von $P_1 \otimes P_2$.
Beweis: Sei $Q|\mathbb{B}^2$ definiert durch

(4.3.3) $$Q(C) := \iint_C p_1(x)p_2(y)\,dx\,dy, \qquad C \in \mathbb{B}^2.$$

Nach 1.4B) ist Q ein W-Maß. Für $C = A \times B$ erhalten wir

(4.3.4) $$Q(A \times B) = \iint_{A \times B} p_1(x)p_2(y)\,dx\,dy$$
$$= \int_A p_1(x)\,dx \int_B p_2(y)\,dy = P_1(A)P_2(B),$$

d.h. es gilt (4.1.6). □

Ebenso leicht können wir erkennen, ob ein gegebenes Maß $P|\mathbb{B}^2$ mit Lebesgue-Dichte ein Produktmaß ist. Hat P die Dichte p, dann haben (vgl. Satz 3.3.1) die Randverteilungen P_1, P_2 Dichten

$$p_1(x) = \int p(x, y)\,dy \quad \text{und} \quad p_2(y) = \int p(x, y)\,dx.$$

4.3.5 Satz: *P ist genau dann ein Produktmaß, wenn*

(4.3.6) $$(x, y) \to p_1(x)p_2(y)$$

eine Dichte von P ist.
Beweis: Sei Q das durch (4.3.3) definierte Maß (nun mit p_i als Dichte der i. Randverteilung von P). Nach (4.3.4) gilt:

$$Q(A \times B) = P_1(A)P_2(B).$$

(i) Ist P ein Produktmaß, dann gilt (4.1.6), also auch

$$Q(A \times B) = P(A \times B), \qquad A, B \in \mathbb{B}.$$

Da die Maße P und Q auf allen Quadern in $\mathbb{B}^2$ übereinstimmen, stimmen sie auf $\mathbb{B}^2$ überein; also gilt:

(4.3.7) $$P(C) = \iint_C p_1(x)p_2(y)\,dx\,dy, \qquad C \in \mathbb{B}^2,$$

d.h. $(x, y) \to p_1(x)p_2(y)$ ist eine Dichte von P.
(ii) Umgekehrt folgt aus (4.3.7), angewendet für $C = A \times B$ (wegen (4.3.4) mit P statt Q), daß

$$P(A \times B) = P_1(A)P_2(B).$$

Daher ist P ein Produktmaß. □

4.3.8 Beispiel: Die Zufallsvariable $(\mathbf{x}, \mathbf{y})$ sei normalverteilt mit der Dichte

$$(x, y) \to \frac{1}{2\pi\sigma_1\sigma_2\sqrt{1-\rho^2}} \exp\left[-\frac{1}{2(1-\rho^2)}\left(\frac{(x-\mu_1)^2}{\sigma_1^2} + \frac{(y-\mu_2)^2}{\sigma_2^2} - 2\rho\frac{(x-\mu_1)(y-\mu_2)}{\sigma_1\sigma_2}\right)\right].$$

Die Variablen $(\mathbf{x}, \mathbf{y})$ sind genau dann unabhängig, wenn $\rho = 0$, denn genau dann zerfällt diese Dichte in das Produkt der beiden Randdichten:

$$(x, y) \to \frac{1}{\sqrt{2\pi}\sigma_1} \exp\left[-\frac{(x-\mu_1)^2}{2\sigma_1^2}\right] \cdot \frac{1}{\sqrt{2\pi}\sigma_2} \exp\left[-\frac{(y-\mu_2)^2}{2\sigma_2^2}\right].$$

4.3.9 Beispiel: Die Gleichverteilung auf dem Quader $(a_1, b_1) \times (a_2, b_2)$ ist das unabhängige Produkt der beiden Gleichverteilungen auf den Intervallen (a_1, b_1) und (a_2, b_2). Wir erhalten also Punkte (x_1, x_2), die auf dem Quader $(a_1, b_1) \times (a_2, b_2)$ gleichverteilt sind, indem wir unabhängig voneinander x_1 aus einer Gleichverteilung auf (a_1, b_1) und x_2 aus einer Gleichverteilung auf (a_2, b_2) bestimmen.

4.4 Unabhängigkeit mehrerer Zufallsvariabler

Angenommen, das Ergebnis des Zufallsexperiments ist ein Tripel: $(x, y, z) \in X \times Y \times Z$. Wie können wir die Unabhängigkeit der drei Zufallsvariablen $\mathbf{x}$, $\mathbf{y}$, $\mathbf{z}$ charakterisieren? Am einfachsten ist es, dies hierarchisch zu tun:

(a) $\mathbf{x}$ und $\mathbf{y}$ sind stochastisch unabhängig,

(b) $\mathbf{z}$ ist stochastisch unabhängig von $(\mathbf{x}, \mathbf{y})$.

Bezeichne P das der Zufallsvariablen $(\mathbf{x}, \mathbf{y}, \mathbf{z})$ entsprechende W-Maß. Dann ist die Verteilung von $(\mathbf{x}, \mathbf{y})$ durch die Randverteilung $P_{12}(M) := P(M \times Z)$, $M \in \mathscr{A} \otimes \mathscr{B}$ gegeben, und die Verteilung von $\mathbf{x}$ bzw. $\mathbf{y}$ durch die Randverteilungen

$$P_1(A) := P(A \times Y \times Z), \qquad A \in \mathscr{A},$$

$$P_2(B) := P(X \times B \times Z), \qquad B \in \mathscr{B}.$$

Unabhängigkeit von $\mathbf{x}$ und $\mathbf{y}$ heißt nach (4.1.6):

(4.4.1) $$P_{12}(A \times B) = P_1(A)P_2(B), \qquad A \in \mathscr{A}, B \in \mathscr{B}.$$

Unabhängigkeit von $(\mathbf{x}, \mathbf{y})$ und $\mathbf{z}$ heißt nach (4.1.6):

(4.4.2) $$P(M \times C) = P_{12}(M)P_3(C), \qquad M \in \mathscr{A} \otimes \mathscr{B}, C \in \mathscr{C}.$$

Angewendet für $M = A \times B$ impliziert (4.4.2) zusammen mit (4.4.1)

(4.4.3) $$P(A \times B \times C) = P_1(A)P_2(B)P_3(C), \qquad A \in \mathscr{A}, B \in \mathscr{B}, C \in \mathscr{C}.$$

Diese Beziehung wählen wir als Definition der *stochastischen Unabhängigkeit* von $(\mathbf{x}, \mathbf{y}, \mathbf{z})$.

Der hierarchische Aufbau des Unabhängigkeitsbegriffs mittels (a) und (b) führt also zu einer in $(\mathbf{x}, \mathbf{y}, \mathbf{z})$ symmetrischen Definition; das Ergebnis ist daher unabhängig von der Reihenfolge in der Hierarchie.

An dieser Stelle drängt sich dem Mathematiker die Frage auf, ob nicht (4.4.1) und (4.4.2) mehr beinhalten als die zur Definition erhobene Beziehung (4.4.3) (denn (4.4.2) wurde ja nur für den Spezialfall $M = A \times B$ verwendet). Dies ist jedoch nicht der Fall: Daß (4.4.1) aus (4.4.3) folgt, ist klar (setze $C = Z$). Es folgt aber auch (4.4.2), m.a.W.: Wenn $(\mathbf{x}, \mathbf{y}, \mathbf{z})$ unabhängig sind, dann ist auch $\mathbf{z}$ von $(\mathbf{x}, \mathbf{y})$ unabhängig. Um dies einzusehen, betrachten wir $\mathcal{S} := \{M \in \mathcal{A} \otimes \mathcal{B}: P(M \times C) = P_{12}(M)P_3(C)$ für alle $C \in \mathcal{C}\}$. Wie man leicht nachrechnet, ist $\mathcal{S}$ ein Dynkin-System. Außerdem gilt (wegen (4.4.1) und (4.4.3)) $P(A \times B \times C) = P_{12}(A \times B)P_3(C)$, so daß $\mathcal{S}$ alle Quader $A \times B$ enthält. Daher ist $\mathcal{S} = \mathcal{A} \otimes \mathcal{B}$ nach Hilfssatz M.4.4.

Warnung: Es mag naheliegen, von vornherein eine symmetrische Definition des Unabhängigkeitsbegriffs anzustreben, etwa: die drei Variablen $(\mathbf{x}, \mathbf{y}, \mathbf{z})$ sind unabhängig, wenn je zwei Variable unabhängig sind. Diese Forderung ist nicht nur weniger einsichtig als der hierarchische Aufbau, sie ist auch zu schwach:

4.4.4 Beispiel: Die Zufallsvariable $(\mathbf{x}, \mathbf{y}, \mathbf{z})$ mit Werten in $\{0, 1\}^3$ sei verteilt nach einem W-Maß P mit

$$P\{(0,0,0)\} = P\{(0,1,1)\} = P\{(1,1,0)\} = P\{(1,0,1)\} = \frac{1}{4}$$

(und dementsprechend $P\{(x, y, z)\} = 0$ für alle übrigen Tripel in $\{0, 1\}^3$). Dann ist jede zweidimensionale Randverteilung die Gleichverteilung auf $\{0, 1\}^2$, also ein Produktmaß, P selbst ist jedoch keines. (Veranschaulichen Sie sich P durch einen Würfel, bei dem in 4 der 8 Eckpunkte jeweils die Masse $\frac{1}{4}$ sitzt.)

Der Unabhängigkeitsbegriff läßt sich für eine beliebige Zahl von Faktoren hierarchisch aufbauen. Wir erhalten so die Definition:

Sei $P|\bigotimes_1^n \mathcal{A}_\nu$ ein W-Maß mit den Randverteilungen $P_\nu|\mathcal{A}_\nu$ (definiert durch $P_\nu = P * \pi_\nu$, wenn π_ν die Projektion von $(x_1, \ldots, x_n)$ in die ν. Komponente ist). P ist ein *Produktmaß*, wenn

$$P\left(\bigtimes_1^n A_\nu\right) = \prod_1^n P_\nu(A_\nu) \qquad \text{für } A_\nu \in \mathcal{A}_\nu,\ \nu = 1, \ldots, n. \tag{4.4.5}$$

Dieselbe Überlegung wie im Fall $n = 2$ zeigt, daß P durch (4.4.5) auf $\bigotimes_1^n \mathcal{A}_\nu$ eindeutig bestimmt ist, und daß es zu gegebenen Maßen $P_\nu|\mathcal{A}_\nu$ auch tatsächlich ein Produktmaß $P|\bigotimes_1^n \mathcal{A}_\nu$ gibt, welches die gegebenen Maße P_ν als Randverteilungen besitzt.

Sei nun speziell $\mathscr{A}_\nu = \mathbb{B}$ für $\nu = 1, \ldots, n$, und habe $P_\nu | \mathbb{B}$ eine Dichte p_ν. Dann ist

$$(4.4.6) \qquad (x_1, \ldots, x_n) \to \prod_1^n p_\nu(x_\nu)$$

eine Dichte des Produktmaßes.

4.5 Funktionen unabhängiger Zufallsvariabler

Das, was wir intuitiv vermuten würden, ist tatsächlich wahr: Wenn wir Funktionen unabhängiger Zufallsvariabler bilden, sind diese wieder unabhängig. Das einfachste Beispiel: Sind die Zufallsvariablen $\mathbf{x}, \mathbf{y}$ unabhängig, dann sind auch die Funktionswerte $f(\mathbf{x})$ und $g(\mathbf{y})$ unabhängig. (Das überträgt sich auch auf den Fall von mehr als zwei Funktionen.) Um dies einzusehen, haben wir zu zeigen, daß die verbundene Verteilung der beiden Variablen $(f(\mathbf{x}), g(\mathbf{y}))$ ein Produktmaß ist, wenn die verbundene Verteilung von $(\mathbf{x}, \mathbf{y})$ eines war.

Bezeichnet P die verbundene Verteilung von $(\mathbf{x}, \mathbf{y})$, dann ist $P * (f, g)$, das von P und der Abbildung $(x, y) \to (f(x), g(y))$ induzierte W-Maß, definiert durch

$$(4.5.1) \qquad P * (f, g)(C) = P\{(x, y) \in X \times Y : (f(x), g(y)) \in C\}.$$

Da

$$\begin{aligned} &\{(x, y) \in X \times Y : (f(x), g(y)) \in A \times B\} \\ &\quad = \{x \in X : f(x) \in A\} \times \{y \in Y : g(y) \in B\} \\ &\quad = (f^{-1}A) \times (g^{-1}B), \end{aligned}$$

erhalten wir von (4.5.1) für $C = A \times B$:

$$P * (f, g)(A \times B) = P((f^{-1}A) \times (g^{-1}B)).$$

Ist P ein Produktmaß, dann gilt

$$\begin{aligned} P((f^{-1}A) \times (g^{-1}B)) &= P_1(f^{-1}A) \cdot P_2(g^{-1}B) \\ &= P_1 * f(A) \cdot P_2 * g(B), \end{aligned}$$

also:

$$P * (f, g)(A \times B) = P_1 * f(A) \cdot P_2 * g(B).$$

Da $P_1 * f$ und $P_2 * g$ W-Maße sind, ist (4.1.6) erfüllt, also die induzierte Verteilung tatsächlich ein unabhängiges Produkt.

Interessant sind natürlich Funktionen mehrerer Variabler: Sind die drei Zufallsvariablen $(\mathbf{x}, \mathbf{y}, \mathbf{z})$ unabhängig, dann sind die beiden Zufallsvariablen $f(\mathbf{x}, \mathbf{y})$ und $\mathbf{z}$ unabhängig (aber beispielsweise $f(\mathbf{x}, \mathbf{y})$ und $g(\mathbf{x}, \mathbf{z})$ im allgemeinen nicht mehr). Die Unabhängigkeit von $f(\mathbf{x}, \mathbf{y})$ und $\mathbf{z}$ folgt aus unserer obigen Überlegung sofort. Diese setzt ja nichts über die "Dimension" der Variablen voraus, und wenn x, y, z unabhängig sind, dann sind insbesondere auch die beiden Variablen (x, y) und z unabhängig.

4.6 Die Faltung

Seien $\mathbf{x}_1, \ldots, \mathbf{x}_n$ stochastisch unabhängig, $\mathbf{x}_i$ sei verteilt nach P_i. Aus Gründen der Einfachheit beschränken wir uns auf eindimensionale Zufallsvariable. Die Verteilung von $\sum_1^n \mathbf{x}_i$ wird als *Faltungsprodukt* der Maße $P_1, \ldots, P_n$ bezeichnet; Symbol: $P_1 * \ldots * P_n$. Sind die n Komponenten identisch, schreibt man P^{*n}.

Genauer: Wegen der stochastischen Unabhängigkeit ist die verbundene Verteilung von $(\mathbf{x}_1, \ldots, \mathbf{x}_n)$ gleich $\bigotimes_1^n P_\nu$. Das Faltungsprodukt ist die von $\bigotimes_1^n P_\nu$ und der Abbildung $(x_1, \ldots, x_n) \to \sum_1^n x_i$ induzierte Verteilung.

Die Addition reeller Zahlen ist kommutativ und assoziativ. Diese Eigenschaft überträgt sich wegen Proposition 3.1.3 auf das Faltungsprodukt. Es gilt:

$$P_1 * P_2 = P_2 * P_1$$

und

$$(P_1 * P_2) * P_3 = P_1 * (P_2 * P_3).$$

Die W-Maße auf $\mathbb{B}$ bilden also bezüglich der Faltung eine Semigruppe. Das W-Maß mit $P\{0\} = 1$ bildet das neutrale Element. Man überlegt sich leicht, daß es zu nichtausgearteten W-Maßen kein inverses Element gibt.

Beweis: Da $x_1 + x_2 + x_3 = (x_1 + x_2) + x_3 = x_1 + (x_2 + x_3)$, ist die Funktion $(x_1, x_2, x_3) \to x_1 + x_2 + x_3$ darstellbar als Verknüpfung von

$$(x_1, x_2, x_3) \to (x_1 + x_2, x_3) \quad \text{und} \quad (y_1, y_2) \to y_1 + y_2$$

oder als Verknüpfung von

$$(x_1, x_2, x_3) \to (x_1, x_2 + x_3) \quad \text{und} \quad (y_1, y_2) \to y_1 + y_2.$$

Daher ist $P_1 * P_2 * P_3 = (P_1 * P_2) * P_3$ und auch $P_1 * P_2 * P_3 = P_1 * (P_2 * P_3)$. Diese Assoziativität ermöglicht es, die Dichte von $P_1 * \ldots * P_n$ iterativ zu gewinnen: Durch Faltung von $P_1 * \ldots * P_{n-1}$ mit P_n, d.h. durch sukzessive Faltung von je zwei W-Maßen.

Bevor wir uns mit dem Faltungsprodukt selbst befassen, erwähnen wir zwei leicht zu gewinnende Relationen für Erwartungswert und Varianz:

$$\mathscr{E}(P_1 * P_2) = \mathscr{E}(P_1) + \mathscr{E}(P_2);$$

$$\mathscr{V}(P_1 * P_2) = \mathscr{V}(P_1) + \mathscr{V}(P_2).$$

Wegen der Assoziativität des Faltungsprodukts folgen daraus sofort die entsprechenden Relationen für eine beliebige Zahl von Faktoren.

Für $n = 2$ und W-Maße P_i mit Dichte p_i hat $P_1 * P_2$ (nach Proposition 3.2.14) die Dichte

(4.6.1) $$z \to \int p_1(z - x_2)p_2(x_2)\,dx_2, \qquad z \in \mathbb{R}.$$

Für diskrete W-Maße P_1, P_2 auf $\mathbb{N}_0$ gilt (nach Beispiel 3.2.16)

(4.6.2) $$P_1 * P_2\{z\} = \sum_{k=0}^{z} P_1\{z - k\}P_2\{k\}, \qquad z \in \mathbb{N}_0.$$

Für viele der gängigen Verteilungen wird die Berechnung der Faltungsprodukte dadurch erleichtert, daß sie "reproduktiv" sind. Damit ist folgendes gemeint. Wir betrachten eine Familie von W-Maßen $P_\theta|\mathbb{B}$, die von einem Parameter θ abhängen, der seine Werte in einem Intervall $\Theta \subset \mathbb{R}$ annimmt. Wir setzen voraus, daß $P_{\theta_1} \neq P_{\theta_2}$ für $\theta_1 \neq \theta_2$.

4.6.3 Definition: Die Familie $\{P_\theta: \theta \in \Theta\}$ heißt *reproduktiv*, wenn für beliebige $\theta_1, \theta_2 \in \Theta$ das Faltungsprodukt $P_{\theta_1} * P_{\theta_2}$ wieder zu der Familie gehört, d.h. wenn es eine Funktion $\varphi: \Theta^2 \to \Theta$ gibt, so daß

(4.6.4) $$P_{\theta_1} * P_{\theta_2} = P_{\varphi(\theta_1, \theta_2)} \qquad \text{für alle } \theta_1, \theta_2 \in \Theta.$$

Wegen der Kommutativität und der Assoziativität der Faltung ist die Funktion φ gleichfalls kommutativ und assoziativ. Es gilt

(4.6.5) $$\varphi(\theta_1, \theta_2) = \varphi(\theta_2, \theta_1),$$

(4.6.6) $$\varphi(\varphi(\theta_1, \theta_2), \theta_3) = \varphi(\theta_1, \varphi(\theta_2, \theta_3)).$$

Ist die Funktion φ außerdem stetig und kürzbar, dann ist sie nach Satz H.5 darstellbar als

(4.6.7) $$\varphi(\theta_1, \theta_2) = \psi^{-1}(\psi(\theta_1) + \psi(\theta_2))$$

mit einer stetigen und monotonen Funktion ψ, die bis auf Streckungen eindeutig bestimmt ist.

Führen wir $\eta = \psi(\theta)$ als Parameter ein und definieren $Q_\eta := P_{\psi^{-1}(\eta)}$, dann folgt aus (4.6.4) und (4.6.7), daß

(4.6.8) $$Q_{\eta_1} * Q_{\eta_2} = Q_{\eta_1 + \eta_2}.$$

D.h. wir können eine reproduktive Familie im allgemeinen so umparametrisieren, daß der Faltung die Addition der Parameter entspricht. Dies ist einer der Gründe, die dafür sprechen, bei der Normalverteilung $N_{(\mu, \sigma^2)}$ den Wert σ^2, und nicht σ, als Parameter aufzufassen. (Der andere Grund ist der Zusammenhang mit den mehrdimensionalen Normalverteilungen: Wollte man die eindimensionale Normalverteilung mit σ parametrisieren, müßte man im mehrdimensionalen Fall $\Sigma^{1/2}$ einführen.)

Auch dort, wo eine solche Umparametrisierung nicht zweckmäßig ist (z.B. weil der Parameter eine bestimmte inhaltliche Bedeutung hat), wird aus der Darstellung (4.6.7) klar, daß wir bei reproduktiven Familien die Aufgabe, n W-Maße zu falten, erledigt haben, sobald wir die Funktion ψ für die Faltung zweier W-Maße kennen: Es gilt für eine beliebige Zahl von Faktoren:

(4.6.9) $$P_{\theta_1} * \ldots * P_{\theta_n} = P_{\psi^{-1}(\psi(\theta_1)+\ldots+\psi(\theta_n))}.$$

(Beweis durch vollständige Induktion.)

4.6.10 Beispiel: $\Gamma_{a,b_1} * \Gamma_{a,b_2} = \Gamma_{a,b_1+b_2}$. Nach (4.6.1) hat $\Gamma_{a,b_1} * \Gamma_{a,b_2}$ die Dichte

$$x \to \int_0^x \frac{1}{\Gamma(b_1)} \frac{1}{a^{b_1}} (x-y)^{b_1-1} \exp\left[-\frac{x-y}{a}\right] \cdot \frac{1}{\Gamma(b_2)} \frac{1}{a^{b_2}} y^{b_2-1} \exp\left[-\frac{y}{a}\right] dy$$

$$= \frac{1}{\Gamma(b_1)\Gamma(b_2)} \int_0^1 (1-u)^{b_1-1} u^{b_2-1}\, du \cdot \frac{1}{a^{b_1+b_2}} x^{b_1+b_2-1} \cdot \exp\left[-\frac{x}{a}\right].$$

Da es sich um die Dichte eines W-Maßes handelt, gilt notwendigerweise

$$\frac{1}{\Gamma(b_1)\Gamma(b_2)} \int_0^1 (1-u)^{b_1-1} u^{b_2-1}\, du = \frac{1}{\Gamma(b_1+b_2)},$$

eine auch aus der Analysis bekannte Beziehung.

4.6.11 Beispiel: Sind $\mathbf{x}_1, \ldots, \mathbf{x}_n$ stochastisch unabhängig verteilt nach $N_{(0,\sigma^2)}$, dann ist $\sum_1^n \mathbf{x}_\nu^2$ verteilt nach $\Gamma_{2\sigma^2,\frac{n}{2}}$ (d.i. nach einer χ^2-Verteilung mit n Freiheitsgraden und Skalen-Parameter σ^2).

Beweis: Nach (3.2.13) ist jedes $\mathbf{x}_\nu^2$ verteilt nach $\Gamma_{2\sigma^2,\frac{1}{2}}$. Nach Abschnitt 4.5 sind $\mathbf{x}_1^2, \ldots, \mathbf{x}_n^2$ stochastisch unabhängig. Wegen der Reproduktivität der Gamma-Verteilung ist $\sum_1^n \mathbf{x}_\nu^2$ verteilt nach $\Gamma_{2\sigma^2,\frac{n}{2}}$.

Ein (4.6.9) entsprechendes Ergebnis gilt für mehrdimensionale Parameter. Wir erwähnen als Beispiel die Normalverteilung:

4.6.12 Proposition: $N_{(\mu_1,\sigma_1^2)} * \ldots * N_{(\mu_n,\sigma_n^2)} = N_{(\sum_1^n \mu_i, \sum_1^n \sigma_i^2)}$.

Beweis: $n = 2$: Die Verteilung von $N_{(\mu_1,\sigma_1^2)} * N_{(\mu_2,\sigma_2^2)}$ hat nach (4.6.1) die Dichte:

$$z \to \int \frac{1}{\sigma_1} \varphi\left(\frac{z-\mu_1-x_2}{\sigma_1}\right) \frac{1}{\sigma_2} \varphi\left(\frac{x_2-\mu_2}{\sigma_2}\right) dx_2$$

$$= \frac{1}{\sqrt{\sigma_1^2+\sigma_2^2}} \varphi\left(\frac{z-(\mu_1+\mu_2)}{\sqrt{\sigma_1^2+\sigma_2^2}}\right).$$

Dies ist die Dichte von $N_{(\mu_1+\mu_2,\sigma_1^2+\sigma_2^2)}$. Für beliebige n folgt die Behauptung durch vollständige Induktion. □

4.6.13 Proposition: *Seien* $\mathbf{x}_1, \ldots, \mathbf{x}_n$ *voneinander stochastisch unabhängig;* $\mathbf{x}_i$ *sei verteilt nach* $N_{(\mu_i, \sigma_i^2)}$. *Dann ist* $a_0 + \sum_1^n a_i \mathbf{x}_i$ *normalverteilt mit*

$$\textit{Erwartungswert } \mu = a_0 + \sum_1^n a_i \mu_i,$$

$$\textit{Varianz} \qquad \sigma^2 = \sum_1^n a_i^2 \sigma_i^2.$$

Beweis: Da $N_{(\mu_1, \sigma_1^2)} \otimes \ldots \otimes N_{(\mu_n, \sigma_n^2)} * \left((x_1, \ldots, x_n) \to \sum_1^n a_i x_i \right) = N_{(a_1\mu_1, a_1^2\sigma_1^2)} * \ldots * N_{(a_n\mu_n, a_n^2\sigma_n^2)}$, folgt die Behauptung für $a_0 = 0$ aus Proposition 4.6.12, und für beliebige a_0 aus Beispiel 3.2.10. □

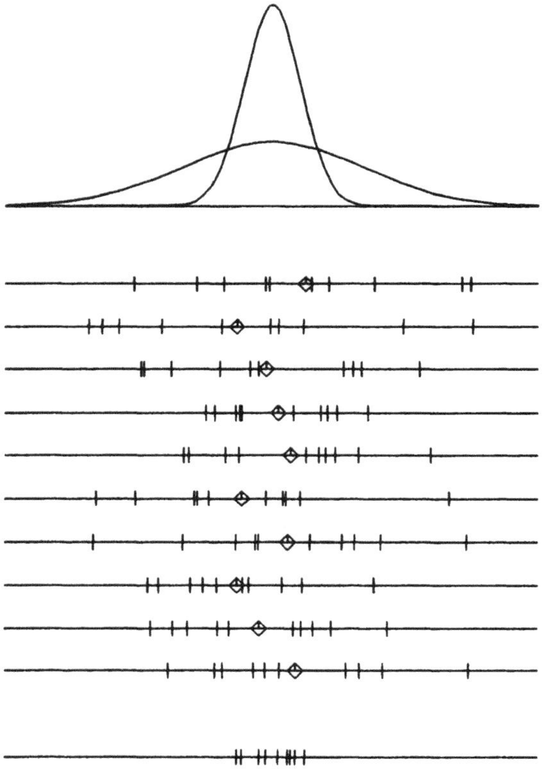

Bild 4.1 Jede der 10 Zeilen enthält 10 Realisationen aus der Normalverteilung $N_{(0,1)}$ und deren Mittelwert. Die letzte Zeile zeigt, daß die 10 Mittelwerte deutlich weniger streuen. Im oberen Teil des Bildes ist die Dichte der Einzelwerte, $N_{(0,1)}$, und die Dichte der Mittelwerte, $N_{(0,1/10)}$, dargestellt.

4.6.14 Korollar: *Seien* $\mathbf{x}_1, \ldots, \mathbf{x}_n$ *voneinander stochastisch unabhängig verteilt nach* $N_{(\mu,\sigma^2)}$. *Dann ist* $\frac{1}{n}\sum_1^n \mathbf{x}_i$ *normalverteilt mit Erwartungswert* μ *und Varianz* σ^2/n.

Beweis: Wende Proposition 4.6.13 mit $a_0 = 0$, $a_i = \frac{1}{n}$ für $i = 1, \ldots, n$ an. □

Zusatzfrage: Zieht man – allgemeiner – ein gewogenes Mittel der Form $\sum_1^n a_i \mathbf{x}_i$ als Schätzer für μ in Betracht, dann muß $\sum_1^n a_i = 1$ gelten, damit die Verteilung von $\sum_1^n a_i \mathbf{x}_i$ richtig zentriert ist, d.h. den Erwartungswert μ hat. Wie muß man die Gewichte a_i wählen, damit außerdem die Varianz möglichst klein ist? Diese Frage tritt beispielsweise dann auf, wenn man n normalverteilte Schätzwerte einer unbekannten Größe μ mit bekannter Genauigkeit zu einem gemeinsamen Schätzwert zusammenfassen will.

Wir beobachten hier bei Mittelwerten normalverteilter Größen ein Verhalten, das nach dem Zentralen Grenzwertsatz für Mittelwerte beliebiger Verteilungen gilt: Die Verteilung der Mittelwerte zieht sich mit steigender Anzahl n der Einzelwerte wie $1/\sqrt{n}$ um den Erwartungswert zusammen. Daher: Mittelwerte streuen weniger als Einzelwerte. Aber: Die Verkleinerung der Streuung geht nur mit dem Faktor $1/\sqrt{n}$. Um den Streubereich zu halbieren, müssen wir die Anzahl der Einzelwerte vervierfachen.

Mittelwerte normalverteilter Einzelwerte sind exakt normalverteilt. Der Zentrale Grenzwertsatz sagt uns, daß Mittelwerte aus vielen Einzelwerten annähernd normalverteilt sind, auch dann, wenn die Einzelwerte eine ganz andere Verteilung haben.

Daß dies nicht immer so ist, zeigt das Beispiel der Cauchy-Verteilung: Bezeichne C die Cauchy-Verteilung mit der Dichte $x \to \frac{1}{\pi} \cdot \frac{1}{1+x^2}$ und C_a die Cauchy-Verteilung mit dem Skalen-Parameter $a \in (0, \infty)$. (Diese hat nach Beispiel 3.2.10 die Dichte $x \to \frac{1}{a\pi} \cdot \frac{1}{1+x^2/a^2}$.)

4.6.15 Proposition: *Sind* $\mathbf{x}_1, \ldots, \mathbf{x}_n$ *stochastisch unabhängig und jedes* $\mathbf{x}_i$ *verteilt nach* C, *dann ist* $\frac{1}{n}\sum_1^n \mathbf{x}_i$ *gleichfalls verteilt nach* C.

Beweis: Aus der Reproduktivität (vgl. 1.6.12) folgt, daß $\sum_1^n \mathbf{x}_i$ verteilt ist nach $C^{*n} = C_n$. Daher ist $\frac{1}{n}\sum_1^n \mathbf{x}_i$ verteilt nach $C_1 = C$ (nach Beispiel 3.2.10). □

Mittelwerte aus Cauchy-verteilten Zufallsvariablen verhalten sich also ganz anders als Mittelwerte aus normalverteilten Zufallsvariablen, und auch ganz anders als üblich: Wären die Fehler von Meßwerten Cauchy-verteilt, würde es nichts nützen, arithmetische Mittel zu bilden: Ein arithmetisches Mittel aus 100 000 Meßwerten hätte die gleiche Verteilung wie ein einzelner Meßwert!

Weitere Faltungs-Eigenschaften von Verteilungsfamilien finden sich in Abschnitt 1.6.

4.7 Weitere Beispiele zur stochastischen Unabhängigkeit

4.7.1 Beispiel: Intelligenz-Tests. Eine Population bestehe aus zwei Gruppen, A und B. Der I.Q. in Gruppe A ist normalverteilt mit Mittelwert 100 und Standardabweichung 15, der I.Q. in Gruppe B ist normalverteilt mit Mittelwert 85 und Standardabweichung 15. Wie groß ist die Wahrscheinlichkeit, daß ein zufällig herausgegriffenes Individuum der Population A intelligenter ist als ein zufällig herausgegriffenes Individuum der Population B?
Lösungsweg: Gesucht ist

$$\begin{aligned} &N_{(\mu_A,\sigma^2)} \otimes N_{(\mu_B,\sigma^2)}\{(x,y) \in \mathbb{R}^2 \colon x > y\} \\ &= N_{(\mu_A,\sigma^2)} \otimes N_{(\mu_B,\sigma^2)}\{(x,y) \in \mathbb{R}^2 \colon y - x < 0\} \\ &= N_{(\mu_B-\mu_A,\, 2\sigma^2)}(-\infty, 0) = \Phi\left(\frac{\mu_A - \mu_B}{\sqrt{2}\sigma}\right). \end{aligned}$$

Ergebnis: Im konkreten Beispiel ist die gesuchte Wahrscheinlichkeit 0,76.

4.7.2 Beispiel: Verteilung eines Minimums. Seien $\mathbf{x}_1, \ldots, \mathbf{x}_n$ stochastisch unabhängig. $\mathbf{x}_i \in \mathbb{R}$ sei verteilt nach P_i. Gesucht ist die Verteilung von $\min\{\mathbf{x}_1, \ldots, \mathbf{x}_n\}$.

Eine mögliche Interpretation: Ein Aggregat aus n Komponenten fällt aus, sobald eine der Komponenten ausfällt. Ist $\mathbf{x}_i$ die Lebensdauer der i. Komponente, dann ist $\min\{\mathbf{x}_1, \ldots, \mathbf{x}_n\}$ die Lebensdauer des Aggregats. (Beachten Sie, daß die Annahme, daß die Lebensdauern der verschiedenen Komponenten voneinander unabhängig sind, nicht immer zutreffen wird.)
Lösungsweg: Wegen der Unabhängigkeit ist die verbundene Verteilung von $(\mathbf{x}_1, \ldots, \mathbf{x}_n)$ gleich $P_1 \otimes \ldots \otimes P_n$. Es gilt:

$$\{(x_1, \ldots, x_n) \in \mathbb{R}^n \colon \min\{x_1, \ldots, x_n\} > t\} = (t, \infty)^n,$$

also

$$\begin{aligned} &P_1 \otimes \ldots \otimes P_n\{(x_1, \ldots, x_n) \in \mathbb{R}^n \colon \min\{x_1, \ldots, x_n\} > t\} \\ &= \prod_1^n P_i(t, \infty). \end{aligned}$$

Ergebnis: Die Verteilung von $\min\{\mathbf{x}_1, \ldots, \mathbf{x}_n\}$ hat die Verteilungsfunktion

$$t \to 1 - \prod_1^n P_i(t, \infty).$$

Hat P_i die Dichte p_i, dann hat die Verteilung von $\min\{\mathbf{x}_1, \ldots, \mathbf{x}_n\}$ die Dichte

$$t \to \prod_1^n P_i(t, \infty) \sum_1^n \frac{p_j(t)}{P_j(t, \infty)}.$$

Spezialisierung: Lebensdauern sind oft exponentialverteilt. Abweichend von 1.6.9 schreiben wir die Dichte von P_i als $x \to a_i \exp[-a_i x]$, $x > 0$. (Bei dieser Form der Parametrisierung sind die bei Lebensdauerstudien anfallenden Ergebnisse übersichtlicher zu formulieren (vgl. Abschnitt 10.2).) Dann ist

$$P_i(t, \infty) = \exp[-a_i t],$$

also

$$1 - \prod_1^n P_i(t, \infty) = 1 - \exp\left[-\left(\sum_1^n a_i\right) t\right].$$

Durch Differenzieren erhalten wir daraus die Dichte der Verteilungsfunktion von $\min\{\mathbf{x}_1, \ldots, \mathbf{x}_n\}$, nämlich $t \to \left(\sum_1^n a_i\right) \exp\left[-\left(\sum_1^n a_i\right) t\right]$, $t > 0$.

Ergebnis: Besteht ein Aggregat aus n Komponenten, deren Lebensdauern unabhängig voneinander exponentialverteilt sind mit den Parametern $a_1, \ldots, a_n$, dann ist die Lebensdauer des Aggregates gleichfalls exponentialverteilt, mit dem Parameter $\sum_1^n a_i$.

4.7.3 Beispiel: Maxwell'sche Geschwindigkeits-Verteilung: Der Geschwindigkeitsvektor eines Moleküls sei durch seine drei Komponenten $(\mathbf{x}_1, \mathbf{x}_2, \mathbf{x}_3)$ dargestellt. Wir nehmen an, daß diese drei Komponenten stochastisch unabhängig sind (d.h. daß die Geschwindigkeit des Moleküls in Richtung der z-Achse in keinem Zusammenhang mit den Geschwindigkeitskomponenten in Richtung der x-und y-Achse steht). Außerdem nehmen wir an, daß die Verteilung für jede der drei Komponenten dieselbe ist, und zwar eine Normalverteilung $N_{(0, \sigma^2)}$. (Der Physiker weiß, daß $\sigma^2 = kT/M$, wobei k die Boltzmann'sche Konstante, T die absolute Temperatur und M die Masse des Moleküls ist.) Die verbundene Verteilung des Geschwindigkeitsvektors $(\mathbf{x}_1, \mathbf{x}_2, \mathbf{x}_3)$ ist daher $N^3_{(0, \sigma^2)}$. Gesucht ist die Verteilung der Geschwindigkeit, $(\mathbf{x}_1^2 + \mathbf{x}_2^2 + \mathbf{x}_3^2)^{1/2}$ (d.h. das von $N^3_{(0, \sigma^2)}$ und der Abbildung $(x_1, x_2, x_3) \to (x_1^2 + x_2^2 + x_3^2)^{1/2}$ induzierte W-Maß).

Nach Beispiel 4.6.11 ist $\mathbf{x}_1^2 + \mathbf{x}_2^2 + \mathbf{x}_3^2$ verteilt nach $\Gamma_{2\sigma^2, \frac{3}{2}}$. Die Verteilung $\Gamma_{2\sigma^2, \frac{3}{2}}$ hat die Dichte (vgl. 1.6.8)

$$x \to \frac{1}{\sqrt{2\pi}} \sigma^{-3} x^{1/2} \exp\left[-\frac{x}{2\sigma^2}\right], \qquad x > 0.$$

Aus dieser Dichte der Verteilung von $\mathbf{x}_1^2 + \mathbf{x}_2^2 + \mathbf{x}_3^2$ erhalten wir die Dichte der. Verteilung von $(\mathbf{x}_1^2 + \mathbf{x}_2^2 + \mathbf{x}_3^2)^{1/2}$ nach Beispiel 3.2.11. Dies ergibt die gesuchte Dichte der Geschwindigkeitsverteilung,

$$x \to \sqrt{\frac{2}{\pi}}\sigma^{-3}x^2 \exp\left[-\frac{x^2}{2\sigma^2}\right], \qquad x > 0.$$

4.7.4 Beispiel: Das Hardy-Weinberg-Gesetz. Ein Allel kommt in einer Population in den beiden Ausprägungen A und a vor. Die Genotypen AA, Aa $(=aA)$ und aa treten mit den Wahrscheinlichkeiten p, $2q$, r auf (mit $p + 2q + r = 1$). Wenn die Paarungen zufällig, d.h. entsprechend den Wahrscheinlichkeiten der Genotypen in der Population erfolgen, resultieren für die nächste Generation laut Tabelle 4.1 die Wahrscheinlichkeiten $p_1 := (p + q)^2$, $2q_1 := 2(p + q)(q + r)$ und $r_1 := (q + r)^2$.

Tabelle 4.1. Wahrscheinlichkeiten der Genotypen in der nächsten Generation bei zufälligen Paarungen.

Genotyp der Eltern	dessen Wahrscheinlichkeit	bedingte Wahrscheinlichkeit der Genotypen in der nächsten Generation		
		AA	Aa oder aA	aa
$AA \times AA$	$p \cdot p$	1	0	0
$AA \times Aa$	$p \cdot 2q$	$\frac{1}{2}$	$\frac{1}{2}$	0
$Aa \times AA$	$2q \cdot p$	$\frac{1}{2}$	$\frac{1}{2}$	0
$AA \times aa$	$p \cdot r$	0	1	0
$Aa \times Aa$	$2q \cdot 2q$	$\frac{1}{4}$	$\frac{1}{2}$	$\frac{1}{4}$
$aa \times AA$	$r \cdot p$	0	1	0
$Aa \times aa$	$2q \cdot r$	0	$\frac{1}{2}$	$\frac{1}{2}$
$aa \times Aa$	$r \cdot 2q$	0	$\frac{1}{2}$	$\frac{1}{2}$
$aa \times aa$	$r \cdot r$	0	0	1
Wahrscheinlichkeit der Genotypen in der nächsten Generation		$(p + q)^2$	$2(p + q)(q + r)$	$(q + r)^2$

Wie sind die Verhältnisse in der übernächsten Generation? Wenden wir diese Tabelle abermals an, nun mit den Wahrscheinlichkeiten p_1, $2q_1$ und r_1, dann erhalten wir für die übernächste Generation die Wahrscheinlichkeiten $p_2 = (p_1 + q_1)^2$, $2q_2 = 2(p_1 + q_1)(q_1 + r_1)$ und $r_2 = (q_1 + r_1)^2$. Wie man sofort nachrechnet, gilt $p_1 + q_1 = p + q$ und $q_1 + r_1 = q + r$, also $p_2 = p_1$, $q_2 = q_1$ und $r_2 = r_1$.

Erfolgen die Paarungen entsprechend den Wahrscheinlichkeiten der Genotypen der Population, dann sind diese Wahrscheinlichkeiten ab der 1. Generation der Nachkommen konstant. Dies ist das Gesetz von Hardy-Weinberg.

Die Annahme, daß sich die verschiedenen Genotypen entsprechend ihrer Häufigkeit in der Population kombinieren, wird nicht immer zutreffen. Wenn ein Allel in einer bestimmten Schicht der Population gehäuft auftritt und Paarungen vorwiegend innerhalb derselben Schicht erfolgen, ist diese Annahme falsch. Das bekannteste Beispiel: Die Anlage zur Sichelzellen-Anämie, die vorwiegend bei Negern auftritt. Außerdem setzt das Gesetz von Hardy-Weinberg voraus, daß die durchschnittliche Zahl der Nachkommen für alle Genkombinationen der Eltern gleich ist.

Die Aussage des Hardy-Weinberg-Gesetzes gilt für eine sehr große Population. In kleinen Populationen tritt die Zufallsabhängigkeit des Fortpflanzungsergebnisses in den Vordergrund. Diese bewirkt, daß eines der beiden Allele mit großer Wahrscheinlichkeit ausstirbt – auch dann, wenn die Allele bezüglich der Auslese neutral sind. Dies erklärt, warum sich in kleinen Populationen auch neutrale Mutationen gelegentlich durchsetzen.

Auch wenn die mathematische Erfassung dieses Zufallsgeschehens über den Rahmen des Schulstoffs hinausgeht: Es ist einfach, das Aussterben eines Allels durch Simulation empirisch nachzuprüfen. Zu diesem Zweck betrachten wir

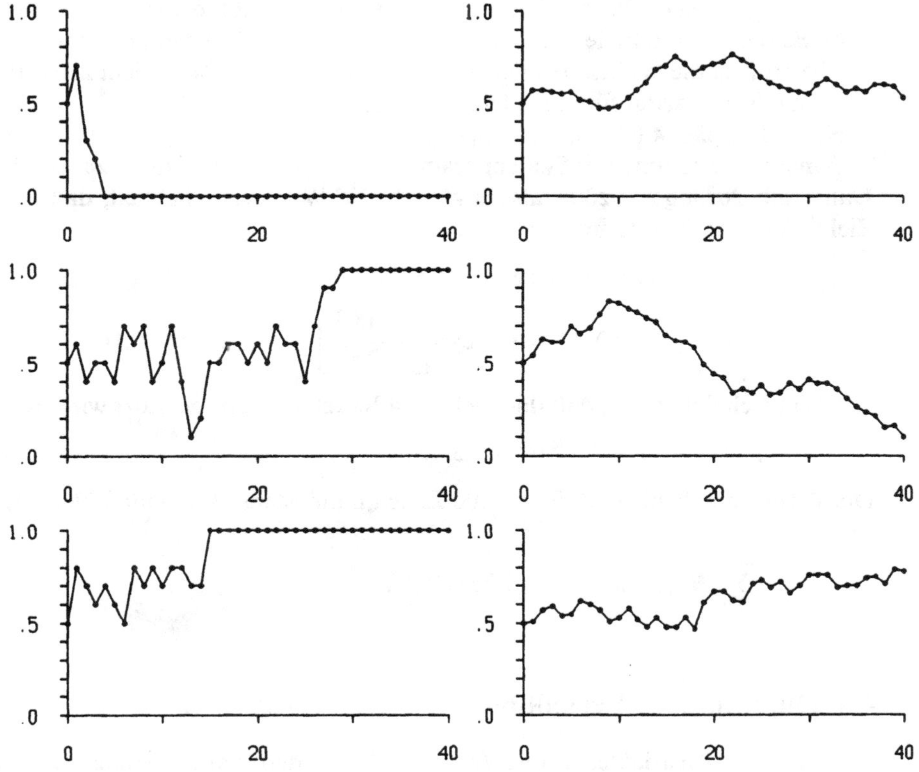

Bild 4.2 Entwicklung des Anteils des Allels *A* in einer Population der Größe 10 (links) bzw. 100 (rechts). Es werden jeweils drei Realisationen des Zufallsprozesses gezeigt.

eine Population, in der $n/2$ Allele vom Typ A und $n/2$ Allele vom Typ a vorkommen. Wir nehmen an, daß die Anzahl der Allele, n, von Generation zu Generation konstant bleibt. Sind in der m. Generation k_m Allele vom Typ A (und daher $n - k_m$ Allele vom Typ a) vorhanden, dann ist die Zahl der Allele vom Typ A in der $(m + 1)$. Generation verteilt nach $B_{n,k_m/n}$. Wir können also ein Zufallsgeschehen simulieren, bei dem k_{m+1} eine Realisation aus $B_{n,k_m/n}$ ist, beginnend mit k_1 als Realisation aus $B_{n,1/2}$.

Auch solche Aufgaben gehören zum Anwendungsbereich der Wahrscheinlichkeitsrechnung:

4.7.5 Beispiel: Es werden Raketen verwendet, deren Einschläge um das Ziel einer zweidimensionalen Normalverteilung folgen. Die Genauigkeit geben wir – wie üblich – an durch den Radius jenes Kreises, innerhalb dessen die Rakete mit der Wahrscheinlichkeit $\frac{1}{2}$ auftrifft: Dieser sei 200 m. Ein Ziel ist zerstört, wenn die Rakete in einem Abstand von höchstens 100 m vom Ziel auftrifft.

a) Wie groß ist die Wahrscheinlichkeit, ein Ziel mit 4 Raketen zu zerstören?

b) Es werden 100 Ziele auf diese Weise (mit jeweils 4 Raketen) beschossen. Wie groß ist die Wahrscheinlichkeit, daß mindestens 20 Ziele nicht zerstört werden (als Kapazität für einen Gegenschlag)?

Nach Beispiel 4.6.11 ist $N^2_{(0,\sigma^2)} * ((x_1, x_2) \to x_1^2 + x_2^2) = \Gamma_{2\sigma^2,1}$, also die Exponentialverteilung mit Skalenparameter $2\sigma^2$. Deren Median ist $2\sigma^2 \log 2$. Daher gilt $2\sigma^2 \log 2 = 200^2$, also $\sigma \doteq 170$. Die Wahrscheinlichkeit, daß ein Ziel von einer Rakete zerstört wird, ist

$$N^2_{(0,\sigma^2)}\{(x_1, x_2) \in \mathbb{R}^2 : x_1^2 + x_2^2 \leqq 100^2\}$$

$$= E_{2\sigma^2}(0, 100^2] = 1 - \exp\left[-\frac{100^2}{2\sigma^2}\right] = 1 - 2^{-1/4} \doteq 0{,}16.$$

Die Wahrscheinlichkeit, daß das Ziel mit 4 Raketen nicht zerstört wird, ist

$$p = (1 - (1 - 2^{-1/4}))^4 \doteq 0{,}5.$$

Die Wahrscheinlichkeit, daß von 100 Zielen mindestens 20 erhalten bleiben, ist

$$\sum_{k=20}^{100} B_{100,p}\{k\} = 1 - 1{,}35 \cdot 10^{-10}.$$

4.8 Die Binomial-Verteilung

Sei $\mathbf{x}$ eine Zufallsvariable, die die Werte 0 und 1 mit den Wahrscheinlichkeiten $1 - p$ bzw. p annimmt. Das Zufallsexperiment wird n-mal unabhängig wiederholt. Gesucht ist die Wahrscheinlichkeit dafür, daß unter den n Versuchen genau k-mal der Wert "1" auftritt. Da $\mathbf{x}$ nur die Werte 0 und 1 annimmt, können wir die Wahrscheinlichkeit für $\mathbf{x} = x$ bequem anschreiben als $p^x(1-p)^{1-x}$. Für dieses W-Maß verwenden wir das Symbol $B_{1,p}$ (siehe 1.6.1).

Die Wahrscheinlichkeit, daß bei n unabhängigen Wiederholungen das Ergebnis $(x_1, \ldots, x_n) \in \{0,1\}^n$ auftritt, ist dann

$$(4.8.1) \qquad B_{1,p}^n\{(x_1, \ldots, x_n)\} := \prod_1^n B_{1,p}\{x_\nu\} = p^{\sum_1^n x_\nu}(1-p)^{n-\sum_1^n x_\nu}.$$

Die Wahrscheinlichkeit für das Ergebnis $(x_1, \ldots, x_n)$ hängt also nur davon ab, wie oft die "1" auftritt $\left(\text{nämlich } \sum_1^n x_\nu\text{-mal}\right)$, nicht aber von der Reihenfolge der Ziffern im n-tupel $(x_1, \ldots, x_n)$. Uns interessiert die Verteilung der Zufallsvariablen $\sum_1^n \mathbf{x}_\nu$ $\Big($anders ausgedrückt, die von $B_{1,p}^n$ und der Funktion $(x_1, \ldots, x_n) \to \sum_1^n x_\nu$ induzierte Verteilung$\Big)$.

Wir berechnen nun

$$B_{1,p}^n\left\{(x_1, \ldots, x_n) \in \{0,1\}^n : \sum_1^n x_\nu = k\right\}.$$

Da jedes n-tupel $(x_1, \ldots, x_n) \in \{0,1\}^n$ mit $\sum_1^n x_\nu = k$ die gleiche Wahrscheinlichkeit hat, nämlich $p^k(1-p)^{n-k}$, brauchen wir nur abzuzählen, wie viele solcher n-tupel es gibt. Die Anzahl dieser n-tupel entspricht der Anzahl der Möglichkeiten, k Einsen auf n Stellen zu verteilen, und das ist $\binom{n}{k}$ (vgl. (2.1.3)). Wir erhalten also für die gesuchte Wahrscheinlichkeit den Wert

$$B_{1,p}^n\left\{(x_1, \ldots, x_n) \in \{0,1\}^n : \sum_1^n x_\nu = k\right\} = \binom{n}{k} p^k(1-p)^{n-k},$$

$$k = 0, \ldots, n.$$

Das ist gerade die Wahrscheinlichkeit, die k unter der Binomial-Verteilung $B_{n,p}$ hat (siehe 1.6.1). Wir haben also bewiesen:

$$(4.8.2) \qquad B_{1,p}^{*n} = B_{n,p}.$$

4.8.3 Proposition: $B_{n,p} * B_{m,p} = B_{n+m,p}$.

Anschaulich ist diese Reproduktivität der Binomial-Verteilung klar: Wenn wir dasselbe Zufallsexperiment m-mal unabhängig wiederholen und die Ergebnisse summieren: $\sum_1^m x_\nu$, danach n-mal wiederholen und diese Ergebnisse summieren: $\sum_1^n y_\nu$, dann ist die Summe dieser beiden Summen nichts anderes als die Summe der Ergebnisse von $m + n$ unabhängigen Wiederholungen. Genau das sagt die Proposition aus. Anders ausgedrückt: Da $B_{n,p} = B_{1,p}^{*n}$, folgt die Proposition aus der Assoziativität der Faltung (denn es gilt ganz allgemein: $(P^{*m}) * (P^{*n}) = P^{*(m+n)}$). Mit etwas mehr Mühe rechnet man dies mit Hilfe der Faltungsformel (4.6.2) nach:

$$\sum_{l=0}^{k} B_{m,p}\{k-l\} B_{n,p}\{l\} = B_{m+n,p}\{k\} \quad \text{für } k = 0, \ldots, m+n.$$

Die Faltungsformel bietet einen anderen Weg zur Herleitung der Formel in 1.6.1: durch vollständige Induktion nach n.

Zur Veranschaulichung von $B_{n,\frac{1}{2}}$ im Unterricht dient das Galton'sche Brett. Im Galton'schen Brett mit n Nagelreihen werden die 2^n n-tupel aus $\{0,1\}^n$ veranschaulicht durch 2^n Wege. Jeder dieser Wege hat – bei geeigneter Position der Nägel – die gleiche Wahrscheinlichkeit, aber es führen unterschiedlich viele Wege zu den einzelnen Fächern: $\binom{n}{k}$ Wege zum Fach mit der Nummer k.

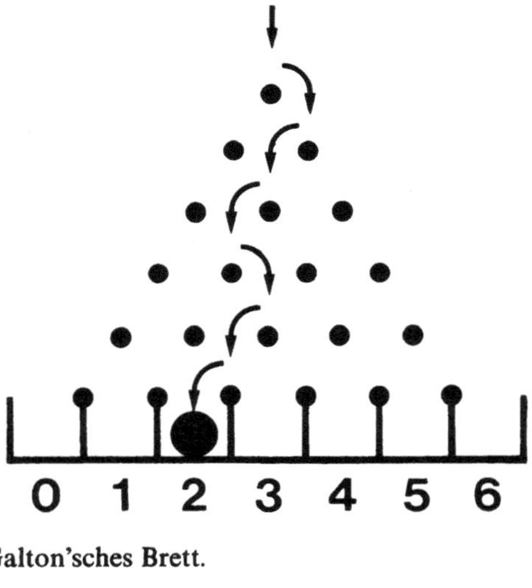

Bild 4.3 Galton'sches Brett.

Statistische Fragestellungen führen häufig zu der Aufgabe, die Wahrscheinlichkeiten für Intervalle zu berechnen. Dazu benötigen wir $\sum_{\nu=0}^{k} \binom{n}{\nu} p^\nu (1-p)^{n-\nu}$ und $\sum_{\nu=k}^{n} \binom{n}{\nu} p^\nu (1-p)^{n-\nu}$. Dies wird durch folgende Beziehung mit der *unvollständigen Betafunktion*

$$\mathrm{B}_{a,b}(x) := \int_0^x t^{a-1}(1-t)^{b-1}\,dt, \qquad x \in [0,1],$$

erleichtert.

4.8.4 Proposition: *Für $k = 1, \ldots, n$ gilt*

$$\sum_{\nu=k}^{n} \binom{n}{\nu} p^{\nu}(1-p)^{n-\nu} = k\binom{n}{k} \mathrm{B}_{k,n-k+1}(p).$$

Wir benötigen diese Relation in Abschnitt 4.9. Ihre Bedeutung für numerische Berechnungen ist durch die Entwicklung im EDV-Bereich überholt.

Beweis: Die Funktion $f(p) := \sum_{\nu=k}^{n} \binom{n}{\nu} p^{\nu}(1-p)^{n-\nu}$ ist in $(0,1)$ differenzierbar. Man rechnet leicht nach, daß

$$f'(p) = k\binom{n}{k} p^{k-1}(1-p)^{n-k}.$$

Wegen $f(0) = 0$ gilt daher

$$f(p) = k\binom{n}{k} \int_0^p t^{k-1}(1-t)^{n-k}\,dt. \qquad \square$$

Es folgen einige Beispiele für Probleme, bei denen die Binomial-Verteilung auftritt.

4.8.5 Beispiel: Die Wahrscheinlichkeit für eine Knabengeburt ist 0,51 (für eine Mädchengeburt 0,49). Wie groß ist unter den Familien mit 4 Kindern der Anteil mit 2 Knaben und 2 Mädchen? Ergebnis: $\binom{4}{2} 0{,}51^2 \cdot 0{,}49^2 \doteq 0{,}37$. Auch hier stimmt, wie bei Anwendungen oft, das Modell nur ungefähr: Wegen des Vorkommens eineiiger Mehrlinge ist die Voraussetzung der

Tabelle 4.2. Berechnung der Chancen für einen Gewinn von mindestens 100 DM.

Spieler	Wahrschein-lichkeit, ein Spiel zu gewinnen	Zahl der Spiele, die gewonnen werden müssen	Wahrscheinlichkeit für einen Gewinn von mindestens 100 DM	Normal-approximation
A(Farbe)	18/37	550	$\sum_{550}^{1000} B_{1000,\frac{18}{37}}\{k\} \doteq 0{,}00003$	0,00003
B(Zahl)	1/37	31	$\sum_{31}^{1000} B_{1000,\frac{1}{37}}\{k\} \doteq 0{,}24382$	0,24912

Unabhängigkeit hier, genau genommen, nicht erfüllt. Da dieser Anteil jedoch verschwindend klein ist (der Anteil der eineiigen Zwillinge ist etwa 0,006, der eineiigen Drillinge noch kleiner), beeinflußt er das Ergebnis nicht.

4.8.6 Beispiel: Beim Roulette gibt es je 18 Zahlen, die rot bzw. schwarz markiert sind, sowie die "0" (ohne Farbe). Setzt ein Spieler auf "Farbe", erhält er bei Gewinn den doppelten Einsatz ausbezahlt; setzt ein Spieler auf "Zahl", erhält er bei Gewinn den 36-fachen Einsatz ausbezahlt.

Spieler *A* setzt stets auf "Farbe", Spieler *B* stets auf "Zahl". Welcher der beiden Spieler hat die größere Chance, bei 1 000 Spielen mit dem Einsatz von jeweils 1 DM mindestens 100 DM zu gewinnen?

Die Werte der Normalapproximation werden wie folgt berechnet:

$$\sum_{k=k_0}^{n} B_{n,p}\{k\} \doteq N_{(np,np(1-p))}\left[k_0 - \frac{1}{2}, \infty\right)$$

$$= N_{(0,1)}\left(\frac{k_0 - \frac{1}{2} - np}{\sqrt{np(1-p)}}, \infty\right)$$

$$= \Phi\left(\frac{np - k_0 + \frac{1}{2}}{\sqrt{np(1-p)}}\right).$$

4.8.7 Beispiel: Der Spruch einer Jury bestehend aus 4 Juroren lautet "schuldig", wenn mehr als die Hälfte der Juroren, also 3 oder 4, für "schuldig" stimmen. Die Juroren werden aus einer Gesamtheit durch Los ausgewählt.

Angenommen, die Juroren bilden ihre Meinung unabhängig voneinander. Wie groß ist die Wahrscheinlichkeit einer Verurteilung, wenn 75% der Personen in jener Gesamtheit, aus der die Juroren durch Zufallsauswahl ausgewählt wurden, auf Grund der den Juroren vorliegenden Informationen für schuldig stimmen würden?

Die Antwort: $B_{4,p}\{3\} + B_{4,p}\{4\}$; für $p = 0{,}75$ ergibt dies 0,74. Bei nur 4 Juroren ist der Einfluß der Zufallsauswahl also noch erheblich. Bei 8 Juroren wäre die Wahrscheinlichkeit eines Schuldspruchs wesentlich größer: $B_{8,p}\{5\} + \cdots + B_{8,p}\{8\} \doteq 0{,}89$.

Sicher ist dieses Modell nicht ganz realistisch, denn es unterstellt, daß jeder der Juroren seine Meinung für sich – unabhängig von den anderen Juroren – bildet, während in Wirklichkeit durch die Beratungen eine Tendenz zur Konsensbildung besteht.

Beginnend mit N. Bernoulli (1709) haben Wahrscheinlichkeitstheoretiker, unter ihnen Condorcet (1785) und Poisson (1837), versucht, mit Hilfe der Wahrscheinlichkeitsrechnung Aussagen über die Glaubwürdigkeit von Zeugenaussagen zu gewinnen. Einen Überblick über die meist obstrusen Ideen gibt der Artikel von Zabell (1988). Eine empirisch orientierte Untersuchung stammt von Kalven und Zeisel (1966).

4.8.8 Beispiel: Eine Prüfung besteht aus n Fragen, die mit "ja" oder "nein" zu beantworten sind. Die Prüfung ist bestanden, wenn mehr als 2/3 der Fragen richtig beantwortet sind.

Wie groß ist die Wahrscheinlichkeit, daß ein Prüfling die Prüfung besteht, wenn er die Antworten durch ein Zufallsexperiment ermittelt (mit den Wahrscheinlichkeiten $\frac{1}{2}$ für "ja" und "nein")?

Lösungsweg: Die Wahrscheinlichkeit, auf diese Weise genau k richtige Antworten zu erzielen, ist $B_{n,\frac{1}{2}}\{k\} = 2^{-n}\binom{n}{k}$. Die Wahrscheinlichkeit, die Prüfung zu bestehen, ist demnach $2^{-n} \sum_{k>2n/3} \binom{n}{k}$.

Ergebnis: Die Wahrscheinlichkeit beträgt bei $n = 5$ fast 20%, bei $n = 50$ weniger als 1%.

Würde man demgegenüber nur verlangen, daß mehr als die Hälfte der Fragen richtig beantwortet ist, wäre die Vergrößerung der Anzahl der Fragen unwirksam: Die Wahrscheinlichkeit, die Prüfung zu bestehen, betrüge dann stets ca. 50%.

4.8.9 Beispiel: Eine Telefonzentrale hat n Fernleitungen, mit denen sie $m > n$ Kunden versorgt. Wie groß ist die Wahrscheinlichkeit, daß zu einem zufällig herausgegriffenen Zeitpunkt alle n Fernleitungen besetzt sind, wenn jeder Kunde 1/10 der Zeit telefoniert?

Lösungsweg: Wir nehmen in erster Näherung an, daß die Telefongespräche der m Kunden voneinander unabhängig und zeitlich gleichmäßig verteilt sind. Dann ist die Wahrscheinlichkeit, daß zu einem zufällig herausgegriffenen Zeitpunkt genau k Kunden telefonieren wollen, gleich $B_{m,\frac{1}{10}}\{k\}$. Die Wahrscheinlichkeit, daß alle n Fernleitungen besetzt sind, ist also in erster Näherung gleich $\sum_{k=n}^{m} B_{m,\frac{1}{10}}\{k\}$.

Ergebnis: Bei $m = 50$ und $n = 11$ ist diese Wahrscheinlichkeit kleiner als 1%.

In Abschnitt 2.4 wurde die Hypergeometrische Verteilung hergeleitet als Wahrscheinlichkeit dafür, in einer Stichprobe vom Umfang n genau k defekte Stücke zu finden, wenn das Los vom Umfang N insgesamt K defekte Stücke enthält. Ist der Stichprobenumfang n klein im Vergleich zur Losgröße, dann ist die Wahrscheinlichkeit, defekt zu sein, für jedes Element der Stichprobe annähernd K/N. Daher kann $H_{N,K,n}\{k\}$ in solchen Situationen durch $B_{n,K/N}\{k\}$ approximiert werden. (Die Wahrscheinlichkeit $B_{n,K/N}\{k\}$ stimmt exakt, wenn man jedes gezogene Stück wieder zurücklegt, so daß sich die Zusammensetzung des Loses bei der Stichprobenentnahme nicht ändert. Das ist die sogenannte "Stichprobe mit Zurücklegen", die aber außerhalb von Lehrbüchern nur sporadisch vorkommt.)

4.8.10 Aufgabe: Zeigen Sie, daß

$$\left(\frac{K-k+1}{K}\right)^k \left(\frac{[N-K-(n-k)+1]\cdot N}{(N-K)(N-k)}\right)^{n-k} B_{n,K/N}\{k\}$$

$$\leqq H_{N,K,n}\{k\} \leqq \left(\frac{N}{N-k+1}\right)^k \left(\frac{N}{N-n+1}\right)^{n-k} B_{n,K/N}\{k\}.$$

Für große N und K sind die Faktoren vor $B_{n,K/N}\{k\}$ ungefähr gleich 1.

4.8.11 Beispiel: Waren Mendels Daten gefälscht? Ein Allel komme in den beiden Ausprägungen A und a vor. Bei der Kreuzung von AA mit aa treten bei den Nachkommen der 1. Generation die Genotypen AA, Aa $(= aA)$ und aa mit den Wahrscheinlichkeiten $\frac{1}{4}, \frac{1}{2}, \frac{1}{4}$ auf. Ist A dominant, so treten unter den Nachkommen die Phänotypen A und a mit den Wahrscheinlichkeiten $\frac{3}{4}$ bzw. $\frac{1}{4}$ auf. Unter den Individuen vom Phänotyp A ist $\frac{1}{3}\left(=\frac{1}{4}:\frac{3}{4}\right)$ homozygot (vom Genotyp AA), $\frac{2}{3}\left(=\frac{1}{2}:\frac{3}{4}\right)$ sind heterozygot (vom Genotyp Aa oder aA).

Mendel berichtet über ein Versuchsergebnis, bei dem unter 600 Pflanzen des Phänotyps A 201 homozygot und 399 heterozygot waren. Diese Zahlen stimmen mit den theoretisch zu erwartenden Werten (200 bzw. 400) verblüffend gut überein. Eine so kleine Abweichung (d.h. die Versuchsergebnisse 201:399 oder 200:400 oder 199:401) besitzt unter der Verteilung $B_{600,\frac{1}{3}}$ nur die Wahrscheinlichkeit

$$B_{600,\frac{1}{3}}\{199, 200, 201\} \doteq 0{,}1.$$

Hat also Mendel (oder einer seiner Mitarbeiter) die Zahlen manipuliert?

Die tatsächlichen Verhältnisse sind etwas komplexer (die in der Praxis auftretenden Test-Aufgaben sind sehr oft ganz anders als in den Lehrbüchern): Um festzustellen, ob eine Pflanze vom Phänotyp A homozygot ist, wurden jeweils 10 Nachkommen gezüchtet. Waren alle diese Nachkommen vom Phänotyp A, dann wurde die Pflanze als "homozygot" klassifiziert. Bei einer heterozygoten Pflanze ist die Wahrscheinlichkeit für einen Nachkommen vom Phänotyp A gleich $\frac{3}{4}$, die Wahrscheinlichkeit, daß sie als homozygot klassifiziert wird, also $\left(\frac{3}{4}\right)^{10}$. Die Wahrscheinlichkeit, daß eine Pflanze vom Phänotyp A als homozygot klassifiziert wird, ist also nicht $\frac{1}{3}$, sondern $\frac{1}{3}+\frac{2}{3}\cdot\left(\frac{3}{4}\right)^{10} \doteq 0{,}371$. Die Anzahl der als homozygot klassifizierten Pflanzen ist bei diesem

Vorgehen also verteilt nach $B_{600,p}$, aber nicht mit $p = \frac{1}{3}$, sondern mit $p \doteq 0{,}371$.

Die Wahrscheinlichkeit, daß eine so kleine Abweichung von den von Mendel erwarteten Ergebnissen rein zufällig auftritt, ist also

$$B_{600,0,371}\{199, 200, 201\} \doteq 0{,}016.$$

Rechnungen dieser Art verführen zu der Vermutung, daß das Zahlenmaterial so modifiziert wurde, daß es mit den erwarteten Werten besser übereinstimmt. Eine detaillierte Analyse dieser Frage – die sich allerdings etwas anderer Tests bedient – findet sich bei Fisher (1936).

Da an der persönlichen Integrität Mendels nicht zu zweifeln ist und der von Fisher zur Ehrenrettung Mendels postulierte "datenfälschende Assistent" nachweislich nicht existiert hat, wird die Gültigkeit solcher statistischer Analysen verschiedentlich angezweifelt. Es wird insbesondere betont, daß die Annahme einer Binomial-Verteilung für die Genotypen der F_2-Generation aus botanischen Gründen nicht gerechtfertigt ist – u.a. mangels Unabhängigkeit zwischen den Typen A und a benachbarter Pollen. Vgl. hierzu Weiling (1989) und die dort genannte Literatur.

4.9 Ordnungs-Funktionen

Wir ordnen das n-tupel $(x_1, \ldots, x_n) \in \mathbb{R}^n$ nach der Größe. Dieses geordnete n-tupel heißt die zu $(x_1, \ldots, x_n)$ gehörende *Ordnungs-Funktion.* Symbol: $(x_{1:n}, \ldots, x_{n:n})$. $x_{k:n}$ heißt die k. Ordnungs-Funktion.

4.9.1 Beispiel: Aus dem Quadrupel $x_1 = 2{,}4$, $x_2 = 0{,}2$, $x_3 = 1{,}1$, $x_4 = 0{,}2$ wird $x_{1:4} = 0{,}2$, $x_{2:4} = 0{,}2$, $x_{3:4} = 1{,}1$, $x_{4:4} = 2{,}4$.

Genau genommen ist die Ordnungs-Funktion eine Abbildung, die jedem Punkt in $\mathbb{R}^n$ einen Punkt im Teilraum $\{(x_1, \ldots, x_n) \in \mathbb{R}^n: x_1 \leqq x_2 \leqq \cdots \leqq x_n\}$ zuordnet. Konsequenter wäre also beispielsweise das Symbol $O_k^{(n)}(x_1, \ldots, x_n)$ statt $x_{k:n}$, doch ist letztere Bezeichnungsweise (oder auch $x_{(k)}$) allgemein eingeführt.

Von einem besonderen Interesse sind die Ordnungs-Funktionen $x_{1:n} = \min\{x_1, \ldots, x_n\}$, $x_{n:n} = \max\{x_1, \ldots, x_n\}$ und $x_{m+1:2m+1}$, der *Median* des $(2m+1)$-tupels $(x_1, \ldots, x_{2m+1})$. Für gerade n ist der Median nicht eindeutig definiert. Häufig wird für $n = 2m$ der Wert $\frac{1}{2}(x_{m:2m} + x_{m+1:2m})$ als Median gewählt.

4.9.2 Proposition: *Die Zufallsvariablen* $\mathbf{x}_1, \ldots, \mathbf{x}_n \in \mathbb{R}$ *seien stochastisch unabhängig, jedes* $\mathbf{x}_\nu$ *sei verteilt nach einem W-Maß P mit Dichte p und Vertei-*

lungsfunktion F. Dann gilt für k = 1, ..., n: Die Zufallsvariable $\mathbf{x}_{k:n}$ *hat die*

(4.9.3) *Verteilungsfunktion:* $x \to k\binom{n}{k} \int\limits_0^{F(x)} t^{k-1}(1-t)^{n-k}\,dt,$

(4.9.4) *Dichte:* $x \to k\binom{n}{k} p(x)F(x)^{k-1}(1-F(x))^{n-k}.$

Beweis: Es gilt $x_{k:n} \leqq r$ genau dann, wenn mindestens k der Werte $x_1, \ldots, x_n$ in $(-\infty, r]$ liegen, d.h.:

(4.9.5) $$\{(x_1,\ldots,x_n) \in \mathbb{R}^n : x_{k:n} \leqq r\} = \left\{(x_1,\ldots,x_n) \in \mathbb{R}^n : \sum_1^n 1_{(-\infty,r]}(x_\nu) \geqq k\right\}.$$

Ist $\mathbf{x}_\nu$ verteilt nach P, dann nimmt die Zufallsvariable $1_{(-\infty,r]}(\mathbf{x}_\nu)$ die Werte 0 und 1 mit den Wahrscheinlichkeiten $1 - F(r)$ bzw. $F(r)$ an. Ihre Verteilung ist also $B_{1,F(r)}$, die Verteilung von $\sum_1^n 1_{(-\infty,r]}(\mathbf{x}_\nu)$ daher (wegen der stochastischen Unabhängigkeit) $B_{n,F(r)}$ (vgl. (4.8.2)).

Damit folgt

$$P^n\{(x_1,\ldots,x_n) \in \mathbb{R}^n : x_{k:n} \leqq r\} = B_{n,F(r)}\{k, k+1, \ldots, n\} = \sum_{\nu=k}^n \binom{n}{\nu} F(r)^\nu (1-F(r))^{n-\nu}.$$

Wegen Proposition 4.8.4 gilt:

$$\sum_{\nu=k}^n \binom{n}{\nu} F(r)^\nu (1-F(r))^{n-\nu} = k\binom{n}{k} \mathrm{B}_{k,n-k+1}(F(r)).$$

Also hat $\mathbf{x}_{k:n}$ die Verteilungsfunktion

$$r \to k\binom{n}{k} \int\limits_0^{F(r)} t^{k-1}(1-t)^{n-k}\,dt.$$

Durch Differenzieren nach r erhalten wir daraus die Dichte (4.9.4). □

Insbesondere: $x_{m+1:2m+1}$ ist der Median in einer Stichprobe vom Umfang $2m+1$. Der Stichproben-Median hat also

(4.9.6) Verteilungsfunktion: $x \to \frac{(2m+1)!}{(m!)^2} \int\limits_0^{F(x)} (t(1-t))^m\,dt,$

(4.9.7) Dichte: $x \to \frac{(2m+1)!}{(m!)^2} p(x)(F(x)(1-F(x)))^m.$

4.9.8 Aufgabe: Ist die Dichte p symmetrisch um μ, dann ist auch die Verteilung des Medians (bei ungeradem Stichprobenumfang!) symmetrisch um μ.

Für spätere Anwendungen stellen wir noch folgendes Ergebnis bereit:

4.9.9 Hilfssatz: *Sind* $\mathbf{x}_1, \ldots, \mathbf{x}_n$ *stochastisch unabhängig und gleichverteilt in* $(0, 1)$, *dann ist der Erwartungswert von* $\mathbf{x}_{k:n}$ *gleich* $\frac{k}{n+1}$.

Beweis: Durch Spezialisierung für $F(x) = x$ erhalten wir aus (4.9.4) für die Dichte von $\mathbf{x}_{k:n}$ die Formel

$$x \to k\binom{n}{k}x^{k-1}(1-x)^{n-k}, \qquad x \in (0, 1).$$

Daher ist der Erwartungswert von $\mathbf{x}_{k:n}$ gleich

$$\int_0^1 xk\binom{n}{k}x^{k-1}(1-x)^{n-k}\,dx = \frac{k}{n+1}. \tag{4.9.10}$$ □

Mit Hilfssatz 4.9.9 können wir auch den Erwartungswert der Länge des Intervalls $(\mathbf{x}_{k:n}, \mathbf{x}_{m:n})$ errechnen: Unbeschadet der stochastischen Abhängigkeit der Ordnungs-Funktionen $\mathbf{x}_{k:n}$ und $\mathbf{x}_{m:n}$ ist der Erwartungswert der Differenz gleich der Differenz der Erwartungswerte, also gleich $\frac{m-k}{n+1}$. Insbesondere ist der Erwartungswert des Abstands zwischen zwei benachbarten Ordnungs-Funktionen stets $\frac{1}{n+1}$, unabhängig davon, um welche Ordnungs-Funktionen es sich handelt.

Dies mag vielleicht überraschen, wird jedoch durch folgende Überlegung plausibel: Wir denken uns $n+1$ Punkte $x_1, \ldots, x_n, x_{n+1}$ auf einem Kreis mit dem Umfang 1 zufällig verteilt. An der Stelle x_{n+1} zerschneiden wir die Kreislinie und erhalten so eine Strecke der Länge 1, auf der n Punkte zufällig verteilt sind. Jetzt ist plausibel, daß die Endpunkte der Strecke in keiner Weise ausgezeichnet sind.

Wir haben oben den Erwartungswert des Abstands zweier benachbarter Ordnungs-Funktionen ermittelt. Die folgende Proposition gibt eine genauere Information: Sie beschreibt die Verteilung dieses Abstands.

4.9.11 Proposition: *Seien* $\mathbf{x}_\nu$, $\nu = 1, \ldots, n$, *stochastisch unabhängig;* $\mathbf{x}_\nu$ *sei gleichverteilt auf* $(0, 1)$. *Dann hat* $\mathbf{x}_{(k+1):n} - \mathbf{x}_{k:n}$ *für* $k = 1, \ldots, n-1$ *die Dichte*

$$u \to n(1-u)^{n-1}, \qquad u \in (0, 1). \tag{4.9.12}$$

Daraus erhalten wir sofort den Erwartungswert des Abstands,

$$\int_0^1 u \cdot n(1-u)^{n-1}\,du = \frac{1}{n+1},$$

den bereits bekannten Wert.

Beweis: Sei $0 < s < t < 1$. Wir klassifizieren die Realisationen x_ν danach, ob

$x_\nu \leqq s$ oder $s < x_\nu < t$ oder $x_\nu \geqq t$. Die drei Klassen haben bei gleichverteilten Variablen die Wahrscheinlichkeiten s, $t - s$ und $1 - t$.

$x_{k:n} \leqq s$ und $x_{(k+1):n} \geqq t$ bedeutet, daß von den n Realisationen genau k, 0 und $n - k$ in die drei Klassen fallen. Wie man leicht sieht, ist die Wahrscheinlichkeit dafür gleich

$$\text{(4.9.13)} \qquad \frac{n!}{k!0!(n-k)!} s^k (t-s)^0 (1-t)^{n-k} = \binom{n}{k} s^k (1-t)^{n-k}.$$

Wenn die verbundene Verteilung von $(\mathbf{x}_{k:n}, \mathbf{x}_{(k+1):n})$ eine Dichte besitzt – wir bezeichnen sie vorläufig mit p_k – dann gilt:

$$\text{(4.9.14)} \qquad R^n\{(x_1, \ldots, x_n) \in (0,1)^n : x_{k:n} \leqq s, x_{(k+1):n} \geqq t\}$$
$$= \int_0^s \int_t^1 p_k(u, v)\, dv\, du.$$

Aus (4.9.13) und (4.9.14) folgt

$$\text{(4.9.15)} \qquad \int_0^s \int_t^1 p_k(u, v)\, dv\, du = \binom{n}{k} s^k (1-t)^{n-k}, \qquad 0 < s \leqq t < 1.$$

Daraus folgt durch Differenzieren nach t und s:

$$\text{(4.9.16)} \qquad p_k(s, t) = \binom{n}{k} k(n-k) s^{k-1} (1-t)^{n-k-1}, \qquad 0 < s \leqq t < 1.$$

Man rechnet sofort nach, daß (4.9.16) die Relation (4.9.15) erfüllt, also tatsächlich eine Dichte ist.

Zur Kontrolle können wir uns noch davon überzeugen, daß wir durch Integration über t die uns bereits bekannte Dichte von $\mathbf{x}_{k:n}$ erhalten.

Aus (4.9.16) erhalten wir die Dichte der Verteilung von $\mathbf{x}_{(k+1):n} - \mathbf{x}_{k:n}$ wie folgt: Sei $u = t - s$, $v = s$. Nach dem Transformationssatz 3.4.1 ist die Dichte der verbundenen Verteilung von $(\mathbf{x}_{(k+1):n} - \mathbf{x}_{k:n}, \mathbf{x}_{k:n})$ gleich

$$(u, v) \to \binom{n}{k} k(n-k) v^{k-1} (1-u-v)^{n-k-1},$$
$$0 < u < 1,\ 0 < v < 1 - u.$$

Daher hat $\mathbf{x}_{(k+1):n} - \mathbf{x}_{k:n}$ die Dichte

$$u \to \binom{n}{k} k(n-k) \int_0^{1-u} v^{k-1} (1-u-v)^{n-k-1}\, dv$$
$$= \binom{n}{k} k(n-k)(1-u)^{n-1} \int_0^1 z^{k-1} (1-z)^{n-k-1}\, dz = n(1-u)^{n-1}.$$

□

4.9.17 Korollar: *Aus der Gleichverteilung auf* (0, 1) *erhalten wir die Gleichverteilung auf* $(0, c)$ *durch die Transformation* $x \to cx$. *Die Dichte von* $\mathbf{x}_{(k+1):n} - \mathbf{x}_{k:n}$ *für Punkte, die auf* $(0, c)$ *gleichverteilt sind, ist daher*

$$u \to \frac{n}{c}\left(1 - \frac{u}{c}\right)^{n-1}, \qquad u \in (0, c).$$

Sind die n Punkte $\mathbf{x}_\nu$, $\nu = 1, \ldots, n$, gleichverteilt auf einer Strecke der Länge $(0, na)$, dann ist die Dichte von $\mathbf{x}_{(k+1):n} - \mathbf{x}_{k:n}$ gleich

$$u \to \frac{1}{a}\left(1 - \frac{u}{na}\right)^{n-1}.$$

Für große n ist die Dichte daher annähernd $u \to \frac{1}{a}e^{-\frac{u}{a}}$, der Abstand zwischen benachbarten Ordnungs-Funktionen also annähernd exponentialverteilt.

4.10 Produktmaße mit abzählbar vielen Komponenten

Um klar zu machen, daß auch einfache Fragestellungen zur Einführung unendlicher Produktmaße zwingen, betrachten wir folgendes Spiel: Ein Zufallsexperiment mit den Ergebnissen "1" (Wahrscheinlichkeit p) und "0" (Wahrscheinlichkeit $1 - p$) wird so lange unabhängig wiederholt, bis zum ersten Mal das Ergebnis "1" erscheint. Die Folge, in der dem "Erfolg" k "Mißerfolge" vorangehen (also die Folge mit den Ergebnissen $x_\nu = 0$ für $\nu = 1, \ldots, k$, und $x_{k+1} = 1$), hat infolge der Unabhängigkeit die Wahrscheinlichkeit

$$p_k = p(1 - p)^k, \qquad k = 0, 1, 2, \ldots.$$

Dies ist die sogenannte *geometrische Verteilung*, ein Spezialfall der Negativen Binomial-Verteilung (vgl. 1.6.3). Zur Kontrolle:

Da $\sum_0^\infty (1 - p)^k = \frac{1}{p}$, gilt tatsächlich $\sum_0^\infty p_k = 1$.

Diese Herleitung erscheint auf den ersten Blick völlig unproblematisch. Sie ist es nicht. Dies zeigt sich beispielsweise, wenn wir nach der Wahrscheinlichkeit dafür fragen, daß das Spiel nach einer ungeraden Anzahl von Versuchen endet.

Da die Anzahl der Versuche unbegrenzt ist, betrachten wir eigentlich Folgen $(x_\nu)_{\nu \in \mathbb{N}}$, die aus abzählbar vielen Versuchen bestehen. Die Menge der Folgen, für die das Spiel nach einer ungeraden Anzahl von Versuchen endet, läßt sich ausdrücken als $\bigcup_0^\infty A_m$, wobei

$$A_m := \{(x_\nu)_{\nu \in \mathbb{N}} \in \{0, 1\}^{\mathbb{N}} : x_\nu = 0 \text{ für } \nu = 1, \ldots, 2m, x_{2m+1} = 1\}$$

die Menge aller Folgen ist, für die das Spiel nach $2m + 1$ Versuchen endet.

Da die Mengen A_m, $m \in \mathbb{N}_0$, paarweise disjunkt sind, ergibt sich wegen $P(A_m) = p_{2m} = p(1-p)^{2m}$

$$P\left(\bigcup_0^\infty A_m\right) = \sum_0^\infty P(A_m) = \frac{1}{2-p}.$$

Jede der Mengen A_m läßt sich ausdrücken durch die ersten $2m+1$ Glieder der Folge $(x_\nu)_{\nu\in\mathbb{N}}$. Die Wahrscheinlichkeit von A_m bezieht sich also eigentlich auf eine endliche Folge (der Länge $2m+1$) und ist in diesem Sinn definiert. $\bigcup_0^\infty A_m$ ist jedoch eine Menge unendlicher Folgen, die sich in keiner Weise als Menge endlicher Folgen uminterpretieren läßt, so daß für $\bigcup_0^\infty A_m$ gar keine Wahrscheinlichkeit definiert ist. Der mathematischen Eleganz zuliebe ist es erforderlich, das W-Maß P zumindest für gewisse Mengen unendlicher Folgen so zu definieren, daß die grundlegenden Eigenschaften (1.2.8)–(1.2.10) erhalten bleiben. Dabei wird man sich zweckmäßigerweise auf solche Mengen beschränken, auf denen das W-Maß durch seine Werte auf den endlichen Folgen (d.h. Mengen der Form $\{x_1\} \times \ldots \{x_k\} \times \{0,1\} \times \{0,1\} \ldots$) bestimmt ist.

Leser, die an der Existenz von Maßen auf unendlichen Produkträumen interessiert sind, werden auf den Anhang, Abschnitt M.5, verwiesen.

Mit den im Unterricht verfügbaren Grundlagen wird man wohl nur Spiele mit beschränkter Dauer N behandeln können; allenfalls wird man versuchen, Aussagen über Spiele mit unbeschränkter Dauer durch Grenzübergang für $N \to \infty$ zu gewinnen. Mancher Lehrer wird vielleicht dazu neigen, sich an der hier diskutierten Schwierigkeit vorbeizumogeln. Er sollte sich dieser Schwierigkeit zumindest bewußt sein und nicht blind am Rande des Abgrunds wandeln.

Ist die Anzahl der Versuche durch N begrenzt, dann besteht der Grundraum aus allen Folgen in $\{0,1\}^N$. P ist ein diskretes W-Maß mit $P\{(x_1,\ldots,x_N)\} = \prod_1^N p^{x_\nu}(1-p)^{1-x_\nu}$. Die Wahrscheinlichkeit dafür, daß das Spiel nach k "Mißerfolgen" endet, ist für $k = 0,\ldots,N-1$

$$\begin{aligned} p_k &:= P\{(x_1,\ldots,x_N) \in \{0,1\}^N : x_\nu = 0 \text{ für } \nu = 1,\ldots,k,\ x_{k+1} = 1\} \\ &= p(1-p)^k. \end{aligned}$$

Es besteht die "Rest-Wahrscheinlichkeit", daß das Spiel nach N "Mißerfolgen" durch Zeitablauf endet,

$$p_N := P\{(0,\ldots,0)\} = (1-p)^N.$$

Wir haben

$$\sum_0^N p_k = p \sum_0^{N-1} (1-p)^k + (1-p)^N = 1.$$

Die Wahrscheinlichkeit, daß das Spiel nach k Mißerfolgen endet, ist also gleich p_k, unabhängig von der Maximaldauer N, solange $k < N$. Daher sind die ursprünglich berechneten p_k auch interpretierbar im Rahmen von Spielen mit endlicher Dauer: p_k "stimmt" für alle Spiele mit einer Dauer größer als k. Abweichungen ergeben sich aber bei der Frage nach der Wahrscheinlichkeit, daß das Spiel nach einer ungeraden Anzahl von Versuchen endet. Nehmen wir an, N selbst sei gerade, etwa $N = 2M$. Dann ist die Menge der Folgen, für die das Spiel nach einer ungeraden Anzahl von Versuchen endet, gleich $\bigcup_0^{M-1} A_m$, also

$$P\left(\bigcup_0^{M-1} A_m\right) = \sum_0^{M-1} P(A_m) = \frac{1}{2-p}(1-(1-p)^{2M}).$$

Ist die Maximalzahl der Versuche sehr groß, erhalten wir für die gesuchte Wahrscheinlichkeit annähernd den Wert $\frac{1}{2-p}$.

Die Notwendigkeit, den vollen Produktraum $\{0,1\}^{\mathbb{N}}$ zu betrachten, besteht auch dann, wenn wir – den Begriff des Erwartungswerts aus Abschnitt 6.2 vorwegnehmend – nach der durchschnittlichen Dauer des Spiels fragen.

4.10.1 Aufgabe: Zeigen Sie, daß der Erwartungswert für die Dauer eines durch N begrenzten Spiels mit $N \to \infty$ gegen $\frac{1-p}{p}$ konvergiert.

Wir verallgemeinern nun die Fragestellung und interessieren uns für die Wahrscheinlichkeit, daß dem n-ten Erfolg genau k Mißerfolge vorausgehen. Da k jeden Wert in $\mathbb{N}_0$ annehmen kann, müssen wir auch hier die unendlichen Folgen $x_\nu \in \{0,1\}$, $\nu \in \mathbb{N}$, betrachten. Bei fest vorgegebenem n ordnen wir jeder dieser Folgen jene Zahl k zu, die angibt, wie oft der Wert "0" vor der n-ten "1" steht. Dieser Wert wird also allen Folgen zugeordnet, bei denen an der Stelle $(n+k)$ eine "1" steht, und davor k-mal 0 und $(n-1)$-mal "1", gleichgültig wie die Folge nach der $(k+n)$-ten Stelle weitergeht.

Für $(\delta_1, \ldots, \delta_n) \in \{0,1\}^m$ sei

$$B_{\delta_1,\ldots,\delta_m} := \{(x_\nu)_{\nu \in \mathbb{N}} \in \{0,1\}^{\mathbb{N}} : x_\nu = \delta_\nu \text{ für } \nu = 1,\ldots,m\}.$$

Die gesuchte Wahrscheinlichkeit dafür, daß der n-ten "1" genau k-mal "0" vorausgeht, ist also gleich der Wahrscheinlichkeit einer Menge unendlicher Folgen, nämlich

$$\bigcup \left\{B_{\delta_1,\ldots,\delta_{k+n-1},1} : \sum_1^{k+n-1} \delta_\nu = n-1\right\}. \tag{4.10.2}$$

Da allgemein

$$P(B_{\delta_1,\ldots,\delta_m}) = p^{\sum_1^m \delta_\nu}(1-p)^{\sum_1^m (1-\delta_\nu)},$$

hat jede der in der Vereinigung (4.10.2) auftretenden Mengen die Wahrscheinlichkeit $p^n(1-p)^k$. Für $(\delta_1,\ldots,\delta_{k+n-1}) \neq (\delta'_1,\ldots,\delta'_{k+n-1})$ sind diese Mengen disjunkt. Die Anzahl der verschiedenen $(k+n-1)$-tupel mit $(n-1)$ Einsen und k Nullen ist $\binom{k+n-1}{k}$. Daher ist die durch (4.10.2) gegebene Wahrscheinlichkeit gleich

$$B^-_{n,p}\{k\} = \binom{k+n-1}{k} p^n(1-p)^k, \qquad k \in \mathbb{N}_0.$$

Das dadurch für $n \in \mathbb{N}$ und $p \in (0,1]$ definierte W-Maß $B^-_{n,p}$ ist die *Negative Binomial-Verteilung.*

5. Geometrische Wahrscheinlichkeiten

In diesem Kapitel befassen wir uns mit Problemen, die bei der "willkürlichen" Auswahl von Punkten, Geraden oder Ebenen entstehen. Einige Probleme dieser Art eignen sich wegen ihres anschaulichen Charakters besonders für den Unterricht.

Die Beschäftigung mit solchen Fragen geht auf Buffon (1777) zurück. Erste umfassende Darstellungen geometrischer Wahrscheinlichkeiten in Ebene und Raum finden sich bei Crofton (1868) und in dem Buch von Czuber (1884), das wegen zahlreicher elementarer Beispiele auch heute noch lesenswert ist.

Die interessantesten Probleme treten jedoch in den Naturwissenschaften (wie Astronomie, Mineralogie, Metallurgie, Biologie und Medizin) auf. Eine der frühesten Arbeiten ist Delésse (1848). Wir schneiden einige Fragen dieser Art in den Abschnitten 5.5 und 5.6 an. Eine mathematisch präzise Behandlung – sie beginnt mit den Arbeiten von Blaschke über Integralgeometrie – führt jedoch wegen der notwendigen geometrisch-maßtheoretischen Grundlagen rasch über den Rahmen des Buchs hinaus. Der an einer Vertiefung interessierte Leser wird auf das Standard-Werk von Santaló (1976) verwiesen. Dem Nicht-Spezialisten leichter zugänglich ist das Buch von M.G. Kendall und Moran (1963) – sofern sich sein mathematisches Gewissen nicht gegen die oft sehr vage Argumentation sträubt, sowie das für den Anwender geschriebene und dennoch um mathematische Sauberkeit bemühte Bändchen von Stoyan und Mecke (1983), das nun auch als Stoyan, W.S. Kendall und Mecke (1987) in einer erweiterten englischen Version vorliegt. Ganz auf die Anwendungen hin orientiert ist Underwood (1970).

5.1 Das Buffon'sche Nadelproblem

Eine Ebene sei mit einem Raster paralleler Geraden im Abstand 1 bedeckt. Auf dieses Raster wird eine Nadel der Länge $a < 1$ geworfen. Wie groß ist die Wahrscheinlichkeit, daß sie eine der Geraden schneidet?

Bevor wir diese Frage beantworten können, müssen wir ein mathematisches Modell finden, welches das Ergebnis eines Nadelwurfs plausibel beschreibt. Da die Nadel kürzer als der Abstand zwischen den Linien des Rasters ist, können wir uns auf die Beschreibung ihrer Lage zwischen zwei Linien beschränken. Wir tun dies durch Angabe der Ordinate des Mittelpunkts, y, und des Winkels mit der Ordinate, φ. Wird die Nadel aufs Geratewohl auf das Raster geworfen, wird **y** im Intervall $[0, 1)$ gleichverteilt sein. Außerdem wird die Richtung $\boldsymbol{\varphi}$ der Nadel – unabhängig vom Wert y der Ordinate – im Intervall $[-\pi/2, \pi/2)$ gleichverteilt sein. Die Zufallsvariablen **y** und $\boldsymbol{\varphi}$ sind daher stochastisch unabhängig, die Verteilung von $(\mathbf{y}, \boldsymbol{\varphi})$ ist die Gleichverteilung auf $[0, 1) \times [-\pi/2, \pi/2)$ (vgl. Beispiel 4.3.9).

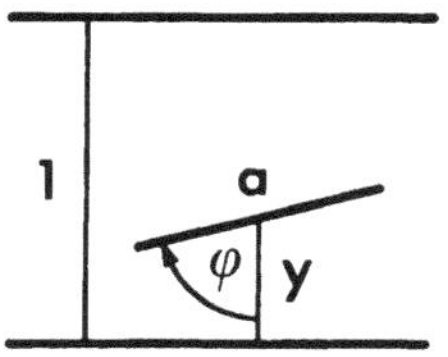

Bild 5.1 Illustration zum Buffon'schen Nadel-Experiment.

Eine Nadel mit den Koordinaten (y, φ) schneidet die untere Gerade, wenn $y \leqq \frac{a}{2}\cos\varphi$, und die obere Gerade, wenn $1 - y \leqq \frac{a}{2}\cos\varphi$.

$$A := \left\{(y, \varphi) \in [0, 1) \times [-\pi/2, \pi/2) \colon y \leqq \frac{a}{2}\cos\varphi \text{ oder } 1 - y \leqq \frac{a}{2}\cos\varphi\right\}$$

beschreibt also die Menge aller Lagen, bei denen eine Gerade geschnitten wird. Die Wahrscheinlichkeit dieser Menge unter der Gleichverteilung über $[0, 1] \times [-\pi/2, \pi/2)$ ist nach dem Satz von Fubini H.1

$$\frac{1}{\pi}\lambda_2(A) = \frac{a}{\pi}\int_{-\pi/2}^{\pi/2}\cos\varphi\, d\varphi = \frac{2a}{\pi}.$$

(Man beachte, daß die beiden Teile der Menge A wegen $a < 1$ disjunkt sind.)

Dieses Problem wurde ursprünglich von Buffon (1777) behandelt. Es ist durch ein damals verbreitetes Spiel inspiriert: Zu wetten, ob der geworfene Gegenstand eine Linie des Rasters berühren wird. Im Fall der Nadel ist das Spiel also fair (d.h. die Wahrscheinlichkeit für das Berühren des Rasters gleich 1/2), wenn die Nadellänge $\pi/4$ beträgt. Für den Unterricht ist es empfehlenswert, das Nadel-Experiment am Bildschirm zu simulieren und mittels seiner Ergebnisse den Wert von π zu schätzen. Die relative Häufigkeit, r_n, mit der die Nadel unter n Versuchen eine Linie des Rasters berührt, ist nach Satz 8.1.1 annähernd normalverteilt mit Erwartungswert $\frac{2a}{\pi}$ und Varianz $n^{-1}\frac{2a}{\pi}\left(1 - \frac{2a}{\pi}\right)$. Daher ist $\frac{2a}{r_n}$ nach Proposition 8.6.3 annähernd normalverteilt mit Erwartungswert π und Varianz $n^{-1}\pi^2\left(\frac{\pi}{2a}-1\right)$. Bei einer Begrenzung der Nadel-Länge a durch 1 erhält man also mit einer Nadel der Länge 1 die genaueste Schätzung für π. In diesem Fall gilt für große n näherungsweise, daß der Fehler mit 90% Wahrscheinlichkeit kleiner als $1{,}64\pi\left(\frac{\pi}{2}-1\right)^{1/2} n^{-1/2} \doteq 3{,}9n^{-1/2}$ ist. Man benötigt also mehr als 150000 Versuche, damit der Fehler des Schätzwerts für π mit großer Wahrscheinlichkeit kleiner als 0,01 ist.

Nach der Veröffentlichung von Buffon wurden tatsächlich einige solcher Versuche ausgeführt. Die Ergebnisse sind in nachfolgender Tabelle zusammengefaßt. (Dabei wurde o.B.d.A. auf Rasterabstand 1 umgerechnet.)

Tabelle 5.1. Ergebnisse einiger Nadel-Experimente.

Autor	Nadel-Länge (a)	Zahl der Würfe (n)	Zahl der Überschneidungen	Schätzwert für π
Wolf (1850)	0,8	5000	2532	3,160
Smith (1855)	0,6	3204	1218	3,157
De Morgan (1860)	1,0	600	382	3,141
Fox (1864)	0,75	1030	489	3,160
Lazzerini (1901)	5/6	3408	1808	3,142
Reina (1925)	0,5419	2520	859	3,179

Da die Nadel-Länge und die Anzahl der Versuche bei den verschiedenen Untersuchungen stark variieren, sind die Fehler der Schätzwerte von unterschiedlicher Größe. Um festzustellen, ob alle Fehler in einem plausiblen Streubereich liegen, müssen wir richtig standardisieren. Da die Schätzwerte $\hat{\pi}_n = \frac{2a}{r_n}$ annähernd normalverteilt mit Erwartungswert π und Varianz $n^{-1}\pi^2\left(\frac{\pi}{2a}-1\right)$ sind, ist $n^{1/2}(\hat{\pi}_n - \pi)\Big/\pi\sqrt{\frac{\pi}{2a}-1}$ annähernd standardnormalverteilt (mit Erwartungswert 0 und Varianz 1). Die standardisierten Fehler der 6 Untersuchungen müßten sich wie 6 Realisationen einer nach $N_{(0,1)}$ verteilten Zufallsvariablen verhalten. Bild 5.2 vermittelt einen anschaulichen Eindruck davon, wie 6 solche Realisationen in etwa aussehen können. Die letzte Zeile zeigt die 6 standardisierten Fehler: Sie sind insgesamt verdächtig klein. Das muß nicht unbedingt darauf zurückzuführen sein, daß die Autoren dieser Untersuchungen gemogelt haben. Es genügt, wenn sie die Untersuchung zu einem Zeitpunkt abgebrochen haben, zu dem der Schätzwert zufällig besonders genau war.

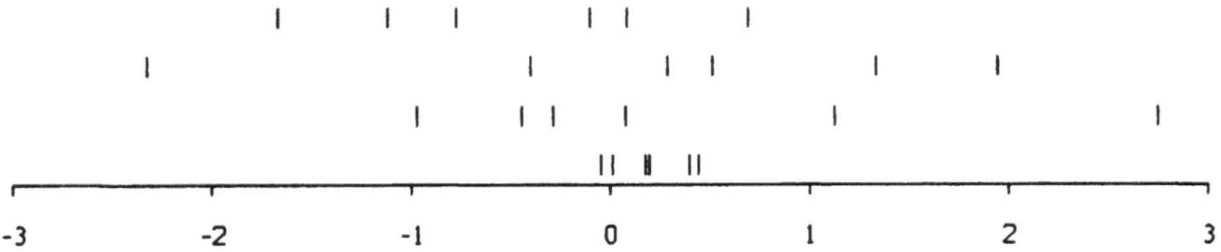

Bild 5.2 Die ersten 3 Zeilen zeigen je 6 Realisationen aus $N_{(0,1)}$. Die letzte Zeile zeigt die 6 standardisierten Fehler.

Wer mit dieser anschaulichen Demonstration nicht zufrieden ist, kann noch folgenden Test durchführen: Sind $\mathbf{x}_1, \ldots, \mathbf{x}_n$ unabhängig verteilt nach $N_{(0,1)}$, dann ist $\sum_1^n \mathbf{x}_\nu^2$ verteilt nach χ_n^2. Berechnen wir diese Größe mit den 6 standardisierten Fehlern, erhalten wir den Wert 0,45. Hätte keiner der Autoren gemogelt, würde sich dieser Wert annähernd wie eine Realisation aus der Verteilung χ_6^2 verhalten. Bild 5.3 zeigt, daß dies nicht der Fall ist: Eine nach χ_6^2 verteilte Realisation wäre mit der Wahrscheinlichkeit 0,998 größer gewesen.

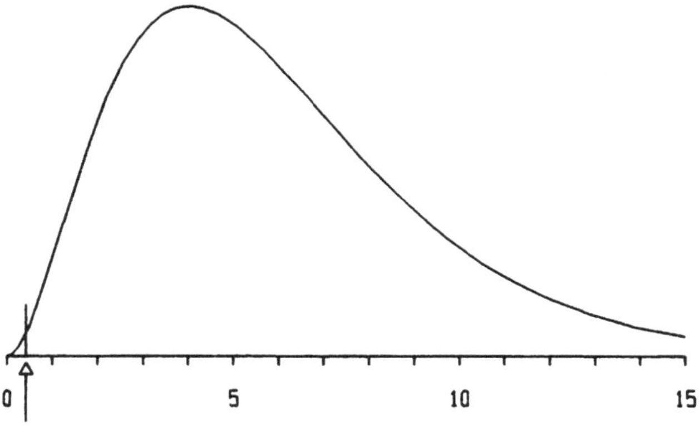

Bild 5.3 Die Dichte der Verteilung χ_6^2 und die Summe der Fehlerquadrate.

Über ein Nadel-Experiment mit anschließender statistischer Analyse der Ergebnisse berichtet Kahan (1961). Dabei ergaben sich Zweifel an der Gleichverteilung des Winkels φ.

5.2 Das Bertrand'sche Paradoxon

Wie sind die Längen von Sehnen, die wir im Einheitskreis willkürlich ziehen, verteilt? Um diese Frage zu beantworten, müssen wir das "willkürliche Ziehen" einer Sehne in einem mathematischen Modell erfassen. Beim Buffon'schen Nadelproblem war die Präzisierung der "geworfenen Nadel" in einem mathematischen Modell relativ problemlos. Demgegenüber bieten sich für die Präzisierung der "willkürlich gezogenen" Sehne mehrere Möglichkeiten, die zu verschiedenen Ergebnissen führen. Auf diesen Umstand aufmerksam zu machen, war das Ziel der von Bertrand (1907) aufgeworfenen Frage.

Wir besprechen im folgenden zwei der möglichen Lösungen:

Modell 1: Jede Sehne ist durch ihren Mittelpunkt festgelegt. "Willkürliches Ziehen" einer Sehne heißt, daß wir den Mittelpunkt als Realisation aus einer Gleichverteilung über der Kreisscheibe bestimmen. Ist der Abstand des Sehnen-Mittelpunktes vom Ursprung r, dann ist die Länge der Sehne $2(1-r^2)^{1/2}$. Sie variiert zwischen den Werten 0 und 2.

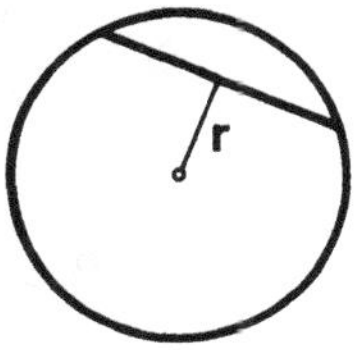

Bild 5.4 Illustration zum Bertrand'schen Paradoxon.

Die Länge der Sehne ist höchstens t für $t \in [0,2]$, solange $2(1-r^2)^{1/2} \leqq t$, also $r^2 \geqq 1 - t^2/4$ ist. Die Wahrscheinlichkeit für $\mathbf{r} \geqq r_0$ entspricht unter der Gleichverteilung dem Anteil der Fläche des Kreisrings zwischen r_0 und 1 an der gesamten Fläche des Einheitskreises, also $1 - r_0^2$. Daher ist die Wahrscheinlichkeit dafür, daß die Länge der Sehne höchstens t ist, gleich $t^2/4$. Dies ist die Verteilungsfunktion für die Länge der willkürlich gewählten Sehnen. Daraus ergibt sich deren Dichte nach Satz 1.5.10 als

$$t/2, \qquad 0 \leqq t \leqq 2.$$

Modell 2: Jede Sehne ist durch zwei Punkte auf der Peripherie des Kreises festgelegt. "Willkürliches Ziehen" der Sehne heißt, daß wir diese beiden Punkte als Realisationen aus einer Gleichverteilung auf der Kreisperipherie bestimmen. Ist der Öffnungswinkel zwischen diesen Punkten $\varphi \in [0, \pi]$, dann ist die Länge der Sehne $2\sin(\varphi/2)$. Die Länge der Sehne ist $\leqq t$, solange $2\sin(\varphi/2) \leqq t$, also $\varphi \leqq 2\arcsin(t/2)$.

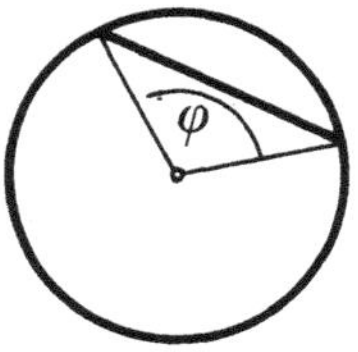

Bild 5.5 Illustration zum Bertrand'schen Paradoxon.

Sind die beiden Endpunkte voneinander unabhängig gleichverteilt auf der Peripherie, dann ist der Öffnungswinkel $\boldsymbol{\varphi}$ gleichverteilt im Intervall $[0, \pi]$. Daher ist die Wahrscheinlichkeit dafür, daß die Länge der Sehne höchstens t ist, gleich $\frac{1}{\pi} 2\arcsin(t/2)$. Dies ist die Verteilungsfunktion für die Länge der willkürlich gezogenen Sehne. Daraus ergibt sich nach Satz 1.5.10 deren Dichte als

$$\frac{1}{\pi}(1 - t^2/4)^{-1/2}, \qquad 0 \leqq t \leqq 2.$$

Bei der Aussage, daß der Öffnungswinkel in $[0, \pi]$ gleichverteilt ist, haben wir uns auf die Anschauung berufen. Geht man von einem fest gewählten Koordinatensystem aus, so entsprechen den beiden Punkten auf der Kreisperipherie zwei Winkel, φ_1 und φ_2. Der Öffnungswinkel zwischen den beiden Punkten ist

$$\alpha(\varphi_1, \varphi_2) := \min\{|\varphi_1 - \varphi_2|, 2\pi - |\varphi_1 - \varphi_2|\}.$$

Sind die Zufallsvariablen $\boldsymbol{\varphi}_1$, $\boldsymbol{\varphi}_2$ voneinander unabhängig gleichverteilt in $(-\pi, \pi]$, dann ist $|\boldsymbol{\varphi}_1 - \boldsymbol{\varphi}_2|$ verteilt mit der Dichte

$$p(\psi) := \frac{1}{\pi}\left(1 - \frac{\psi}{2\pi}\right), \qquad \psi \in [0, 2\pi).$$

Die Verteilung des Öffnungswinkels, $\alpha(\boldsymbol{\varphi}_1, \boldsymbol{\varphi}_2)$, besitzt die Dichte

$$\alpha \to p(\alpha) + p(2\pi - \alpha) = \frac{1}{\pi}, \qquad \alpha \in [0, \pi].$$

Die von Bertrand ursprünglich gestellte Frage lautet einfacher: Wie groß ist die Wahrscheinlichkeit, daß die willkürlich gezogene Sehne länger als die Seite des eingeschriebenen gleichseitigen Dreiecks ist? Die Seitenlänge dieses Dreiecks beträgt $\sqrt{3}$. Daher ist die Wahrscheinlichkeit für "kürzer" beim Modell 1 gleich $\frac{(\sqrt{3})^2}{4} = \frac{3}{4}$, beim Modell 2 gleich $\frac{2}{\pi}\arcsin(\sqrt{3}/2) = \frac{2}{3}$, die Wahrscheinlichkeiten für "länger" dementsprechend $\frac{1}{4}$ bzw. $\frac{1}{3}$.

Diese Wahrscheinlichkeiten lassen sich leicht auch ohne Einführung der Verteilungsfunktion berechnen – und diese Form ist für den Unterricht vielleicht zweckmäßiger.

Beim Modell 1 ist die Länge der Sehne $\leqq \sqrt{3}$, solange $r^2 \geqq 1 - \frac{(\sqrt{3})^2}{4} = \frac{1}{4}$. Diesem Kreisring entspricht die Fläche $\frac{3}{4}$.

Beim Modell 2 ist die Länge der Sehne $\leqq \sqrt{3}$, wenn der Öffnungswinkel höchstens $2\pi/3$ beträgt. Die Wahrscheinlichkeit hierfür ist $\frac{1}{\pi} \cdot \frac{2\pi}{3} = \frac{2}{3}$.

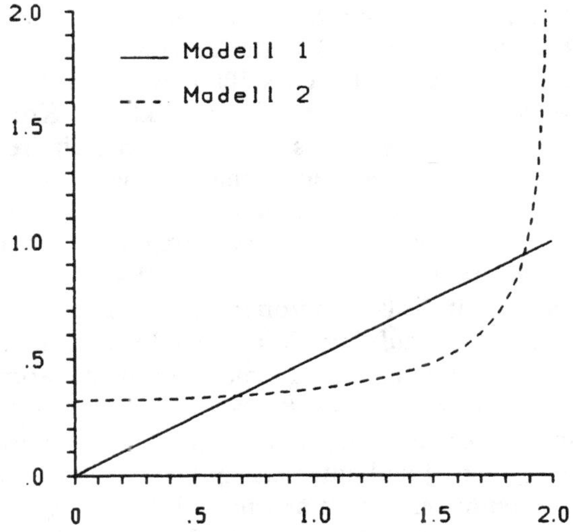

Bild 5.6 Verteilungsdichte der Sehnenlängen in 2 verschiedenen Modellen.

Eine weitere Lösung der Bertrand'schen Aufgabe geht von der Vorstellung einer "willkürlich gewählten" Geraden aus. Schneidet diese den Einheitskreis, dann wird dadurch eine Sehne festgelegt. Eine mathematisch saubere Behandlung erfordert eine Präzisierung des Begriffs einer "willkürlich gewählten" Geraden. Wir greifen diese Frage in Abschnitt 5.4 auf.

5.3 Die längenproportional verzerrte Auswahl

Eine längenproportionale Verzerrung bei der Auswahl von Stichproben-Elementen tritt in vielen Situationen auf.

a) Wer aus den Akten eines Gefängnisses die durchschnittliche Dauer der Haftstrafen der dort gerade Einsitzenden ermittelt, überschätzt die durchschnittliche Dauer der Haftstrafen insgesamt (weil Verurteilte mit längeren Haftstrafen in dieser Stichprobe überrepräsentiert sind).

b) Bei Zeitstudien wird zu zufällig gewählten Zeitpunkten festgestellt, welche Maschinen stehen. Für diese Maschinen wird die Dauer dieser Unterbrechung ermittelt. Längere Unterbrechungen sind in dieser Auswahl überrepräsentiert.

c) Die Verteilung der Faserlängen ist ein wichtiges Qualitätskriterium für Wolle. Wer die Verteilung der Faserlängen untersucht, die durch einen willkürlich gewählten Querschnitt des Garnes laufen, erhält eine Auswahl, in der die längeren Fasern überrepräsentiert sind.

Bei dem Versuch, aus historischen Statistiken über die Verteilung der Körpergröße von Rekruten Aufschluß über die Verteilung der Körpergröße in der männlichen Bevölkerung zu erhalten, stößt man auf ein ähnliches Problem: Es liegt eine verzerrte Auswahl vor, bei der die kleinen Körpergrößen unterrepräsentiert sind. Allerdings ist es hier schwierig, ein realistisches Modell für das Zustandekommen der Verzerrung zu finden, so daß man sich bei dem Versuch, aus der verzerrten Auswahl die dahinter stehende Verteilung zu rekonstruieren, auf Annahmen über die Form dieser Verteilung (z.B. Normalverteilung) stützen muß.

Um ein präzises Modell für die längenproportional verzerrte Auswahl vor Augen zu haben, denken wir uns auf einer Geraden ein Intervall, dessen Länge x und dessen Mittelpunkt u wir durch ein Zufallsexperiment bestimmen: Die Länge sei verteilt nach einem W-Maß P über $(0, \infty)$ mit Dichte p, der Mittelpunkt nach einer Gleichverteilung im Intervall $[-c, c]$. Wir wählen nun einen festen Punkt $u_0 \in [-c, c]$ und untersuchen die Verteilung der Längen jener Intervalle, die u_0 enthalten. Es ist anschaulich klar, daß ein längeres Intervall den Punkt u_0 eher enthalten wird als ein kurzes, so daß die Menge der Intervalle, die u_0 enthalten, eine verzerrte Auswahl aus P darstellt. Unser Ziel ist, deren Verteilung zu bestimmen.

Das Intervall mit Länge x und Mittelpunkt u bezeichnen wir mit $I(x, u)$. Gesucht ist die bedingte Verteilung von $\mathbf{x}$, gegeben $u_0 \in I(\mathbf{x}, \mathbf{u})$. Die Beziehung $u_0 \in I(x, u)$ ist genau dann erfült, wenn $|u - u_0| < \frac{x}{2}$. Wir suchen also die bedingte Verteilung von $\mathbf{x}$, gegeben $|\mathbf{u} - u_0| < \mathbf{x}/2$. Deren Verteilungsfunktion ist nach (9.2.1)

$$\begin{aligned} t \to\, & P \otimes R_c\{\mathbf{x} \leqq t \,|\, |\mathbf{u} - u_0| < \mathbf{x}/2\} \\ &= P \otimes R_c\{\mathbf{x} \leqq t, |\mathbf{u} - u_0| < \mathbf{x}/2\} / P \otimes R_c\{|\mathbf{u} - u_0| < \mathbf{x}/2\}, \end{aligned}$$

wenn wir die Gleichverteilung über $[-c, c]$ mit R_c bezeichnen. Es gilt

$$P \otimes R_c\{(x,u) \in (0,\infty) \times [-c,c]: x \leqq t, |u-u_0| < x/2\}$$
$$= \int_0^t R_c\{u \in [-c,c]: |u-u_0| < x/2\} p(x)\,dx$$
$$= \frac{1}{2c}\int_0^t \left[\min\left\{c, u_0 + \frac{x}{2}\right\} - \max\left\{-c, u_0 - \frac{x}{2}\right\}\right] p(x)\,dx,$$

und

$$P \otimes R_c\{(x,u) \in (0,\infty) \times [-c,c]: |u-u_0| < x/2\}$$
$$= \frac{1}{2c}\int_0^\infty \left[\min\left\{c, u_0 + \frac{x}{2}\right\} - \max\left\{-c, u_0 - \frac{x}{2}\right\}\right] p(x)\,dx.$$

Die bedingte Verteilungsfunktion ist also

$$t \to \frac{\int_0^t \left[\min\left\{c, u_0 + \frac{x}{2}\right\} - \max\left\{-c, u_0 - \frac{x}{2}\right\}\right] p(x)\,dx}{\int_0^\infty \left[\min\left\{c, u_0 + \frac{x}{2}\right\} - \max\left\{-c, u_0 - \frac{x}{2}\right\}\right] p(x)\,dx}, \quad t \in (0,\infty).$$

Da wir das Intervall $[-c,c]$ nur als Hilfsmittel eingeführt hatten, um mit einer Gleichverteilung der Mittelpunkte operieren zu können, interessiert eigentlich der Grenzwert dieser Verteilungsfunktion für $c \to \infty$. Es gilt

$$\lim_{c\to\infty}\left(\min\left\{c, u_0 + \frac{x}{2}\right\} - \max\left\{-c, u_0 - \frac{x}{2}\right\}\right) = x.$$

Daher konvergiert die Verteilungsfunktion für $c \to \infty$ gegen

$$\int_0^t xp(x)\,dx \Big/ \int_0^\infty xp(x)\,dx.$$

Die Verteilung der Intervall-Längen in der längenproportional verzerrten Auswahl besitzt also die Dichte

(5.3.1) $$x \to xp(x) \Big/ \int_0^\infty \xi p(\xi)\,d\xi.$$

5.3.2 Beispiel: Sind die Intervall-Längen ursprünglich verteilt nach $\Gamma_{a,b}$, dann sind die Intervall-Längen in der längenproportional verzerrten Stichprobe verteilt nach $\Gamma_{a,b+1}$. Das arithmetische Mittel aus der längenproportional verzerrten Stichprobe konvergiert gegen $\mathscr{E}(\Gamma_{a,b+1}) = a(b+1)$, der Erwartungswert der Intervall-Länge ist $\mathscr{E}(\Gamma_{a,b}) = ab$, also stets kleiner. Im Fall exponentialverteilter Intervall-Längen (vgl. hierzu 1.6.9) ist $b = 1$. Das Stichprobenmittel überschätzt den Erwartungswert der Intervall-Länge in diesem Fall um den Faktor 2.

Trotz dieser Schwierigkeiten ist es möglich, auf Grund einer längenproportional verzerrten Stichprobe $x_1, \dots, x_n$ (die aus unabhängigen Realisationen gemäß (5.3.1) besteht), einen Schätzer für den Erwartungswert $\mathscr{E}(P) := \int x p(x)\, dx$ zu gewinnen. Nach dem Gesetz der großen Zahlen 7.2.1 konvergiert $\frac{1}{n}\sum_1^n f(\mathbf{x}_\nu)$ stochastisch gegen $\int f(x) x p(x)\, dx / \int x p(x)\, dx$ (die Existenz der Integrale vorausgesetzt). Daher konvergiert $\frac{1}{n}\sum_1^n \mathbf{x}_\nu^{-1}$ stochastisch gegen $1/\int x p(x)\, dx$, das harmonische Mittel $\left(\frac{1}{n}\sum_1^n \mathbf{x}_\nu^{-1}\right)^{-1}$ also gegen $\int x p(x)\, dx$.

Man kann sogar die Dichte p aus der Dichte der längenproportional verzerrten Auswahl zurückgewinnen. Bezeichnen wir letztere mit q, dann gilt nach (5.3.1)

$$q(x) = x p(x) \Big/ \int_0^\infty \xi p(\xi)\, d\xi.$$

Daraus folgt

$$(5.3.3) \qquad p(x) = x^{-1} q(x) \Big/ \int_0^\infty \xi^{-1} q(\xi)\, d\xi.$$

Man kann also auf Grund der längenproportional verzerrten Stichprobe $x_1, \dots, x_n$ eine Schätzung für q gewinnen und diese dann nach (5.3.3) in eine Schätzung für p umrechnen.

5.4 Die "willkürliche" Auswahl

Wollen wir die intuitive Idee einer "willkürlich gewählten" Geraden in der Ebene in einem mathematischen Modell präzisieren, stoßen wir auf die gleiche Schwierigkeit wie bei der Auswahl eines "willkürlich gewählten" Punktes auf der Geraden. Die Wahrscheinlichkeit, daß dieser Punkt in ein bestimmtes Intervall fällt, soll proportional zur Länge dieses Intervalls sein. Da die Länge der Geraden unendlich ist, gibt es kein Wahrscheinlichkeits-Maß auf der Geraden, das der Gleichverteilung entspricht. Wir können jedoch eine Gleichverteilung auf einer beliebigen Teilmenge A endlichen positiven Lebesgue-Maßes definieren, nämlich durch die Dichte $x \to 1_A(x)/\lambda(A)$.

Die entscheidende Eigenschaft des Lebesgue-Maßes, die es uns erlaubt, darauf aufbauend eine "Gleichverteilung" zu definieren, ist seine Invarianz unter Verschiebungen (bzw. Bewegungen in der Ebene). Wir suchen daher – in Analogie dazu – zunächst nach einem Maß auf Geraden-Mengen, welches invariant unter Bewegungen ist.

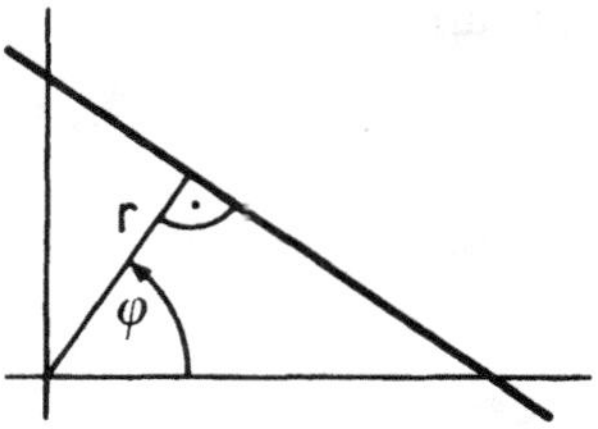

Bild 5.7 Erklärung der Koordinaten.

Zu diesem Zweck beschreiben wir jede Gerade durch 2 Koordinaten: Ihren Abstand r vom Koordinatenursprung, und den Winkel φ zwischen dem Lot vom Koordinatenursprung auf die Gerade und der Abszisse. Jedem Punkt $(r, \varphi) \in \mathbb{R} \times (-\pi/2, \pi/2]$ entspricht umkehrbar eindeutig die Gerade $g(r, \varphi) := \{(r\cos\varphi + u\sin\varphi, r\sin\varphi - u\cos\varphi) : u \in \mathbb{R}\}$.

Zur Vereinfachung der Schreibweise sei $B_0 := \mathbb{R} \times (-\pi/2, \pi/2]$ und $\mathbb{B}_0 := \mathbb{B}^2 \cap B_0$. Jeder Menge $B \in \mathbb{B}_0$ entspricht eine Menge von Geraden

$$g(B) := \{g(r, \varphi) : (r, \varphi) \in B\}.$$

Der Menge $g(B)$ ordnen wir das Maß

(5.4.1) $\quad \mu(g(B)) := \lambda_2(B)$

zu. Da die Zuordnung $(r, \varphi) \to g(r, \varphi)$ bijektiv ist, ist $\{g(B) : B \in \mathbb{B}_0\}$ eine σ-Algebra.

Wir zeigen nun, daß das so definierte Maß über der Menge aller Geraden invariant unter Bewegungen im $\mathbb{R}^2$ ist, d.h., daß $\mu(\mathrm{T}g(B)) = \mu(g(B))$ für jede Bewegung T und für alle $B \in \mathbb{B}_0$.

Da die Zuordnung $(r, \varphi) \to g(r, \varphi)$ zwischen den Punkten $(r, \varphi) \in B_0$ und den Geraden in $\mathbb{R}^2$ bijektiv ist, induziert jede Bewegung T im $\mathbb{R}^2$ eine bijektive Abbildung $\hat{T}$ der Menge B_0 auf sich, die definiert ist durch

(5.4.2) $\quad g(\hat{T}(r, \varphi)) = T(g(r, \varphi))$.

5.4.3 Proposition: *Für alle Bewegungen T im $\mathbb{R}^2$ gilt:*

(5.4.4) $\quad \lambda_2(\hat{T}B) = \lambda_2(B), \qquad B \in \mathbb{B}_0.$

(Der nachfolgende Beweis zeigt auch, daß $\hat{T}B \in \mathbb{B}_0$ für alle $B \in \mathbb{B}_0$.)
Beweis: Da sich jede Bewegung im $\mathbb{R}^2$ als Komposition einer Drehung, einer Verschiebung und, gegebenenfalls, einer Spiegelung an der Abszisse darstellen läßt, genügt es, (5.4.4) für Drehungen und für Verschiebungen gesondert zu beweisen. (Der Beweis für Spiegelungen ist trivial.)

Wir zeigen, daß in jedem dieser Fälle die auf B_0 induzierte bijektive Abbildung eine Jacobi'sche Funktionaldeterminante vom Betrag 1 besitzt.

Daraus folgt nach dem Transformationssatz für Integrale H.2 für alle $B \in \mathbb{B}_0$

$$\lambda_2(\hat{T}B) = \iint 1_{\hat{T}B}(r, \varphi)\, dr\, d\varphi = \iint 1_B(\hat{r}, \hat{\varphi})\, d\hat{r}\, d\hat{\varphi} = \lambda_2(B).$$

1) Drehungen: Da sich jede Drehung als Kombination von Drehungen um einen Winkel $\alpha \in [0, \pi)$ darstellen läßt, genügt es, diesen Fall zu betrachten. Es gilt

$$T(x, y) = (x \cos\alpha - y \sin\alpha, x \sin\alpha + y \cos\alpha), \qquad (x, y) \in \mathbb{R}^2.$$

Daraus folgt

$$\begin{aligned} g(\hat{T}(r, \varphi)) &= \mathrm{Tg}(r, \varphi) \\ &= \{(r \cos(\varphi + \alpha) + u \sin(\varphi + \alpha), r \sin(\varphi + \alpha) - u \cos(\varphi + \alpha) : u \in \mathbb{R}\}, \\ &\qquad (r, \varphi) \in B_0, \end{aligned}$$

so daß

$$(5.4.5') \qquad \hat{T}(r, \varphi) = \begin{cases} (r, \varphi + \alpha) & \varphi \in (-\pi/2, \pi/2 - \alpha] \\ (-r, \varphi + \alpha - \pi) & \varphi \in (\pi/2 - \alpha, \pi/2] \end{cases}.$$

Dies ist eine bijektive Abbildung von B_0 in sich, deren Jacobi'sche Funktionaldeterminante mit Ausnahme einer Nullmenge existiert und den Betrag 1 besitzt.

2) Verschiebungen: Eine Verschiebung um den Vektor $(a, b) \in \mathbb{R}^2$ läßt sich darstellen in der Form

$$T(x, y) = (x + a, y + b), \qquad (x, y) \in \mathbb{R}^2.$$

Daraus folgt

$$g(\hat{T}(r, \varphi)) = Tg(r, \varphi) = g(r + a \cos\varphi + b \sin\varphi, \varphi), \qquad (r, \varphi) \in B_0,$$

so daß

$$(5.4.5'') \qquad \hat{T}(r, \varphi) = (r + a \cos\varphi + b \sin\varphi, \varphi).$$

Auch dies ist eine bijektive Abbildung von B_0 in sich, deren Jacobi'sche Funktionaldeterminante den Betrag 1 besitzt. □

Wir haben das Maß auf Geraden-Mengen mit Hilfe des Lebesgue-Maßes auf den zugehörigen Punkt-Mengen definiert. Dies scheint zunächst willkürlich. Tatsächlich ist das Lebesgue-Maß im wesentlichen das einzige Maß, das zu einem bewegungs-invarianten Maß auf den Geraden-Mengen führt.

5.4.6 Proposition: *Das von $\nu | \mathbb{B}_0$ induzierte Maß über der Menge aller Geraden sei bewegungsinvariant. Besitzt ν* eine Dichte, dann gilt:

$$\nu(B) = c\lambda_2(B), \qquad B \in \mathbb{B}_0.$$

Aus technischen Gründen führen wir den Beweis unter der zusätzlichen Voraussetzung, daß ν eine **stetige** Dichte besitzt.

Beweis: Ist $p\colon B_0 \to [0, \infty)$ die stetige Dichte von $\nu|\mathbb{B}_0$, dann gilt (nach Definition von "Dichte"):

(5.4.7) $$\nu(B) = \int 1_B(r,\varphi)p(r,\varphi)\,dr\,d\varphi, \qquad B \in \mathbb{B}_0.$$

Wie im Beweis von Proposition 5.4.3 entspricht jeder Drehung und jeder Verschiebung T eine Bijektion $\hat{T}$ von B_0, deren Jacobi'sche Funktionaldeterminante bis auf eine Nullmenge existiert und den Betrag 1 hat. Daher gilt nach dem Transformationssatz für Integrale H.2

(5.4.8) $$\begin{aligned}\nu(\hat{T}B) &= \iint 1_{\hat{T}B}(r,\varphi)p(r,\varphi)\,dr\,d\varphi \\ &= \iint 1_B(\hat{r},\hat{\varphi})p(\hat{T}(\hat{r},\hat{\varphi}))\,d\hat{r}\,d\hat{\varphi}, \qquad B \in \mathbb{B}_0.\end{aligned}$$

Bewegungsinvarianz des über der Menge aller Geraden induzierten Maßes besteht genau dann, wenn für alle Bewegungen T in $\mathbb{R}^2$

(5.4.9) $$\nu(\hat{T}B) = \nu(B), \qquad B \in \mathbb{B}_0.$$

Wegen (5.4.7) folgt aus (5.4.8) und (5.4.9):

$$\iint 1_B(r,\varphi)p(r,\varphi)\,dr\,d\varphi = \iint 1_B(r,\varphi)p(\hat{T}(r,\varphi))\,dr\,d\varphi, \qquad B \in \mathbb{B}_0.$$

Daher gilt für alle Drehungen und Verschiebungen T im $\mathbb{R}^2$:

(5.4.10) $$p(\hat{T}(r,\varphi)) = p(r,\varphi) \qquad \text{für } \lambda_2\text{-fast alle } (r,\varphi) \in B_0.$$

Ist T die Verschiebung um den Vektor $(a,b) \in \mathbb{R}^2$, folgt aus (5.4.10) wegen (5.4.5''):

(5.4.11') $$p(r + a\cos\varphi + b\sin\varphi, \varphi) = p(r,\varphi) \qquad \text{für } \lambda_2\text{-fast alle } (r,\varphi) \in B_0.$$

Da $(r,\varphi) \to p(r + a\cos\varphi + b\sin\varphi, \varphi)$ und $(r,\varphi) \to p(r,\varphi)$ stetig sind und sich nur auf einer Menge vom Maß 0 unterscheiden, folgt

(5.4.11'') $$p(r + a\cos\varphi + b\sin\varphi, \varphi) = p(r,\varphi) \qquad \text{für alle } (r,\varphi) \in B_0.$$

Da sich für alle Paare (r,φ), $(r',\varphi) \in B_0$ Vektoren $(a,b) \in \mathbb{R}^2$ finden lassen, so daß $r + a\cos\varphi + b\sin\varphi = r'$, folgt aus (5.4.11''):

(5.4.12) $$p(r,\varphi) = p(0,\varphi), \qquad (r,\varphi) \in B_0.$$

Wenden wir nun (5.4.10) für Drehungen um den Winkel $\alpha \in [0,\pi)$ an, so erhalten wir unter Beachtung von (5.4.5')

$$p(r,\varphi + \alpha) = p(r,\varphi) \qquad \text{für } \lambda_2\text{-fast alle } (r,\varphi) \in \mathbb{R} \times (-\pi/2, \pi/2 - \alpha].$$

Wegen (5.4.12) folgt daraus, daß die Ausnahme-Nullmenge von der Gestalt $\mathbb{R} \times N$ mit $\lambda_1(N) = 0$ ist. Daher gilt

$$p(0,\varphi + \alpha) = p(0,\varphi) \qquad \text{für } \lambda_1\text{-fast alle } \varphi \in (-\pi/2, \pi/2 - \alpha].$$

Mit einer Stetigkeitsüberlegung wie oben folgt, daß $\varphi \to p(0, \varphi)$ konstant ist. Zusammen mit (5.4.12) impliziert dies die Behauptung. □

Im Zusammenhang mit geometrischen Überlegungen ist es notwendig, von dem Maß einer Geraden-Menge zu sprechen, die eine bestimmte geometrische Bedingung erfüllt, beispielsweise von der Menge aller Geraden, die eine bestimmte Menge $A \subset \mathbb{R}^2$ schneiden. Wir definieren für Mengen $A \subset \mathbb{R}^2$

(5.4.13) $[A] := \{(r, \varphi) \in B_0 \colon g(r, \varphi) \cap A \neq \emptyset\}$.

Wie man leicht nachprüft, gelten folgende Relationen:

(5.4.14) $A_1 \subset A_2$ impliziert $[A_1] \subset [A_2]$.

(5.4.15) $\left[\bigcup_1^\infty A_n\right] = \bigcup_1^\infty [A_n]$.

Für beliebige Bewegungen T gilt

(5.4.16) $[TA] = \hat{T}[A]$,

(5.4.17) $[A] \in \mathbb{B}_0$ impliziert $[TA] \in \mathbb{B}_0$.

Für die Menge aller Geraden, die A schneiden, ist ein Maß nur dann definiert, wenn $[A] \in \mathbb{B}_0$. Es ist daher wichtig zu wissen, für welche Mengen $A \subset \mathbb{R}^2$ dies zutrifft.

5.4.18 Proposition: $[A] \in \mathbb{B}_0$ *für alle offenen und alle abgeschlossenen Mengen A.*
Beweis: (1) $[A] \in \mathbb{B}_0$ gilt für alle offenen Kugeln. Es bezeichne $K(a, R)$ die Kugel mit Mittelpunkt a und Radius R. Es gilt $[K(0, R)] = (-R, R) \times (-\pi/2, \pi/2) \in \mathbb{B}_0$. Da $K(a, R)$ aus $K(0, R)$ durch Verschiebung hervorgeht, gilt auch $[K(a, R)] \in \mathbb{B}_0$ nach (5.4.17).

(2) Jede offene Menge ist Vereinigung abzählbar vieler offener Kugeln. Daher folgt die Behauptung für offene Mengen aus (5.4.15) und (1).

(3) Sei $K \subset \mathbb{R}^2$ kompakt und $U_n := \left\{x \in \mathbb{R}^2 \colon d(x, K) < \frac{1}{n}\right\}$. Da $K \subset U_n$, gilt $[K] \subset [U_n]$. Ist $(r, \varphi) \notin [K]$, also $g(r, \varphi) \cap K = \emptyset$, dann hat $g(r, \varphi)$ von K positiven Abstand. Daher ist $g(r, \varphi) \cap U_n = \emptyset$, also $(r, \varphi) \notin [U_n]$, für n hinreichend groß. Also gilt $[K] = \bigcap_1^\infty [U_n]$. Da U_n offen ist, ist $[U_n] \in \mathbb{B}_0$ nach (2), also folgt $[K] \in \mathbb{B}_0$.

(4) Da sich jede abgeschlossene Menge als Vereinigung abzählbar vieler kompakter Mengen darstellen läßt, folgt die Behauptung für abgeschlossene Mengen aus (5.4.15) und (3). □

Das durch (5.4.1) definierte bewegungsinvariante Maß μ ordnet der Menge aller Geraden den Wert "unendlich" zu, ist also sicher kein W-Maß. Wir können es daher (noch) nicht als mathematisches Modell der "Gleichverteilung” von Geraden verwenden – genausowenig, wie wir das Lebesgue-Maß als mathematisches Modell der “Gleichverteilung” von Punkten verwenden können. Wir können jedoch die bedingte Verteilung innerhalb einer Menge endlichen, positiven Maßes interpretieren als W-Maß, das die Zufallsauswahl einer Geraden steuert: Ist eine Menge $B \in \mathbb{B}_0$ mit $0 < \lambda_2(B) < \infty$ gegeben, können wir einen Punkt (r, φ) als Realisation aus der Gleichverteilung über B bestimmen. Dem entspricht die Zufallsauswahl der Geraden $g(r, \varphi)$ aus der Menge $g(B)$.

Warum können wir dieses Auswahlverfahren interpretieren als eines, bei dem jede Gerade die gleiche Chance hat, also als “Gleichverteilung” innerhalb einer gewissen Menge von Geraden? Den Schlüssel hierzu bildet der folgende

5.4.19 Hilfssatz: *Für jede (endliche) Strecke s gilt*

(5.4.20) $\lambda_2([s]) = 2l(s)$

(*wobei $l(s)$ die Länge von s bezeichnet*).

Beweis: Da μ rotations-invariant ist, genügt es, eine Strecke aus den Punkten (x_0, y) mit $x_0 \geqq 0$ und $y \in [y_1, y_2]$ zu betrachten. Für $\varphi \in [0, \pi/2)$ schneidet die Gerade $g(r, \varphi)$ diese Strecke genau dann, wenn

$$x_0 \cos\varphi - y_1 \sin\varphi \leqq r \leqq x_0 \cos\varphi + y_2 \sin\varphi.$$

Wir bezeichnen die Menge dieser Punkte (r, φ) mit $[s]_0$.

Nach dem Satz von Fubini H.1 gilt

$$\lambda_2([s]_0) = (y_2 - y_1) \int_0^{\pi/2} \sin\varphi \, d\varphi = y_2 - y_1 = l(s).$$

Der gleiche Wert ergibt sich für $\varphi \in (-\pi/2, 0)$. Daraus folgt (5.4.20). □

Wir denken uns nun die Strecke s in eine Menge A eingebettet und betrachten die bedingte Wahrscheinlichkeit dafür, daß eine Gerade, die A schneidet, auch noch die Strecke s schneidet. Diese bedingte Wahrscheinlichkeit ist nach (9.1.1) gleich $\lambda_2([s])/\lambda_2([A])$, wegen (5.4.20) also gleich

(5.4.21) $2l(s)/\lambda_2([A])$.

Die Schnittwahrscheinlichkeit ist demnach proportional zur Länge der Strecke – unabhängig von deren Lage – mit einem Proportionalitätsfaktor, der von der Größe der Menge A abhängt, in die wir die Strecke einbetten.

Durch Anwendung für $A = s_0$, eine s umfassende Strecke, erhalten wir folgendes Resultat: *Die Schnittpunkte jener Geraden, die s_0 schneiden, sind auf s_0 gleichverteilt.*

Diese Eigenschaft rechtfertigt es, die durch μ bestimmte bedingte Verteilung über der Menge jener Geraden, die eine bestimmte Menge $A \subset \mathbb{R}^2$ schneiden, als Gleichverteilung zu interpretieren. Wir können nun also davon sprechen, daß wir aus bestimmten Geraden-Mengen zufällig eine nach einer Gleichverteilung auswählen. Um die Sprechweise zu vereinfachen, bezeichnen wir – dem historischen Sprachgebrauch folgend – eine Zufallsauswahl aus einer solchen Gleichverteilung als "willkürliche" Auswahl.

Ausgestattet mit einem fundierten Begriff der "willkürlichen" Auswahl von Geraden, können wir die in den Abschnitten 5.1 und 5.2 behandelten Probleme nochmals aufgreifen:

a) **Buffon'sches Nadelproblem:** Angenommen, wir lassen die Nadel der Länge $a < 1$ fest und werfen das Raster (mit Linien im Abstand 1). Wie groß ist die Wahrscheinlichkeit, daß die Nadel von einer Rasterlinie geschnitten wird? Um diese Frage zu beantworten, denken wir uns die Nadel in einen Kreis mit dem Durchmesser 1 eingebettet. Dann ist klar, daß genau eine Linie des Rasters diesen Kreis schneidet. Gesucht ist also die Wahrscheinlichkeit, daß diese Linie auch die Nadel schneidet. Sind alle Lagen des Rasters gleich wahrscheinlich, können wir die den Kreis schneidende Rasterlinie als Realisation aus der Gleichverteilung über allen den Kreis schneidenden Rasterlinien auffassen.

Ist $K(m, 1/2)$ der Kreis, in den die Nadel eingebettet ist, dann gilt wegen der Bewegungsinvarianz (5.4.4) und (5.4.16): $\lambda_2([K(m, 1/2)]) = \lambda_2([K(0, 1/2)]) = \lambda_2((-1/2, 1/2) \times (-\pi/2, \pi/2)) = \pi$. Nach (5.4.21) folgt daraus für die Wahrscheinlichkeit, daß die Nadel der Länge a geschnitten wird, der Wert $2a/\pi$, in Übereinstimmung mit dem Ergebnis aus Abschnitt 5.1.

b) **Bertrand'sches Paradoxon:** Da wir nun über den Begriff einer "willkürlich" gewählten Geraden verfügen, können wir den Begriff der "willkürlich" gewählten Sehne so präzisieren, wie es der Intuition am ehesten entspricht: als die von einer "willkürlich" gewählten Geraden abgeschnittene Sehne.

Die Gerade $g(r, \varphi) = \{(r \cos \varphi + u \sin \varphi, r \sin \varphi - u \cos \varphi)\colon u \in \mathbb{R}\}$ schneidet die Peripherie des Einheitskreises in den Punkten, die zu $u = \pm(1 - r^2)^{1/2}$ gehören. Die Länge der Sehne zwischen diesen Punkten ist $2(1 - r^2)^{1/2}$. Der willkürlichen Auswahl einer Geraden, die den Einheitskreis schneidet, entspricht die Auswahl eines Punktes $(r, \varphi) \in [-1, 1] \times (-\pi/2, \pi/2]$ nach einer Gleichverteilung. Da die Sehnenlänge nicht von φ abhängt, ist also r entsprechend einer Gleichverteilung über $[-1, 1]$ zu bestimmen. Daraus resultiert eine Verteilung der Sehnenlängen mit der Verteilungsfunktion $t \to 1 - \sqrt{1 - t^2/4}$, $0 \leqq t \leqq 2$, und der Dichte $t/(4\sqrt{1 - t^2/4})$. Die Wahrscheinlichkeit, daß die Sehne länger als $\sqrt{3}$ (die Seite des eingeschriebenen gleichseitigen Dreiecks) ist, beträgt $1/2$.

5.5 Schnitte mit willkürlich gewählten Geraden

Den Grundstock für diesen Abschnitt bildet der folgende auf Crofton (1869) zurückgehende

5.5.1 Satz: *Für jeden kompakten konvexen Körper K in der Ebene gilt*

(5.5.2) $\lambda_2([K]) = U(K)$.

Zur Erinnerung: Unter einem *konvexen Körper* versteht man eine konvexe Menge mit nicht-leerem Inneren. Es ist bekannt, daß der Rand eines beschränkten konvexen Körpers K in der Ebene als Trägermenge eines rektifizierbaren Weges darstellbar ist. Dessen Länge bezeichnet man als den *Umfang* von K (Symbol: $U(K)$).

Beweis: (a) Wir zeigen zunächst, daß (5.5.2) für konvexe Polyeder gilt. Ist K ein konvexer Polyeder mit den Ecken $w_1, \ldots, w_r \in \mathbb{R}^2$, dann sind $s_i := \{w_i + t(w_{i+1} - w_i) \colon t \in [0,1)\}$, $i = 1, \ldots, r-1$, $s_r := \{w_r + t(w_1 - w_r) \colon t \in [0,1)\}$ die Seiten von K. Da K konvex ist, schneidet für λ_2-f.a. $(r, \varphi) \in B_0$ die zugehörige Gerade g genau zwei Seiten von K, sofern $g \cap K \neq \emptyset$. Daher gilt

$$\sum_1^r 1_{[s_i]}(r, \varphi) = 2 \cdot 1_{[K]}(r, \varphi) \qquad \text{für } \lambda_2\text{-f.a. } (r, \varphi) \in B_0.$$

Die Integration bezüglich λ_2 liefert

$$\sum_1^r \lambda_2([s_i]) = 2\lambda_2([K]).$$

Aus (5.4.20) folgt

$$\sum_1^r \lambda_2([s_i]) = 2\sum_1^r l(s_i) = 2U(K).$$

Daher gilt (5.5.2) für konvexe Polyeder.

(b) Sei nun K ein beliebiger kompakter konvexer Körper. Nach einem bekannten Satz aus der Theorie der konvexen Körper (vgl. Valentine (1968), S. 152, Satz 12.5) existieren Folgen konvexer Polyeder $P_n' \subset K \subset P_n''$, so daß

$$U(P_n') \uparrow U(K), \qquad U(P_n'') \downarrow U(K).$$

Da nach (a) $\lambda_2([P_n']) = U(P_n')$ und $\lambda_2([P_n'']) = U(P_n'')$, folgt

$$\lambda_2([P_n']) \uparrow U(K) \downarrow \lambda_2([P_n'']).$$

Nach (5.4.14) gilt für alle $n \in \mathbb{N}$, $[P_n'] \subset [K] \subset [P_n'']$, also auch $\lambda_2([P_n']) \leq \lambda_2([K]) \leq \lambda_2([P_n''])$. Daraus folgt (5.5.2). □

Interpretiert man die Strecke s als degeneriertes Rechteck K, so gilt $U(K) = 2l(s)$. Satz 5.5.1 läßt sich dann als Verallgemeinerung von Hilfssatz 5.4.19 auffassen.

Um der Aussage von Satz 5.5.1 eine wahrscheinlichkeitstheoretische Interpretation zu geben, denken wir uns K in eine beschränkte Menge A mit $[A] \in \mathbb{B}_0$ eingebettet. Dann können wir von der (bedingten) Wahrscheinlichkeit sprechen, mit der eine willkürlich gewählte Gerade, welche die Menge A schneidet, auch noch den darin enthaltenen konvexen Körper K

schneidet. Diese Wahrscheinlichkeit ist $\lambda_2([K])/\lambda_2([A])$, wegen (5.5.2) also proportional zum Umfang von K. Ist A selbst ein kompakter konvexer Körper, gilt (5.5.2) auch für diesen, und wir erhalten das folgende

5.5.3 Korollar: *Sind K, K_0 kompakte konvexe Körper mit $K \subset K_0$, dann ist die Wahrscheinlichkeit dafür, daß eine willkürlich gewählte Gerade, welche K_0 schneidet, auch noch K schneidet, gleich $U(K)/U(K_0)$.*

Zur Beruhigung des Lesers: Wahrscheinlichkeiten größer 1 treten auch hier nicht auf. Nach einem bekannten Satz aus der Theorie der konvexen Körper (vgl. z.B. Valentine (1968), S. 153, Satz 12.6) folgt aus $K \subset K_0$, daß $U(K) \leqq U(K_0)$.

Die Wahrscheinlichkeit, daß eine den Kreis mit Durchmesser 1 schneidende willkürlich gewählte Gerade einen in diesem Kreis liegenden konvexen Körper K schneidet, ist also gleich $U(K)/\pi$. Ist dieser "Körper" eine Strecke der Länge a, ist $U(K) = 2a$, die Schnittwahrscheinlichkeit also $2a/\pi$, womit wir wieder beim Buffon'schen Nadelproblem sind.

Geraden, die eine konvexe Menge schneiden, schneiden den Rand dieser Menge in einem oder in zwei Punkten, oder sie haben mit dem Rand der konvexen Menge eine Strecke gemeinsam. Die Menge jener Geraden, die in nur einem Punkt schneiden, oder mit der konvexen Menge eine Strecke gemeinsam haben, hat das Maß 0. Wir können $2\lambda_2([K])/\lambda_2([A])$ also auch interpretieren als den Erwartungswert für die Anzahl der Punkte, die eine willkürlich gewählte Gerade, die A schneidet, mit dem Rand von K gemeinsam hat: Dieser Erwartungswert ist nach Satz 5.5.1 proportional zur Länge des Randes.

Diese Aussage ist verallgemeinerbar: Nicht nur für den Rand beschränkter, konvexer Mengen, sondern für beliebige rektifizierbare Kurven C gilt:

Ist C in eine Menge A eingebettet, dann ist der Erwartungswert für die Anzahl der Schnittpunkte, die eine willkürlich gewählte Gerade, die A schneidet, mit der Kurve C besitzt, gleich

$$2l(C)/\lambda_2([A]).$$

(Vgl. Santaló (1976), S. 31, Formel 3.17.)

Sei $A \in \mathbb{B}^2$ eine beschränkte Menge mit $[A] \in \mathbb{B}_0$. Jeder Geraden $g(r, \varphi)$ ordnen wir nun das (eindimensionale) Lebesgue-Maß von $g(r, \varphi) \cap A$ zu. Dieses bezeichnen wir mit $m_A(r, \varphi)$. Nach dem Prinzip von Cavalieri gilt für jedes feste φ:

$$\int_{\mathbb{R}} m_A(r, \varphi)\, dr = \lambda_2(A). \tag{5.5.4}$$

Wählen wir unter den A schneidenden Geraden eine willkürlich aus, dann gilt für den Erwartungswert

$$\mathscr{E}(m_A(\mathbf{r}, \boldsymbol{\varphi})) = \int_{-\pi/2}^{\pi/2} \int_{\mathbb{R}} m_A(r, \varphi)\, dr\, d\varphi/\lambda_2([A]).$$

Zusammen mit (5.5.4) folgt daraus

$$(5.5.5) \qquad \mathscr{E}(m_A(\mathbf{r},\boldsymbol{\varphi})) = \pi\lambda_2(A)/\lambda_2([A]).$$

Betrachten wir eine Teilmenge $B \subset A$, dann gilt für den Erwartungswert der Schnittlängen $m_B(\mathbf{r},\boldsymbol{\varphi})$ unter allen Geraden, die A schneiden,

$$(5.5.6) \qquad \mathscr{E}(m_B(\mathbf{r},\boldsymbol{\varphi})) = \pi\lambda_2(B)/\lambda_2([A]),$$

wegen (5.5.5) also

$$(5.5.7) \qquad \frac{\mathscr{E}(m_B(\mathbf{r},\boldsymbol{\varphi}))}{\mathscr{E}(m_A(\mathbf{r},\boldsymbol{\varphi}))} = \frac{\lambda_2(B)}{\lambda_2(A)}.$$

Diese Relation gilt ohne besondere Voraussetzungen über die Gestalt der Mengen A und B (ausgenommen deren Meßbarkeit).

Ist die Fläche von A bekannt, dann kann man die Fläche von B schätzen, indem man für zufällig ausgewählte Geraden $g(r_\nu, \varphi_\nu)$, $\nu = 1, \ldots, n$, die Erwartungswerte $\mathscr{E}(m_A(\mathbf{r},\boldsymbol{\varphi}))$ und $\mathscr{E}(m_B(\mathbf{r},\boldsymbol{\varphi}))$ durch die Stichprobenmittel $n^{-1}\sum_1^n m_A(r_\nu, \varphi_\nu)$ bzw. $n^{-1}\sum_1^n m_B(r_\nu, \varphi_\nu)$ schätzt (wegen einer Anwendung in der Botanik vgl. McIntyre (1953)).

Für einen kompakten konvexen Körper können wir die in Relation (5.5.5) vorkommende geometrisch nicht unmittelbar interpretierbare Größe $\lambda_2([A])$ mit Hilfe der Relation (5.5.2) durch den Umfang ersetzen. Somit gilt für kompakte konvexe Körper K in der Ebene

$$(5.5.8) \qquad \mathscr{E}(m_K(\mathbf{r},\boldsymbol{\varphi})) = \pi\lambda_2(K)/U(K),$$

eine Relation also, die den Erwartungswert von $m_K(\mathbf{r},\boldsymbol{\varphi})$ direkt mit Fläche und Umfang von K verknüpft.

Wählen wir für K den Einheitskreis, erhalten wir als Erwartungswert für die Länge einer willkürlich gewählten Sehne den Wert $\pi/2$. Derselbe Wert ergibt sich aus der am Schluß von Abschnitt 5.4 gewonnenen Verteilung der Sehnenlängen.

5.6 Stereologie

Ein Anwendungsgebiet für Methoden aus dem Bereich der geometrischen Wahrscheinlichkeiten ist die Stereologie. Hier ein typisches Beispiel:

Ein inhomogener Körper (z.B. ein Gestein oder ein Organ) mit mehreren Einschlüssen unterschiedlicher Größe wird entlang einer willkürlich gewählten Ebene durchgeschnitten. Interessiert man sich nur für das Gesamtvolumen der Einschlüsse, können die im vorigen Abschnitt angedeuteten Methoden angewendet werden. Schlüsse betreffend die einzelnen Einschlüsse (z.B. deren durchschnittliches Volumen, oder deren Verteilung nach der Größe) sind auf Grund zufällig gewählter Schnitte jedoch nur dann möglich, wenn Informationen über die Gestalt der Einschlüsse vorliegen. Wir beschränken uns hier auf den Fall, daß alle Einschlüsse kugelförmig sind, mit unterschiedlichen Radien. Untersuchungen dieser Art wurden zuerst von Wicksell (1925 und 1926) durchgeführt. Bereits die Verallgemeinerung auf Ellipsoide stößt auf Schwierigkeiten (vgl. Cruz-Orive (1976)).

Die Radien R der kugelförmigen Einschlüsse seien verteilt nach einer unbekannten Verteilung P mit einer Dichte $p|(0, \infty)$. Gesucht ist das durchschnittliche Volumen der Kugeln, also

$$V = \frac{4\pi}{3} \int_0^\infty R^3 p(R)\, dR.$$

Wir nehmen an, daß diese Kugeln zufällig in einem Material verteilt sind. Dieses wird entlang einer Ebene durchgeschnitten und die Radien der dort entstehenden Schnittkreise werden ermittelt. Diese seien $r_1, \ldots, r_n$. Unser Problem besteht darin, auf Grund dieser gemessenen Werte das durchschnittliche Volumen V zu schätzen. (Nebenbei: Die Voraussetzung, daß alle Einschlüsse kugelförmig sind, kann daran überprüft werden, ob alle Schnittflächen Kreise sind.)

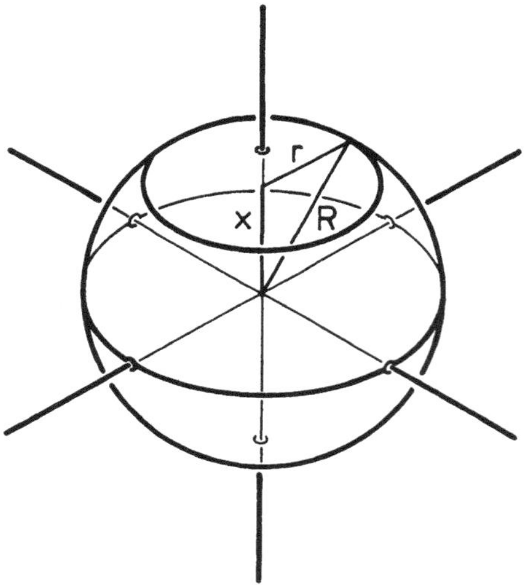

Bild 5.8 Illustration zur Berechnung des Schnittkreisradius'.

Wir betrachten zunächst eine Kugel vom Radius R, deren Mittelpunkt im Ursprung des Koordinatensystems liegt. Schneiden wir diese Kugel in der Höhe $x \in (-R, R)$, ergibt sich als Schnittfläche ein Kreis mit dem Radius $r = (R^2 - x^2)^{1/2}$. Bestimmen wir die Schnittstelle x als Realisation einer in

$(-R, R)$ gleichverteilten Zufallsvariablen, erhalten wir nach Satz 3.4.1 für die Verteilung der Radien der Schnittkreise, $\mathbf{r}$, die Dichte

$$r \to \frac{r}{R}(R^2 - r^2)^{-1/2}, \qquad r \in (0, R).$$

Die Versuchung liegt nahe, aus dieser Verteilung der Schnittradien für eine Kugel vom Radius R, und der Verteilung der Radien $\mathbf{R}$ die Verteilung der Schnittradien zu berechnen.

Nach (9.7.9) besitzt diese die Dichte

$$r \to \int_r^\infty \frac{r}{R}(R^2 - r^2)^{-1/2} p(R)\,dR, \qquad r \in (0, \infty).$$

Diese Art der Berechnung wäre zutreffend, wenn wir zunächst eine Kugel entsprechend der Verteilung P zufällig auswählten, und dann die Schnittstelle im Intervall $(-R, R)$ nach einer Gleichverteilung. Dies ist jedoch kein passendes Modell dafür, wie die tatsächlich beobachteten Schnitte $r_1, \ldots, r_n$ zustande gekommen sind: Die Radien R jener Kugeln, die ihre Spuren in der Schnittebene hinterlassen haben, sind keine Zufallsauswahl aus der Verteilung P. Bei gleichmäßiger Verteilung der Kugeln im Raum ist die Wahrscheinlichkeit, eine bestimmte Ebene zu durchdringen, proportional zum Radius R.

Die Verteilung der Kugeln, die eine bestimmte Ebene durchdringen, besitzt daher nicht die Dichte p, sondern nach (5.3.1) die Dichte

$$(5.6.1) \qquad R \to Rp(R) \Big/ \int_0^\infty Sp(S)\,dS.$$

Daher besitzt die Verteilung der Radien in der Schnittebene nach (9.7.9) die Dichte

$$(5.6.2) \qquad \bar{p}(r) := r \int_r^\infty (R^2 - r^2)^{-1/2} p(R)\,dR \Big/ \int_0^\infty Rp(R)\,dR, \qquad r > 0.$$

Um eine anschauliche Darstellung von einer Situation zu vermitteln, auf die dieses Modell anwendbar ist, denken wir uns eine große Anzahl von Kugeln mit unterschiedlichen Radien beliebig in einem Medium verteilt. Wir legen eine Ebene durch dieses Medium und notieren für jede Kugel den (gerichteten) Abstand ihres Mittelpunktes von dieser Ebene. Sind diese Abstände in jedem Intervall $(-c, c)$ gleichverteilt, dann sind die Radien der Schnittkreise nach (5.6.2) verteilt. Ob dieses Modell für eine konkrete Situation annähernd zutrifft, läßt sich mathematisch nicht entscheiden, es sei denn, man hätte ein mathematisches Modell für die räumliche Verteilung der Kugeln im Medium. Die Voraussetzung für die Gültigkeit von (5.6.2) sind sicher n i c h t gegeben, wenn die Kugeln regelmäßig (z.B. in den Gitterpunkten) angeordnet sind.

Tatsächlich wurde in zahlreichen Arbeiten von Praktikern übersehen, daß eine längenproportionale Verzerrung vorliegt (vgl. M.G. Kendall und Moran (1963), S. 90).

Im folgenden nehmen wir an, es gelte (5.6.2). Wie kann man dann aus den gemessenen Radien $r_1, \ldots, r_n$ das durchschnittliche Volumen schätzen? Das Problem besteht darin, eine Funktion h_n zu finden, mit der Eigenschaft, daß die Zufallsvariable $h_n(\mathbf{r}_1, \ldots, \mathbf{r}_n)$ mit großer Wahrscheinlichkeit in der Nähe von $\frac{4\pi}{3}\int_0^\infty R^3 p(R)\, dr$ liegt, wenn r_ν, $\nu = 1, \ldots, n$, unabhängige Realisationen aus der Verteilung (5.6.2) sind. Erschwert wird die Lösung dieser Aufgabe dadurch, daß dies gelten soll, was immer die Dichte p sein mag.

Als Hilfsmittel benötigen wir: Für $k = -1, 0, 1, \ldots$ gilt

$$\int_0^\infty r^k \bar{p}(r)\, dr = \int_0^\infty \left(\int_0^R \frac{r^{k+1}}{(R^2 - r^2)^{1/2}}\, dr\right) p(R)\, dR \Big/ \int_0^\infty Rp(R)\, dR$$

$$= c_{k+1} \int_0^\infty R^{k+1} p(R)\, dR \Big/ \int_0^\infty Rp(R)\, dR$$

mit

$$c_k = \int_0^1 \frac{v^k}{(1 - v^2)^{1/2}}\, dv.$$

Insbesondere gilt $c_0 = \pi/2$, $c_3 = 2/3$.

Daher gilt

$$\int_0^\infty r^{-1} \bar{p}(r)\, dr = \frac{\pi}{2} \Big/ \int_0^\infty Rp(R)\, dR$$

und

$$\int_0^\infty r^2 \bar{p}(r)\, dr = \frac{2}{3} \int_0^\infty R^3 p(R)\, dR \Big/ \int_0^\infty Rp(R)\, dR.$$

Somit konvergiert $\pi^2 \sum_1^n \mathbf{r}_\nu^2 \Big/ \sum_1^n \mathbf{r}_\nu^{-1}$ für $n \to \infty$ stochastisch gegen $\frac{4\pi}{3}\int_0^\infty R^3 p(R)\, dR$, das gesuchte durchschnittliche Volumen.

Leser, die an angewandter Stereologie interessiert sind, werden auf Weibel (1979, 1980) verwiesen.

6. Maßzahlen für Verteilungen; Ordnungen zwischen Verteilungen

6.1 Einleitung

Bei vielen Anwendungen ist nicht das *W*-Maß selbst von Interesse, sondern eine Maßzahl, die einen bestimmten Aspekt des *W*-Maßes erfaßt. Eine wichtige Eigenschaft von *W*-Maßen über $\mathbb{R}$ ist deren Lage, die man durch irgendeine Art von "Mittelwert" beschreiben kann.

Sei $\mathfrak{P}$ eine große Familie von *W*-Maßen über $\mathbb{R}$, z.B. die Familie aller *W*-Maße. Ein Funktional $\mu: \mathfrak{P} \to \mathbb{R}$, das die Lage von $P \in \mathfrak{P}$ beschreibt, muß einige naheliegende Eigenschaften besitzen:

(6.1.1′) Wenn mit $P \in \mathfrak{P}$ auch $P * (x \to x + c) \in \mathfrak{P}$, dann gilt
$\mu(P * (x \to x + c)) = \mu(P) + c, \qquad c \in \mathbb{R}.$

(6.1.2′) Wenn mit $P \in \mathfrak{P}$ auch $P * (x \to ax) \in \mathfrak{P}$, dann gilt
$\mu(P * (x \to ax)) = a\mu(P), \qquad a \in \mathbb{R}.$

Aus (6.1.1′) und (6.1.2′) folgt $\mu(P) = \mu_0$, wenn P um μ_0 symmetrisch ist. Dies gilt insbesondere, wenn P ausgeartet ist, d.h. $P\{\mu_0\} = 1$. Beweis: $P_0 := P * (x \to x - \mu_0)$ ist um 0 symmetrisch. Daher gilt $P_0 = P_0 * (x \to -x)$, wegen (6.1.2′) also $\mu(P_0) = -\mu(P_0)$, somit $\mu(P_0) = 0$. Da $\mu(P_0) = \mu(P) - \mu_0$ nach (6.1.1′), folgt $\mu(P) = \mu_0$.

Einfacher sind diese Relationen anzuschreiben, wenn wir als Argument des Funktionals μ statt des *W*-Maßes P die dieses symbolisierende Zufallsvariable $\mathbf{x}$ wählen. Dann lauten diese Eigenschaften

(6.1.1″) $\mu(\mathbf{x} + c) = \mu(\mathbf{x}) + c, \qquad c \in \mathbb{R},$

(6.1.2″) $\mu(a\mathbf{x}) = a\mu(\mathbf{x}), \qquad a \in \mathbb{R}.$

Die Eigenschaften (6.1.1′) und (6.1.2′) erscheinen unerläßlich, wenn wir μ als ein Funktional interpretieren wollen, welches die Lage der Verteilung beschreibt. Insbesondere die Eigenschaft (6.1.2′) (Streckungs-Kovarianz) erscheint zwingend, wenn es sich bei den Werten von $\mathbf{x}$ um Meßwerte handelt, die man in verschiedenen Einheiten ausdrücken kann. Relation (6.1.2′) verlangt, daß sich bei einer Änderung der Maßeinheit das Lage-Funktional entsprechend transformiert.

Eine Ausdehnung dieser Kovarianz-Forderungen (6.1.1′) und (6.1.2′) auf beliebige monotone Transformationen erscheint dann geboten, wenn es sich um Meßwerte handelt, deren Skala beliebigen monotonen Transformationen unterworfen werden kann. Eine so starke Kovarianz-Forderung schränkt die

Klasse der Lage-Funktionale erheblich ein: Bei stetigen W-Maßen besitzen nur die Quantile diese Eigenschaft.

(6.1.1′) und (6.1.2′) bilden keine erschöpfende Aufzählung der plausiblen Eigenschaften eines Lage-Funktionals. So liegt es etwa nahe, zusätzlich zu verlangen, daß $\mu(P) \leqq \mu(Q)$, wenn P stochastisch kleiner ist als Q (vgl. Definition 6.5.1).

Eine weitere Gruppe von Funktionalen $V: \mathfrak{P} \to [0, \infty)$ versucht, die Streuung der W-Maße zu erfassen. Solche Funktionale beschreiben das Ausmaß der Abweichungen der Einzelwerte von einem geeigneten Durchschnitt. Sie müssen daher folgende Eigenschaften besitzen:

(6.1.3′) Wenn mit $P \in \mathfrak{P}$ auch $P * (x \to x + c) \in \mathfrak{P}$, dann gilt
$V(P * (x \to x + c)) = V(P), \quad c \in \mathbb{R}.$

(6.1.4′) Wenn mit $P \in \mathfrak{P}$ auch $P * (x \to ax) \in \mathfrak{P}$, dann gilt
$V(P * (x \to ax)) = |a|\, V(P), \quad a \in \mathbb{R}.$

Aus (6.1.3′) und (6.1.4′) folgt insbesondere für alle ausgearteten Verteilungen P mit $P\{\mu_0\} = 1$, daß $V(P) = 0$.

Mit Hilfe der Zufallsvariablen angeschrieben lauten diese Eigenschaften

(6.1.3″) $V(\mathbf{x} + c) = V(\mathbf{x}), \quad c \in \mathbb{R},$

(6.1.4″) $V(a\mathbf{x}) = |a|\, V(\mathbf{x}), \quad a \in \mathbb{R}.$

Eigenschaft (6.1.4′) ergibt sich – wie (6.1.2′) – aus der Forderung nach kovariantem Verhalten des Streuungsmaßes bei Änderung der Maßeinheit.

Bei Verteilungs-Familien $\mathfrak{P}$ über $(0, \infty)$ ist die Annahme, daß mit $P \in \mathfrak{P}$ auch $P * (x \to x + c) \in \mathfrak{P}$, oft nicht natürlich. Damit entfällt sowohl Eigenschaft (6.1.1′) bei den Lage-Funktionalen, als auch (6.1.3′) bei den Streuungs-Funktionalen. Für $a > 0$ (und nur solche kommen hier in Betracht) ist jedoch Eigenschaft (6.1.2′) für Lage- bzw. (6.1.4′) für Streuungs-Funktionale identisch. Daher verwischt sich bei solchen Verteilungs-Familien der Unterschied zwischen Lage- und Streuungs-Funktionalen. Nur bei manchen Anwendungen können wir den Wert des Lage-Funktionals als einen "zentralen" Wert der Verteilung interpretieren, von dem die Einzelwerte zufällig abweichen. Dies trifft beispielsweise für die Verteilung von Meßwerten zu, aber kaum für Lebensdauer-Verteilungen.

Jene Maßzahlen, die wir hier als "Funktionale" bezeichnen, werden in der Literatur sonst häufig Parameter genannt. Wir vermeiden diesen Ausdruck, um Verwechslungen vorzubeugen.

Funktionale sind Maßzahlen, die für alle W-Maße (oder zumindest für eine große Klasse) definiert sind.

Unter einem *Parameter* versteht man ein Zahlen-Tupel, durch dessen Werte man die Elemente einer gegebenen Familie von W-Maßen (z.B. der Normalverteilungen) unterscheidet.

Der Unterschied zwischen "Funktionalen" und "Parametern" wird dadurch verwischt, daß bei vielen Verteilungs-Familien die Parameter so gewählt werden, daß sie gleichzeitig Funktionale (und damit inhaltlich interpretierbar) sind. Schreiben wir, beispielsweise, die Dichte der Exponentialverteilung in der Form $x \to \frac{1}{a}\exp\left[-\frac{x}{a}\right]$, $x > 0$, dann ist der Parameter a identisch mit dem Funktional "Erwartungswert". Schreiben wir die Dichte in der Form $x \to a\exp[-ax]$, $x > 0$, dann ist der Parameter a, zumindest bei Lebensdauer-Verteilungen, anders interpretierbar: Als (zeitlich konstante) Abgangsintensität (vgl. Beispiel 10.2.3).

Parameter sind jedoch nicht immer als Funktionale interpretierbar. Wir erwähnen das Beispiel der *logarithmisch-normalen Verteilung*, definiert durch die Dichte

$$x \to \frac{1}{\sqrt{2\pi}\sigma} x^{-1} \exp\left[-\frac{1}{2\sigma^2}(\log x - \mu)^2\right], \qquad x > 0.$$

Hier ist, beispielsweise, der Median gleich $\exp[\mu]$, der Erwartungswert $\exp\left[\mu + \frac{1}{2}\sigma^2\right]$, die Varianz $\exp[2\mu + \sigma^2](\exp[\sigma^2] - 1])$. Die Werte μ und σ sind also kaum als Maßzahlen interpretierbar.

Manche Eigenschaften von Verteilungen (wie "Abgangsintensität" oder die "Abhängigkeit" im Fall mehrdimensionaler Verteilungen) lassen sich durch Angabe einer einzigen Maßzahl oder eines Zahlen-Tupels nicht adäquat beschreiben. Solche Eigenschaften kann man unter Umständen durch den Verlauf einer Funktion (also durch ein unendlichdimensionales Funktional) beschreiben. Wir kommen auf solche Fälle in den Abschnitten 6.10 und 10.2 zurück.

Gelegentlich kommt es vor, daß Verteilungen von verwandter innerer Struktur in einem stärkeren Sinn vergleichbar sind, als dies durch Funktionale zum Ausdruck kommt. Solche Fragen greifen wir in den Abschnitten 6.5 und 6.9 auf.

Allgemeine Ausführungen über Funktionale finden sich in der Artikel-Serie von Bickel und Lehmann (in der allerdings die Frage der Auswahl von Funktionalen auch unter dem Gesichtspunkt der Schätzbarkeit derselben behandelt wird). Eine elementare Darstellung gibt Ferschl (1978). Fragen der Kovarianz von Funktionalen werden insbesondere bei Klein (1984) behandelt.

6.2 Der Erwartungswert

Der Erwartungswert eines W-Maßes ist das wichtigste Lage-Funktional.

Zur Motivierung der folgenden Definition betrachten wir eine real existierende Gesamtheit, bestehend aus einer großen Zahl N von Individuen. Für jedes Individuum wird der Wert eines bestimmten reellwertigen Merkmals festgestellt. Ist x_i der Wert für das i. Individuum, so ist der Durchschnitt für die Gesamtheit $\frac{1}{N}\sum_1^N x_i$.

Wir betrachten zuerst den Fall eines diskreten Merkmals.

6.2.1 Beispiel: Die Gesamtheit besteht aus allen Frauen mit abgeschlossener Fruchtbarkeit, die in einem bestimmten Gebiet innerhalb eines bestimmten Zeitabschnitts leben oder gelebt haben. x_i sei die Kinderzahl der *i*. Frau.

Für Prognosen der künftigen Bevölkerungsentwicklung ist nicht die Verteilung der Frauen nach der Kinderzahl von Interesse, sondern nur die durchschnittliche Kinderzahl.

Ist N_k die Anzahl der Frauen mit k Kindern, dann ist der Durchschnitt der Gesamtheit auch darstellbar als gewogenes Mittel $\sum_0^\infty k\frac{N_k}{N}$. $\left(\text{Wegen } N_k = \sum_{i=1}^N 1_{\{k\}}(x_i) \text{ gilt } \sum_1^N x_\nu = \sum_0^\infty kN_k.\right)$ Denken wir uns die Gesamtheit durch ein *W*-Maß P repräsentiert, tritt an die Stelle der relativen Häufigkeit $\frac{N_k}{N}$ die Wahrscheinlichkeit $P\{k\}$, und wir erhalten zum *W*-Maß P den Durchschnitt $\sum_0^\infty kP\{k\}$.

Ist, allgemeiner, P ein diskretes *W*-Maß über $\mathbb{R}$, das in den Punkten a_k, $k = 1, 2, \ldots$, konzentriert ist, definieren wir den *Erwartungswert* von P als

(6.2.2) $$\mathscr{E}(P) := \sum_1^\infty a_k P\{a_k\}.$$

Ist $P|\mathbb{B}$ ein *W*-Maß mit Dichte p, definieren wir den *Erwartungswert* durch

(6.2.3) $$\mathscr{E}(P) := \int xp(x)\,dx.$$

(6.2.3) überträgt den Begriff des gewogenen Mittelwerts von den diskreten auf die stetigen Verteilungen. Das "Gewicht", mit dem der Wert x in die Mittelbildung eingeht, ist nun die Dichte $p(x)$.

Statt vom Erwartungswert des *W*-Maßes P spricht man häufig vom Erwartungswert der von P gesteuerten Zufallsvariablen $\mathbf{x}$ und schreibt $\mathscr{E}(\mathbf{x})$ statt $\mathscr{E}(P)$.

Man rechnet sofort nach, daß der durch (6.2.2) und (6.2.3) definierte Erwartungswert ein Lage-Funktional ist, d.h. die Eigenschaften (6.1.1′) und (6.1.2′) besitzt.

Außerdem besitzt der Erwartungswert noch eine Eigenschaft, die Lage-Funktionale im allgemeinen nicht besitzen: Der Erwartungswert des Gemisches zweier *W*-Maße ist die konvexe Kombination der beiden Erwartungswerte: Für $\alpha \in [0, 1]$ sei $P_\alpha := (1 - \alpha)P_0 + \alpha P_1$. Dann gilt

(6.2.4) $$\mathscr{E}(P_\alpha) = (1 - \alpha)\mathscr{E}(P_0) + \alpha\mathscr{E}(P_1).$$

6.2.5 Beispiel: Das Durchschnittseinkommen der Bevölkerung ist das gewogene Mittel aus dem Durchschnittseinkommen der Männer und dem Durchschnittseinkommen der Frauen.

Um einzusehen, daß (6.2.3) das Analogon zu (6.2.2) ist, betrachten wir folgendes

6.2.6 Beispiel: Der Materialverbrauch für die Erzeugung eines bestimmten technischen Produkts weist von Stück zu Stück geringfügige Schwankungen auf. Um den Materialbedarf für eine bestimmte Serie abzuschätzen, interessiert der durchschnittliche Materialverbrauch pro Stück, $\frac{1}{N}\sum_1^N x_i$.

Wir denken uns den Halbstrahl $(0, \infty)$ in Intervalle der Länge Δ unterteilt. Sei N_k die Anzahl der Stücke, deren Gewicht im Intervall $I_k := (\Delta k, \Delta(k+1)]$ liegt, d.i. $N_k = \sum_{i=1}^N 1_{I_k}(x_i)$. Der Beitrag dieser Stücke zu $\sum_1^N x_i$ ist $\sum_{i=1}^N x_i 1_{I_k}(x_i)$. Da

$$\Delta k N_k < \sum_{i=1}^N x_i 1_{I_k}(x_i) \leqq \Delta(k+1) N_k,$$

folgt $$\sum_0^\infty \Delta k N_k < \sum_1^N x_i \leqq \sum_0^\infty \Delta(k+1) N_k,$$

also $$\sum_0^\infty \Delta k \frac{N_k}{N} < \frac{1}{N} \sum_1^\infty x_i \leqq \sum_0^\infty \Delta(k+1) \frac{N_k}{N}.$$

Denken wir uns die Verteilung der Gesamtheit durch ein W-Maß P mit Dichte p repräsentiert, dann gilt:

$$\frac{N_k}{N} = P(\Delta k, \Delta(k+1)] = \int_{\Delta k}^{\Delta(k+1)} p(x)\,dx.$$

Der zu definierende Erwartungswert von P liegt also zwischen den Schranken

$$\sum_0^\infty \Delta k \int_{\Delta k}^{\Delta(k+1)} p(x)\,dx \quad \text{und} \quad \sum_0^\infty \Delta(k+1) \int_{\Delta k}^{\Delta(k+1)} p(x)\,dx.$$

Da

$$\Delta k \int_{\Delta k}^{\Delta(k+1)} p(x)\,dx \leqq \int_{\Delta k}^{\Delta(k+1)} x p(x)\,dx \leqq \Delta(k+1) \int_{\Delta k}^{\Delta(k+1)} p(x)\,dx,$$

gilt

$$\sum_0^\infty \Delta k \int_{\Delta k}^{\Delta(k+1)} p(x)\,dx \leqq \int_0^\infty x p(x)\,dx \leqq \sum_0^\infty \Delta(k+1) \int_{\Delta k}^{\Delta(k+1)} p(x)\,dx.$$

Die Differenz zwischen oberer und unterer Schranke ist

$$\sum_0^\infty \Delta(k+1) \int_{\Delta k}^{\Delta(k+1)} p(x)\,dx - \sum_0^\infty \Delta k \int_{\Delta k}^{\Delta(k+1)} p(x)\,dx = \Delta.$$

Da die Intervall-Länge Δ beliebig klein gewählt werden kann, ist also $\int_0^\infty x p(x)\,dx$ die gesuchte Maßzahl.

Die Beschränkung auf ein W-Maß mit Träger $(0, \infty)$ war im Rahmen dieses Beispiels natürlich und hat die Schreibweise erleichtert. Sie ist aber für die Definition irrelevant.

Da $\mathbf{x}$ im allgemeinen auch negative Werte annehmen kann, ist noch eine Präzisierung des Symbols $\int xp(x)\,dx$ erforderlich: Wir meinen damit, daß beide Werte $\int\limits_0^\infty xp(x)\,dx$ und $\int\limits_{-\infty}^0 xp(x)\,dx$ endlich sind (oder, knapper gefaßt, daß $\int |x| p(x)\,dx$ endlich ist). Der Erwartungswert existiert daher nicht immer. Bei der Cauchy-Verteilung, beispielsweise, gilt $\int\limits_0^\infty x \frac{1}{\pi(1+x^2)}\,dx = \infty$ und $\int\limits_{-\infty}^0 x \frac{1}{\pi(1+x^2)}\,dx = -\infty$.

Die gleiche Forderung erheben wir auch bei den diskreten W-Maßen: Wäre $\sum\limits_1^\infty |a_k| P\{a_k\} = \infty$, dann hinge der Wert von $\sum\limits_1^\infty a_k P\{a_k\}$ möglicherweise von der Reihenfolge ab, in der wir die Punkte a_k, $k \in \mathbb{N}$, des Trägers durchnumerieren.

Hier noch ein weiteres Beispiel, das den Übergang von (6.2.2) zu (6.2.3) beim Übergang von diskreten zu stetigen W-Maßen veranschaulichen soll.

6.2.7 Beispiel: Ein 40-jähriger schließt eine Lebensversicherung ab, aus der im Todesfall seinen Erben der Betrag von DM 50 000 ausbezahlt werden soll. Gesucht ist jener Betrag, der jährlich einzuzahlen ist.

Daraus ergibt sich zunächst folgende Aufgabe: Der Versicherte zahlt – bis zu seinem Tod – jeweils zum Jahrestag des Versicherungsabschlusses den Betrag B ein. Wie hoch ist der Betrag, der dann von einem 40-jährigen im Durchschnitt insgesamt eingezahlt wird?

Bezeichnet q_k die Wahrscheinlichkeit, daß ein 40-jähriger im k. Jahr nach Vertragsabschluß stirbt, dann beträgt der Erwartungswert seiner Einzahlungen $B\sum\limits_1^\infty kq_k$. Sehen wir von Geldentwertung, Verzinsung und der Gewinnspanne des Versicherers ab, ergibt sich die gesuchte Prämie B aus der Gleichung

$$B\sum_1^\infty kq_k = 50\,000.$$

Wir betrachten nun den Fall, daß die Einzahlungen öfter vorgenommen werden: Statt einmal jährlich den Betrag B einzuzahlen, wird M-mal jährlich der Betrag $\frac{B}{M}$ eingezahlt.

Die Wahrscheinlichkeit, daß dieser Betrag genau m-mal eingezahlt wird, ist gleich der Wahrscheinlichkeit, daß der Versicherte zwischen $\frac{m-1}{M}$ und $\frac{m}{M}$ Jahren nach Vertragsabschluß stirbt. Ist p die Dichte der Verteilung des Sterbealters, dann ist diese Wahrscheinlichkeit gleich

$$\int_{\frac{m-1}{M}}^{\frac{m}{M}} p(x)\,dx.$$

Der Erwartungswert des eingezahlten Betrages ist dann

$$\frac{B}{M}\sum_{1}^{\infty} m \int_{\frac{m-1}{M}}^{\frac{m}{M}} p(x)\,dx.$$

Da einerseits

$$(6.2.8) \qquad \frac{m}{M}\int_{\frac{m-1}{M}}^{\frac{m}{M}} p(x)\,dx \geqq \int_{\frac{m-1}{M}}^{\frac{m}{M}} xp(x)\,dx$$

und andererseits

$$(6.2.9) \qquad \frac{m}{M}\int_{\frac{m-1}{M}}^{\frac{m}{M}} p(x)\,dx - \int_{\frac{m-1}{M}}^{\frac{m}{M}} xp(x)\,dx \leqq \frac{1}{M}\int_{\frac{m-1}{M}}^{\frac{m}{M}} p(x)\,dx,$$

gilt für den Erwartungswert des eingezahlten Betrages wegen (6.2.8)

$$\frac{B}{M}\sum_{1}^{\infty} m \int_{\frac{m-1}{M}}^{\frac{m}{M}} p(x)\,dx \geqq B\sum_{1}^{\infty}\int_{\frac{m-1}{M}}^{\frac{m}{M}} xp(x)\,dx$$

$$= B\int_{0}^{\infty} xp(x)\,dx,$$

und wegen (6.2.9)

$$\frac{B}{M}\sum_{1}^{\infty} m \int_{\frac{m-1}{M}}^{\frac{m}{M}} p(x)\,dx - B\int_{0}^{\infty} xp(x)\,dx \leqq \frac{B}{M}.$$

Verkürzen wir die Einzahlungsperiode (von "jährlich" zu "monatlich", zu "minütlich" und so fort), dann konvergiert M gegen ∞, der Erwartungswert des eingezahlten Betrages also gegen $B\int_{0}^{\infty} xp(x)\,dx$.

Der Versicherte, der x Jahre nach Vertragsabschluß stirbt (x jetzt keine ganze Zahl mehr!), hat bei kontinuierlicher Einzahlung genau den Betrag Bx eingezahlt. Die "Wahrscheinlichkeit" hierfür ist $p(x)$.

Wir haben mit den obigen Überlegungen versucht, die Interpretation des Erwartungswertes als "Durchschnitt" zu rechtfertigen. Daß es sich dabei nicht bloß um eine oberflächliche Analogie handelt, folgt aus dem Gesetz der großen Zahlen, nach dem der Durchschnitt unabhängiger Realisationen eines Zufallsexperimentes mit steigender Anzahl der Realisationen gegen den Erwartungswert des W-Maßes konvergiert, das dieses Zufallsexperiment steuert.

Der Name "Erwartungswert" erinnert an die Herkunft dieses Begriffes aus der Beschäftigung mit Glücksspielen. Ist P die Verteilung der Gewinne, dann ist der Erwartungswert von P der – im langfristigen Durchschnitt – zu erwartende Gewinn. Dieser Begriff wird benötigt, um beurteilen zu können, welcher Einsatz für die Teilnahme an dem Spiel angemessen ist. Spiele, bei denen der geforderte Einsatz gleich dem Erwartungswert des Gewinnes ist, heißen "fair".

J. Bernoulli hat in seiner Ars conjectandi (posthum 1713 erschienen) entscheidend auf dem Begriff des Erwartungswertes aufgebaut. Verwendet wurde dieser Begriff von Huygens (1657) bei der Beantwortung der folgenden, bereits im Mittelalter (erfolglos) diskutierten Frage: Wenn ein Glücksspiel vor Beendigung abgebrochen werden muß – wie ist dann der im Talon liegende Betrag B aufzuteilen? Die Antwort von Huygens in seinem Buch "De Ratiociniis in Ludo Aleae" (1657): Es ist fair, jedem Spieler den Erwartungswert des Gewinnes auszubezahlen. Wenn Spieler 1 mit der Wahrscheinlichkeit p_1 den gesamten im Talon liegenden Betrag B bekommt, mit der Wahrscheinlichkeit $p_2 = 1 - p_1$ nichts, dann soll er den Betrag $p_1 B$ bekommen, Spieler 2 den Betrag $p_2 B$. (Huygens stützt sich dabei auf Lösungen von Pascal und Fermat.)

Die folgende Proposition erleichtert u.U. die Berechnung des Erwartungswertes bei nicht-negativen Zufallsvariablen.

6.2.10 Proposition: *Ist* $P[0, \infty) = 1$, *dann gilt*

$$\mathscr{E}(P) = \int_0^\infty P[x, \infty)\,dx.$$

Beweis: Diese Beziehung gilt für beliebige W-Maße P. Da uns der für einen allgemeinen Beweis benötigte Integralbegriff nicht zur Verfügung steht, führen wir getrennte Beweise für stetige und diskrete W-Maße.

a) Hat P eine Dichte p, dann gilt

$$P[x, \infty) = \int_x^\infty p(y)\,dy,$$

also

$$\int_0^\infty P[x, \infty)\,dx = \int_0^\infty \left(\int_x^\infty p(y)\,dy\right)dx = \int_0^\infty \left(\int_0^y dx\right)p(y)\,dy$$

$$= \int_0^\infty y p(y)\,dy = \mathscr{E}(P).$$

b) Ist P diskret mit dem Träger $\{a_k\colon k \in \mathbb{N}\} \subset [0, \infty)$, dann gilt $P[x, \infty) = \sum_1^\infty P\{a_k\}\, 1_{[x,\infty)}(a_k)$, also

$$\int_0^\infty P[x,\infty)\,dx = \sum_1^\infty P\{a_k\} \int_0^\infty 1_{[x,\infty)}(a_k)\,dx = \sum_1^\infty a_k P\{a_k\} = \mathscr{E}(P). \qquad \square$$

Proposition 6.2.10 hat auf Grund von Lemma H.10 folgende Verallgemeinerung:

Sei $m\colon \mathbb{R} \to \mathbb{R}$ stetig differenzierbar und $|m(x)|$ für alle großen $|x|$ monoton. Wenn $\int |m(x)|\,p(x)\,dx < \infty$, dann gilt für alle $t \in \mathbb{R}$ (mit $\bar{F}(x) = 1 - F(x), x \in \mathbb{R}$)

$$\int m(x)p(x)\,dx = m(t) + \int_t^\infty m'(x)\bar{F}(x)\,dx - \int_{-\infty}^t m'(x)F(x)\,dx. \tag{6.2.11}$$

Für $m(x) = x$ und $t = 0$ folgt

$$\int xp(x)\,dx = \int_0^\infty (\bar{F}(x) - F(-x))\,dx, \tag{6.2.12}$$

eine Verallgemeinerung von Proposition 6.2.10.

6.3 Quantile

Ein anderer wichtiger Typ von Lage-Funktionalen sind die Quantile. Sei P ein W-Maß über $\mathbb{R}$ mit Verteilungsfunktion F. Für $\alpha \in (0,1)$ definieren wir das *α-Quantil* von P als jenen Wert $\mathscr{Q}_\alpha(P)$, für den

$$F(\mathscr{Q}_\alpha(P)) = \alpha.$$

Wenn dies zweckmäßig ist, schreiben wir auch $\mathscr{Q}_\alpha(\mathbf{x})$ statt $\mathscr{Q}_\alpha(P)$. Ein solcher Wert $\mathscr{Q}_\alpha(P)$ existiert sicher, wenn F stetig ist; er ist eindeutig, wenn F außerdem streng monoton ist.

Im folgenden beschränken wir uns auf Verteilungen mit einer Dichte, die in einem Intervall vom Maß 1 (meist $\mathbb{R}$ oder $(0,\infty)$) positiv ist. Für diese ist jedes Quantil eindeutig bestimmt.

Eine Definition des Quantils, die ohne diese Einschränkung gilt: Für alle $\alpha \in (0,1)$ ist die Menge $\{r \in \mathbb{R}: P(-\infty, r) \leqq \alpha \leqq P(-\infty, r]\}$ ein nicht-leeres, links abgeschlossenes Intervall. Enthält diese "Menge der α-Quantile" mehr als ein Element, kann man z.B. einen der Randpunkte oder den Mittelpunkt als α-Quantil definieren. Wegen einer mathematisch subtileren Möglichkeit, einen dieser Werte als d a s α-Quantil auszuzeichnen, vgl. Landers und Rogge (1981 und 1982).

Ein besonders wichtiges Quantil ist der *Median*, $\mathscr{Q}_{\frac{1}{2}}(P)$. Er teilt das W-Maß in zwei "gleich große" Hälften und ist zur anschaulichen Beschreibung von W-Maßen u.U. besser geeignet als der Erwartungswert.

6.3.1 Beispiel: Von den heute 30-jährigen Männern wird mehr als die Hälfte älter als 75 Jahre. (Der Median der Lebensdauerverteilung der heute 30-jährigen ist also größer als 75.) Dies beschreibt die Sterblichkeit sehr anschaulich. Für die Belastung der Rentenanstalten maßgebend ist demgegenüber die durchschnittliche Lebenserwartung der 30-jährigen; diese beträgt 43 Jahre.

6.3.2 Beispiel: Die Lebensdauer radioaktiver Atome ist exponentialverteilt. Der Median der Lebensdauerverteilung ist die *Halbwertszeit*, das ist jener Zeitabschnitt, in dem das Atom mit der Wahrscheinlichkeit $\frac{1}{2}$ zerfällt; äquivalent: in dem die Hälfte der radioaktiven Substanz zerfällt.

Die Exponentialverteilung mit der Dichte $x \to \frac{1}{a}\exp\left[-\frac{x}{a}\right]$, $x > 0$, hat die Verteilungsfunktion

$$x \to 1 - \exp\left[-\frac{x}{a}\right].$$

Die Halbwertszeit $t_{1/2}$ ist daher definiert durch

$$1 - \exp\left[-\frac{t_{1/2}}{a}\right] = \frac{1}{2},$$

d.h. $t_{1/2} = a \log 2$.

Die durchschnittliche Lebenserwartung ist

$$\int_0^\infty x\frac{1}{a}\exp\left[-\frac{x}{a}\right]dx = a.$$

Der in der Formel für die Dichte der Exponentialverteilung auftretende Parameter a kann also über die durchschnittliche Lebenserwartung oder über die Halbwertszeit anschaulich interpretiert werden.

6.3.3 Beispiel: Um die toxische Wirkung einer Substanz zu messen, wird eine große Zahl von Individuen einer immer stärkeren Dosis ausgesetzt. Sei n die Gesamtanzahl der Individuen, und $n(t)$ die Anzahl der Individuen, die eine Dosis der Stärke t überleben.

Wir gehen von der Modellvorstellung aus, daß jedes Individuum eine individuelle tödliche Dosis hat (deren Überschreitung zum Tod führt). Sei P das W-Maß, welches die Verteilung dieser tödlichen Dosen in der Population beschreibt, und F die zugehörige Verteilungsfunktion. Dann ist $1 - n(t)/n$ eine Schätzung für $F(t)$. Die "mittlere letale Dosis", üblicherweise als $LD50$ bezeichnet, ist definiert durch $F(LD50) = 1/2$. Sie ist also der Median von P. Demgegenüber hat der Erwartungswert von P in diesem Zusammenhang keine inhaltlich interpretierbare Bedeutung.

Man prüft sofort nach, daß Quantile die Eigenschaft (6.1.1′) besitzen. Jedoch besitzt nur der Median die Eigenschaft (6.1.2′) für beliebige Faktoren a, die übrigen Quantile nur für positive a. Genauer: Für $a < 0$ gilt $\mathcal{Q}_\alpha(a\mathbf{x}) = a\mathcal{Q}_{1-\alpha}(\mathbf{x})$. Daher ist neben dem Median auch jede Kombination $\frac{1}{2}\mathcal{Q}_\alpha(\mathbf{x}) + \frac{1}{2}\mathcal{Q}_{1-\alpha}(\mathbf{x})$ ein Lage-Funktional, das (6.1.1′) und (6.1.2′) erfüllt.

Meßwerte physikalischer Größen sind im allgemeinen eindeutig bis auf einen Faktor (der von der Wahl der "Einheit" abhängt). In anderen Bereichen –

insbesondere in der Psychologie – fallen oft Meßwerte an, die nur eine Rangordnung zum Ausdruck bringen, die also beliebigen monotonen Transformationen unterworfen werden können. In solchen Fällen hat ein Quantil durchaus Vorzüge gegenüber dem Erwartungswert: Es verhält sich kovariant gegenüber beliebigen isotonen Transformationen: Hat die Zufallsvariable **x** das α-Quantil $\mathscr{Q}_\alpha(\mathbf{x})$, dann hat $m(\mathbf{x})$ für eine beliebige monotone Funktion m das α-Quantil $m(\mathscr{Q}_\alpha(\mathbf{x}))$, während der Erwartungswert von $m(\mathbf{x})$ in keinem eindeutigen Zusammenhang mit dem Erwartungswert von **x** steht. So folgt beispielsweise aus $\mathscr{E}(\mathbf{x}) < \mathscr{E}(\mathbf{y})$ keineswegs eine entsprechende Relation für die Erwartungswerte von $m(\mathbf{x})$ und $m(\mathbf{y})$.

Gelegentlich besteht das Bedürfnis nach einer Information darüber, in welchem Bereich die "Merkmalswerte einer Gesamtheit" streuen (z.B. was die größte und kleinste Lebensdauer ist). Praktiker pflegen dann häufig den größten und kleinsten Wert einer Stichprobe anzugeben. Dagegen sprechen zwei Gründe:

a) Die Zufallsstreuung der Extremwerte ist besonders groß (z.B. im Vergleich zur Zufallsstreuung des Medians): Eine gleich große Stichprobe aus der gleichen Gesamtheit wird ganz andere Werte liefern.

b) Die Verteilung der extremen Werte hängt entscheidend von der Größe der Stichprobe ab. Der größte Wert ist stochastisch um so größer, je größer die Stichprobe ist.

Die sachlich adäquate Antwort auf die Frage nach dem Streubereich einer Gesamtheit erfolgt durch Angabe eines Toleranz-Bereichs, der einen vorgegebenen Anteil der Gesamtheit umfaßt, d.h. durch die Angabe von Quantilen (z.B.: "99% der Individuen haben eine Lebensdauer kleiner als..."). Bei der in Beispiel 6.3.3 behandelten Dosis-Sterblichkeits-Kurve wird der Streubereich der individuellen tödlichen Dosen durch Angabe des $\frac{1}{4}$- und $\frac{3}{4}$-Quantils (*LD25* bzw. *LD75*) beschrieben.

6.4 Der Modalwert

Ein stetiges W-Maß über $\mathbb{R}$ heißt *unimodal*, wenn seine Dichte von einem Maximalwert nach beiden Seiten monoton abfällt, d.h. wenn es ein $x_0 \in \mathbb{R}$ gibt, so daß seine Dichte p auf $(-\infty, x_0]$ nicht fallend, auf $[x_0, \infty)$ nicht steigend ist. Jeder solche Wert x_0 heißt *Modalwert*. Die Menge der Modalwerte bildet ein Intervall (das in der Regel aus einem einzigen Punkt besteht). Eine äquivalente Definition der Unimodalität ist: $\{x \in \mathbb{R}: p(x) \geqq r\}$ ist für alle $r \geqq 0$ ein Intervall (oder leer).

Es liegt anschaulich nahe, den Modalwert als den "häufigsten" Wert zu interpretieren. Daher ein warnendes Beispiel: Wir betrachten Scheiben, deren Radius eine Zufallsvariable mit der Verteilung $\Gamma_{a,2}$ ist. Diese Verteilung hat ihren Modalwert an der Stelle a. Scheiben mit dem Radius a sind also "häufiger" als alle anderen Scheiben. Daher sind Scheiben mit der Fläche πa^2 häufiger als alle anderen Scheiben. Dies wäre die logische Schlußfolgerung, wenn wir Dichte als "Häufigkeit" und Modalwert als "häufigsten Wert" interpretieren dürften. Tatsächlich ergibt sich aber aus einer Verteilung der Radien nach $\Gamma_{a,2}$ eine Verteilung der Flächen mit der Dichte $t \to \frac{1}{2\pi a^2} \exp[-t^{1/2}/\pi^{1/2} a]$, $t \geqq 0$, und diese hat ihren Modalwert nicht bei πa^2, sondern bei 0. Abgesehen davon, daß der Modalwert der Fläche von der Fläche des Modalwerts abweicht – die Aussage, daß Scheiben mit "Fläche 0" am häufigsten sind, bereitet zusätzliches Unbehagen.

6.5 Die stochastische Ordnung

In diesem Abschnitt untersuchen wir eine (partielle) Ordnungsrelation zwischen Verteilungen über $\mathbb{R}$.

6.5.1 Definition: $P_2|\mathbb{B}$ heißt *stochastisch größer* als $P_1|\mathbb{B}$, wenn für die Quantile gilt

(6.5.2) $\quad \mathcal{Q}_\alpha(P_1) \leqq \mathcal{Q}_\alpha(P_2) \quad$ für alle $\alpha \in (0, 1)$.

Wahlweise sprechen wir auch davon, daß die Zufallsvariable $\mathbf{x}_2$ stochastisch größer als $\mathbf{x}_1$ ist.

Zur Veranschaulichung dieses Konzepts: Männer sind stochastisch größer als Frauen. Diese Aussage beinhaltet mehr, als daß die Durchschnittsgröße der Männer größer als die Durchschnittsgröße der Frauen ist.

Relation (6.5.2) läßt sich auch mit Hilfe der Verteilungsfunktionen ausdrücken: P_2 ist stochastisch größer als P_1, wenn

(6.5.3) $\quad F_2(x) \leqq F_1(x) \quad$ für alle $x \in \mathbb{R}$.

Als weitere direkte Folgerung aus Definition 6.5.1 erhalten wir: Ist m: $\mathbb{R} \to \mathbb{R}$ eine Funktion, für die $m(x) \geqq x$ für alle $x \in \mathbb{R}$, dann ist die Zufallsvariable $m(\mathbf{x})$ stochastisch größer als $\mathbf{x}$. Unmittelbare Folgerungen daraus sind:

a) Für $c_2 > c_1$ ist $\mathbf{x} + c_2$ stochastisch größer als $\mathbf{x} + c_1$.

b) Ist $\mathbf{x}$ nicht-negativ, dann ist $a_2\mathbf{x}$ stochastisch größer als $a_1\mathbf{x}$, wenn $a_2 > a_1 > 0$.

Während zwei beliebige W-Maße über $\mathbb{R}$ im allgemeinen bezüglich der stochastischen Ordnung nicht vergleichbar sind, besteht eine solche Vergleichbarkeit oft innerhalb einer bestimmten Familie von W-Maßen. Wegen a) sind die Maße in einer Lageparameter-Familie $\{P_c: c \in \mathbb{R}\}$ mit $P_c = P_0 * (x \to x + c)$ stochastisch vergleichbar. Wegen b) sind die Maße in einer

Skalenparameter-Familie $\{P_a: a \in (0,\infty)\}$ über $(0,\infty)$ mit $P_a = P_1 * (x \to ax)$ stochastisch vergleichbar.

6.5.4 Proposition: *Ist $\mathbf{x}_1$ stochastisch kleiner als $\mathbf{x}_2$, dann gilt für jede nicht fallende Funktion $m: \mathbb{R} \to \mathbb{R}$:*

a) *$m(\mathbf{x}_1)$ ist stochastisch kleiner als $m(\mathbf{x}_2)$,*

b) $\mathscr{E}(m(\mathbf{x}_1)) \leqq \mathscr{E}(m(\mathbf{x}_2))$.

6.5.5 Bemerkung: Relation (6.5.4b), angewendet für $m = 1_{(t,\infty)}$, $t \in \mathbb{R}$, führt auf (6.5.3) und damit zur Definition der stochastischen Ordnung (6.5.2) zurück. Wir können die stochastische Ordnung statt durch (6.5.2) also auch dadurch definieren, daß (6.5.4b) für alle nicht fallenden Funktionen m gilt.

Beweis: P_i bezeichne die Verteilung von $\mathbf{x}_i$.

a) Da $\{x \in \mathbb{R}: m(x) \leqq t\}$ ein Halbstrahl ist, folgt die Behauptung sofort aus (6.5.3).

b) Da wir eine beliebige nicht fallende Funktion m darstellen können als $m(x) = m_1(x) - m_2(x)$, wobei m_1 nicht-negativ und nicht fallend, m_2 nicht-negativ und nicht steigend ist, genügt es, den Fall einer nicht-negativen nicht fallenden Funktion m zu betrachten. Für nicht-negative Funktionen m gilt (siehe Proposition 6.2.10, angewendet für das W-Maß $P * m$ statt P):

$$\mathscr{E}(m(\mathbf{x})) = \int_0^\infty P\{x \in \mathbb{R}: m(x) \geqq t\}\, dt.$$

Daraus folgt die Behauptung. □

6.5.6 Proposition: *Für $i = 1, 2$ seien die beiden Zufallsvariablen $(\mathbf{x}_i, \mathbf{y}_i)$ voneinander stochastisch unabhängig. Ferner sei $\mathbf{x}_2$ stochastisch größer als $\mathbf{x}_1$ und $\mathbf{y}_2$ stochastisch größer als $\mathbf{y}_1$.*

Ist $m: \mathbb{R}^2 \to \mathbb{R}$ komponentenweise nicht fallend (d.h. $m(\cdot, y)$ ist nicht fallend für alle $y \in \mathbb{R}$ und $m(x, \cdot)$ ist nicht fallend für alle $x \in \mathbb{R}$), dann ist $m(\mathbf{x}_2, \mathbf{y}_2)$ stochastisch größer als $m(\mathbf{x}_1, \mathbf{y}_1)$.

Beispiele solcher Funktionen sind $m(x, y) = \min\{x, y\}$ oder $m(x, y) = ax + by$ mit $a \geqq 0$, $b \geqq 0$.

Beweis: Wir bezeichnen die Verteilung von $\mathbf{x}_i$ mit P_i, die von $\mathbf{y}_i$ mit Q_i. Für beliebiges, aber festes $t \in \mathbb{R}$ sei $A := \{(x, y) \in \mathbb{R}^2: m(x, y) \leqq t\}$. Zu zeigen ist: $P_2 \otimes Q_2(A) \leqq P_1 \otimes Q_1(A)$. Wir bemerken, daß die Schnittmenge A_y für jedes $y \in \mathbb{R}$ ein linker Halbstrahl ist, und daß $A_{y'} \supset A_{y''}$ für $y' < y''$. Daraus folgt, daß $P_2(A_y) \leqq P_1(A_y)$ für alle $y \in \mathbb{R}$, und daß $y \to P_1(A_y)$ nicht steigend ist. Daher gilt (unter Verwendung des Satzes H.1 von Fubini und mit Proposition 6.5.4b):

$$P_2 \otimes Q_2(A) = \int P_2(A_y) q_2(y)\, dy \leqq \int P_1(A_y) q_2(y)\, dy$$
$$\leqq \int P_1(A_y) q_1(y)\, dy = P_1 \otimes Q_1(A)$$

(wenn wir aus technischen Gründen unterstellen, daß Q_i eine Dichte q_i besitzt). □

Neben der stochastischen Ordnung von W-Maßen über $\mathbb{R}$ gibt es noch eine Reihe weiterer Ordnungen, die allerdings nur zum Teil auch anschaulich unmittelbar interpretierbar sind.

6.5.7 Definition: P_2 hat einen *nicht fallenden Dichtequotienten* bezüglich P_1, wenn die Funktion $x \to p_2(x)/p_1(x)$ auf der Menge $\{x \in X: p_1(x) > 0\}$ nicht fallend ist. (Dabei unterstellen wir, daß $p_2(x) = 0$, falls $p_1(x) = 0$.)

6.5.8 Definition: Die *Ausfallrate* eines W-Maßes P mit Dichte p ist definiert als

$$A(x) := p(x)/\bar{F}(x),\ x \in \mathbb{R} \text{ (auf der Menge } \{x \in X: \bar{F}(x) > 0\}).$$

(Wegen der Interpretation der Ausfallrate vergleiche Abschnitt 10.2.)

6.5.9 Proposition: *Hat P_2 einen nicht fallenden Dichtequotienten bezüglich P_1, so ist die Ausfallrate von P_2 nie größer als die Ausfallrate von P_1.*

Beweis: Für $x < y$ gilt

$$p_2(x)/p_1(x) \leqq p_2(y)/p_1(y),$$

also

$$p_1(y)/p_1(x) \leqq p_2(y)/p_2(x).$$

Durch Integration über $y > x$ folgt daraus:

$$\bar{F}_1(x)/p_1(x) \leqq \bar{F}_2(x)/p_2(x),$$

also

$$A_1(x) \geqq A_2(x) \qquad \text{für alle } x \in \mathbb{R}.$$ □

Aus $A_1(x) \geqq A_2(x)$ für alle $x \in \mathbb{R}$ folgt (wegen $A(x) = -\frac{d}{dx} \log \bar{F}(x)$), daß $x \to \frac{\bar{F}_2(x)}{\bar{F}_1(x)}$ nicht fallend ist. Dies definiert eine weitere Ordnungsrelation, die schwächer ist als die Ordnung nach den Ausfallraten.

Da $\lim_{x \to -\infty} \frac{\bar{F}_2(x)}{\bar{F}_1(x)} = 1$, folgt daraus $\bar{F}_1(x) \leqq \bar{F}_2(x)$ für alle $x \in \mathbb{R}$, d.h. P_2 ist stochastisch größer als P_1. Die stochastische Ordnung ist also die schwächste unter den hier betrachteten Ordnungsrelationen.

6.5.10 Beispiel: Für $b_2 > b_1$ hat Γ_{a,b_2} einen nicht fallenden Dichtequotienten bezüglich Γ_{a,b_1}. Daher besitzt Γ_{a,b_2} auch eine nicht größere Ausfallrate und ist daher insbesondere auch stochastisch größer als Γ_{a,b_1}.

6.5.11 Beispiel: Für $p_2 > p_1$ hat B_{n,p_2} einen nicht fallenden Dichtequotienten bezüglich B_{n,p_1}. Daher ist $\sum_{k=k_0}^{n} B_{n,p}\{k\}$ eine steigende Funktion von p (sofern $k_0 > 0$).

6.6 Streuungsmaße

Ein anschaulich naheliegendes Streuungsmaß ist die *durchschnittliche Abweichung*, definiert wie folgt:

Stetige Verteilung mit Dichte p

$$\int |x - \mathscr{E}(P)| p(x)\,dx;$$

Diskrete Verteilung

$$\sum_{1}^{\infty} |a_i - \mathscr{E}(P)| P\{a_i\}.$$

Aus mathematischen Gründen erweist sich jedoch die sogenannte *Varianz* (Symbol: $\mathscr{V}(P)$) als nützlicher. Diese ist wie folgt definiert:

Stetige Verteilung mit Dichte p

(6.6.1′) $\quad \mathscr{V}(P) := \int (x - \mathscr{E}(P))^2 p(x)\,dx;$

Diskrete Verteilung

(6.6.1″) $\quad \mathscr{V}(P) := \sum_{1}^{\infty} (a_i - \mathscr{E}(P))^2 P\{a_i\}.$

Durchschnittliche Abweichung und Varianz haben Eigenschaft (6.1.3), d.h. sie ändern sich bei der Transformation $x \to x + c$ nicht.

Bei der Transformation $x \to ax$, $a > 0$, wird die durchschnittliche Abweichung mit dem Faktor a, die Varianz jedoch mit dem Faktor a^2 multipliziert:

(6.6.2) $\quad \mathscr{V}(P * (x \to ax)) = a^2 \mathscr{V}(P)$ (oder: $\mathscr{V}(a\mathbf{x}) = a^2 \mathscr{V}(\mathbf{x})$).

Die Varianz hat also die falsche "Dimension". Als Rechengröße ist die Varianz bequem. Als Streuungsmaß eignet sich nur die

$$\textit{Standardabweichung} = \sqrt{\mathscr{V}(P)}.$$

Diese besitzt, ebenso wie die durchschnittliche Abweichung, auch noch Eigenschaft (6.1.4).

Zur Veranschaulichung des Streubereichs sind Quantile oft besser geeignet als Standardabweichung oder durchschnittliche Abweichung. So wird beispielsweise in der Ballistik häufig mit jenem Radius gearbeitet, innerhalb dessen die Hälfte aller Einschläge liegt.

Streuungsmaße drücken die durchschnittliche Abweichung der Einzelwerte vom Durchschnitt der Gesamtheit aus. Bei obigen Definitionen haben wir als Durchschnitt ohne nähere Begründung den Erwartungswert gewählt. Man kann – umgekehrt – vom Streuungsmaß ausgehend implizit einen dazu passenden "Durchschnitt" definieren als jenen Wert μ, für den

$$\int |x - \mu| p(x)\, dx \quad \text{bzw.} \quad \int (x - \mu)^2 p(x)\, dx$$

minimal wird. Dies ist im zweiten Fall der Erwartungswert, im ersten Fall jedoch der Median.
Beweis: a) Sei $\mathcal{Q}_{\frac{1}{2}}(P)$ der Median von P. Wie man leicht nachrechnet, gilt für alle $\mu > \mathcal{Q}_{\frac{1}{2}}(P)$

$$\begin{aligned}\int |x - \mu| p(x)\, dx &= \int |x - \mathcal{Q}_{\frac{1}{2}}(P)| p(x)\, dx + 2 \int_{\mathcal{Q}_{\frac{1}{2}}(P)}^{\mu} (\mu - x) p(x)\, dx \\ &\geqq \int |x - \mathcal{Q}_{\frac{1}{2}}(P)| p(x)\, dx.\end{aligned}$$

Der Fall $\mu < \mathcal{Q}_{\frac{1}{2}}(P)$ wird ebenso behandelt.

b) Für alle $\mu \in \mathbb{R}$ gilt

$$\begin{aligned}\int (x - \mu)^2 p(x)\, dx &= \int (x - \mathcal{E}(P))^2 p(x)\, dx + (\mathcal{E}(P) - \mu)^2 \\ &\geqq \int (x - \mathcal{E}(P))^2 p(x)\, dx.\end{aligned}$$

Ein Streuungsmaß, das die Bezugnahme auf einen bestimmten Mittelwert vermeidet, ist Gini's *mittlere Differenz*, die wir für stetige Verteilungen anschreiben können als

$$\frac{1}{2} \iint |x - y| p(x) p(y)\, dx\, dy.$$

Der analoge Ausdruck $\frac{1}{2} \iint (x - y)^2 p(x) p(y)\, dx\, dy$ führt zu keinem neuen Streuungsmaß; er ergibt den Wert $\mathcal{V}(P)$.

Wie in Abschnitt 6.2 erwähnt, besitzt nicht jedes W-Maß einen Erwartungswert. Auch die Varianz kann entarten und den Wert ∞ annehmen. Aus der Schwarz'schen Ungleichung folgt jedoch, daß $\mathcal{E}(P)$ stets existiert, wenn $\int x^2 p(x)\, dx < \infty$ (da $\int |x| p(x)\, dx \leqq (\int x^2 p(x)\, dx)^{1/2}$).

Für $\alpha \in [0, 1]$ sei $P_\alpha = (1 - \alpha) P_0 + \alpha P_1$. Wie man leicht sieht, gilt

(6.6.3) $$\mathcal{V}(P_\alpha) = (1 - \alpha)\mathcal{V}(P_0) + \alpha \mathcal{V}(P_1) + \alpha(1 - \alpha)(\mathcal{E}(P_0) - \mathcal{E}(P_1))^2.$$

Während der Erwartungswert eines Gemischs die konvexe Kombination der Erwartungswerte ist (vgl. (6.2.4)), hängt die Varianz des Gemischs auch noch von den Erwartungswerten der Komponenten ab. Eine Verallgemeinerung dieser Beziehung ist (9.3.3).

Bei nicht-negativen Variablen kann es sinnvoll sein, das Streuungsmaß zum Lage-Funktional in Beziehung zu setzen. Dies gilt insbesondere dann, wenn bei den zu beschreibenden Verteilungen die Streuung proportional zum Mittelwert ist – etwa bei Meßvorgängen, bei denen der Fehler proportional zu der gemessenen Größe ist. Die am häufigsten verwendete Beziehungszahl ist der sogenannte *Variationskoeffizient*, $\mathcal{V}(P)^{1/2}/\mathcal{E}(P)$.

6.6.4 Beispiel: Ist $\{P_\theta: \theta > 0\}$ eine Skalenparameter-Familie, dann gilt $\mathscr{E}(P_\theta) = \theta\mathscr{E}(P_1)$ und $\mathscr{V}(P_\theta) = \theta^2\mathscr{V}(P_1)$. Der Variationskoeffizient hängt also nicht von θ ab.

6.7 Erwartungswert und Varianz einer Funktion

Wir haben oben Erwartungswert und Varianz eines W-Maßes definiert. Es ist zweckmäßig, allgemein von Erwartungswert und Varianz einer meßbaren Funktion $f: X \to \mathbb{R}$ unter einem W-Maß $P|\mathscr{A}$ zu sprechen.

Der *Erwartungswert einer Funktion* f unter P ist wie folgt definiert:
Stetige Verteilung mit Dichte p

(6.7.1′) $\quad \mathscr{E}(f(\mathbf{x})) := \int f(\xi)p(\xi)\,d\xi;$

Diskrete Verteilung

(6.7.1″) $\quad \mathscr{E}(f(\mathbf{x})) := \sum_1^\infty f(a_k)P\{a_k\}.$

Analog definieren wir die *Varianz einer Funktion* f unter dem W-Maß P wie folgt:
Stetige Verteilung mit Dichte p

(6.7.2′) $\quad \mathscr{V}(f(\mathbf{x})) := \int (f(\xi) - \mathscr{E}(f(\mathbf{x})))^2 p(\xi)\,d\xi;$

Diskrete Verteilung

(6.7.2″) $\quad \mathscr{V}(f(\mathbf{x})) := \sum_1^\infty (f(a_k) - \mathscr{E}(f(\mathbf{x})))^2 P\{a_k\}.$

Für die Berechnung bequemere Formeln ergeben sich aus dem sogenannten "Verschiebungssatz":

$$\mathscr{V}(f(\mathbf{x})) = \mathscr{E}(f(\mathbf{x})^2) - (\mathscr{E}(f(\mathbf{x})))^2.$$

Erwartungswert und Varianz von P sind also Erwartungswert und Varianz der Identitäts-Funktion unter P. Umgekehrt sind (wegen (3.5.2)) Erwartungswert und Varianz von f unter P nichts anderes als Erwartungswert und Varianz des induzierten W-Maßes $P * f$.

Um letzteres einzusehen, unterstellen wir, daß das induzierte Maß $P * f$ eine Dichte p_f besitzt. Dann gilt wegen (3.5.2)

(6.7.3) $\quad \int f(x)p(x)\,dx = \int y p_f(y)\,dy = \mathscr{E}(P * f),$

d.h. der Erwartungswert der Funktion f unter P ist identisch mit dem Erwartungswert des W-Maßes $P * f$.

Ferner gilt wegen (3.5.2), angewendet für $g(y) = y^2$:

$$\int f(x)^2 p(x)\,dx = \int y^2 p_f(y)\,dy.$$

Nach dem Verschiebungssatz folgt daher

$$\begin{aligned}\int (f(\xi) - \mathscr{E}(f(\mathbf{x})))^2 p(\xi)\,d\xi &= \int f(\xi)^2 p(\xi)\,d\xi - (\mathscr{E}(f(\mathbf{x})))^2 \\ &= \int y^2 p_f(y)\,dy - (\mathscr{E}(P * f))^2 \\ &= \mathscr{V}(P * f).\end{aligned}$$

Für später merken wir noch folgende Terminologie vor: Als *r. Moment* von f unter P bezeichnen wir $\mathscr{E}(f(\mathbf{x})^r)$; als *r. absolutes Moment* $\mathscr{E}(|f(\mathbf{x})|^r)$.

6.7.4 Beispiel: Eine Münze wird so lange geworfen, bis zum ersten Mal "Zahl" erscheint. Ist dies beim k. Wurf der Fall, dann wird der Betrag W_k ausbezahlt. Das Spiel endet nach höchstens N Würfen. Ist N-mal "Kopf" eingetreten, wird nichts ausbezahlt.

Das Spiel endet beim k. Wurf mit dem Gewinn W_k, wenn das Ergebnis $(x_1, \ldots, x_{k-1}, x_k)$ lautet: x_ν = "Kopf" für $\nu = 1, \ldots, k-1$; x_k = "Zahl". Die Wahrscheinlichkeit hierfür ist 2^{-k}, der Erwartungswert des Gewinns daher $\sum\limits_1^N W_k 2^{-k}$.

Fassen wir k (die Nummer des Wurfs, bei der zum erstenmal "Zahl" auftritt) als Zufallsvariable und W_k als Funktion von k auf, dann ist $\sum\limits_1^N W_k 2^{-k}$ der Erwartungswert einer Funktion. Wir können aber ebensogut den Gewinn W_k als Zufallsvariable auffassen. Dann ist $\sum\limits_1^N W_k 2^{-k}$ der Erwartungswert der Verteilung der Gewinne. (Beachten Sie: Nur wenn W_k injektiv ist, ist $\sum\limits_1^N W_k 2^{-k}$ ein Ausdruck der üblichen Form $\sum\limits_1^\infty a_k P\{a_k\}$. Sind irgendwelche Gewinne W_k für verschiedene k identisch, müssen die zugehörigen Wahrscheinlichkeiten zusammengefaßt werden, um auf die Standardform zu kommen.)

Wir konkretisieren die Spielregeln nun durch die Annahme $W_k = 2^{k-1}$. Dann ist der Erwartungswert des Gewinns $N/2$. Man müßte also im Fall $N = 1\,000\,000$ bereit sein, jeden Betrag bis zu einer halben Million als Einsatz zu zahlen für die Teilnahme an einem Spiel, das in der Hälfte aller Fälle bereits nach einmaligem Werfen mit dem Gewinn von 1 DM endet.

Wir haben uns bei der Festlegung der Spielregeln auf eine endliche Spieldauer N beschränkt, um W-Maße auf unendlichen Produkträumen zu vermeiden. Tut man dies nicht, erhält man als Erwartungswert des Gewinns $+\infty$. Man müßte also bereit sein, jeden beliebig hohen Einsatz zu zahlen. In dieser Form bereitete dieses Spiel unter dem Namen "Petersburger Spiel" den Vätern der Wahrscheinlichkeitsrechnung arges Kopfzerbrechen. Es veranlaßte D. Bernoulli (1730 und 1731), den Begriff des "subjektiven Nutzens" einzuführen. Nimmt man an, daß sich der Spieler nicht am Erwartungswert des Gewinns, sondern am Erwartungswert des subjektiven Nutzens dieses Gewinns orientiert, dann erhält man einen endlichen Erwartungswert, wenn man beispielsweise annimmt, daß der subjektive Nutzen eines Geldbetrags W gleich log W ist.

6.7.5 Beispiel: Sei P ein stetiges W-Maß. Die Bank bestimmt eine von P gesteuerte Realisation x_0. Der Spieler bestimmt – gleichfalls von P gesteuerte – Realisationen x_i, $i = 1, 2, \ldots, N$. Für jede Realisation $x_i \geqq x_0$ erhält er den Betrag 1, solange bis erstmals $x_i < x_0$. Wie groß ist der Erwartungswert des Gewinns?

Bezeichne q_k die Wahrscheinlichkeit, daß der Gewinn mindestens k beträgt. Es gilt:

$$q_k = P^{1+N}\{(x_0, x_1, \ldots, x_N) \in \mathbb{R}^{1+N}: x_i \geqq x_0 \text{ für } i = 1, \ldots, k\}.$$

Da $x_0, x_1, \ldots, x_k$ unabhängige Realisationen sind, ist jede Anordnung gleich wahrscheinlich. Da P stetig ist, tritt Gleichheit zwischen den x_i nur mit der Wahrscheinlichkeit 0 auf. Daher gilt

$$q_k = \frac{1}{k+1}.$$

Nach Proposition 6.2.10 ist der Erwartungswert des Gewinns $\sum_1^N q_k = \sum_1^N \frac{1}{k+1}$.

Da $\frac{1}{k+1} \geqq \int_{k+1}^{k+2} \frac{1}{x}\, dx$, gilt $\sum_1^N q_k \geqq \int_2^{N+2} \frac{1}{x}\, dx = \ln\left(1 + \frac{N}{2}\right)$. Der Erwartungswert des Gewinns nimmt also auch hier – ähnlich wie beim Petersburger Spiel – unbeschränkt zu.

6.7.6 Beispiel: Die Herstellung eines bestimmten Produkts in der Menge u erfordert Kosten in der Höhe $K(u)$. Der Marktpreis pro Mengeneinheit, c, sei vorgegeben. Die absetzbare Menge $\mathbf{x}$ ist eine Zufallsvariable mit der Verteilung $P|\mathbb{B} \cap (0, \infty)$.

Angenommen, es wird nicht laufend in Anpassung an die Nachfrage, sondern in einer einzigen Serie produziert (wie beispielsweise bei Büchern). Bei welcher Seriengröße ist der Erwartungswert des Gewinns am größten?

Wird die Menge u produziert und die Menge x nachgefragt, beträgt der Erlös cx, solange $x \leqq u$, und cu, wenn $x > u$, also insgesamt $c \min\{u, x\}$.

Der Erwartungswert des Erlöses bei einer Serie der Größe u ist also

$$E(u) := c\left(\int_0^u x p(x)\, dx + u \int_u^\infty p(x)\, dx\right).$$

Es gilt

$$\frac{d}{du} E(u) = c \int_u^\infty p(x)\, dx > 0,$$

$$\frac{d^2}{du^2} E(u) = -cp(u) < 0.$$

E ist also eine mit $E(0) = 0$ beginnende, steigende und konkave Funktion, die $\lim_{u\to\infty} E(u) = c\int_0^\infty xp(x)\,dx$ erfüllt, falls $\int_0^\infty xp(x)\,dx < \infty$ $\left(\text{da } u\int_u^\infty p(x)\,dx \leq \int_u^\infty xp(x)\,dx \text{ und } \lim_{u\to\infty}\int_u^\infty xp(x)\,dx = 0\right)$.

Wird die Menge u produziert und die Menge x nachgefragt, ist der Gewinn

$$c\min\{u, x\} - K(u).$$

Der Erwartungswert des Gewinns in Abhängigkeit von der produzierten Menge u ist daher

$$E(u) - K(u).$$

Eine notwendige Bedingung für eine Maximierung des Gewinns ist $E'(u) = K'(u)$, also $\frac{K'(u)}{c} = \int_u^\infty p(x)\,dx$: Die Wahrscheinlichkeit dafür, daß die Nachfrage die produzierte Menge übersteigt, muß dem Verhältnis von Grenzkosten zu Preis entsprechen. Ist die Funktion K linear, dann ist diese Bedingung auch hinreichend.

6.8 Erwartungswert und Varianz von Summe und Produkt unabhängiger Zufallsvariabler

6.8.1 Proposition: *Die Zufallsvariablen* $\mathbf{x}_1, \ldots, \mathbf{x}_n$ *seien reellwertig und stochastisch unabhängig. Dann gilt:*

$$\mathscr{E}\left(\sum_1^n \mathbf{x}_\nu\right) = \sum_1^n \mathscr{E}(\mathbf{x}_\nu)$$

und
$$\mathscr{V}\left(\sum_1^n \mathbf{x}_\nu\right) = \sum_1^n \mathscr{V}(\mathbf{x}_\nu).$$

Während die Additivität des Erwartungswertes auch ohne die Voraussetzung der Unabhängigkeit gilt, ist diese für die Additivität der Varianz unentbehrlich. Auf der Additivität beruht der Vorteil, den die Varianz bei mathematischen Überlegungen gegenüber anderen Streuungsmaßen besitzt.

6.8.2 Folgerung: *Haben alle* $\mathbf{x}_\nu$ *dieselbe Verteilung, dann gilt*

$$\mathscr{E}\left(\frac{1}{n}\sum_1^n \mathbf{x}_\nu\right) = \mathscr{E}(\mathbf{x}_1)$$

und
$$\mathscr{V}\left(\frac{1}{n}\sum_1^n \mathbf{x}_\nu\right) = \frac{1}{n}\mathscr{V}(\mathbf{x}_1).$$

Während eine Aussage über Erwartungswert und Varianz von $\frac{1}{n}\sum_1^n \mathbf{x}_\nu$ also sehr leicht zu gewinnen ist, sind allgemeine Aussagen über die Form der Verteilung nur für $n \to \infty$ möglich.

Beweis von Proposition 6.8.1: Wir führen den Beweis für den Fall von *W*-Maßen mit Dichte. Der Beweis für diskrete *W*-Maße verläuft analog.

Die verbundene Verteilung von $(\mathbf{x}_1, \ldots, \mathbf{x}_n)$ hat die Dichte $(x_1, \ldots, x_n) \to p_1(x_1) \ldots p_n(x_n)$.

a) Nach (6.2.3) ist der Erwartungswert von $\sum_1^n \mathbf{x}_\nu$ gleich

$$\int \ldots \int \left(\sum_1^n x_\nu\right) \prod_1^n p_\lambda(x_\lambda)\, dx_1 \ldots dx_n$$

$$= \sum_1^n \int x_\nu p_\nu(x_\nu)\, dx_\nu = \sum_1^n \mathscr{E}(\mathbf{x}_\nu).$$

b) Nach (6.6.1′) ist die Varianz von $\sum_1^n \mathbf{x}_\nu$ gleich

$$\int \ldots \int \left(\sum_1^n (x_\nu - \mathscr{E}(\mathbf{x}_\nu))\right)^2 \prod_1^n p_\lambda(x_\lambda)\, dx_1 \ldots dx_n$$

$$= \sum_{\nu=1}^n \sum_{\mu=1}^n \int \ldots \int (x_\nu - \mathscr{E}(\mathbf{x}_\nu))(x_\mu - \mathscr{E}(\mathbf{x}_\mu)) \prod_1^n p_\lambda(x_\lambda)\, dx_1 \ldots dx_n$$

$$= \sum_1^n \int (x_\nu - \mathscr{E}(\mathbf{x}_\nu))^2 p_\nu(x_\nu)\, dx_\nu = \sum_1^n \mathscr{V}(\mathbf{x}_\nu),$$

da nach dem Satz von Fubini H.1 für $\nu \neq \mu$

$$\int\int (x_\nu - \mathscr{E}(\mathbf{x}_\nu))(x_\mu - \mathscr{E}(\mathbf{x}_\mu)) p_\nu(x_\nu) p_\mu(x_\mu)\, dx_\nu\, dx_\mu = 0.$$

Erwartungswert und Varianz des arithmetischen Mittels ergeben sich unmittelbar aus Erwartungswert und Varianz der Summe. □

6.8.3 Proposition: *Die Zufallsvariablen* $\mathbf{x}_1, \ldots, \mathbf{x}_n$ *seien reellwertig und stochastisch unabhängig. Dann gilt:*

$$\mathscr{E}\left(\prod_1^n \mathbf{x}_\nu\right) = \prod_1^n \mathscr{E}(\mathbf{x}_\nu).$$

Beweis: Der Beweis verläuft ähnlich wie der von Proposition 6.8.1. Wir nehmen wiederum an, daß die Verteilung von $\mathbf{x}_\nu$ eine Dichte p_ν hat. Durch wiederholte Anwendung des Satzes von Fubini H.1 ergibt sich:

$$\mathscr{E}\left(\prod_1^n \mathbf{x}_\nu\right) = \int \prod_1^n x_\nu \prod_1^n p_\lambda(x_\lambda)\, dx_1 \ldots dx_n$$

$$= \int \prod_1^n (x_\nu p_\nu(x_\nu))\, dx_1 \ldots dx_n = \prod_1^n \int x_\nu p_\nu(x_\nu)\, dx_\nu$$

$$= \prod_1^n \mathscr{E}(\mathbf{x}_\nu). \qquad \square$$

6.9 Die Streuungs-Ordnung

Ähnlich wie bei der in Abschnitt 6.5 eingeführten stochastischen Ordnung können wir zwischen W-Maßen über $\mathbb{R}$ auch eine (partielle) Ordnung hinsichtlich des Ausmaßes der Streuung definieren. Wir unterstellen, daß alle Verteilungen auf einem festen Intervall vom Maß 1 (meist $\mathbb{R}$ oder $(0, \infty)$) eine positive Dichte besitzen.

6.9.1 Definition: $P_2|\mathbb{B}$ *streut stärker* als $P_1|\mathbb{B}$, wenn für alle Quantile mit $0 < \alpha < \beta < 1$ gilt:

(6.9.2) $\qquad \mathscr{Q}_\beta(P_1) - \mathscr{Q}_\alpha(P_1) \leqq \mathscr{Q}_\beta(P_2) - \mathscr{Q}_\alpha(P_2).$

Wahlweise sprechen wir auch davon, daß die Zufallsvariable $\mathbf{x}_2$ stärker streut als $\mathbf{x}_1$.

Ein Streuungsmaß (wie die Standardabweichung oder die durchschnittliche Abweichung) erfaßt einen bestimmten Aspekt der Streuung und gestattet es, beliebige W-Maße hinsichtlich dieses speziellen Aspekts zu vergleichen. Nur ausnahmsweise werden zwei W-Maße im Sinn der Streuungs-Ordnung vergleichbar sein, denn hier wird eine Vergleichbarkeit im gesamten Streubereich gefordert: Für jedes $\alpha \in (0, 1)$ ist P_1 um $\mathscr{Q}_\alpha(P_1)$ stärker konzentriert als P_2 um $\mathscr{Q}_\alpha(P_2)$.

6.9.3 Proposition: *Streut P_2 stärker als P_1, dann gilt für beliebige $\Delta', \Delta'' \geqq 0$, $\alpha \in (0, 1)$*

(6.9.4) $\qquad P_1[\mathscr{Q}_\alpha(P_1) - \Delta', \mathscr{Q}_\alpha(P_1) + \Delta''] \geqq P_2[\mathscr{Q}_\alpha(P_2) - \Delta', \mathscr{Q}_\alpha(P_2) + \Delta''].$

Beweis: Sei $\beta := F_2(\mathscr{Q}_\alpha(P_2) + \Delta'')$. Dann gilt $\mathscr{Q}_\beta(P_2) = \mathscr{Q}_\alpha(P_2) + \Delta''$. Wegen (6.9.2) folgt daraus $\mathscr{Q}_\beta(P_1) \leqq \mathscr{Q}_\alpha(P_1) + \Delta''$, also $F_1(\mathscr{Q}_\alpha(P_1) + \Delta'') \geqq \beta$.

Daher gilt für alle $\Delta'' \geqq 0$:

(6.9.5) $\qquad F_1(\mathscr{Q}_\alpha(P_1) + \Delta'') \geqq F_2(\mathscr{Q}_\alpha(P_2) + \Delta'').$

Analog zeigen wir, ausgehend von $\beta := F_1(\mathscr{Q}_\alpha(P_1) - \Delta')$ (beachten Sie, daß jetzt $\beta \leqq \alpha$):

Für alle $\Delta' \geqq 0$ gilt

(6.9.6) $\quad F_1(\mathcal{Q}_\alpha(P_1) - \Delta') \leqq F_2(\mathcal{Q}_\alpha(P_2) - \Delta')$.

Aus (6.9.5) und (6.9.6) folgt

$$P_1(\mathcal{Q}_\alpha(P_1) - \Delta', \mathcal{Q}_\alpha(P_1) + \Delta''] \geqq P_2(\mathcal{Q}_\alpha(P_1) - \Delta', \mathcal{Q}_\alpha(P_2) + \Delta''].$$

Da P_1 und P_2 eine Dichte besitzen, folgt daraus (6.9.4). □

Die Streuungs-Ordnung läßt sich noch etwas anders ausdrücken. Wir schicken dem Beweis die Relation

(6.9.7) $\quad \frac{d}{d\alpha}\mathcal{Q}_\alpha(P) = 1/p(\mathcal{Q}_\alpha(P))$

voraus, die wir durch Differenzieren der Identität $F(\mathcal{Q}_\alpha(P)) \equiv \alpha$ gewinnen.

6.9.8 Proposition: *$P_2|\mathbb{B}$ streut stärker als $P_1|\mathbb{B}$ genau dann, wenn*

(6.9.9) $\quad p_1(\mathcal{Q}_\alpha(P_1)) \geqq p_2(\mathcal{Q}_\alpha(P_2)) \qquad$ *für alle* $\alpha \in (0, 1)$.

Beweis: (6.9.2) ist äquivalent zu:

$$\mathcal{Q}_\alpha(P_2) - \mathcal{Q}_\alpha(P_1) \leqq \mathcal{Q}_\beta(P_2) - \mathcal{Q}_\beta(P_1) \qquad \text{für } 0 < \alpha < \beta < 1,$$

d.h. $\alpha \to \mathcal{Q}_\alpha(P_2) - \mathcal{Q}_\alpha(P_1)$ ist nicht fallend auf $(0, 1)$. Dies ist genau dann der Fall, wenn

$$\frac{d}{d\alpha}\mathcal{Q}_\alpha(P_2) \geqq \frac{d}{d\alpha}\mathcal{Q}_\alpha(P_1) \qquad \text{für alle } \alpha \in (0, 1).$$

Wegen (6.9.7) ist dies äquivalent zu (6.9.9). □

Wir bemerken, daß eine lineare Transformation $x \to ax + c$ mit $a > 0$ die Vergleichbarkeit zweier W-Maße nicht beeinträchtigt: Streut $\mathbf{x}_2$ stärker als $\mathbf{x}_1$, dann streut $a\mathbf{x}_2 + c$ stärker als $a\mathbf{x}_1 + c$. (Zur Erinnerung: Die stochastische Ordnung bleibt unter beliebigen monotonen Transformationen erhalten. Dies ist bei der Streuungs-Ordnung nicht der Fall!)

Außerdem sind zwei W-Maße in einer Lage- und Skalenparameter-Familie stets hinsichtlich ihrer Streuung vergleichbar: Sei $p: \mathbb{R} \to (0, \infty)$ die Dichte eines W-Maßes. Für $c \in \mathbb{R}$ und $a > 0$ bezeichne $P_{c,a}$ das W-Maß mit der Dichte $x \to \frac{1}{a}p\left(\frac{x-c}{a}\right)$, $x \in \mathbb{R}$. Dann gilt:

P_{c_2,a_2} streut stärker als P_{c_1,a_1} genau dann, wenn $a_2 \geqq a_1$, unabhängig davon, wie groß die Lageparameter c_1, c_2 sind.

Wesentlich schwieriger ist der Beweis, daß zwei Gamma-Verteilungen mit dem gleichen Skalenparameter hinsichtlich der Streuungs-Ordnung vergleichbar sind: *Aus $b_2 > b_1$ folgt, daß Γ_{a,b_2} stärker streut als Γ_{a,b_1}.* (Vgl. hierzu Moran und Saunders (1978).)

Die in Proposition 6.9.3 angesprochene Idee, daß $\mathbf{x}_1$ um jedes Quantil stärker konzentriert ist als $\mathbf{x}_2$, wenn $\mathbf{x}_2$ stärker als $\mathbf{x}_1$ streut, können wir noch etwas schärfer fassen:

Eine Funktion $\varphi: \mathbb{R} \to [0, \infty)$ heißt *subkonvex* um 0, wenn sie ihren minimalen Wert 0 im Punkt 0 annimmt und von da an nach beiden Seiten ansteigt (genauer: nicht abfällt). Eine äquivalente Definition: Die Funktion φ heißt subkonvex um 0, wenn $\{x \in \mathbb{R}: \varphi(x) \leqq r\}$ für alle $r \geqq 0$ ein Intervall um 0 ist.

Eine subkonvexe Funktion können wir verwenden, um die Abweichung der Zufallsvariablen $\mathbf{x}$ von ihrem α-Quantil, $\mathcal{Q}_\alpha(\mathbf{x})$, durch $\varphi(\mathbf{x} - \mathcal{Q}_\alpha(\mathbf{x}))$ zu bewerten. Es gilt:

6.9.10 Proposition: *Streut $\mathbf{x}_2$ stärker als $\mathbf{x}_1$, dann ist $\varphi(\mathbf{x}_2 - \mathcal{Q}_\alpha(\mathbf{x}_2))$ stochastisch größer als $\varphi(\mathbf{x}_1 - \mathcal{Q}_\alpha(\mathbf{x}_1))$ für alle $\alpha \in (0, 1)$ und alle subkonvexen Funktionen φ.*

Beweis: Da $I := \{x \in \mathbb{R}: \varphi(x) \leqq r\}$ ein Intervall um 0 ist, folgt aus (6.9.4)

$$P_1(I + \mathcal{Q}_\alpha(\mathbf{x}_1)) \geqq P_2(I + \mathcal{Q}_\alpha(\mathbf{x}_2))$$

(wobei $I + c := \{x + c: x \in I\}$).

Also gilt

$$P_1\{x \in \mathbb{R}: \varphi(x - \mathcal{Q}_\alpha(\mathbf{x}_1)) \leqq r\} \geqq P_2\{x \in \mathbb{R}: \varphi(x - \mathcal{Q}_\alpha(\mathbf{x}_2)) \leqq r\}.$$

Dies ist die Behauptung. □

Aus Proposition 6.9.10 folgt insbesondere (vgl. Proposition 6.5.4), daß

$$(6.9.11) \quad \mathscr{E}(\varphi(\mathbf{x}_1 - \mathcal{Q}_\alpha(\mathbf{x}_1))) \leqq \mathscr{E}(\varphi(\mathbf{x}_2 - \mathcal{Q}_\alpha(\mathbf{x}_2))) \quad \text{für alle } \alpha \in (0, 1).$$

Ein wichtiger Spezialfall: Streut $\mathbf{x}_2$ stärker als $\mathbf{x}_1$, dann gilt

$$(6.9.12) \quad \mathscr{E}(|\mathbf{x}_1 - \mathcal{Q}_{\frac{1}{2}}(\mathbf{x}_1)|) \leqq \mathscr{E}(|\mathbf{x}_2 - \mathcal{Q}_{\frac{1}{2}}(\mathbf{x}_2)|).$$

Die durchschnittliche Abweichung vom Median als Maß für die Streuung ist also mit der Streuungs-Ordnung verträglich.

Im folgenden beweisen wir eine entsprechende Relation für die Varianz.

6.9.13 Hilfssatz: $\mathbf{x}_2$ *streue stärker als* $\mathbf{x}_1$*, und es gelte* $\mathscr{E}(\mathbf{x}_1) = \mathscr{E}(\mathbf{x}_2)$*. Dann gilt für jede differenzierbare konvexe Funktion* $\varphi: \mathbb{R} \to \mathbb{R}$

$$(6.9.14) \quad \mathscr{E}(\varphi(\mathbf{x}_1)) \leqq \mathscr{E}(\varphi(\mathbf{x}_2)).$$

Bemerkung: Gilt (6.9.14) für jede differenzierbare konvexe Funktion φ, dann gilt notwendigerweise $\mathscr{E}(\mathbf{x}_1) = \mathscr{E}(\mathbf{x}_2)$, da sowohl die Funktion $\varphi(x) = x$ als auch die Funktion $\varphi(x) = -x$ differenzierbar und konvex ist.

Beweis: Als konvexe Funktion ist $|\varphi|$ für große $|x|$ monoton. Daher gilt nach (6.2.11):

$$(6.9.15) \quad \int_{-\infty}^{+\infty} \varphi(x)(p_2(x) - p_1(x))\,dx = \int_{-\infty}^{+\infty} \varphi'(x)(F_1(x) - F_2(x))\,dx.$$

Da F_1 und F_2 stetig sind, gibt es (mindestens) eine Stelle $x_0 \in \mathbb{R}$, so daß $F_2(x_0) = F_1(x_0)$.

(Wäre beispielsweise $F_2(x) > F_1(x)$ für alle $x \in \mathbb{R}$, dann wäre $\mathscr{E}(\mathbf{x}_1) > \mathscr{E}(\mathbf{x}_2)$ (Anwendung von (6.9.15) für $\varphi(x) \equiv x$).)

Da $\mathbf{x}_2$ stärker streut als $\mathbf{x}_1$, gilt

$$\mathscr{Q}_\beta(\mathbf{x}_1) - \mathscr{Q}_\alpha(\mathbf{x}_1) \begin{smallmatrix}\leqq\\=\\\geqq\end{smallmatrix} \mathscr{Q}_\beta(\mathbf{x}_2) - \mathscr{Q}_\alpha(\mathbf{x}_2) \qquad \text{für } \beta \begin{smallmatrix}>\\ \\<\end{smallmatrix} \alpha.$$

Angewendet für $\alpha_0 = F_1(x_0) = F_2(x_0)$ folgt

$$\mathscr{Q}_\beta(\mathbf{x}_1) \begin{smallmatrix}\leqq\\=\\\geqq\end{smallmatrix} \mathscr{Q}_\beta(\mathbf{x}_2) \quad \text{für } \beta \begin{smallmatrix}>\\ \\<\end{smallmatrix} \alpha_0,$$

also

$$F_1(x) \begin{smallmatrix}\geqq\\=\\\leqq\end{smallmatrix} F_2(x) \qquad \text{für } x \begin{smallmatrix}>\\ \\<\end{smallmatrix} x_0.$$

Da φ konvex ist, ist φ' nicht fallend. Aus $\mathscr{E}(\mathbf{x}_1) = \mathscr{E}(\mathbf{x}_2)$ folgt (durch Anwendung von (6.9.15) für $\varphi(x) \equiv x$), daß $\int (F_1(x) - F_2(x))\,dx = 0$. Daher folgt nach Lemma H.8 (angewendet für $g = F_1 - F_2$), daß

$$\int \varphi'(x)(F_1(x) - F_2(x))\,dx \geqq 0.$$

Zusammen mit (6.9.15) impliziert dies die Behauptung. □

6.9.16 Satz: $\mathbf{x}_2$ *streue stärker als* $\mathbf{x}_1$, *und es existiere* $\mathscr{E}(\mathbf{x}_i)$, $i = 1, 2$. *Dann gilt für jede konvexe Funktion* $\varphi\colon \mathbb{R} \to \mathbb{R}$

(6.9.17) $\quad \mathscr{E}(\varphi(\mathbf{x}_1 - \mathscr{E}(\mathbf{x}_1))) \leqq \mathscr{E}(\varphi(\mathbf{x}_2 - \mathscr{E}(\mathbf{x}_2)))$.

Beweis: Sei $\mathbf{y}_i := \mathbf{x}_i - \mathscr{E}(\mathbf{x}_i)$. Durch diese Transformation erreichen wir, daß $\mathscr{E}(\mathbf{y}_1) = \mathscr{E}(\mathbf{y}_2)$. Da $\mathbf{y}_2$ stärker streut als $\mathbf{y}_1$, folgt aus Hilfssatz 6.9.13

$$\mathscr{E}(\varphi(\mathbf{y}_1)) \leqq \mathscr{E}(\varphi(\mathbf{y}_2)).$$

Dies ist (6.9.17). □

Hier zwei wichtige Spezialfälle von (6.9.17):
Für $\varphi(x) = x^2$ erhalten wir:
Streut $\mathbf{x}_2$ *stärker als* $\mathbf{x}_1$, *dann gilt*

(6.9.18) $\quad \mathscr{V}(\mathbf{x}_1) \leqq \mathscr{V}(\mathbf{x}_2)$.

Für $\varphi(x) = |x|$ erhalten wir:
Streut $\mathbf{x}_2$ *stärker als* $\mathbf{x}_1$, *dann gilt*

(6.9.19) $\quad \mathscr{E}(|\mathbf{x}_1 - \mathscr{E}(\mathbf{x}_1)|) \leqq \mathscr{E}(|\mathbf{x}_2 - \mathscr{E}(\mathbf{x}_2)|)$.

Die durchschnittliche Abweichung ist also nicht nur bei Zentrierung um ein

Quantil (vgl. (6.9.11) für $\varphi(x) \equiv |x|$), sondern auch bei Zentrierung um den Erwartungswert mit der Streuungs-Ordnung verträglich.

Wir haben schon in Abschnitt 6.1 im Zusammenhang mit den Funktionalen bemerkt, daß bei positiven Zufallsvariablen die Begriffe "Lage" und "Streuung" nicht sauber zu trennen sind. Dies zeigt sich abermals im Zusammenhang mit der stochastischen Ordnung und der Streuungs-Ordnung.

6.9.20 Proposition: *Sind* $\mathbf{x}_i$, $i = 1, 2$, *positive Zufallsvariable mit* $\lim_{\alpha \downarrow 0} \mathcal{Q}_\alpha(\mathbf{x}_i) = 0$, *dann gilt: Streut* $\mathbf{x}_2$ *stärker als* $\mathbf{x}_1$, *dann ist* $\mathbf{x}_2$ *auch stochastisch größer als* $\mathbf{x}_1$.

Beweis: Für $0 < \alpha < \beta < 1$ gilt

$$\mathcal{Q}_\beta(\mathbf{x}_1) - \mathcal{Q}_\alpha(\mathbf{x}_1) \leqq \mathcal{Q}_\beta(\mathbf{x}_2) - \mathcal{Q}_\alpha(\mathbf{x}_2).$$

Da $\lim_{\alpha \downarrow 0} \mathcal{Q}_\alpha(\mathbf{x}_i) = 0$, folgt

$$\mathcal{Q}_\beta(\mathbf{x}_1) \leqq \mathcal{Q}_\beta(\mathbf{x}_2) \qquad \text{für } 0 < \beta < 1. \qquad \square$$

Im Zusammenhang mit der Streuungs-Ordnung ist auch von Interesse, daß bei gewissen Verteilungen P ein beliebiges Faltungsprodukt $P * Q$ stärker streut als P. Der an diesen und anderen Fragen der Streuungs-Ordnung interessierte Leser wird auf Droste und Wefelmeyer (1986) hingewiesen.

6.10 Abhängigkeit

Zu den Merkmalen "Lage" und "Streuung" tritt bei den mehrdimensionalen Zufallsvariablen noch die Abhängigkeit hinzu. Wir beschränken uns hier auf den Fall zweidimensionaler und stetiger Zufallsvariabler. Für eine sachgerechte Behandlung dieser Fragen benötigen wir den in Abschnitt 9.2 entwickelten Begriff der bedingten Wahrscheinlichkeit.

Wir bezeichnen die Zufallsvariable mit $(\mathbf{x}, \mathbf{y})$, ihre Verteilung mit $P|\mathbb{B}^2$, und ihre Dichte mit $(x, y) \to p(x, y)$. Intuitiv sprechen wir von einer positiven Abhängigkeit, wenn große Werte von $\mathbf{y}$ eher mit großen Werten von $\mathbf{x}$ verbunden sind.

Die schwächste Fassung des Abhängigkeitsbegriffs stützt sich auf die bedingte Wahrscheinlichkeit für $\mathbf{y} > y$, gegeben $\mathbf{x} > x$,

$$P(\mathbf{y} > y | \mathbf{x} > x) := \frac{P((x, \infty) \times (y, \infty))}{P_1(x, \infty)}.$$

6.10.1 Definition: $(\mathbf{x}, \mathbf{y})$ heißen $\begin{matrix}\textit{positiv}\\ \textit{negativ}\end{matrix}$ *abhängig*, wenn für alle $x, y \in \mathbb{R}$ gilt

$$(6.10.2') \qquad P(\mathbf{y} > y | \mathbf{x} > x) \begin{matrix}\geqq\\ \leqq\end{matrix} P_2(y, \infty).$$

Relation (6.10.2′) ist äquivalent zu

$$(6.10.2'') \quad P((x,\infty)\times(y,\infty)) \underset{\leqq}{\geqq} P_1(x,\infty)\cdot P_2(y,\infty).$$

Nach dem Eindeutigkeitssatz M.4.2 entspricht Gleichheit für alle $x, y \in \mathbb{R}$ der stochastischen Unabhängigkeit (vgl. (4.1.6)).

Aus (6.10.2″) folgt, daß es sich bei dieser Form der Abhängigkeit um eine Eigenschaft handelt, die in $\mathbf{x}, \mathbf{y}$ symmetrisch ist (obwohl Definition (6.10.2′) die Variablen $\mathbf{x}$ und $\mathbf{y}$ unterschiedlich behandelt).

Wegen

$$P((-\infty,x]\times(-\infty,y]) = P_1(-\infty,x] + P_2(-\infty,y] + P((x,\infty)\times(y,\infty)) - 1$$

ist (6.10.2″) äquivalent zu

$$(6.10.2''') \quad P((-\infty,x]\times(-\infty,y]) \underset{\leqq}{\geqq} P_1(-\infty,x]P_2(-\infty,y].$$

Die Eigenschaft der (positiven oder negativen) Abhängigkeit bleibt unter nicht fallenden Transformationen erhalten. Dies folgt sofort daraus, daß

$$\{(x,y)\in\mathbb{R}^2: (m_1(x),m_2(y))\in(u,\infty)\times(v,\infty)\} = \{x\in\mathbb{R}: m_1(x)>u\}\times\{y\in\mathbb{R}: m_2(y)>v\},$$

und dies ist für nicht fallende m_i das Produkt von zwei Halbstrahlen. Daher gilt für alle $u, v \in \mathbb{R}$ im Fall der $\begin{smallmatrix}\text{positiven}\\\text{negativen}\end{smallmatrix}$ Abhängigkeit

$$P*(m_1,m_2)((u,\infty)\times(v,\infty)) \underset{\leqq}{\geqq} P*m_1(u,\infty)\cdot P*m_2(v,\infty).$$

6.10.3 Proposition: $(\mathbf{x},\mathbf{y})$ *sind genau dann* $\begin{smallmatrix}\textit{positiv}\\\textit{negativ}\end{smallmatrix}$ *abhängig, wenn für alle nicht fallenden Funktionen* $m_i\colon \mathbb{R}\to\mathbb{R}$ *(für die die angeschriebenen Integrale existieren)*

$$(6.10.4) \quad \mathscr{E}(m_1(\mathbf{x})m_2(\mathbf{y})) \underset{\leqq}{\geqq} \mathscr{E}(m_1(\mathbf{x}))\mathscr{E}(m_2(\mathbf{y})).$$

Beweis: a) (6.10.2″) folgt aus (6.10.4) für $m_1 = 1_{(x,\infty)}$, $m_2 = 1_{(y,\infty)}$.

b) Da eine positive Abhängigkeit von $(\mathbf{x},\mathbf{y})$ die positive Abhängigkeit von $(m_1(\mathbf{x}), m_2(\mathbf{y}))$ impliziert, genügt es wegen 3.5.1, Relation (6.10.4) für $m_i(z)\equiv z$ zu beweisen. Für diesen Spezialfall folgt (6.10.4) jedoch sofort aus Lemma H.11. □

6.10.5 Bemerkung: Sind $(\mathbf{x},\mathbf{y})$ (positiv oder negativ) abhängig und gilt $\mathscr{E}(\mathbf{xy}) = \mathscr{E}(\mathbf{x})\mathscr{E}(\mathbf{y})$, dann sind $(\mathbf{x},\mathbf{y})$ stochastisch unabhängig.

Beweis: Wegen $\mathscr{E}(\mathbf{xy}) = \mathscr{E}(\mathbf{x})\mathscr{E}(\mathbf{y})$ folgt aus Lemma H.11 mit $F(x, y) := P(-\infty, x] \times (-\infty, y]$:

$$\int\int (F(x, y) - F_1(x)F_2(y))\,dx\,dy = 0.$$

Sind **x**, **y** positiv abhängig, gilt

$$F(x, y) \geqq F_1(x)F_2(y) \qquad \text{für alle } x, y \in \mathbb{R}.$$

Daher gilt $F(x, y) = F_1(x)F_2(y)$ für λ_2-fast alle (x, y).

Daraus folgt die stochastische Unabhängigkeit nach dem Eindeutigkeitssatz M.4.2. □

Gelegentlich besteht zwischen $(\mathbf{x}, \mathbf{y})$ eine stärkere Form der Abhängigkeit, als durch (6.10.2) zum Ausdruck kommt. Ein Beispiel einer solchen stärkeren Abhängigkeit ist die sogenannte Regressions-Abhängigkeit.

6.10.6 Definition: **y** heißt $\begin{matrix}\textit{positiv}\\ \textit{negativ}\end{matrix}$ *regressions-abhängig* von **x**, wenn die bedingte Verteilung von **y**, gegeben $\mathbf{x} = x$, stochastisch umso größer ist, je $\begin{matrix}\text{größer}\\ \text{kleiner}\end{matrix}$ x ist.

Diese stärkere Form der Abhängigkeit liegt beispielsweise bei der zweidimensionalen Normalverteilung vor. Die Regressions-Abhängigkeit der beiden Zufallsvariablen ist $\begin{matrix}\text{positiv}\\ \text{negativ}\end{matrix}$, wenn $\rho \begin{matrix}>\\ <\end{matrix} 0$ (vgl. (9.3.4)).

Wir bemerken, daß diese stärkere Form der Abhängigkeit im allgemeinen nicht mehr symmetrisch in $(\mathbf{x}, \mathbf{y})$ ist. Das Bedürfnis nach einem symmetrischen Konzept der Abhängigkeit besteht jedoch nicht immer. Es besteht sicher nicht, wenn zwischen **x** und **y** eine kausale Beziehung besteht, so daß die Abhängigkeit in eine Richtung geht.

6.10.7 Proposition: Sei $(\mathbf{x}, \mathbf{y})$ eine Zufallsvariable über $\mathbb{R}^2$, bei der **y** $\begin{matrix}\textit{positiv}\\ \textit{negativ}\end{matrix}$ regressions-abhängig von **x** ist. Dann sind $(\mathbf{x}, \mathbf{y})$ $\begin{matrix}\textit{positiv}\\ \textit{negativ}\end{matrix}$ abhängig.

Beweis: Für jede nicht fallende Funktion $g|\mathbb{R}$ mit $\int g(x)p_1(x)\,dx = 0$ gilt mit Lemma H.8:

$$\int_x^\infty g(\xi)p_1(\xi)\,d\xi \geqq 0 \qquad \text{für alle } x \in \mathbb{R}.$$

Angewendet für $g(x) = P((y, \infty)|x) - P_2(y, \infty)$ folgt

$$P((x, \infty) \times (y, \infty)) \geqq P_1(x, \infty)P_2(y, \infty).$$ □

Eine Verallgemeinerung von Proposition 6.10.7 ist

6.10.8 Proposition: $(\mathbf{x}, \mathbf{y})$ *sei eine Zufallsvariable über* $\mathbb{R}^2$, *bei der* $\mathbf{y}$ $\begin{matrix} \textit{positiv} \\ \textit{negativ} \end{matrix}$ *regressions-abhängig von* $\mathbf{x}$ *ist. Sind die Funktionen* m_i: $\mathbb{R}^2 \to \mathbb{R}$, $i = 1, 2$, *komponentenweise nicht fallend, dann sind die Zufallsvariablen* $m_1(\mathbf{x}, \mathbf{y})$ *und* $m_2(\mathbf{x}, \mathbf{y})$ $\begin{matrix} \textit{positiv} \\ \textit{negativ} \end{matrix}$ *abhängig.*

Beweis: Nach Proposition 6.10.3 genügt es zu zeigen, daß

$$(6.10.9) \quad \mathscr{E}(M_1(m_1(\mathbf{x}, \mathbf{y}))M_2(m_2(\mathbf{x}, \mathbf{y}))) \geqq \mathscr{E}(M_1(m_1(\mathbf{x}, \mathbf{y})))\mathscr{E}(M_2(m_2(\mathbf{x}, \mathbf{y})))$$

für beliebige nicht fallende Funktionen $M_i | \mathbb{R}$. Da mit m_i auch die Funktionen $(x, y) \to M_i(m_i(x, y))$ komponentenweise nicht fallend sind, genügt es,

$$(6.10.10) \quad \mathscr{E}(m_1(\mathbf{x}, \mathbf{y})m_2(\mathbf{x}, \mathbf{y})) \geqq \mathscr{E}(m_1(\mathbf{x}, \mathbf{y}))\mathscr{E}(m_2(\mathbf{x}, \mathbf{y}))$$

für beliebige komponentenweise nicht fallende Funktionen $m_i | \mathbb{R}^2$ zu zeigen.

Aus der positiven Regressions-Abhängigkeit des $\mathbf{y}$ von $\mathbf{x}$ folgt nach Proposition 6.5.4 für jede nicht fallende Funktion $m | \mathbb{R}$: $\mathscr{E}(m(\mathbf{y}) | \mathbf{x} = x)$ ist eine nicht fallende Funktion von x.

Für jedes feste $x \in \mathbb{R}$ ist $y \to m_i(x, y)$ nicht fallend. Daher gilt nach Korollar H.9, angewendet für die bedingte Verteilung von $\mathbf{y}$, gegeben $\mathbf{x} = x$, daß

$$\begin{aligned} &\mathscr{E}(m_1(x, \mathbf{y})m_2(x, \mathbf{y}) | \mathbf{x} = x) \\ &\geqq \mathscr{E}(m_1(x, \mathbf{y}) | \mathbf{x} = x) \cdot \mathscr{E}(m_2(x, \mathbf{y}) | \mathbf{x} = x). \end{aligned}$$

Dies gilt für jedes $x \in \mathbb{R}$.

Durch Integration über x bezüglich der 1. Randverteilung P_1 erhalten wir

$$\begin{aligned} (6.10.11) \quad &\int \mathscr{E}(m_1(x, \mathbf{y})m_2(x, \mathbf{y}) | \mathbf{x} = x)p_1(x)\,dx \\ &\geqq \int \mathscr{E}(m_1(x, \mathbf{y}) | \mathbf{x} = x)\mathscr{E}(m_2(x, \mathbf{y}) | \mathbf{x} = x)p_1(x)\,dx. \end{aligned}$$

Ferner folgt aus der positiven Regressions-Abhängigkeit, daß $\mathscr{E}(m_i(x, \mathbf{y}) | \mathbf{x} = \xi)$ eine nicht fallende Funktion von ξ ist. Da m_i nicht fallend in x ist, folgt für $x < x'$

$$\begin{aligned} &\mathscr{E}(m_i(x, \mathbf{y}) | \mathbf{x} = x) \leqq \mathscr{E}(m_i(x, \mathbf{y}) | \mathbf{x} = x') \\ &\leqq \mathscr{E}(m_i(x', \mathbf{y}) | \mathbf{x} = x'). \end{aligned}$$

Daher ist auch $x \to \mathscr{E}(m_i(x, \mathbf{y}) | \mathbf{x} = x)$ nicht fallend. Nach Korollar H.9 folgt daraus

$$\begin{aligned} (6.10.12) \quad &\int \mathscr{E}(m_1(x, \mathbf{y}) | \mathbf{x} = x)\mathscr{E}(m_2(x, \mathbf{y}) | \mathbf{x} = x)p_1(x)\,dx \\ &\geqq \int \mathscr{E}(m_1(x, \mathbf{y}) | \mathbf{x} = x)p_1(x)\,dx \int \mathscr{E}(m_2(x, \mathbf{y}) | \mathbf{x} = x)p_1(x)\,dx. \end{aligned}$$

Da generell $\mathscr{E}(f(\mathbf{x}, \mathbf{y})) = \int \mathscr{E}(f(x, \mathbf{y}) | \mathbf{x} = x)p_1(x)\,dx$ (vgl. (9.3.2′)), folgt (6.10.10) aus (6.10.11) und (6.10.12). □

Abhängigkeit ist ein sehr komplexes Phänomen. Sie muß nicht unbedingt darin bestehen, daß große Werte von $\mathbf{x}$ mit großen Werten von $\mathbf{y}$ verbunden sind. Es können z.B. auch große Werte von $|\mathbf{x}|$ mit großen Werten von $\mathbf{y}$ verbunden sein. Eine detaillierte Untersuchung der Abhängigkeit stützt sich daher am besten auf den Verlauf der Regressions-Funktion $\mathscr{E}(\mathbf{y}|\mathbf{x} = x)$.

Trotzdem besteht in manchen Situationen das Bedürfnis, die Abhängigkeit von $(\mathbf{x}, \mathbf{y})$, unter Ausklammerung aller Details, in einer einzigen globalen Maßzahl zusammenzufassen. Als solche wird häufig der *Korrelationskoeffizient*

$$(6.10.13)\quad \mathscr{R}(\mathbf{x},\mathbf{y}) := \frac{\int (x - \mathscr{E}(\mathbf{x}))(y - \mathscr{E}(\mathbf{y}))p(x,y)\,dx\,dy}{(\mathscr{V}(\mathbf{x})\mathscr{V}(\mathbf{y}))^{1/2}}$$

verwendet.

Nach der Schwarz'schen Ungleichung H.6 gilt $-1 \leqq \mathscr{R}(\mathbf{x},\mathbf{y}) \leqq 1$. Wegen (6.10.4) ist $\mathscr{R}(\mathbf{x},\mathbf{y}) \begin{smallmatrix}\geqq\\ \leqq\end{smallmatrix} 0$, falls $(\mathbf{x},\mathbf{y})$ $\begin{smallmatrix}\text{positiv}\\ \text{negativ}\end{smallmatrix}$ abhängig sind.

Der Korrelationskoeffizient ist invariant unter linearen Transformationen. Es gilt für beliebige $c_i \in \mathbb{R}$ und $a_i > 0$:

$$\mathscr{R}(a_1\mathbf{x} + c_1, a_2\mathbf{y} + c_2) = \mathscr{R}(\mathbf{x},\mathbf{y}).$$

Hingegen ändert sich sein Wert unter monotonen Transformationen im allgemeinen.

Sind $(\mathbf{x},\mathbf{y})$ stochastisch unabhängig, dann gilt (wegen Proposition 6.8.3): $\mathscr{E}(\mathbf{xy}) = \mathscr{E}(\mathbf{y})\mathscr{E}(\mathbf{x})$, daher auch $\mathscr{R}(\mathbf{x},\mathbf{y}) = 0$. Die Umkehrung gilt nicht. (Die Mischverteilung $\frac{1}{2}N_{(0,0,1,1,\rho)} + \frac{1}{2}N_{(0,0,1,1,-\rho)}$ hat Korrelationskoeffizient 0, ist aber kein Produktmaß.) Weiß man jedoch, daß $(\mathbf{x},\mathbf{y})$ (positiv oder negativ) abhängig sind, dann folgt aus $\mathscr{R}(\mathbf{x},\mathbf{y}) = 0$ die stochastische Unabhängigkeit (vgl. Bemerkung 6.10.5). Dies gilt insbesondere für zweidimensionale Normalverteilungen, bei denen $\mathscr{R}(\mathbf{x},\mathbf{y}) = \rho$.

Daß die Struktur der Abhängigkeit bei einer zweidimensionalen Normalverteilung durch die Angabe des Korrelationskoeffizienten erschöpfend beschrieben wird, stützt die Interpretierbarkeit von $\mathscr{R}$ für Verteilungen, die annähernd normal sind. Ob man ein komplexes Phänomen wie die Abhängigkeit bei beliebigen Verteilungen durch eine einzige Maßzahl sinngemäß erfassen kann, erscheint fraglich.

6.11 Abstände zwischen Wahrscheinlichkeits-Maßen

Der Abstand zweier W-Maße P, Q auf $\mathscr{A}$ läßt sich durch die sog. *Supremums-Distanz*

$$(6.11.1)\quad D(P,Q) := \sup\{|P(A) - Q(A)| : A \in \mathscr{A}\},$$

messen. Wie man leicht nachprüft, erfüllt D die Abstands-Axiome:

(6.11.2) $D(P, Q) = 0$ genau dann, wenn $P = Q$

(6.11.3) $D(P, Q) = D(Q, P)$

(6.11.4) $D(P, Q) \leq D(P, R) + D(R, Q)$.

Für W-Maße P und Q mit Lebesgue-Dichten p bzw. q gilt

(6.11.5') $$D(P, Q) = \frac{1}{2} \int |p(x) - q(x)|\, dx,$$

für diskrete W-Maße gilt

(6.11.5'') $$D(P, Q) = \frac{1}{2} \sum_{i=1}^{\infty} |P\{a_i\} - Q\{a_i\}|.$$

Um (6.11.5') einzusehen, definieren wir $B := \{x \in X: p(x) > q(x)\}$. Für alle $A \in \mathscr{A}$ gilt $P(A) - Q(A) \leq P(A \cap B) - Q(A \cap B) \leq P(B) - Q(B)$. Daher ist $D(P, Q) = P(B) - Q(B)$. Wegen $P(B) - Q(B) = Q(\bar{B}) - P(\bar{B})$ gilt $P(B) - Q(B) = \frac{1}{2} \int |p(x) - q(x)|\, dx$.
(6.11.5'') beweist man analog.

Die Supremums-Distanz ist nicht für alle Zwecke geeignet. So hat z.B. jedes W-Maß mit Dichte von jedem diskreten W-Maß den Abstand 1. (Hinweis: Man wähle für A die Menge bestehend aus den Atomen des diskreten W-Maßes.) Dennoch kann man diskrete W-Maße durch stetige approximieren, wenn man sich dabei auf die Wahrscheinlichkeit einfach gebauter Mengen – z.B. Intervalle im Falle $X = \mathbb{R}$ – beschränkt. Dies motiviert die Definition der *Kolmogorov-Distanz*

(6.11.6) $d(P, Q) = \sup\{|P(-\infty, t] - Q(-\infty, t]|: t \in \mathbb{R}\}$.

Auch hier prüft man die Gültigkeit der Abstandsaxiome 2 und 3 sofort nach. Axiom 1 folgt aus Satz 1.5.6.

6.11.7 Proposition: *Faltung verringert die Distanz: Sowohl für die Supremums-Distanz als auch für die Kolmogorov-Distanz gilt*

(6.11.8) $\Delta(P * M, Q * M) \leq \Delta(P, Q)$.

Beweis: Wir betrachten den Fall eines stetigen W-Maßes M. Aus Formel (4.6.1) für die Dichte des Faltungsprodukts erhält man für die Verteilungsfunktion des Faltungsprodukts

$$P * M(-\infty, t] = \int P(-\infty, t - x] m(x)\, dx,$$

daher für alle $t \in \mathbb{R}$

$$|P * M(-\infty, t] - Q * M(-\infty, t]|$$
$$\leq \int |P(-\infty, t - x] - Q(-\infty, t - x]| m(x)\, dx \leq d(P, Q).$$

Daraus folgt (6.11.8) für $\Delta = d$. Der Beweis für $\Delta = D$ verläuft analog, indem man den Halbstrahl $(-\infty, t]$ durch eine beliebige Menge A ersetzt. □

Relation (6.11.8) gewinnt eine sehr anschauliche Bedeutung, wenn wir die Faltung von P mit M als Hinzutreten eines (nach M verteilten) Zufallsfehlers interpretieren: Durch das Hinzutreten eines Zufallsfehlers wird der Unterschied zwischen den W-Maßen P und Q etwas verwischt.

Unter Verwendung von (6.11.8) und der Dreiecksungleichung erhalten wir

$$\Delta(P_1 * P_2, Q_1 * Q_2) \leq \Delta(P_1, Q_1) + \Delta(P_2, Q_2), \tag{6.11.9}$$

da

$$\begin{aligned}\Delta(P_1 * P_2, Q_1 * Q_2) &\leq \Delta(P_1 * P_2, Q_1 * P_2) + \Delta(Q_1 * P_2, Q_1 * Q_2) \\ &\leq \Delta(P_1, Q_1) + \Delta(P_2, Q_2).\end{aligned}$$

7. Gesetze der großen Zahlen und Arcus-Sinus-Gesetz

7.1. Die Čebyšev'sche Ungleichung

7.1.1 Čebyšev'sche Ungleichung: *Sei $P|\mathbb{B}$ ein W-Maß mit Erwartungswert $\mathscr{E}(P)$ und endlicher Varianz $\mathscr{V}(P)$. Dann gilt für jedes $c > 0$*

$$(7.1.2) \qquad P\{x \in \mathbb{R}: |x - \mathscr{E}(P)| \geqq c\} \leqq \frac{\mathscr{V}(P)}{c^2}.$$

Beweis: Wir führen den Beweis für W-Maße P mit Dichte p. Der Beweis für diskrete W-Maße verläuft analog.
Für $x \in A := \{x \in \mathbb{R}: |x - \mathscr{E}(P)| \geqq c\}$ gilt $1 \leq c^{-2}(x - \mathscr{E}(P))^2$, also auch

$$\int_A p(x)\,dx \leqq c^{-2} \int_A (x - \mathscr{E}(P))^2 p(x)\,dx \leqq c^{-2} \int (x - \mathscr{E}(P))^2 p(x)\,dx$$
$$= c^{-2}\mathscr{V}(P).$$ □

Diese Ungleichung erlaubt es, die Wahrscheinlichkeit für Intervalle $(\mathscr{E}(P) - c, \mathscr{E}(P) + c)$ nach unten abzuschätzen. Bei dieser Abschätzung werden vom W-Maß P nur die beiden Funktionale $\mathscr{E}(P)$ und $\mathscr{V}(P)$ benutzt. Es ist klar, daß eine so allgemeine Ungleichung auf spezielle Verteilungen angewendet nur grobe Abschätzungen liefert. Sie ist jedoch ein wichtiges Hilfsmittel bei theoretischen Untersuchungen.

7.1.3 Beispiel: Für $P = N_{(0,1)}$ gilt nach der Čebyšev'schen Ungleichung

$$N_{(0,1)}(-2,2) \geqq 1 - \frac{1}{4} = 0{,}75.$$

Tatsächlich ist

$$N_{(0,1)}(-2,2) \doteq 0{,}95.$$

7.1.4 Aufgabe: Zeigen Sie, daß die Čebyšev'sche Ungleichung im allgemeinen nicht verbessert werden kann: Zu jedem $c > 0$ gibt es ein W-Maß P, so daß in (7.1.2) Gleichheit gilt.

7.2 Gesetze der großen Zahlen

Unter diesem Titel bringen wir verschiedene Ergebnisse über die Konvergenz von Mittelwerten von Zufallsvariablen.

7.2.1 Gesetz der großen Zahlen: *Sei $P|\mathbb{B}$ ein W-Maß mit Erwartungswert $\mathscr{E}(P)$ und endlicher Varianz $\mathscr{V}(P)$. Dann gilt für jedes $c > 0$*

$$(7.2.2) \qquad P^n\left\{(x_1,..,x_n) \in \mathbb{R}^n\colon \left|\frac{1}{n}\sum_1^n x_\nu - \mathscr{E}(P)\right| \geqq c\right\} \leqq \frac{1}{nc^2}\mathscr{V}(P).$$

Insbesondere gilt also für jedes $c > 0$

$$(7.2.3) \qquad \lim_{n\to\infty} P^n\left\{(x_1,..,x_n) \in \mathbb{R}^n\colon \left|\frac{1}{n}\sum_1^n x_\nu - \mathscr{E}(P)\right| \geqq c\right\} = 0.$$

Beweis: Bezeichne Q_n die Verteilung von $\frac{1}{n}\sum_1^n \mathbf{x}_\nu$ unter P^n. Dann gilt:

$$P^n\left\{(x_1,..,x_n) \in \mathbb{R}^n\colon \left|\frac{1}{n}\sum_1^n x_\nu - \mathscr{E}(P)\right| \geqq c\right\}$$
$$= Q_n\{y \in \mathbb{R}\colon |y - \mathscr{E}(P)| \geqq c\}.$$

Nach Folgerung 6.8.2 gilt: $\mathscr{E}(Q_n) = \mathscr{E}(P)$ und $\mathscr{V}(Q_n) = \mathscr{V}(P)/n$. Daher folgt mit Hilfe der Čebyšev'schen Ungleichung (7.1.2), angewendet für Q_n an Stelle von P,

$$Q_n\{y \in \mathbb{R}\colon |y - \mathscr{E}(P)| \geqq c\} = Q_n\{y \in \mathbb{R}\colon |y - \mathscr{E}(Q_n)| \geqq c\}$$
$$\leqq \frac{1}{c^2}\mathscr{V}(Q_n) = \frac{1}{nc^2}\mathscr{V}(P). \qquad \square$$

Relation (7.2.3) drückt eine s t o c h a s t i s c h e K o n v e r g e n z des arithmetischen Mittels gegen den Erwartungswert aus: Wie klein man auch immer c wählen mag: die Wahrscheinlichkeit dafür, daß $\frac{1}{n}\sum_1^n x_\nu$ von $\mathscr{E}(P)$ um mehr als c abweicht, wird beliebig klein, wenn n, die Anzahl der Beobachtungen, hinreichend groß ist.

Dies bedeutet insbesondere, daß die Motivierung des Erwartungswerts in Abschnitt 6.2 durch seine Beziehung zum Durchschnitt mehr als eine oberflächliche Analogie war.

Ungleichung (7.2.2) können wir verwenden, um eine Schranke für die Abweichung des Stichprobenmittels vom Erwartungswert anzugeben, die nur sehr selten, z.B. mit der Wahrscheinlichkeit $\alpha = 0{,}05$ oder $\alpha = 0{,}01$, überschritten wird: Eine solche Schranke ist jenes c, für welches $\mathscr{V}(P)/nc^2 = \alpha$, d.h. $c = n^{-1/2}\alpha^{-1/2}\sqrt{\mathscr{V}(P)}$.

Die Anwendung setzt voraus, daß die Varianz $\mathscr{V}(P)$ bekannt ist. (Wie sie, notfalls, aus der Stichprobe geschätzt werden kann, behandeln wir in Abschnitt 12.3.)

Von großem praktischen Nutzen ist diese Schranke allerdings nicht, da wir mit Hilfe der Normalapproximation eine bessere (d.h. engere) Schranke erhalten können. Beispiele hierzu siehe in Abschnitt 8.4.

Das folgende Korollar ist scheinbar allgemeiner als das in 7.2.1 formulierte Gesetz der großen Zahlen, weil es sich auf *W*-Maße P über einem beliebigen meßbaren Raum $(X, \mathscr{A})$ und Mittelwerte $\frac{1}{n}\sum_1^n f(x_\nu)$ mit einer beliebigen Funktion f bezieht statt auf $P|\mathbb{B}$ und Mittelwerte $\frac{1}{n}\sum_1^n x_\nu$. Tatsächlich ist es jedoch nur das Gesetz der großen Zahlen, angewendet für $P * f$ statt P.

7.2.4 Korollar: *Sei $P|\mathscr{A}$ ein W-Maß und $f\colon X \to \mathbb{R}$ eine meßbare Funktion mit Erwartungswert $\mathscr{E}(f(\mathbf{x}))$ und endlicher Varianz $\mathscr{V}(f(\mathbf{x}))$. Dann gilt für jedes $c > 0$*

$$(7.2.5)\qquad P^n\left\{(x_1,\ldots,x_n) \in X^n\colon \left|\frac{1}{n}\sum_1^n f(x_\nu) - \mathscr{E}(f(\mathbf{x}))\right| \geqq c\right\} \leqq \frac{1}{nc^2}\mathscr{V}(f(\mathbf{x})).$$

Beweis: Sind $\mathbf{x}_1,\ldots,\mathbf{x}_n$ stochastisch unabhängig, jedes $\mathbf{x}_\nu$ verteilt nach P, dann sind $f(\mathbf{x}_1),\ldots,f(\mathbf{x}_n)$ stochastisch unabhängig, jedes $f(\mathbf{x}_\nu)$ verteilt nach $P * f$. Daher ist $(f(\mathbf{x}_1),\ldots,f(\mathbf{x}_n))$ verteilt nach $(P * f)^n$ (vgl. Abschnitt 4.5), so daß

$$P^n\left\{(x_1,\ldots,x_n) \in X^n\colon \left|\frac{1}{n}\sum_1^n f(x_\nu) - \mathscr{E}(f(\mathbf{x}))\right| \geqq c\right\}$$

$$= (P * f)^n\left\{(y_1,\ldots,y_n) \in \mathbb{R}^n\colon \left|\frac{1}{n}\sum_1^n y_\nu - \mathscr{E}(f(\mathbf{x}))\right| \geqq c\right\}.$$

Durch Anwendung von (7.2.2) für $P * f$ statt P folgt (7.2.5), da $\mathscr{E}(f(\mathbf{x})) = \mathscr{E}(P * f)$. □

7.2.6 Korollar: *Sei $P|\mathscr{A}$ ein W-Maß. Dann gilt für jede Menge $A \in \mathscr{A}$ und jedes $c > 0$*

$$(7.2.7)\qquad P^n\left\{(x_1,\ldots,x_n) \in X^n\colon \left|\frac{1}{n}\sum_1^n 1_A(x_\nu) - P(A)\right| \geqq c\right\} \leqq \frac{1}{4nc^2}.$$

Beweis: Da

$$\mathscr{E}(1_A(\mathbf{x})) = \int 1_A(x)p(x)\,dx = P(A),$$

$$\mathscr{V}(1_A(\mathbf{x})) = \int (1_A(x) - P(A))^2 p(x)\,dx = P(A)(1 - P(A)) \leqq 1/4,$$

folgt (7.2.7) aus (7.2.5), angewendet für $f = 1_A$. □

Ein besonders einprägsamer Spezialfall von (7.2.7): In höchstens 1% aller Fälle wird die relative Häufigkeit $\frac{1}{n}\sum_1^n 1_A(x_\nu)$ von der Wahrscheinlichkeit um mehr als $5/\sqrt{n}$ abweichen.

Nach Korollar 7.2.6 konvergiert die relative Häufigkeit, $\frac{1}{n}\sum_1^n 1_A(\mathbf{x}_\nu)$, stochastisch gegen die Wahrscheinlichkeit $P(A)$. Ist dies ein Beweis für die Richtigkeit der "Häufigkeitsinterpretation"?

Nicht ganz, denn der Begriff der Wahrscheinlichkeit kommt im Begriff der "stochastischen Konvergenz" noch einmal vor. Um "stochastische Konvergenz" zu interpretieren, müssen wir zumindest wissen, was es bedeutet, wenn etwas eine *sehr kleine* Wahrscheinlichkeit besitzt: Nämlich, daß es praktisch nicht vorkommt.

Aus Relation (7.2.7) folgt beispielsweise, daß wir praktisch sicher sein können, daß die relative Häufigkeit in einer Serie von $n = 10^{12}$ Beobachtungen von der Wahrscheinlichkeit um weniger als 1/1000 abweicht: Größere Abweichungen werden seltener als einmal unter einer Million Fällen eintreten.

Aussagen dieser Art erzwingen nicht die Häufigkeitsinterpretation. Sie zeigen jedoch, daß diese zu keinen inhärenten Widersprüchen führt.

Im Hinblick auf ihre Bedeutung für die Interpretation des Wahrscheinlichkeitsbegriffs gehört Relation (7.2.7) zum Schulstoff. Die hier vorgeführte Herleitung ist für die Schüler aber wohl zu abstrakt. Daher wird meist empfohlen, die Čebyšev'sche Ungleichung direkt für die Binomial-Verteilung $B_{n,p}$ anzuwenden. Man erhält damit

$$B_{n,p}\{k \in \{0,\ldots,n\}: |k - np| \geqq c\} \leqq \frac{np(1-p)}{c^2}$$

oder, mit $c = n\varepsilon$,

$$B_{n,p}\left\{k \in \{0,\ldots,n\}: \left|\frac{k}{n} - p\right| \geqq \varepsilon\right\} \leqq \frac{p(1-p)}{n\varepsilon^2} \leqq \frac{1}{4n\varepsilon^2}.$$

Da k/n die relative Häufigkeit des Ereignisses mit der Wahrscheinlichkeit p ist, ergibt sich eine ähnliche Interpretationsmöglichkeit wie bei Korollar 7.2.6.

Der Nachteil dieses Vorgehens: Es wird dabei verschleiert, daß sich die Aussage auf n unabhängige Wiederholungen des gleichen Zufallsexperiments bezieht. Dies lag der Herleitung der $B_{n,p}$ zugrunde, ist bei den Schülern an dieser Stelle aber vielleicht schon wieder in Vergessenheit geraten.

Eine Alternative hierzu wäre, den Schluß, der zur Čebyšev'schen Ungleichung führt, direkt auf $P^n\left\{(x_1,\ldots,x_n) \in X^n: \left|\frac{1}{n}\sum_1^n 1_A(x_\nu) - P(A)\right| \geqq c\right\}$ anzuwenden.

Wir haben beim Beweis des Gesetzes der großen Zahlen vorausgesetzt, daß die Varianz $\mathscr{V}(P)$ endlich ist. Bei der für die Schule wichtigsten Anwendung, Relation (7.2.7), ist diese Voraussetzung ohnedies stets erfüllt. Die Aussage (7.2.3) gilt jedoch auch dann, wenn $\mathscr{V}(P) = \infty$. Es genügt, daß $\mathscr{E}(P)$ existiert.

Die Existenz von $\mathscr{E}(P)$ ist jedoch wesentlich. Zur Illustration sei auf das Beispiel der Cauchy-Verteilung verwiesen (vgl. Proposition 4.6.15), bei der die arithmetischen Mittel $\frac{1}{n}\sum_{1}^{n} \mathbf{x}_\nu$ für jedes n die gleiche Verteilung haben wie jedes einzelne $\mathbf{x}_\nu$ (obwohl es hier einen ausgezeichneten Wert gibt, gegen den die Folge der arithmetischen Mittel konvergieren könnte: das Symmetriezentrum 0).

Die in (7.2.3) ausgesprochene Version des Gesetzes der großen Zahlen wird im allgemeinen als "schwaches Gesetz der großen Zahlen" bezeichnet, im Unterschied zum "starken Gesetz der großen Zahlen", welches aussagt, daß sogar $\sup\left\{\left|\frac{1}{m}\sum_{1}^{m} \mathbf{x}_\nu - \mathscr{E}(P)\right| : m \geqq n\right\}$ mit $n \to \infty$ stochastisch gegen 0 konvergiert. Mit den hier verfügbaren Mitteln ist das starke Gesetz der großen Zahlen schwer zu beweisen. Seine Formulierung verlangt die Einführung des Produktmaßes mit unendlich vielen Faktoren.

7.3 Das Arcus-Sinus-Gesetz

Wir betrachten eine Folge n unabhängiger Zufallsexperimente, die mit Wahrscheinlichkeit $\frac{1}{2}$ zu den Werten ± 1 führen: $P\{-1\} = P\{1\} = \frac{1}{2}$.

Das Gesetz der großen Zahlen 7.2.1 sagt uns, daß das Stichprobenmittel, $\frac{1}{n}\sum_{1}^{n} \mathbf{x}_\nu$, mindestens mit der Wahrscheinlichkeit $1 - \alpha$ im Bereich $\pm(\alpha n)^{-1/2}$ liegen wird. Wir werden später, im Zusammenhang mit dem Zentralen Grenzwertsatz, noch Genaueres über das Verhalten des Stichprobenmittels erfahren: Nämlich, daß es für große n annähernd normalverteilt ist mit Erwartungswert 0 und Varianz $1/n$.

Diese Aussagen über das Verhalten von Mittelwerten können wir nach Belieben in Aussagen über das Verhalten von Summen umwandeln: $\sum_{1}^{n} \mathbf{x}_\nu$ wird mit Wahrscheinlichkeit $1 - \alpha$ im Bereich $\pm(n/\alpha)^{1/2}$ liegen. Für großes n wird $\sum_{1}^{n} \mathbf{x}_\nu$ annähernd normalverteilt sein mit Erwartungswert 0 und Varianz n.

Das Interesse an der Verteilung der Summe ergibt sich in natürlicher Weise dann, wenn wir das Zufallsexperiment als Glücksspiel interpretieren, bei dem der Betrag 1 – je nach dem Ergebnis des Zufallsexperiments – vom Spieler B an den Spieler A gezahlt wird, oder umgekehrt.

Die obigen Aussagen beziehen sich auf das Verhalten von $\frac{1}{n}\sum_{1}^{n} \mathbf{x}_\nu$ $\left(\text{bzw. } \sum_{1}^{n} \mathbf{x}_\nu\right)$ nach einer vorgegebenen Anzahl n von Spielen, und wenn von der Verteilung von $\sum_{1}^{n} \mathbf{x}_\nu$ die Rede ist, so bezieht sich dies darauf, daß das Spiel der Länge n

sehr oft wiederholt wird, und man feststellt, welche Werte die Zufallsvariable $\sum_1^n \mathbf{x}_\nu$ bei den verschiedenen Wiederholungen annimmt. Weder das Gesetz der großen Zahlen noch der Zentrale Grenzwertsatz sagen etwas über den Verlauf des Spieles aus, d.h. darüber, wie sich Folgen von Partialsummen: $x_1, x_1 + x_2, \ldots, x_1 + x_2 + \cdots + x_n$, verhalten.

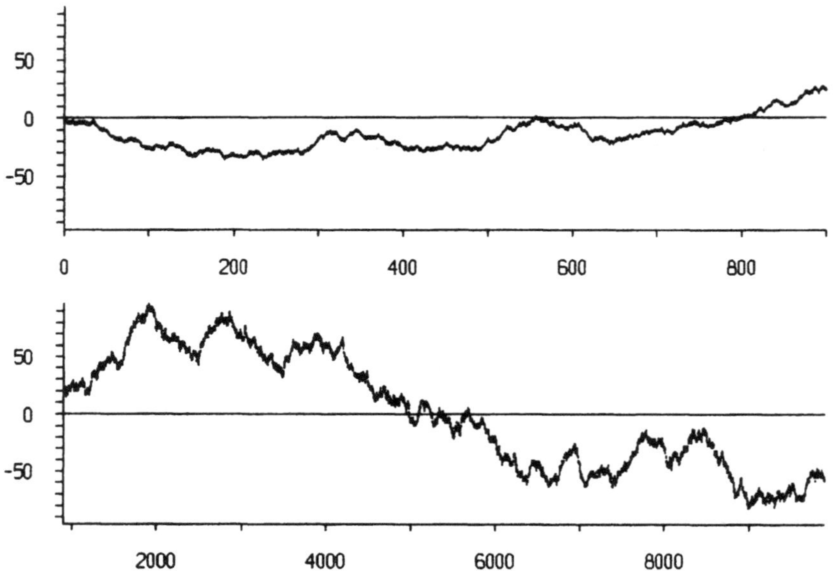

Bild 7.1 Verlauf der Partialsummen unabhängiger Realisationen.

Intuitiv würde man erwarten, daß eine solche Folge bei einem fairen Spiel um den Wert 0 fluktuiert. Die in Bild 7.1 dargestellten Verläufe solcher Zufallsexperimente zeigen, daß diese Fluktuation jedenfalls nicht kurzfristig ist.

Der aufmerksame Betrachter wird bereits bei Bild 1.1 bemerkt haben, daß sich die Folge der Mittelwerte dem Erwartungswert (dort $\frac{1}{2}$) in langen Wellen nähert, doch ist dieses Phänomen bei den Mittelwerten – wegen der Division durch n – weniger augenfällig als bei den Summen.

In diesem Abschnitt wollen wir Aussagen über den Verlauf der Summen $\sum_1^m x_\nu$, $m = 1, 2, \ldots, n$, machen. Diesen Verlauf können wir veranschaulichen durch den *Pfad*, bestehend aus den Punkten $\left(m, \sum_1^m x_\nu\right)$, $m = 1, 2, \ldots, n$ (wie dies bereits in Bild 7.1 geschehen ist). Die Methoden, mit denen wir zu Aussagen über solche Verläufe gelangen, sind rein kombinatorischer Natur. Trotzdem haben wir diese Betrachtungen hier untergebracht (und nicht bei der Kombinatorik in Kapitel 2), da die Ergebnisse eine wichtige Ergänzung zum Gesetz der großen Zahlen bilden. Der an weiteren Ergebnissen der "Fluktuationstheorie" interessierte Leser wird auf Jacobs (1969) und Feller (1971, Kap. III) hingewiesen.

Wir betrachten also im folgenden n-tupel $(x_1, .., x_n)$, bestehend aus unabhängigen Realisationen einer Zufallsvariablen, die die Werte $+1$ und -1 mit der Wahrscheinlichkeit $\frac{1}{2}$ annimmt. Das zugehörige W-Maß bezeichnen wir mit P.

Bezeichnet k_m die Anzahl der "1" im m-tupel $(x_1, \ldots, x_m)$ (und dementsprechend $m - k_m$ die Anzahl der "-1"), dann gilt

$$\sum_1^m x_\nu = 2k_m - m.$$

$\sum_1^m x_\nu$ kann also nur gerade [ungerade] Werte annehmen, wenn m gerade [ungerade] ist.

Die Anzahl der Pfade, die zum Punkt (m, a_m) führen, ist gleich der Anzahl der m-tupel in $\{-1, 1\}^m$, in denen die "1" genau $(m + a_m)/2$ – mal vorkommt. Nach (2.1.3) ist diese Anzahl gleich $\binom{m}{(m + a_m)/2}$, wenn $(m + a_m)/2 \in \{0, 1, \ldots, m\}$, und sonst 0.

Für die folgenden Überlegungen ist es zweckmäßig, das Symbol $\binom{m}{c}$ für beliebige c anzuschreiben, mit der Konvention $\binom{m}{c} = 0$, wenn $c \notin \{0, 1, \ldots, m\}$.

Für $0 \leqq m_1 < m_2 \leqq n$ bezeichne $Z((m_1, a_1), (m_2, a_2))$ die Anzahl der Pfade, die vom Punkt (m_1, a_1) zum Punkt (m_2, a_2) führen, also: die Anzahl der n-tupel $(x_1, \ldots, x_n) \in \{-1, 1\}^n$, für die $\sum_1^{m_1} x_\nu = a_1$ und $\sum_1^{m_2} x_\nu = a_2$. Diese ist offensichtlich gleich der Anzahl der $(m_2 - m_1)$-tupel in $\{-1, 1\}^{m_2 - m_1}$ mit Summe $a_2 - a_1$, bei denen also die "1" genau $((m_2 - m_1) + (a_2 - a_1))/2$ – mal vorkommt. Daher gilt

$$Z((m_1, a_1), (m_2, a_2)) = \binom{m_2 - m_1}{\frac{1}{2}((m_2 - m_1) + (a_2 - a_1))}. \tag{7.3.1}$$

Obwohl

$$Z((m_1, a_1), (m_2, a_2)) = Z((0, 0), (m_2 - m_1, a_2 - a_1)), \tag{7.3.2}$$

es also nur auf die Differenzen ankommt, behalten wir das Symbol $Z((m_1, a_1), (m_2, a_2))$ bei, da dies die folgenden Überlegungen durchsichtiger macht.

Wir nennen einen Pfad der Länge n *positiv*, wenn $\sum_1^m x_\nu > 0$ für $m = 1, \ldots, n$, und *nicht-negativ*, wenn $\sum_1^m x_\nu \geqq 0$ für $m = 1, \ldots, n$.

7.3.3 Hilfssatz: *Sei $a \in \mathbb{N}$. Die Anzahl der n-tupel $(x_1, \ldots, x_n) \in \{-1, 1\}^n$ mit $\sum_1^m x_\nu > 0$ für $m = 1, \ldots, n-1$ und $\sum_1^n x_\nu = a$ ist*

$$(7.3.4) \qquad \binom{n-1}{(n+a)/2-1} - \binom{n-1}{(n+a)/2} = \binom{n}{(n+a)/2} \cdot \frac{a}{n}.$$

7.3.5 Proposition: a) *Die Anzahl der positiven Pfade der Länge n ist*

$$(7.3.6') \qquad \binom{n-1}{(n-1)/2} \qquad \text{für } n \text{ ungerade,}$$

$$(7.3.6'') \qquad \binom{n-1}{n/2-1} \qquad \text{für } n \text{ gerade.}$$

b) *Die Anzahl der nicht-negativen Pfade der Länge n ist gleich der Anzahl der positiven Pfade der Länge $n + 1$.*

Für den speziellen Fall eines geraden n erhalten wir daraus:

(7.3.7) Die Anzahl der nicht-negativen Pfade ist $\binom{n}{n/2}$.

Da $\binom{n}{n/2} = 2\binom{n-1}{n/2-1}$, ist für gerades n die Anzahl der nicht-negativen Pfade doppelt so groß wie die Anzahl der positiven Pfade.

Bemerkung: Für ungerades n können wir die Anzahl der nicht-negativen Pfade auch direkt aus der Anzahl der nicht-negativen Pfade für gerades n gewinnen: Für ungerades n ist nämlich $\sum_1^n x_\nu$ gleichfalls ungerade. Also impliziert $\sum_1^n x_\nu \geqq 0$, daß $\sum_1^n x_\nu \geqq 1$. Daher entsprechen jedem nicht-negativen Pfad mit ungerader Länge n genau 2 nicht-negative Pfade der Länge $n + 1$, so daß die Anzahl der nicht-negativen Pfade mit ungerader Länge n halb so groß ist wie die Anzahl der nicht-negativen Pfade der Länge $n + 1$, also, wegen (7.3.7), gleich $\binom{n}{(n-1)/2}$.

Beweis von Proposition 7.3.5: a) (7.3.6') [(7.3.6'')] ergibt sich bei ungeradem [geradem] n aus (7.3.4) durch Summation über alle ungeraden [geraden] $a \in \mathbb{N}$.

b) Es gilt

$$\left\{(x_1, \ldots, x_n, x_{n+1}) \in \{-1, 1\}^{n+1} : \sum_1^m x_\nu > 0 \text{ für } m = 1, \ldots, n+1\right\}$$

$$= \Big\{(x_1, \ldots, x_n, x_{n+1}) \in \{-1, 1\}^{n+1} : x_1 = 1, \sum_2^m x_\nu \geqq 0$$

$$\text{für } m = 2, \ldots, n+1\Big\}.$$

Die Anzahl der $(n+1)$-tupel auf der rechten Seite ist aber gleich der gesuchten Anzahl der nicht-negativen Pfade der Länge n. □

Beim Beweis von Hilfssatz 7.3.3 benutzen wir das

7.3.8 Spiegelungsprinzip: *Für $a_1, a_2 \in \mathbb{N}$ ist die Anzahl der Pfade von (m_1, a_1) nach (m_2, a_2) mit mindestens einer Nullstelle gleich der Anzahl der Pfade von (m_1, a_1) nach $(m_2, -a_2)$.*

Beweis: Wir können zwischen den beiden Mengen von Pfaden eine bijektive Abbildung herstellen, indem wir jeden Pfad ab der ersten Nullstelle um die x-Achse spiegeln. □

Beweis von Hilfssatz 7.3.3:

$$\left\{(x_1,\ldots,x_n) \in \{-1,1\}^n \colon \sum_1^m x_\nu > 0 \text{ für } m = 1,\ldots,n-1, \sum_1^n x_\nu = a\right\}$$

$$= \left\{(x_1,\ldots,x_n) \in \{-1,1\}^n \colon x_1 = 1, \sum_1^n x_\nu = a\right\}$$

$$- \left\{(x_1,\ldots,x_n) \in \{-1,1\}^n \colon x_1 = 1, \sum_1^n x_\nu = a; \sum_1^m x_\nu = 0 \right.$$

$$\left. \text{für mindestens ein } m \in \{2,\ldots,n-1\}\right\}.$$

Die Anzahl der letztgenannten Pfade ist nach dem Spiegelungsprinzip 7.3.8 gleich $Z((1,1),(n,-a))$. Also ist die gesuchte Anzahl $Z((1,1),(n,a)) - Z((1,1),(n,-a))$. Daraus folgt (7.3.4) mit Hilfe von (7.3.1). □

Proposition 7.3.5 enthält bereits ein Resultat, das unserer Intuition widerspricht: Sei dazu n gerade. Dann ist die Anzahl der nicht-negativen Pfade der Länge n gleich $\binom{n}{n/2}$. Wir interpretieren den Pfad als den Verlauf eines Spiels und sagen, ein Spieler hat eine "Pechsträhne", wenn er während des ganzen Spiels nie öfter gewonnen als verloren hat. Die Wahrscheinlichkeit, daß Spieler B eine Pechsträhne hat, ist dann $2^{-n}\binom{n}{n/2}$; die Wahrscheinlichkeit, daß einer der beiden Spieler eine Pechsträhne hat, ist $2^{-n+1}\binom{n}{n/2}$ (denn die beiden "Pechsträhnen" sind disjunkte Mengen). Mit Hilfe der Stirling'schen Formel H.7 erhalten wir

$$2^{-n+1}\binom{n}{n/2} \doteq \frac{2^{3/2}}{\sqrt{\pi}} n^{-1/2}.$$

Natürlich strebt die Wahrscheinlichkeit, daß einer der Spieler eine Pechsträhne hat, mit der Dauer des Spiels gegen 0 – jedoch sehr langsam. Für $n = 10$ ist diese Wahrscheinlichkeit 0,49, für $n = 100$ noch immer 0,16.

Bisher haben wir uns nur für die Wahrscheinlichkeit der nicht-negativen und der positiven Pfade interessiert. Wie groß ist die Wahrscheinlichkeit, daß der Spielverlauf ausgeglichen, d.h. der Pfad in der Hälfte der Zeit nicht-negativ, und in der Hälfte der Zeit nicht-positiv ist?

Wir sagen, daß der Pfad *in der i. Periode nicht-negativ* ist, wenn $\sum_1^{i-1} x_\nu \geqq 0$ und $\sum_1^{i} x_\nu \geqq 0$. Einer der beiden Werte muß dann notwendigerweise positiv sein, so daß eine Periode nicht gleichzeitig nicht-negativ und nicht-positiv sein kann. $M_n(x_1, \ldots, x_n)$ bezeichne die Anzahl der Perioden, in denen der zu $(x_1, \ldots, x_n)$ gehörende Pfad nicht-negativ ist. Für gerades n muß M_n notwendigerweise gerade sein.

7.3.9 Satz: *Für gerades n und gerades k ist die Anzahl der n-tupel* $(x_1, \ldots, x_n)$ *mit* $M_n(x_1, \ldots, x_n) = k$ *gleich*

$$\binom{k}{k/2}\binom{n-k}{(n-k)/2}. \tag{7.3.10}$$

Dieser Ausdruck geht in sich über, wenn wir k und $n - k$ vertauschen, da ein n-tupel mit k nicht-negativen Perioden $n - k$ nicht-positive Perioden besitzt.

Beweis: Wir führen den Beweis durch Induktion nach n. Für $n = 2$ und $k \in \{0, 2\}$ ist (7.3.10) richtig.

Angenommen, (7.3.10) stimmt für alle geraden Zahlen $n' \in \{2, \ldots, n-2\}$ und alle geraden $k' \in \{0, 2, \ldots, n'\}$. Wir beweisen: (7.3.10) stimmt für n und alle geraden $k \in \{0, 2, \ldots, n\}$.

$M_n(x_1, \ldots, x_n) = n$ bedeutet, daß alle n Perioden nicht-negativ sind, also der Pfad selbst nicht-negativ ist. Die Anzahl dieser Pfade beträgt nach (7.3.7) $\binom{n}{n/2}$. Also stimmt (7.3.10) für $k = n$, und mit demselben Argument, angewendet für die nicht-positiven Pfade, für $k = 0$.

Für gerades $k \in \{2, \ldots, n-2\}$ zerlegen wir

$$\begin{aligned} &\{(x_1, \ldots, x_n) \in \{-1, 1\}^n \colon M_n(x_1, \ldots, x_n) = k\} \\ &= \left(\bigcup_{i=1}^{k/2} A'_{2i,k}\right) \cup \left(\bigcup_{i=1}^{(n-k)/2} A''_{2i,k}\right) \end{aligned} \tag{7.3.11}$$

mit

$$\begin{aligned} A'_{2i,k} := \Big\{&(x_1, \ldots, x_n) \in \{-1, 1\}^n \colon \sum_1^m x_\nu > 0 \text{ für } m = 1, \ldots, 2i-1, \\ &\sum_1^{2i} x_\nu = 0, M_n(x_1, \ldots, x_n) = k\Big\}, \end{aligned} \tag{7.3.11'}$$

$$(7.3.11'')\quad A''_{2i,k} := \left\{(x_1,\ldots,x_n) \in \{-1,1\}^n : \sum_1^m x_\nu < 0 \text{ für } m = 1,\ldots,2i-1,\right.$$
$$\left.\sum_1^{2i} x_\nu = 0, M_n(x_1,\ldots,x_n) = k\right\}.$$

Den n-tupeln in $A'_{2i,k}$ entsprechen Pfade, bei denen die ersten $2i$ Perioden nicht-negativ sind. Daher befinden sich unter den Perioden $2i+1,\ldots,n$ noch $k-2i$ nicht-negative.

Bezeichne b_{2i} die Anzahl der $2i$-tupel in

$$\left\{(x_1,\ldots,x_{2i}) \in \{-1,1\}^{2i} : \sum_1^m x > 0 \text{ für } m = 1,\ldots,2i-1, \sum_1^{2i} x = 0\right\}.$$

Für $i = 1,\ldots,k/2$ ist die Anzahl der Pfade der Länge $n-2i$ mit $k-2i$ nicht-negativen Perioden nach Induktionsvoraussetzung gleich $\binom{k-2i}{(k-2i)/2} \times \binom{n-k}{(n-k)/2}$. Daher ist die Anzahl der n-tupel in der Menge $A'_{2i,k}$ gleich

$$b_{2i}\binom{k-2i}{(k-2i)/2}\binom{n-k}{(n-k)/2}.$$

Für $i \in \{1,\ldots,k/2\}$ ist die Anzahl der nicht-negativen Pfade der Länge $k-2i$ gleich $\binom{k-2i}{(k-2i)/2}$. Also ist

$$\sum_{i=1}^{k/2} b_{2i}\binom{k-2i}{(k-2i)/2}$$

die Anzahl der nicht-negativen Pfade der Länge k mit mindestens einer Nullstelle. Diese Anzahl ist nach (7.3.6″) und (7.3.7) gleich

$$\binom{k}{k/2} - \binom{k-1}{k/2-1} = \frac{1}{2}\binom{k}{k/2}.$$

Daher ist die Anzahl der n-tupel in der Menge $\bigcup_{i=1}^{k/2} A'_{2i,k}$ gleich

$$\sum_{i=1}^{k/2} b_{2i}\binom{k-2i}{(k-2i)/2}\binom{n-k}{(n-k)/2} = \frac{1}{2}\binom{k}{k/2}\binom{n-k}{(n-k)/2}.$$

Für $i \in \{1,\ldots,(n-k)/2\}$ ist die Anzahl der n-tupel in der Menge $A''_{2i,k}$ gleich

$$b_{2i}\binom{k}{k/2}\binom{n-k-2i}{(n-k-2i)/2}.$$

Daraus ergibt sich für die Anzahl der n-tupel in der Menge $\bigcup_{i=1}^{(n-k)/2} A''_{2i,k}$ gleichfalls der Wert $\frac{1}{2}\binom{k}{k/2}\binom{n-k}{(n-k)/2}$. Wegen (7.3.11) ist daher die Anzahl der n-tupel in der Menge $\{(x_1, \ldots, x_n) \in \{-1, 1\}^n : M_n(x_1, \ldots, x_n) = k\}$ gleich $\binom{k}{k/2}\binom{n-k}{(n-k)/2}$. Dies beendet die Induktion. □

Satz (7.3.9) erlaubt uns insbesondere, die Wahrscheinlichkeit zu berechnen, mit der Pfade auftreten, die gleich oft nicht-negativ und nicht-positiv sind: Für ein durch 4 teilbares n ergibt sich die Wahrscheinlichkeit

$$(7.3.12) \qquad 2^{-n}\binom{n/2}{n/4}^2.$$

Intuitiv würde man erwarten, daß diese Wahrscheinlichkeit relativ groß ist. Tatsächlich ist sie klein gegenüber der Wahrscheinlichkeit dafür, daß einer der Spieler eine Pechsträhne hat. Diese Wahrscheinlichkeit war für große n annähernd $\frac{2^{3/2}}{\sqrt{\pi}} n^{-1/2}$. Die Wahrscheinlichkeit (7.3.12) verhält sich für große n annähernd wie $\frac{4}{\pi} n^{-1}$, sie geht also viel rascher gegen 0. Während die Wahrscheinlichkeit für eine Pechsträhne für $n = 100$ gleich 0,16 war, ist die Wahrscheinlichkeit dafür, daß der Pfad in der Hälfte der Zeit nicht-negativ und in der Hälfte der Zeit nicht-positiv ist, ungefähr 0,01.

Allgemeiner können wir danach fragen, wie der Anteil der nicht-negativen Zeitintervalle, $M_n(x_1, \ldots, x_n)/n$, verteilt ist. Für große n würde man intuitiv erwarten, daß $M_n(\mathbf{x}_1, \ldots, \mathbf{x}_n)/n$ stochastisch gegen 1/2 konvergiert. Tatsächlich zieht sich die Folge nicht um den Wert 1/2 zusammen: Ihre Verteilung konvergiert gegen eine nicht ausgeartete Grenzverteilung.

7.3.13 Arcus-Sinus-Gesetz: *Sei P das W-Maß, das den Zahlen ± 1 die Wahrscheinlichkeit 1/2 zuordnet. Dann gilt für* $0 < a < b < 1$

$$\lim_{n\to\infty} P^n \left\{(x_1, \ldots, x_n) \in \{-1, 1\}^n : a \leqq \frac{M_n(x_1, \ldots, x_n)}{n} \leqq b\right\}$$
$$= \frac{2}{\pi}(\arcsin\sqrt{b} - \arcsin\sqrt{a}).$$

Diese Schreibweise macht dem Leser den Namen dieses Satzes verständlich. Instruktiver ist die Schreibweise

$$\lim_{n\to\infty} P^n \left\{(x_1,\ldots,x_n) \in \{-1,1\}^n : a \leqq \frac{M_n(x_1,\ldots,x_n)}{n} \leqq b\right\}$$

$$= \frac{1}{\pi}\int_a^b (x(1-x))^{-1/2}\,dx.$$

Natürlich ist die Verteilung der Zufallsvariablen $M_n(\mathbf{x}_1,\ldots,\mathbf{x}_n)/n$ diskret: Sie kann bei geradem n nur die Werte $0, 2/n, \ldots, 1-2/n, 1$ annehmen. Dennoch können wir für großes n die Wahrscheinlichkeit für Intervalle durch die Wahrscheinlichkeit approximieren, die eine bestimmte stetige Verteilung diesen Intervallen zuordnet, nämlich die Verteilung mit der Dichte

$$x \to \frac{1}{\pi}(x(1-x))^{-1/2}, \qquad x \in (0,1).$$

Hier treffen wir erstmals auf das Phänomen der "schwachen Konvergenz" (siehe Definition M.7.2), das wir im Zusammenhang mit dem Zentralen Grenzwertsatz noch ausführlich diskutieren.

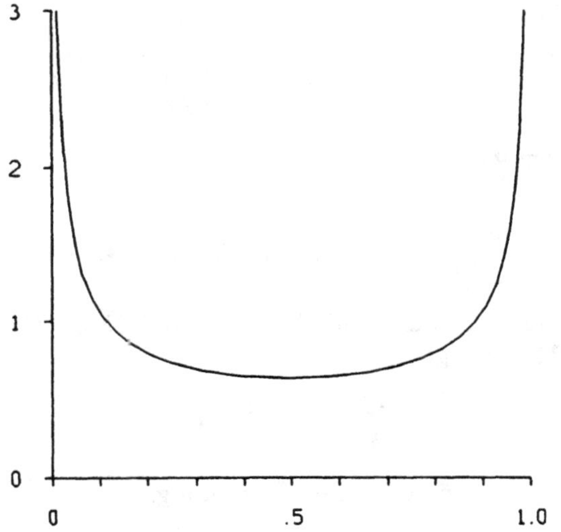

Bild 7.2 Dichte der arc sin-Verteilung.

Interessant ist die Gestalt dieser Dichte: Sie ist für Werte nahe 1/2 am kleinsten und wird für x nahe 0 oder nahe 1 beliebig groß. Dies entspricht dem, was wir durch einzelne Berechnungen bereits oben festgestellt hatten: Spielverläufe, bei denen einer der beiden Spieler "fast immer" in Führung liegt, sind viel häufiger als Spielverläufe, die nahezu ausgeglichen sind.

Beweis von Satz 7.3.13: Wir beschränken uns auf gerades n.

Nach Satz 7.3.9 gilt mit $I_n := \left\{k \in \mathbb{N}\colon k \text{ gerade}, a \leqq \frac{k}{n} \leqq b\right\}$

$$(7.3.14)\quad P^n\left\{(x_1,\ldots,x_n) \in \{-1,1\}^n\colon a \leqq \frac{M_n(x_1,\ldots,x_n)}{n} \leqq b\right\}$$

$$= 2^{-n} \# \left\{(x_1,\ldots,x_n) \in \{-1,1\}^n\colon a \leqq \frac{M_n(x_1,\ldots,x_n)}{n} \leqq b\right\}$$

$$= 2^{-n} \sum_{k \in I_n} \#\{(x_1,\ldots,x_n) \in \{-1,1\}^n\colon M_n(x_1,\ldots,x_n) = k\}$$

$$= 2^{-n} \sum_{k \in I_n} \binom{k}{k/2}\binom{n-k}{(n-k)/2}.$$

Aus der Stirling'schen Formel H.7 folgt für gerade m

$$2^{-m}\binom{m}{m/2} = \frac{1}{\sqrt{\pi m/2}}\left(1 + \frac{\varepsilon_m}{m}\right)$$

mit $|\varepsilon_m| \leqq 1$ für alle hinreichend großen m. Daher gilt

$$(7.3.15)\quad 2^{-n}\binom{k}{k/2}\binom{n-k}{(n-k)/2} = \frac{2}{\pi}\cdot n^{-1}\left(\frac{k}{n}\left(1 - \frac{k}{n}\right)\right)^{-1/2}(1 + \delta_{k,n})$$

mit $\sup\{|\delta_{k,n}|\colon k \in I_n\} \to 0$ für $n \to \infty$.

Ferner gilt

$$(7.3.16)\quad \frac{2}{n}\sum_{k \in I_n}\left(\frac{k}{n}\left(1 - \frac{k}{n}\right)\right)^{-1/2} \to \int_a^b (x(1-x))^{-1/2}\,dx$$

(da wegen der Einschränkung auf gerade k die Intervall-Länge $2/n$ ist).

Aus (7.3.15) und (7.3.16) folgt

$$\lim_{n\to\infty} 2^{-n}\sum_{k \in I_n}\binom{k}{k/2}\binom{n-k}{(n-k)/2} = \frac{1}{\pi}\int_a^b (x(1-x))^{-1/2}\,dx.$$

Zusammen mit (7.3.14) impliziert dies die Behauptung. □

8. Approximationen durch die Normalverteilung

8.1 Der Zentrale Grenzwertsatz

In Korollar 4.6.14 haben wir bereits gesehen, daß arithmetische Mittel aus n unabhängigen, nach $N_{(\mu,\sigma^2)}$ verteilten Zufallsvariablen selbst wieder normalverteilt sind, und zwar nach $N_{(\mu,\frac{\sigma^2}{n})}$. Der Zentrale Grenzwertsatz sagt aus, daß arithmetische Mittel aus n unabhängigen Zufallsvariablen mit einer beliebigen Verteilung wenigstens annähernd normalverteilt sind, wenn nur deren Varianz endlich ist.

Solche Approximationen sind deswegen von großer Bedeutung, weil die exakte Verteilung eines arithmetischen Mittels im allgemeinen nicht leicht zu berechnen ist.

8.1.1 Der Zentrale Grenzwertsatz: *Sei $P|\mathbb{B}$ ein W-Maß mit endlicher Varianz. Dann gilt*:

$$(8.1.2)\qquad \sup_{t\in\mathbb{R}}\left|P^n\left\{(x_1,\ldots,x_n)\in\mathbb{R}^n:\frac{1}{n}\sum_1^n x_\nu\leqq t\right\}\right.$$
$$\left.-N_{(\mathscr{E}(P),\frac{1}{n}\mathscr{V}(P))}(-\infty,t]\right|\to 0\qquad \textit{mit } n\to\infty.$$

Eine anschauliche Formulierung: Sind die Zufallsvariablen $\mathbf{x}_1, \ldots, \mathbf{x}_n$ stochastisch unabhängig und identisch nach P verteilt, dann ist $\frac{1}{n}\sum_1^n \mathbf{x}_\nu$ asymptotisch normalverteilt mit Erwartungswert $\mathscr{E}(P)$ und Varianz $\mathscr{V}(P)/n$.

Aus der Aussage (8.1.2), die sich auf die Wahrscheinlichkeit von Halbstrahlen $(-\infty, t]$ bezieht, folgt sofort die entsprechende Aussage für beliebige Intervalle I:

$$(8.1.3)\qquad \sup_{I\in\mathscr{I}}\left|P^n\{(x_1,\ldots,x_n)\in\mathbb{R}^n:\frac{1}{n}\sum_1^n x_\nu\in I\}-N_{(\mathscr{E}(P),\frac{1}{n}\mathscr{V}(P))}(I)\right|\to 0$$
$$\text{mit } n\to\infty,$$

wobei $\mathscr{I}$ die Klasse aller Intervalle in $\mathbb{R}$ bezeichnet.

Der Zentrale Grenzwertsatz faßt zwei Phänomene zusammen:

a) Die Verteilung des Stichprobenmittels zieht sich mit steigender Anzahl n von Realisationen immer mehr auf den Punkt $\mathscr{E}(P)$ zusammen.

b) Sie nimmt dabei immer mehr die Gestalt einer Normalverteilung an.

Das Zusammenziehen um $\mathscr{E}(P)$ haben wir bereits im Gesetz der großen Zahlen 7.2.1 kennengelernt. Die gleiche Aussage erhalten wir aus dem Zentralen Grenzwertsatz, wenn wir diesen für das Intervall $I = [\mathscr{E}(P) - c, \mathscr{E}(P) + c]$ anwenden. Wir erhalten so:

$$(8.1.4) \qquad \left| P^n\left\{(x_1,\dots,x_n) \in \mathbb{R}^n: \left|\frac{1}{n}\sum_1^n x_\nu - \mathscr{E}(P)\right| \leqq c\right\} - N_{(0,1)}\left[-\frac{c}{\sqrt{\mathscr{V}(P)}}n^{1/2}, \frac{c}{\sqrt{\mathscr{V}(P)}}n^{1/2}\right]\right| \to 0 \qquad \text{mit } n \to \infty,$$

also insbesondere

$$P^n\left\{(x_1,\dots,x_n) \in \mathbb{R}^n: \left|\frac{1}{n}\sum_1^n x_\nu - \mathscr{E}(P)\right| \leqq c\right\} \to 1 \qquad \text{mit } n \to \infty$$

für alle $c > 0$ (was der Aussage (7.2.3) entspricht).

Je nach Anwendung kann statt der Verteilung des arithmetischen Mittels auch die Verteilung der Summe von Interesse sein. Da (8.1.2) gleichmäßig in t gilt, erhalten wir daraus sofort (indem wir in (8.1.2) t durch $n^{-1}t$ ersetzen)

$$(8.1.5) \qquad \sup_{t \in \mathbb{R}} \left| P^n\left\{(x_1,\dots,x_n) \in \mathbb{R}^n: \sum_1^n x_\nu \leqq t\right\} - N_{(n\mathscr{E}(P), n\mathscr{V}(P))}(-\infty, t]\right| \to 0 \qquad \text{mit } n \to \infty.$$

Während sich die Verteilung des arithmetischen Mittels wie $n^{-1/2}$ zusammenzieht, fließt die Verteilung der Summe wie $n^{1/2}$ auseinander.

Beides erschwert es, jenes Phänomen zu beschreiben, um das es beim Zentralen Grenzwertsatz primär geht: Nämlich um Konvergenz der Form der Verteilung gegen die Normalverteilung. Deswegen wird bei der Formulierung keine der beiden für die Anwendungen interessanten Größen (also weder das arithmetische Mittel noch die Summe) zu Grunde gelegt, sondern die künstliche Größe $n^{-1/2} \sum_1^n (x_\nu - \mathscr{E}(P))$. Deren Verteilung k o n v e r g i e r t tatsächlich gegen eine Normalverteilung:

$$(8.1.6) \qquad \sup_{t \in \mathbb{R}} \left| P^n\left\{(x_1,\dots,x_n) \in \mathbb{R}^n: n^{-1/2}\sum_1^n (x_\nu - \mathscr{E}(P)) \leqq t\right\} - N_{(0, \mathscr{V}(P))}(-\infty, t]\right| \to 0 \qquad \text{mit } n \to \infty.$$

In dieser Schreibweise können wir auch auf die Gleichmäßigkeit über alle $t \in \mathbb{R}$ verzichten. Wegen Satz M.7.3 folgt (8.1.6) bereits daraus, daß für alle $t \in \mathbb{R}$

$$P^n\left\{(x_1,\ldots,x_n)\in\mathbb{R}^n\colon n^{-1/2}\sum_1^n(x_\nu-\mathscr{E}(P))\leqq t\right\}$$

$$\to N_{(0,\mathscr{V}(P))}(-\infty,t]\qquad \text{mit } n\to\infty.$$

In dieser konzisen, aber schwerer interpretierbaren Form wird der Zentrale Grenzwertsatz normalerweise ausgesprochen.

Die hier formulierten Aussagen beschränken sich auf die Approximation von Wahrscheinlichkeiten für Intervalle. Offensichtlich ist, daß eine Approximationsaussage wie (8.1.3) nicht für beliebige Borel-Mengen gelten kann.

Um dies einzusehen, betrachten wir den Fall $P = B_{1,\frac{1}{2}}$. Da die Summen $\sum_1^n x_\nu$ in diesem Fall ganzzahlig sind, nehmen die arithmetischen Mittel nur rationale Werte an. Daher ist $B^n_{1,\frac{1}{2}}\left\{(x_1,\ldots,x_n)\in\{0,1\}^n\colon \frac{1}{n}\sum_1^n x_\nu\in\mathbb{Q}\right\} = 1$, jedoch $N_{(\frac{1}{2},\frac{1}{4n})}(\mathbb{Q}) = 0$.

Eine Verschärfung von (8.1.3) ist dennoch möglich: Besitzt P eine Lebesgue-Dichte, dann gilt (8.1.3) für beliebige Borel-Mengen. (Vgl. Ibragimov und Linnik (1971), S. 130, Theorem 4.4.1.)

Häufig wird nicht eine asymptotische Aussage über die Verteilung von $\frac{1}{n}\sum_1^n \mathbf{x}_\nu$, sondern über die Verteilung von $\frac{1}{n}\sum_1^n f(\mathbf{x}_\nu)$ benötigt (wobei $\mathbf{x}_\nu$ Werte in einem beliebigen Raum X annehmen kann). Dies ist nur scheinbar ein allgemeineres Problem: Durch Anwendung von (8.1.2) für die induzierte Verteilung $P * f$ (an Stelle von P) erhält man sofort

(8.1.7)
$$\sup_{t\in\mathbb{R}}\left|P^n\left\{(x_1,\ldots,x_n)\in X^n\colon \frac{1}{n}\sum_1^n f(x_\nu)\leqq t\right\}\right.$$
$$\left.-N_{(\mathscr{E}(f(\mathbf{x})),\frac{1}{n}\mathscr{V}(f(\mathbf{x})))}(-\infty,t]\right|\to 0\qquad \text{mit } n\to\infty.$$

Bemerkung: Das Beispiel der Cauchy-Verteilung (vgl. Proposition 4.6.15) zeigt bereits, daß Stichprobenmittelwerte nicht immer asymptotisch normalverteilt sind. Selbst wenn der Erwartungswert existiert, ist die Verteilung der arithmetischen Mittel nicht durch eine Normalverteilung im Sinn von (8.1.2) approximierbar, wenn $\mathscr{V}(P) = \infty$.

Existiert sogar das 3. absolute Moment, dann kann man zeigen, daß der Fehler der Normalapproximation wie $n^{-1/2}$ gegen 0 konvergiert (vgl. hierzu Abschnitt 8.3).

Eine Approximation der Binomial-Verteilung durch die Normalverteilung wurde zuerst von de Moivre (1733) unter Verwendung der – damals relativ neuen – Stirling'schen Formel gegeben. Laplace (1812) und Gauß (1816) wissen bereits, daß die Verteilung von Summen ganz allgemein gegen eine Normalverteilung konvergiert. Der erste echte Beweis – allerdings unter sehr einschränkenden Momentenbedingungen –

stammt von Čebyšev (1890), das erste wirklich befriedigende Ergebnis, mit einer Fehlerschranke $n^{-1/2}\log n$, von L'apunov (1901). Die Fehlerschranke $n^{-1/2}$ (vgl. Abschnitt 8.3) stammt von Berry (1941) und Esséen (1942).

Wenn wir $\frac{1}{n}\sum_{1}^{n}\mathbf{x}_\nu$ als Schätzer für $\mathscr{E}(P)$ verwenden wollen, können wir mit Hilfe der Normalapproximation Fehlerschranken berechnen. Um eine Fehlerschranke c zu erhalten, die annähernd mit der Wahrscheinlichkeit α eingehalten wird, haben wir (wegen (8.1.4)) c so zu bestimmen, daß

$$N_{(0,1)}\left[-\frac{c}{\sqrt{\mathscr{V}(P)}}n^{1/2}, \frac{c}{\sqrt{\mathscr{V}(P)}}n^{1/2}\right] = \alpha,$$

also

(8.1.8) $$c = u_{(1-\alpha)/2}\sqrt{\mathscr{V}(P)}\,n^{-1/2}.$$

Aus der Čebyšev'schen Ungleichung hatte sich für die Fehlerschranke c der Wert $(1-\alpha)^{-1/2}\sqrt{\mathscr{V}(P)}n^{-1/2}$ ergeben. Für $\alpha = 0{,}95$ gilt $u_{(1-\alpha)/2} \doteq 1{,}96$ und $(1-\alpha)^{-1/2} \doteq 4{,}47$.

Vergleicht man nur die Breite der Fehlerschranken, erscheint der Unterschied vielleicht nicht sehr groß: die Fehlerschranke erweitert sich bei $\alpha = 0{,}95$ um den Faktor $4{,}5 : 1{,}96 \doteq 2{,}3$. Dies ist aber nicht die richtige Betrachtungsweise. Geht man davon aus, daß man eine bestimmte Genauigkeit erreichen will und stimmt man den Stichprobenumfang darauf ab, dann führt die Anwendung der Čebyšev'schen Ungleichung auf einen Stichprobenumfang, der etwa $2{,}3^2 \doteq 5{,}3$-mal so groß als nötig ist. Strebt man eine Sicherheitswahrscheinlichkeit $\alpha = 0{,}99$ an, ist der Faktor $u_{(1-\alpha)/2} \doteq 2{,}58$ durch $(1-\alpha)^{-1/2} = 10$ zu ersetzen; der erforderliche Stichprobenumfang wird dann mit ungefähr dem Faktor 15 überschätzt.

Allerdings ist bei diesen Abschätzungen zu bedenken, daß die Schranken der Čebyšev'schen Ungleichung exakt, die aus der Normalapproximation gewonnenen Schranken nur näherungsweise gelten. Schranken für den Fehler der Normalapproximation bringen wir in Abschnitt 8.3.

Oft ist nicht die Wahrscheinlichkeit einer Menge

$$\left\{(x_1,\dots,x_n)\in\mathbb{R}^n\colon n^{-1/2}\sum_{1}^{n}x_\nu \leqq t\right\}$$

zu approximieren, sondern das Integral einer Funktion von $n^{-1/2}\sum_{1}^{n}\mathbf{x}_\nu$. Der nachfolgende Satz gilt allgemein; wir schreiben ihn für W-Maße P mit Dichte p an.

8.1.9 Satz: *Existiert für ein $r \geqq 2$ das r. Moment von P, dann gilt für alle stetigen Funktionen $f\colon \mathbb{R}\to\mathbb{R}$, deren Betrag für $|u|\to\infty$ nicht stärker steigt als $|u|^r$:*

$$\int f\left(n^{-1/2}\sum_1^n \frac{x_\nu - \mathscr{E}(P)}{\sqrt{\mathscr{V}(P)}}\right)\prod_1^n p(x_\nu)\,dx_1\ldots dx_n$$

$$\to \int f(u)\,\varphi(u)\,du \qquad \text{für } n\to\infty.$$

Dies folgt sofort aus Satz M.8.4, denn die Existenz des r. Moments von P impliziert nach Satz M.8.6

(8.1.10) $$\int \left|n^{-1/2}\sum_1^n \frac{x_\nu - \mathscr{E}(P)}{\sqrt{\mathscr{V}(P)}}\right|^r \prod_1^n p(x_\nu)\,dx_1\ldots dx_n$$

$$\to \int |u|^r \varphi(u)\,du.$$

Für den wichtigen Fall $r = 2$ gilt in (8.1.10) sogar Gleichheit, da

$$\int \left(n^{-1/2}\sum_1^n \frac{x_\nu - \mathscr{E}(P)}{\sqrt{\mathscr{V}(P)}}\right)^2 \prod_1^n p(x_\nu)\,dx_1\ldots dx_n = 1.$$

Die bisherigen Ausführungen zum Zentralen Grenzwertsatz bezogen sich auf W-Maße über $\mathbb{R}$. Ist P ein W-Maß über $\mathbb{R}^m$ – wir schreiben die Relationen wieder für Maße mit Dichte an – dann tritt an die Stelle des Erwartungswerts der *Erwartungswert-Vektor* $\mathscr{E}(P)$ mit den Komponenten

$$\mathscr{E}(P)_i := \int x_i p(x_1,\ldots,x_m)\,dx_1\ldots dx_m$$

und an die Stelle der Varianz die *Kovarianz-Matrix* $\mathscr{V}(P)$ mit den Elementen

$$\mathscr{V}(P)_{i,j} := \int (x_i - \mathscr{E}(P)_i)(x_j - \mathscr{E}(P)_j)p(x_1,\ldots,x_m)\,dx_1\ldots dx_m.$$

8.1.11 Satz: *Seien $\mathbf{x}_1,\ldots,\mathbf{x}_n$ stochastisch unabhängig, jedes $\mathbf{x}_\nu$ verteilt nach dem W-Maß $P|\mathbb{B}^m$ mit positiv definiter Kovarianz-Matrix. Dann gilt:*

$$\sup_{C\in\mathscr{C}}\left|P^n\left\{(x_1,\ldots,x_n)\in(\mathbb{R}^m)^n: \frac{1}{n}\sum_1^n x_\nu \in C\right\}\right.$$

$$\left. - N_{(\mathscr{E}(P),\frac{1}{n}\mathscr{V}(P))}(C)\right| \to 0 \qquad \text{mit } n\to\infty,$$

wobei $\mathscr{C}$ das System der konvexen Mengen in $\mathbb{B}^m$ bezeichnet.

(Wegen eines Beweises siehe Billingsley (1986), S. 398, Theorem 29.5.)

8.2 Der Beweis des Zentralen Grenzwertsatzes

Da

$$P^n\left\{(x_1,\ldots,x_n)\in\mathbb{R}^n: n^{-1/2}\sum_1^n \frac{x_\nu - \mathscr{E}(P)}{\sqrt{\mathscr{V}(P)}} \leqq t\right\}$$

$$= Q^n\left\{(x_1,\ldots,x_n)\in\mathbb{R}^n: n^{-1/2}\sum_1^n x_\nu \leqq t\right\}$$

mit $Q := P * \left(x \to \frac{x - \mathscr{E}(P)}{\sqrt{\mathscr{V}(P)}} \right)$, genügt es, den Beweis für W-Maße P mit $\mathscr{E}(P) = 0$ und $\mathscr{V}(P) = 1$ zu führen. Aus technischen Gründen schreiben wir den Beweis für stetige W-Maße an. Nach Satz M.8.2 genügt der Beweis, daß

$$\text{(8.2.1)} \qquad \lim_{n \to \infty} \int f\left(n^{-1/2} \sum_1^n x_\nu \right) \prod_1^n p(x_\nu)\, dx_1 \ldots dx_n = \int f(u) \varphi(u)\, du$$

für alle beschränkten Funktionen f, die eine gleichmäßig stetige und beschränkte 2. Ableitung besitzen.

Mittels einer Taylor-Entwicklung erhalten wir

$$\left| f(v + n^{-1/2} z) - \left(f(v) + n^{-1/2} z f'(v) + n^{-1} \frac{z^2}{2} f''(v) \right) \right|$$
$$\leqq n^{-1} z^2 \Delta(v, n^{-1/2} z)$$

mit

$$\text{(8.2.2)} \qquad \Delta(v, \xi) := \int_0^1 (1 - u) |f''(v + u\xi) - f''(v)|\, du.$$

Da f'' gleichmäßig stetig und beschränkt ist, ist $\Delta_0(\xi) := \sup_{v \in \mathbb{R}} \Delta(v, \xi)$ für $\xi \in \mathbb{R}$ beschränkt, und es gilt nach Satz M.3.7 von der dominierten Konvergenz: $\lim_{\xi \to 0} \Delta_0(\xi) = 0$.

Ist Q ein beliebiges W-Maß mit endlicher Varianz und Dichte q, dann gilt nach Satz M.3.7 von der dominierten Konvergenz: $\lim_{n \to 0} \int z^2 \Delta_0(n^{-1/2} z) q(z)\, dz = 0$. Hat Q Erwartungswert 0 und Varianz 1, so folgt daraus, daß

$$\varepsilon_n(q) := \sup_{v \in \mathbb{R}} n \left| \int f(v + n^{-1/2} z) q(z)\, dz - \left(f(v) + \frac{n^{-1}}{2} f''(v) \right) \right|$$

mit $n \to \infty$ gegen 0 konvergiert. Da sowohl P als auch $N(0, 1)$ Erwartungswert 0 und Varianz 1 besitzen, gilt

$$\text{(8.2.3)} \qquad \sup_{v \in \mathbb{R}} n \left| \int f(v + n^{-1/2} z) p(z)\, dz - \int f(v + n^{-1/2} z) \varphi(z)\, dz \right|$$
$$\leqq \varepsilon_n(p) + \varepsilon_n(\varphi) =: \varepsilon_n$$

mit $\lim_{n \to 0} \varepsilon_n = 0$.

Um die Differenz

$$\int f\left(n^{-1/2} \sum_1^n x_\nu \right) \prod_1^n p(x_\nu)\, dx_1 \ldots dx_n$$
$$- \int f\left(n^{-1/2} \sum_1^n y_\nu \right) \prod_1^n \varphi(y_\nu)\, dy_1 \ldots dy_n$$

abzuschätzen, verwenden wir die Darstellung

(8.2.4)
$$f\left(n^{-1/2}\sum_1^n x_\nu\right) - f\left(n^{-1/2}\sum_1^n y_\nu\right)$$
$$= \sum_{k=1}^n \left(f\left(n^{-1/2}\left(\sum_1^k x_\nu + \sum_{k+1}^n y_\nu\right)\right) - f\left(n^{-1/2}\left(\sum_1^{k-1} x_\nu + \sum_k^n y_\nu\right)\right)\right).$$

Nach (8.2.3) gilt für $k = 1, \ldots, n$ und alle $(x_1, \ldots, x_{k-1}), (y_{k+1}, \ldots, y_n)$:

$$\left|\int f\left(n^{-1/2}\left(\sum_1^{k-1} x_\nu + \sum_{k+1}^n y_\nu\right) + n^{-1/2}x_k\right) p(x_k)\,dx_k\right.$$
$$\left. - \int f\left(n^{-1/2}\left(\sum_1^{k-1} x_\nu + \sum_{k+1}^n y_\nu\right) + n^{-1/2}y_k\right)\varphi(y_k)\,dy_k\right| \leqq \varepsilon_n/n.$$

Daraus folgt für alle $k = 1, \ldots, n$

$$\left|\int f\left(n^{-1/2}\left(\sum_1^k x_\nu + \sum_{k+1}^n y_\nu\right)\right)\prod_1^k p(x_\nu)\right.$$
$$\times \prod_{k+1}^n \varphi(y_\nu)\,dx_1 \ldots dx_k\,dy_{k+1} \ldots dy_n$$
$$- \int f\left(n^{-1/2}\left(\sum_1^{k-1} x_\nu + \sum_k^n y_\nu\right)\right)\prod_1^{k-1} p(x_\nu)$$
$$\left. \times \prod_k^n \varphi(y_\nu)\,dx_1 \ldots dx_{k-1}\,dy_k \ldots dy_n\right| \leqq \varepsilon_n/n.$$

Wegen (8.2.4) folgt daraus

(8.2.5)
$$\left|\int f\left(n^{-1/2}\sum_1^n x_\nu\right)\prod_1^n p(x_\nu)\,dx_1 \ldots dx_n\right.$$
$$\left. - \int f\left(n^{-1/2}\sum_1^n y_\nu\right)\prod_1^n \varphi(y_\nu)\,dy_1 \ldots dy_n\right| \leqq \varepsilon_n.$$

Da $n^{-1/2}\sum_1^n \mathbf{y}_\nu$ nach Proposition 4.6.12 und Beispiel 3.2.10 unter $N_{(0,1)}^n$ nach $N_{(0,1)}$ verteilt ist, gilt nach Proposition 3.5.1:

$$\int f\left(n^{-1/2}\sum_1^n y_\nu\right)\prod_1^n \varphi(y_\nu)\,dy_1 \ldots dy_n = \int f(u)\varphi(u)\,du.$$

Daher ist (8.2.5) mit (8.2.1) äquivalent. □

Der Leser wird unschwer die intuitive Idee dieses Beweises erkennen: Daß sich $n^{-1/2}\sum_1^n \mathbf{x}_\nu$ für beliebige Zufallsvariable $\mathbf{x}_\nu$ asymptotisch wie $n^{-1/2}\sum_1^n \mathbf{y}_\nu$ mit normalverteilten Zufallsvariablen $\mathbf{y}_\nu$ verhält, zeigt man, indem man sukzessive die

Variablen $\mathbf{x}_\nu$ durch $\mathbf{y}_\nu$ ersetzt und nachweist, daß bei jedem der n Schritte nur eine Änderung eintritt, die rascher als n^{-1} verschwindet.

8.3 Die Genauigkeit der Normalapproximation

Bei der Anwendung des Zentralen Grenzwertsatzes ersetzen wir die schwer berechenbare Wahrscheinlichkeit $P^n\left\{(x_1,\ldots,x_n)\in\mathbb{R}^n: \frac{1}{n}\sum_1^n x_\nu \leqq t\right\}$ durch die aus einer Tabelle ablesbare Wahrscheinlichkeit

$$N_{\left(\mathscr{E}(P),\frac{\mathscr{V}(P)}{n}\right)}(-\infty,t] = \Phi\left(\frac{t-\mathscr{E}(P)}{\sqrt{\mathscr{V}(P)}}n^{1/2}\right).$$

Wie groß ist der Fehler, den wir dabei begehen?

Formel (8.1.2) garantiert nur, daß die Differenz zwischen der gesuchten und der bekannten Wahrscheinlichkeit mit $n\to\infty$ beliebig klein wird. Für die Anwendungen sagt dies gar nichts. Setzen wir voraus, daß $\rho(P) := \int |x-\mathscr{E}(P)|^3 p(x)\,dx$ (bzw. $\rho(P) := \sum_1^\infty |a_i-\mathscr{E}(P)|^3 P\{a_i\}$ bei diskreten W-Maßen) endlich ist, dann gilt folgende Verschärfung von (8.1.2), der *Satz von Berry-Esséen:*

(8.3.1)
$$\sup_{t\in\mathbb{R}}\left|P^n\left\{(x_1,\ldots,x_n)\in\mathbb{R}^n: \frac{1}{n}\sum_1^n x_\nu \leqq t\right\} - N_{\left(\mathscr{E}(P),\frac{\mathscr{V}(P)}{n}\right)}(-\infty,t]\right| \leqq C(P)n^{-1/2},$$

mit $C(P) = c_0\rho(P)\mathscr{V}(P)^{-3/2}$.

Die Fehlerabschätzung in (8.3.1) enthält den Faktor $n^{-1/2}$, fällt also mit steigendem n relativ langsam. $n^{-1/2}$ ist jedoch die richtige Konvergenzordnung.

8.3.2 Beispiel: $B_{n,1/2}$ ist die Verteilung einer Summe von n unabhängigen Zufallsvariablen. Ihre Verteilungsfunktion hat an der Stelle k den Sprung $\binom{n}{k}2^{-n}$. Für $k=[n/2]$ ergibt sich nach der der Stirling'schen Formel H.7 asymptotisch der Wert $\sqrt{2/\pi}\,n^{-1/2}$. Wenn wir die Verteilungsfunktion der $B_{n,1/2}$ durch die (stetige) Verteilungsfunktion der Normalverteilung approximieren, muß der Approximationsfehler an dieser Sprungstelle mindestens $\frac{1}{2}\sqrt{2/\pi}\,n^{-1/2}$ sein.

Außerdem enthält die Fehlerabschätzung in (8.3.1) die universelle (d.h. von P unabhängige) Konstante c_0. Bisher ist bekannt, daß die Fehlerschranke in (8.3.1) mit $c_0 = 0{,}80$ gilt (vgl. van Beek (1972)). Selbst wenn es gelingen sollte, den kleinstmöglichen Wert für c_0 zu bestimmen: aus Beispielen ist bekannt, daß dieser nicht kleiner als $\frac{1}{\sqrt{2\pi}} \cdot \frac{3+\sqrt{10}}{6} \doteq 0{,}41$ sein kann. Auch mit dieser Konstanten wäre die Fehlerschranke so groß, daß sie für praktische Zwecke kaum brauchbar ist. Dies liegt daran, daß sie für alle W-Maße P gilt, und daß P nur über ganz wenige Maßzahlen ($\mathscr{V}(P)$ und $\rho(P)$) in die Schranke eingeht. Der tatsächliche Fehler der Normalapproximation liegt daher in vielen Fällen wesentlich unterhalb der Schranke $C(P)n^{-1/2}$, insbesondere dann, wenn P selbst schon einer Normalverteilung ähnlich ist. (Ist P exakt eine Normalverteilung, dann ist $\frac{1}{n}\sum_{1}^{n} \mathbf{x}_\nu$ exakt normalverteilt, der Fehler der Normalapproximation also 0; die Fehlerabschätzung liefert aber nur den Wert $c_0 \frac{4}{\sqrt{2\pi}} n^{-1/2}$. Für $n = 25$ wäre dieser selbst mit dem kleinstmöglichen Wert $c_0 \doteq 0{,}41$ gleich 0,13.) Der an Verbesserungen solcher Schranken interessierte Leser wird auf Sazonov (1981) verwiesen.

Wir betrachten als Beispiel den Fall der Binomial-Verteilung $B_{n,p}$. Aus (8.3.1) erhalten wir für die Approximation durch die Normalverteilung die Fehlerschranke

$$c_0 \frac{p^2 + (1-p)^2}{(p(1-p))^{1/2}} n^{-1/2}. \qquad (8.3.3)$$

Im günstigsten Fall, $p = \frac{1}{2}$, ergibt sich daraus die Schranke $c_0 n^{-1/2}$. Selbst wenn (8.3.3) mit der bestmöglichen Konstante $c_0 \doteq 0{,}41$ gelten sollte, wären mindestens 1680 Beobachtungen erforderlich, damit diese Fehlerschranke kleiner 0,01 wird. Tatsächlich ist der Fehler wesentlich kleiner. Approximieren wir beispielsweise das Quantil zur Wahrscheinlichkeit 0,95 mittels der Normalverteilung, dann weicht die tatsächliche Wahrscheinlichkeit bereits ab $n = 95$ vom angestrebten Wert 0,95 um weniger als 0,01 ab.

Wer stichhaltige Informationen über die Genauigkeit der Normalapproximation in konkreten Fällen wünscht, wird sich daher am besten Aufschluß durch Simulation verschaffen.

Der für Anwendungen entscheidende Fortschritt besteht jedoch nicht darin, den Fehler der Normalapproximation genauer abzuschätzen, sondern die Normalapproximation durch genauere Approximationen zu ersetzen. Das kann durch sogenannte Edgeworth-Entwicklungen geschehen, doch geht dies über den Rahmen unseres Buches hinaus.

8.4 Anwendungen der Normalapproximation

8.4.1 Beispiel: Meßfehler. Mit einem Instrument werden n Messungen der gleichen Größe vorgenommen. Das arithmetische Mittel dieser Messungen,

$\bar{x}_n = \frac{1}{n}\sum_1^n x_\nu$, wird als Schätzer für den Wert der zu messenden Größe genommen. Wie groß kann der Fehler von $\bar{x}_n$ sein?

Wir gehen von dem Modell aus, daß die Meßwerte x_ν von der zu messenden Größe μ um einen von Messung zu Messung schwankenden Zufallsfehler z_ν abweichen, d.h. $x_\nu = \mu + z_\nu$. Die Zufallsfehler $\mathbf{z}_1, \ldots, \mathbf{z}_n$ seien voneinander stochastisch unabhängig und um 0 symmetrisch verteilt. Der Fehler von $\bar{x}_n$ ist $\bar{x}_n - \mu = \bar{z}_n$. Uns interessiert also die Verteilung von $\bar{\mathbf{z}}_n$, z.B. der Bereich, in dem $\bar{z}_n$ mit 50% oder 95% Wahrscheinlichkeit liegen wird.

Wir bezeichen die Verteilung der Zufallsfehler $\mathbf{z}_\nu$ mit P. Wegen der Symmetrie um 0 gilt $\mathscr{E}(P) = 0$. Nach dem Zentralen Grenzwertsatz ist $\bar{\mathbf{z}}_n$ annähernd normalverteilt mit Erwartungswert 0 und Standardabweichung $\sqrt{\mathscr{V}(P)}\,n^{-1/2}$, liegt also beispielsweise mit etwa 95% Wahrscheinlichkeit im Intervall $[-1{,}96\sqrt{\mathscr{V}(P)}\,n^{-1/2}, 1{,}96\sqrt{\mathscr{V}(P)}\,n^{-1/2}]$.

Um die Fehlerschranke $1{,}96\sqrt{\mathscr{V}(P)}\,n^{-1/2}$ zu errechnen, benötigen wir $\sqrt{\mathscr{V}(P)}$. Die Varianz des Zufallsfehlers, $\mathscr{V}(P)$, ist im allgemeinen eine für das Meßinstrument charakteristische Größe und daher bekannt. Ist dies nicht der Fall, kann sie mit Hilfe der Stichprobe selbst geschätzt werden (vgl. hierzu Beispiel 8.6.2 und Abschnitt 12.3).

Ob die Normalapproximation für die Verteilung von $\bar{\mathbf{z}}_n$ hier genau genug ist? Dies wird im allgemeinen der Fall sein, da erfahrungsgemäß bereits P selbst, die Verteilung der Zufallsfehler, annähernd normal ist. Der Zentrale Grenzwertsatz sagt uns, daß wir – unter gewissen Voraussetzungen – jede Verteilung von Mittelwerten durch eine Normalverteilung approximieren können. Ist bereits die Verteilung der Einzelwerte annähernd normal, wird die Normalapproximation für die Verteilung der Mittelwerte besonders genau sein.

Bedenken Sie jedoch das Beispiel der Cauchy-Verteilung! Zu den Voraussetzungen des Zentralen Grenzwertsatzes zählt die endliche Varianz von P. Praktisch gesprochen: Weichen einzelne der Meßwerte x_ν von $\bar{x}_n$ besonders stark ab, treffen die bei der Begründung der Fehlerschranke $1{,}96\sqrt{\mathscr{V}(P)}\,n^{-1/2}$ gemachten Annahmen vielleicht nicht zu!

Bevor die Normalverteilung in der Wahrscheinlichkeitstheorie (als Grenzwert von Verteilungen von Summen) auftauchte, wurden die verschiedensten Annahmen über die Form der Verteilung von Zufallsfehlern gemacht. Einig war man sich seit Galilei darüber, daß die Dichte um 0 symmetrisch ist und von da aus nach beiden Seiten abfällt. Innerhalb dieses Rahmens haben die Mathematiker – offenbar unbekümmert um die Wirklichkeit – eine beachtliche Phantasie entfaltet. Simpson (1757) unterstellt ein gleichschenkliges Dreieck, Lagrange (1775) eine Cosinus-Welle, D. Bernoulli (1777) einen Halbkreis, und Laplace (1774, 1778) schwankt zwischen $x \to \frac{1}{2a}\exp\left[-\frac{|x|}{a}\right]$ und $x \to \frac{1}{2a}\log\frac{a}{|x|}$.

8.4.2 Beispiel: Rundungsfehler. Die Zahlen $r_1, r_2, \ldots, r_n$ werden auf ganze Zahlen gerundet, d.h. dargestellt als $r_\nu = \mu_\nu + u_\nu$, mit μ_ν ganz und $u_\nu \in [-1/2, 1/2)$. Es interessiert, welchen Fehler die Summe $\sum_1^n \mu_\nu$ $\left(\text{im Vergleich zu } \sum_1^n r_\nu\right)$ aufweist. Dieser Fehler ist $\sum_1^n u_\nu$. Er kann im Prinzip jeden Wert im Intervall $[-n/2, n/2)$ annehmen. Geht man von der Annahme aus, daß die einzelnen Rundungsfehler $\mathbf{u}_\nu$ voneinander stochastisch unabhängig und im Intervall $[-1/2, 1/2)$ gleichverteilt sind, sind Fehler in der Größenordnung $-n/2$ oder $n/2$ jedoch äußerst unwahrscheinlich. Wir sind daran interessiert, eine Schranke für den Rundungsfehler zu finden, die nur sehr selten überschritten wird.

Bezeichne R die Gleichverteilung im Intervall $[-1/2, 1/2)$. Dann gilt

$$\mathscr{E}(R) = \int_{-1/2}^{1/2} x\,dx = 0,$$

$$\mathscr{V}(R) = \int_{-1/2}^{1/2} x^2\,dx = \frac{1}{12}.$$

Nach dem Zentralen Grenzwertsatz (in der Form (8.1.5)) gilt:

$$\sup_{t \in \mathbb{R}} \left| R^n\left\{(u_1, \ldots, u_n) \in [-1/2, 1/2)^n : \left|\sum_1^n u_\nu\right| \leqq t\right\} - N_{(0,\frac{1}{12})}[-t, t]\right| \to 0 \qquad \text{mit } n \to \infty.$$

Für $n = 100$ erhalten wir beispielsweise, daß der Betrag des Fehlers von $\sum_1^n \mu_\nu$ in 95 von 100 Fällen kleiner als 5,7 sein wird (obwohl er grundsätzlich auch den Wert 50 annehmen kann).

8.4.3 Beispiel: Normalapproximation der Binomial-Verteilung. Nach (4.8.2) können wir $B_{n,p}$ auffassen als die von $\sum_1^n \mathbf{x}_\nu$ induzierte Verteilung, wenn die Zufallsvariablen $\mathbf{x}_\nu$ stochastisch unabhängig nach $B_{1,p}$ verteilt sind. Daher gilt

$$B_{n,p}\{k \in \{0, 1, \ldots, n\} : k \leqq t\}$$
$$= B_{1,p}^n\left\{(x_1, \ldots, x_n) \in \{0, 1\}^n : \sum_1^n x_\nu \leqq t\right\}.$$

Da $\mathscr{E}(B_{1,p}) = p$, $\mathscr{V}(B_{1,p}) = p(1-p)$, folgt aus dem Zentralen Grenzwertsatz (in der Form (8.1.5))

$$\sup_{t \in \mathbb{R}} \left| B_{1,p}^n \left\{ (x_1, \ldots, x_n) \in \{0,1\}^n : \sum_1^n x_\nu \leqq t \right\} - N_{(np, np(1-p))}(-\infty, t] \right| \to 0 \qquad \text{mit } n \to \infty,$$

also

$$\sup_{t \in \mathbb{R}} |B_{n,p}\{k \in \{0,1,\ldots,n\} : k \leqq t\} - N_{(np,np(1-p))}(-\infty, t]| \to 0 \quad \text{mit } n \to \infty. \tag{8.4.4}$$

Praktisch angewendet wird diese Approximation für ganzzahlige t. Für diese kann man die numerische Genauigkeit durch eine sogenannte "Kontinuitätskorrektur" verbessern. Diese berücksichtigt, daß eine diskrete Verteilung, $B_{n,p}$, durch eine stetige, $N_{(np,np(1-p))}$, approximiert wird, indem man $B_{n,p}\{0, 1, \ldots, k\}$ nicht durch $N_{(np,np(1-p))}(-\infty, k]$, sondern durch $N_{(np,np(1-p))}(-\infty, k + \frac{1}{2}]$ approximiert.

Der Fehler der Normalapproximation hängt nicht nur von n, sondern auch von p ab. Er ist für $p = \frac{1}{2}$ am kleinsten und steigt für $p \to 0$ und $p \to 1$ stark an. Als Faustregel gilt, daß $n > \dfrac{9}{p(1-p)}$ sein soll.

Da $\rho(B_{1,p}) = p(1-p)(p^2 + (1-p)^2)$, erhalten wir von (8.3.1) als Schranke für den Fehler der Normalapproximation den Wert $c_0 \cdot \dfrac{p^2 + (1-p^2)}{(p(1-p))^{1/2}} n^{-1/2}$. Wie in Abschnitt 8.3 ausgeführt, überschätzt diese Schranke – selbst mit $c_0 \doteq 0{,}41$ – den wahren Fehler beträchtlich.

8.4.5 Beispiel: Normalapproximation der Gamma- und Chiquadrat-Verteilung. Da die Gamma-Verteilung reproduktiv ist (vgl. 1.6.8), können wir $\Gamma_{1,b}$ darstellen als n-faches Faltungsprodukt von $\Gamma_{1,b/n}$. Daher gilt für alle $B \in \mathbb{B}$

$$\Gamma_{1,b}(B) = \Gamma_{1,\frac{b}{n}}^n \left\{ (x_1, \ldots, x_n) \in (0, \infty)^n : \sum_1^n x_\nu \in B \right\}.$$

Durch Anwendung für $B = (-\infty, b + t\sqrt{b}]$ erhalten wir

$$\Gamma_{1,b}\left\{ y \in (0,\infty) : \frac{y-b}{\sqrt{b}} \leqq t \right\} = \Gamma_{1,\frac{b}{n}}^n \left\{ (x_1, \ldots, x_n) \in (0,\infty)^n : n^{-1/2} \left(\frac{b}{n}\right)^{-1/2} \sum_1^n \left(x_\nu - \frac{b}{n} \right) \leqq t \right\}. \tag{8.4.6}$$

Da

$$\mathscr{E}(\Gamma_{1,\frac{b}{n}}) = \mathscr{V}(\Gamma_{1,\frac{b}{n}}) = \frac{b}{n},$$

gilt nach dem Satz von Berry-Esséen (8.3.1)

$$(8.4.7)\qquad \sup_{t\in\mathbb{R}}\left|\Gamma^{n}_{1,\frac{b}{n}}\left\{(x_1,\dots,x_n)\in(0,\infty)^n:\ n^{-1/2}\left(\frac{b}{n}\right)^{-1/2}\sum_{1}^{n}\left(x_\nu-\frac{b}{n}\right)\leqq t\right\}\right.$$
$$\left.-\ \Phi(t)\right|\leqq c_0\cdot n^{-1/2}\rho\left(\frac{b}{n}\right)\cdot\left(\frac{b}{n}\right)^{-3/2},$$

wobei $\rho(b)$ das dritte absolute zentrierte Moment der Verteilung $\Gamma_{1,b}$ bezeichnet. Es gilt $\rho(b)=\int_0^\infty |x-b|^3 p(x,b)\,dx$, wobei $p(\cdot,b)$ die Dichte von $\Gamma_{1,b}$ ist. Da

$$\int_0^\infty |x-b|^3 p(x,b)\,dx < b^3\int_0^b p(x,b)\,dx+\int_b^\infty x^3 p(x,b)\,dx$$
$$< b^3+\frac{\Gamma(b+3)}{\Gamma(b)}=b(2+3b+2b^2),$$

gilt

$$n^{-1/2}\rho\left(\frac{b}{n}\right)\cdot\left(\frac{b}{n}\right)^{-3/2}<b^{-1/2}\left(2+3\frac{b}{n}+2\left(\frac{b}{n}\right)^2\right).$$

Wegen (8.4.6) und (8.4.7) folgt daraus

$$\sup_{t\in\mathbb{R}}\left|\Gamma_{1,b}\left\{y\in(0,\infty):\frac{y-b}{\sqrt{b}}\leqq t\right\}-\Phi(t)\right|$$
$$\leqq c_0 b^{-1/2}\left(2+3\frac{b}{n}+2\left(\frac{b}{n}\right)^2\right).$$

Diese Ungleichung gilt für alle $n\in\mathbb{N}$. Da die linke Seite nicht von n abhängt, folgt

$$(8.4.8)\qquad \sup_{t\in\mathbb{R}}\left|\Gamma_{1,b}\left\{y\in(0,\infty):\frac{y-b}{\sqrt{b}}\leqq t\right\}-\Phi(t)\right|\leqq 2c_0 b^{-1/2}.$$

Also ist für große b die Verteilung $\Gamma_{1,b}$ durch $N_{(b,b)}$ approximierbar.

Für Verteilungen $\Gamma_{a,b}$ mit Skalenparameter a folgt daraus sofort die Approximierbarkeit für große b durch $N_{(ab,a^2b)}$.

Da $\chi^2_n=\Gamma_{2,\frac{n}{2}}$, folgt somit die Approximierbarkeit der Chiquadrat-Verteilung durch $N_{(n,2n)}$. Diese ist natürlich auch direkt aus dem Zentralen Grenzwertsatz zu gewinnen, denn χ^2_n ist das n-fache Faltungsprodukt von χ^2_1, und es gilt $\mathscr{E}(\chi^2_1)=1$, $\mathscr{V}(\chi^2_1)=2$.

8.4.9 Beispiel: Normalapproximation der Poisson-Verteilung. Wegen der Reproduktivität gilt $P_a=P_{\frac{a}{n}}^{*n}$, also für alle $B\subset\mathbb{R}$

$$P_a\{k \in \mathbb{N}_0 : k \in B\}$$
$$= P_{\frac{a}{n}}^n\left\{(k_1, \ldots, k_n) \in \mathbb{N}_0^n : \sum_1^n k_\nu \in B\right\}.$$

Durch Anwendung für $B = (-\infty, a + t\sqrt{a}]$ erhalten wir

$$(8.4.10) \quad P_a\left\{k \in \mathbb{N}_0 : \frac{k-a}{\sqrt{a}} \leqq t\right\}$$
$$= P_{\frac{a}{n}}^n\left\{(k_1, \ldots, k_n) \in \mathbb{N}_0^n : \frac{n^{-1/2}\sum_1^n (k_\nu - a/n)}{\sqrt{a/n}} \leqq t\right\}.$$

Da $\mathscr{E}(P_{\frac{a}{n}}) = a/n$, $\mathscr{V}(P_{\frac{a}{n}}) = a/n$, folgt aus dem Satz von Berry-Esséen (8.3.1)

$$(8.4.11) \quad \sup_{t \in \mathbb{R}} \left| P_{\frac{a}{n}}^n\left\{(k_1, \ldots, k_n) \in \mathbb{N}_0^n : \frac{n^{-1/2}\sum_1^n (k_\nu - a/n)}{\sqrt{a/n}} \leqq t\right\} - \Phi(t)\right|$$
$$\leqq c_0 n^{-1/2} \rho(a/n)(a/n)^{-3/2}$$

mit $\rho(b) := \sum_{k=0}^{\infty} |k - b|^3 \frac{b^k}{k!} e^{-b}$.

Für $b \leqq 1$ gilt $\rho(b) \leqq 5b$

$$\left(\text{da } |k-b|^3 \leqq (k-b)^2 + (k-b)^4 \quad \text{und}\right.$$
$$\left.\sum_{k=0}^{\infty} (k-b)^2 \frac{b^k}{k!} e^{-b} = b,\ \sum_{k=0}^{\infty} (k-b)^4 \frac{b^k}{k!} e^{-b} = b + 3b^2\right).$$

Daher gilt für alle hinreichend großen $n \in \mathbb{N}$

$$n^{-1/2}\rho(a/n)(a/n)^{-3/2} \leqq 5a^{-1/2},$$

wegen (8.4.10) und (8.4.11) also

$$(8.4.12) \quad \sup_{t \in \mathbb{R}} \left| P_a\left\{k \in \mathbb{N}_0 : \frac{k-a}{\sqrt{a}} \leqq t\right\} - \Phi(t)\right| \leqq 5c_0 a^{-1/2}.$$

Praktisch heißt dies, daß wir für große a Wahrscheinlichkeiten $P_a\{0, \ldots, k\}$ durch $\Phi\left(\frac{k-a}{\sqrt{a}}\right)$ approximieren können. Da wir eine diskrete Verteilung durch eine stetige approximieren, wird die Approximationsgenauigkeit etwas verbessert, wenn wir $P_a\{0, \ldots, k\}$ durch $\Phi\left(\frac{k + \frac{1}{2} - a}{\sqrt{a}}\right)$ approximieren.

Wir betrachten hierzu noch ein konkretes Beispiel.

8.4.13 Beispiel: Datierung mit der ^{14}C-Methode. In der Luft ist der Anteil des ^{14}C-Isotops, p, auch über sehr lange Zeiträume (von 100000 Jahren) infolge des Gleichgewichts zwischen radioaktivem Zerfall und Neubildung in der Stratosphäre annähernd konstant, etwa 10^{-12}. Dieses Verhältnis findet sich in allen Lebewesen wieder. Ab dem Zeitpunkt des Todes findet keine weitere Aufnahme von Kohlenstoff mehr statt, und der Anteil des ^{14}C-Isotops nimmt infolge des radioaktiven Zerfalls kontinuierlich ab. Aus dem in einer Probe noch vorhandenen Anteil der ^{14}C-Atome läßt sich dann das Alter derselben schätzen.

Die Lebensdauer radioaktiver Atome ist exponentialverteilt (vgl. 6.3.2). Bezeichnet t_* die Halbwertszeit, dann ist die Wahrscheinlichkeit, daß ein zum Zeitpunkt 0 existierendes Atom zum Zeitpunkt t noch immer existiert,

$$(8.4.14) \qquad p_t = \exp\left[-\frac{t}{t_*}\log 2\right].$$

n_0 bezeichne die Anzahl der ^{14}C-Atome, die zum Zeitpunkt des Todes in der Probe vorhanden waren. Die Anzahl der nach der Zeit t noch vorhandenen Atome, n_t, ist verteilt nach B_{n_0,p_t}. Ist n_t bekannt, dann können wir p_t schätzen durch n_t/n_0. Nach (8.1.8) ist der Fehler dieser Schätzung mit der Wahrscheinlichkeit 0,95 kleiner als

$$1{,}96(p_t(1-p_t))^{1/2}n_0^{-1/2} < n_0^{-1/2},$$

also extrem klein. Daher gilt bis auf einen für alle Anwendungen vernachlässigbaren Fehler

$$p_t = n_t/n_0:$$

und somit

$$(8.4.15) \qquad t \doteq \frac{t_*}{\log 2}(\log n_0 - \log n_t).$$

Um t, die seit dem Eintritt des Todes verstrichene Zeit, zu schätzen, benötigen wir eine Schätzung für n_t und für n_0.

Ein Schätzwert für n_0 ergibt sich aus der vorhandenen Kohlenstoffmenge und dem Anteil des ^{14}C-Kohlenstoffs, der als 10^{-12} angenommen wird.

Ein Schätzwert für n_t ergibt sich aus den in einem Zeitabschnitt $(t, t+\Delta)$ zerfallenen ^{14}C-Atomen. Die Anzahl der zerfallenen Atome, k, ist nach Abschnitt 11.3 die Realisation einer Zufallsvariablen, die Poisson-verteilt ist mit dem Parameter $a = n_t q_\Delta$ mit $q_\Delta := 1 - p_\Delta$ (vgl. (8.4.14)). Daraus folgt

$$\log n_t = \log a - \log q_\Delta.$$

Um $\log n_t$ zu schätzen, benötigen wir also einen Schätzer für $\log a$. Der Fehler des Schätzers von $\log n_t$ ist genau so groß wie der Fehler des Schätzers von $\log a$. Nach (8.4.12) gilt für große a näherungsweise

$$P_a\{k \in \mathbb{N}_0 : a - u_{\frac{\alpha}{2}}\sqrt{a} < k < a + u_{\frac{\alpha}{2}}\sqrt{a}\} \doteq 1 - \alpha.$$

Durch näherungsweises Auflösen der Ungleichung nach a erhalten wir ein Konfidenzintervall für a:

$$P_a\{k \in \mathbb{N}_0 : k - u_{\frac{\alpha}{2}}\sqrt{k} < a < k + u_{\frac{\alpha}{2}}\sqrt{k}\} \doteq 1 - \alpha.$$

Für große k gilt

$$\log(k \pm u\sqrt{k}) \doteq \log k \pm u k^{-1/2},$$

so daß

$$P_a\{k \in \mathbb{N}_0 : \log k - u_{\frac{\alpha}{2}} k^{-1/2} < \log a < \log k + u_{\frac{\alpha}{2}} k^{-1/2}\} \doteq 1 - \alpha.$$

Schätzen wir $\log a$ durch $\log k$, dann ist der Zufallsfehler dieser Schätzung – und damit auch der Zufallsfehler der Schätzung von $\log n_t$ – mit der Wahrscheinlichkeit $1 - \alpha$ kleiner als $u_{\frac{\alpha}{2}} k^{-1/2}$. Nach (8.4.15) geht $\log n_t$ mit dem Faktor $t_*/\log 2$ in die Schätzung des Alters ein. Daher ist der Beitrag des Zufallsfehlers zum Gesamtfehler der Alters-Schätzung mit der Wahrscheinlichkeit $1 - \alpha$ kleiner als $\frac{t_*}{\log 2} u_{\frac{\alpha}{2}} k^{-1/2}$. Für ^{14}C gilt $t_* = 5568$ Jahre. Die Fehlerschranke ist für $1 - \alpha = 0{,}95$ kleiner als 100 Jahre, wenn

$$k > \left(\frac{1{,}96 \cdot 5568}{100 \log 2}\right)^2 \doteq 24800.$$

Um eine gewünschte Genauigkeit zu erreichen, muß die Anzahl der zerfallenen ^{14}C-Atome hinreichend groß sein. Dabei ist es gleichgültig, ob dies durch eine entsprechende Größe der Probe oder durch die Länge Δ des Beobachtungsintervalls erreicht wird.

Wegen dieser im Zufallscharakter des radioaktiven Zerfalls liegenden Schranke für die Genauigkeit liegt es nahe, nach anderen Methoden zur Bestimmung der Anzahl der ^{14}C-Atome zu suchen, z.B. durch Massenspektrographie.

Wir haben bei den o.a. Überlegungen – der üblichen Argumentationsweise folgend – an mehreren Stellen Approximationen verwendet. Tatsächlich läßt sich dies weitgehend vermeiden: Da $\mathbf{n}_t$ nach B_{n_0, p_t} und $\mathbf{k}$ nach B_{n_t, q_Δ} verteilt ist, ist k das Ergebnis eines gekoppelten Zufallsexperiments mit der Verteilung

$$k \to \sum_{n=k}^{n_0} B_{n_0, p_t}\{n\} B_{n, q_\Delta}\{k\} = B_{n_0, p_t q_\Delta}\{k\}.$$

(Vgl. hierzu Beispiel 9.8.3.)

Wir schätzen die Wahrscheinlichkeit $p_t q_\Delta$ – wie üblich – durch k/n_0:

$$p_t q_\Delta = k/n_0.$$

Daraus ergibt sich für t die Schätzung

$$t = \frac{t_*}{\log 2}(\log n_0 q_\Delta - \log k).$$

In den praktisch relevanten Fällen ist $n_0 p_t q_\Delta$ wegen der Größe von n_0 trotz kleinem q_Δ sehr groß. Dann können wir die Verteilung von **k** durch eine Normalverteilung mit Erwartungswert $n_0 p_t q_\Delta$ und Varianz $n_0 p_t q_\Delta(1 - p_t q_\Delta) \doteq n_0 p_t q_\Delta$ approximieren und erhalten so für den vom Zufallscharakter herrührenden Fehler die gleiche Schranke wie oben.

8.5 Die approximative Verteilung der Stichprobenquantile

In Abschnitt 4.9 haben wir gesehen, daß bei einer Verteilung $P|\mathbb{B}$ mit Dichte p und Verteilungsfunktion F die Ordnungs-Funktion $\mathbf{x}_{k:n}$ die Dichte

$$x \to k\binom{n}{k} p(x) F(x)^{k-1}(1 - F(x))^{n-k}$$

besitzt. Für das α-Quantil der Stichprobe, $\mathbf{x}_{[n\alpha]:n}$, erhalten wir beispielsweise die Dichte

$$x \to [n\alpha]\binom{n}{[n\alpha]} p(x) F(x)^{[n\alpha]-1}(1 - F(x))^{n-[n\alpha]}.$$

Hierbei bezeichnet $[r]$ für $r \in \mathbb{R}$ jene ganze Zahl, die $r - 1/2 < [r] \leqq r + 1/2$ erfüllt.

Aus dieser Formel für die Dichte ist nicht zu ersehen, wie sich die Verteilung dieses Stichprobenquantils in Abhängigkeit von n verhält. Konzentriert sie sich immer stärker um einen bestimmten Wert? Wenn ja – um welchen?

Mit Hilfe des Zentralen Grenzwertsatzes können wir die Verteilung von $\mathbf{x}_{[n\alpha]:n}$ für große n durch eine Normalverteilung approximieren.

8.5.1 Satz: *Sei $\mathcal{Q}_\alpha(P)$ das α-Quantil von $P|\mathbb{B}$. Hat P eine Dichte p, die im Punkt $\mathcal{Q}_\alpha(P)$ stetig und positiv ist, dann gilt mit $\sigma_\alpha^2(P) := \alpha(1 - \alpha)/p(\mathcal{Q}_\alpha(P))^2$:*

$$\sup_{t \in \mathbb{R}} |P^n\{(x_1, \ldots, x_n) \in \mathbb{R}^n : x_{[n\alpha]:n} \leqq t\} - N_{(\mathcal{Q}_\alpha(P), \frac{1}{n}\sigma_\alpha^2(P))}(-\infty, t]| \to 0 \qquad \textit{für } n \to \infty.$$

Tatsächlich gilt die Konvergenz unter den angegebenen Voraussetzungen gleichmäßig auf allen Borel-Mengen. Unter geringfügig stärkeren Voraussetzungen an die Dichte (Differenzierbarkeit in $\mathcal{Q}_\alpha(P)$) ist der Fehler der Normalapproximation sogar auf den Borel-Mengen von der Ordnung $n^{-1/2}$ (vgl. Reiß (1974)).

Beweis: Sei $n_\alpha := [n\alpha]$. Dann sind äquivalent:

$$n^{1/2}(x_{n_\alpha:n} - \mathcal{Q}_\alpha(P)) \leqq u,$$

$$x_{n_\alpha:n} \leqq \mathcal{Q}_\alpha(P) + n^{-1/2}u =: u_n,$$

$$\sum_1^n 1_{(-\infty,u_n]}(x_\nu) \geqq n_\alpha,$$

$$n^{-1/2} \sum_1^n (1_{(-\infty,u_n]}(x_\nu) - F(u_n)) \geqq n^{-1/2} n_\alpha - n^{1/2} F(u_n) =: t_n.$$

Daher gilt:

(8.5.2) $$P^n\{(x_1,\ldots,x_n) \in \mathbb{R}^n: n^{1/2}(x_{n_\alpha:n} - \mathcal{Q}_\alpha(P)) \leqq u\}$$
$$= P^n\left\{(x_1,\ldots,x_n) \in \mathbb{R}^n: n^{-1/2} \sum_1^n (1_{(-\infty,u_n]}(x_\nu) - F(u_n)) \geqq t_n\right\}.$$

$n^{-1/2} \sum_1^n (1_{(-\infty,u_n]}(\mathbf{x}_\nu) - F(u_n))$ ist asymptotisch normalverteilt. Dies ist aus der in Abschnitt 8.1 ausgesprochenen Version des Zentralen Grenzwertsatzes jedoch nicht unmittelbar zu erschließen, da hier die Funktion $f(x) = 1_{(-\infty,u_n]}(x) - F(u_n)$ von n abhängt. Man kann hierfür eine schärfere Version des Zentralen Grenzwertsatzes oder den Satz von Berry-Esséen (8.3.1) benutzen. Im folgenden beschreiben wir einen elementaren Weg, der auf der Approximation von $n^{-1/2} \sum_1^n (1_{(-\infty,u_n]}(x_\nu) - F(u_n))$ durch $n^{-1/2} \sum_1^n (1_{(-\infty,\mathcal{Q}_\alpha(P)]}(x_\nu) - \alpha)$ beruht. Es gilt

(8.5.3) $$n^{-1/2} \sum_1^n (1_{(-\infty,u_n]}(x_\nu) - F(u_n))$$
$$= n^{-1/2} \sum_1^n (1_{(-\infty,\mathcal{Q}_\alpha(P)]}(x_\nu) - \alpha)$$
$$+ n^{-1/2} \sum_1^n (1_{(\mathcal{Q}_\alpha(P),u_n]}(x_\nu) - (F(u_n) - \alpha)),$$

wenn wir o.B.d.A. annehmen, daß $u > 0$, also $u_n > \mathcal{Q}_\alpha(P)$.

Aus der Čebyšev'schen Ungleichung folgt

(8.5.4) $$P^n\left\{(x_1,\ldots,x_n) \in \mathbb{R}^n: \left| n^{-1/2} \sum_1^n (1_{(\mathcal{Q}_\alpha(P),u_n]}(x_\nu) - (F(u_n) - \alpha))\right| > \varepsilon\right\}$$
$$\leqq \varepsilon^{-2}(F(u_n) - \alpha)(1 - (F(u_n) - \alpha)).$$

Aus der Stetigkeit der Dichte p im Punkt $\mathcal{Q}_\alpha(P)$ folgt, daß

(8.5.5) $$n^{1/2}(F(u_n) - \alpha) = n^{1/2}(F(u_n) - F(\mathcal{Q}_\alpha(P)) \to up(\mathcal{Q}_\alpha(P)).$$

Daher gilt insbesondere $F(u_n) \to \alpha$. Also konvergiert nach (8.5.4) die Funktion $n^{-1/2} \sum_1^n (1_{(\mathcal{Q}_\alpha(P),u_n]}(x_\nu) - (F(u_n) - \alpha))$ stochastisch gegen 0.

Ferner gilt nach (8.1.7) für alle $t \in \mathbb{R}$,

$$P^n\left\{(x_1,\ldots,x_n)\in\mathbb{R}^n: n^{-1/2}\sum_1^n(1_{(-\infty,\mathcal{Q}_\alpha(P)]}(x_\nu)-\alpha)\leqq t\right\}$$
$$\to\Phi((\alpha(1-\alpha))^{-1/2}t).$$

Daher folgt aus dem Lemma von Sluckiĭ M.7.8 für alle $t\in\mathbb{R}$,

$$P^n\left\{(x_1,\ldots,x_n)\in\mathbb{R}^n: n^{-1/2}\sum_1^n(1_{(-\infty,u_n]}(x_\nu)-F(u_n))\leqq t\right\}$$
$$\to\Phi((\alpha(1-\alpha))^{-1/2}t).$$

Da Φ stetig ist, ist diese Konvergenz gleichmäßig in t, so daß

(8.5.6)
$$\left|P^n\left\{(x_1,\ldots,x_n)\in\mathbb{R}^n: n^{-1/2}\sum_1^n(1_{(-\infty,u_n]}(x_\nu)-F(u_n))\geqq t_n\right\}\right.$$
$$\left.-(1-\Phi((\alpha(1-\alpha))^{-1/2}t_n))\right|\to 0.$$

Wegen $n^{-1/2}n_\alpha-n^{1/2}\alpha\to 0$ folgt aus (8.5.5)

$$t_n=n^{-1/2}n_\alpha-n^{1/2}F(u_n)\to -up(\mathcal{Q}_\alpha(P)).$$

Daher gilt (wegen $\Phi(-r)=1-\Phi(r)$)

(8.5.7) $$1-\Phi((\alpha(1-\alpha))^{-1/2}t_n)\to\Phi(up(\mathcal{Q}_\alpha(P))(\alpha(1-\alpha))^{-1/2}).$$

Zusammen mit (8.5.2) und (8.5.6) impliziert dies

$$P^n\{(x_1,\ldots,x_n)\in\mathbb{R}^n: n^{1/2}(x_{n_\alpha:n}-\mathcal{Q}_\alpha(P))\leqq u\}$$
$$\to\Phi(up(\mathcal{Q}_\alpha(P))(\alpha(1-\alpha))^{-1/2}).$$

Daraus folgt die Behauptung nach Satz M.7.3. □

8.6 Funktionen asymptotisch normalverteilter Größen

Der Inhalt dieses Abschnitts ist durch folgende Fragestellung motiviert: Eine unbekannte Größe, μ, wird n-mal gemessen, mit den Ergebnissen $x_1,\ldots,x_n$. Das arithmetische Mittel der Meßwerte, $\frac{1}{n}\sum_1^n x_\nu$, wird als Schätzer für μ verwendet. Es interessiert $f(\mu)$. Was können wir über die Qualität von $f\left(\frac{1}{n}\sum_1^n x_\nu\right)$ als Schätzer für $f(\mu)$ aussagen?

Da außer dem Stichprobenmittel auch andere Schätzer $\mu_n(x_1,\ldots,x_n)$ in Betracht kommen, behandeln wir ein etwas allgemeineres Problem.

8.6.1 Proposition: *$\mu_n(\mathbf{x}_1, \ldots, \mathbf{x}_n)$ konvergiere mit $n \to \infty$ stochastisch gegen μ (vgl. Definition* M.6.1*). Die Funktion $f\colon \mathbb{R} \to \mathbb{R}$ sei im Punkt μ stetig. Dann konvergiert $f(\mu_n(\mathbf{x}_1, \ldots, \mathbf{x}_n))$ mit $n \to \infty$ stochastisch gegen $f(\mu)$.*

Beweis: Sei $\varepsilon > 0$ beliebig. Da f in μ stetig ist, gibt es ein $\delta_\varepsilon > 0$, so daß $|f(r) - f(\mu)| < \varepsilon$, wenn $|r - \mu| < \delta_\varepsilon$. Daher gilt:

$$P^n\{(x_1, \ldots, x_n) \in \mathbb{R}^n\colon |f(\mu_n(x_1, \ldots, x_n)) - f(\mu)| \geqq \varepsilon\}$$
$$\leqq P^n\{(x_1, \ldots, x_n) \in \mathbb{R}^n\colon |\mu_n(x_1, \ldots, x_n) - \mu| \geqq \delta_\varepsilon\} \to 0. \qquad \square$$

8.6.2 Beispiel: Seien $\mathbf{x}_1, \ldots, \mathbf{x}_n$ stochastisch unabhängig, jedes $\mathbf{x}_\nu$ verteilt nach einem *W*-Maß P mit Dichte p. Es sei $\int x^2 p(x)\,dx < \infty$. Dann konvergiert die Stichproben-Standardabweichung gegen die Standardabweichung des *W*-Maßes:

$$\left(\frac{1}{n}\sum_1^n (\mathbf{x}_\nu - \bar{\mathbf{x}}_n)^2\right)^{1/2} \to \sqrt{\mathscr{V}(P)}.$$

Beweis: Nach dem Gesetz der großen Zahlen gelten folgende stochastischen Konvergenzen:

$$\bar{\mathbf{x}}_n \to \mathscr{E}(P),$$
$$\frac{1}{n}\sum_1^n \mathbf{x}_\nu^2 \to \int x^2 p(x)\,dx.$$

Aus Proposition 8.6.1, angewendet für $f(x) = x^2$, folgt $\bar{\mathbf{x}}_n^2 \to \mathscr{E}(P)^2$, also

$$\frac{1}{n}\sum_1^n (\mathbf{x}_\nu - \bar{\mathbf{x}}_n)^2 = \frac{1}{n}\sum_1^n \mathbf{x}_\nu^2 - \bar{\mathbf{x}}_n^2 \to \int x^2 p(x)\,dx - \mathscr{E}(P)^2 = \mathscr{V}(P).$$

Nach Proposition 8.6.1, nun angewendet für $f(x) = x^{1/2}$, folgt

$$\left(\frac{1}{n}\sum_1^n (\mathbf{x}_\nu - \bar{\mathbf{x}}_n)^2\right)^{1/2} \to \sqrt{\mathscr{V}(P)}. \qquad \square$$

In der folgenden Proposition machen wir die stärkere Voraussetzung, daß $\mu_n(\mathbf{x}_1, \ldots, \mathbf{x}_n)$ asymptotisch normalverteilt ist.

8.6.3 Proposition: *$\mu_n(\mathbf{x}_1, \ldots, \mathbf{x}_n)$ sei asymptotisch verteilt nach $N_{(\mu, \frac{1}{n}\sigma^2)}$. Die Funktion $f\colon \mathbb{R} \to \mathbb{R}$ sei in einer Umgebung von μ stetig differenzierbar. Dann ist $f(\mu_n(\mathbf{x}_1, \ldots, \mathbf{x}_n))$ asymptotisch normalverteilt mit Erwartungswert $f(\mu)$ und Varianz $f'(\mu)^2 \sigma^2/n$.*

Beweis: Für alle r in einem kompakten Intervall I, das μ in seinem Inneren enthält, gilt:

$$f(r) = f(\mu) + (r - \mu)\int_0^1 f'((1 - u)\mu + ur)\,du,$$

also

(8.6.4) $$|f(r) - (f(\mu) + (r - \mu)f'(\mu))| \leqq |r - \mu| \cdot \int_0^1 |g(r,u)|\, du,$$

mit $$g(r,u) := f'((1-u)\mu + ur) - f'(\mu).$$

Da f' in I stetig ist, ist g stetig auf $I \times [0,1]$ und daher dort auch beschränkt. Daraus folgt (nach Satz M.3.7), daß $\varepsilon(r) := \int_0^1 |g(r,u)|\, du$ auf I stetig ist. Wegen $g(\mu, u) = 0$ gilt $\varepsilon(\mu) = 0$. Da $\mu_n(\mathbf{x}_1, \ldots, \mathbf{x}_n)$ stochastisch gegen μ konvergiert, konvergiert $\varepsilon(\mu_n(\mathbf{x}_1, \ldots, \mathbf{x}_n))$ nach Proposition 8.6.1 stochastisch gegen 0.

Sei

(8.6.5) $$\Delta_n(r) := n^{1/2}(f(r) - f(\mu)) - n^{1/2}(r - \mu)f'(\mu)$$

und

$$\eta_n(r) := n^{1/2}|r - \mu|\varepsilon(r).$$

Relation (8.6.4), multipliziert mit $n^{1/2}$, ergibt:

$$|\Delta_n(r)| \leqq \eta_n(r) \qquad \text{für } r \in I,$$

also

(8.6.6) $$\begin{aligned} &P^n\{(x_1, \ldots, x_n) \in \mathbb{R}^n : |\Delta_n(\mu_n(x_1, \ldots, x_n))| > \varepsilon\} \\ &\leqq P^n\{(x_1, \ldots, x_n) \in \mathbb{R}^n : \eta_n(\mu_n(x_1, \ldots, x_n)) > \varepsilon\} \\ &\quad + P^n\{(x_1, \ldots, x_n) \in \mathbb{R}^n : \mu_n(x_1, \ldots, x_n) \notin I\}. \end{aligned}$$

Die Folge $n^{1/2}(\mu_n(\mathbf{x}_1, \ldots, \mathbf{x}_n) - \mu)$ ist stochastisch beschränkt (vgl. Definition M.6.3), da die zugehörige Folge induzierter Verteilungen schwach gegen ein W-Maß konvergiert (vgl. Proposition M.7.6).

Da $\varepsilon(\mu_n(\mathbf{x}_1, \ldots, \mathbf{x}_n))$ stochastisch gegen 0 konvergiert, konvergiert auch $\eta_n(\mu_n(\mathbf{x}_1, \ldots, \mathbf{x}_n)) = n^{1/2}|\mu_n(\mathbf{x}_1, \ldots, \mathbf{x}_n) - \mu| \cdot \varepsilon(\mu_n(\mathbf{x}_1, \ldots, \mathbf{x}_n))$ stochastisch gegen 0 (vgl. Hilfssatz M.6.7). Daher gilt $P^n\{(x_1, \ldots, x_n) \in \mathbb{R}^n : \eta_n(\mu_n(x_1, \ldots, x_n)) > \varepsilon\} \to 0$ mit $n \to \infty$.

Da $n^{1/2}(\mu_n(\mathbf{x}_1, \ldots, \mathbf{x}_n) - \mu)$ stochastisch beschränkt ist, konvergiert $\mu_n(\mathbf{x}_1, \ldots, \mathbf{x}_n)$ stochastisch gegen μ. Daher gilt

$$P^n\{(x_1, \ldots, x_n) \in \mathbb{R}^n : \mu_n(x_1, \ldots, x_n) \notin I\} \to 0 \qquad \text{mit } n \to \infty.$$

Aus (8.6.6) folgt daher, daß $\Delta_n(\mu_n(\mathbf{x}_1, \ldots, \mathbf{x}_n))$ stochastisch gegen 0 konvergiert.

Die von $n^{1/2}(\mu_n(\mathbf{x}_1, \ldots, \mathbf{x}_n) - \mu)$ induzierte Verteilungsfolge konvergiert gegen $N_{(0,\sigma^2)}$. Daher konvergiert die von $n^{1/2}(\mu_n(\mathbf{x}_1, \ldots, \mathbf{x}_n) - \mu)f'(\mu)$ induzierte Verteilungsfolge gegen $N_{(0, f'(\mu)^2\sigma^2)}$. Da $\Delta_n(\mu_n(\mathbf{x}_1, \ldots, \mathbf{x}_n))$ stochastisch gegen 0 konvergiert, konvergiert wegen (8.6.5) auch die von $n^{1/2}(f(\mu_n(\mathbf{x}_1, \ldots, \mathbf{x}_n)) - f(\mu))$ induzierte Verteilungsfolge nach dem Lemma von Sluckiĭ M.7.8 gegen $N_{(0, f'(\mu)^2\sigma^2)}$. □

8.6.7 Beispiel: Seien $\mathbf{x}_1, \ldots, \mathbf{x}_n$ stochastisch unabhängig und verteilt nach einem W-Maß P mit Träger $(0, \infty)$ und endlicher Varianz. Dann ist $\left(\frac{1}{n}\sum_1^n \mathbf{x}_\nu\right)^{-1}$ asymptotisch normalverteilt mit Erwartungswert $1/\mathscr{E}(P)$ und Varianz $\frac{1}{n}\cdot\frac{\mathscr{V}(P)}{\mathscr{E}(P)^4}$.

8.6.8 Beispiel: Seien $\mathbf{x}_1, \ldots, \mathbf{x}_n$ stochastisch unabhängig und gleichverteilt in $(0, 1)$. Dann ist $\left(\prod_1^n \mathbf{x}_\nu\right)^{1/n}$ asymptotisch normalverteilt mit Erwartungswert $\frac{1}{e}$ und Varianz $\frac{1}{ne^2}$.

Beweis: Es gilt: $\left(\prod_1^n x_\nu\right)^{1/n} = \exp\left[\frac{1}{n}\sum_1^n \log x_\nu\right]$. Sei P die induzierte Verteilung von $\log \mathbf{x}$. Es gilt $\mathscr{E}(P) = \int_0^1 \log x\, dx = -1$, $\mathscr{V}(P) = \int_0^1 (\log x)^2\, dx - 1 = 1$. Nach dem Zentralen Grenzwertsatz ist daher $\frac{1}{n}\sum_1^n \log \mathbf{x}_\nu$ asymptotisch normalverteilt mit Erwartungswert -1 und Varianz $\frac{1}{n}$. Die Behauptung folgt nun aus Proposition 8.6.3, angewendet für $f(x) = \exp[x]$. □

8.7 Auftreten von Normalverteilungen in der Wirklichkeit

Die Normalverteilung tritt in der Wahrscheinlichkeitstheorie auf als Approximation für die Verteilung von Mittelwerten oder Summen einer großen Anzahl unabhängiger Zufallsvariabler. Darüber hinaus sind aber auch viele in der Wirklichkeit vorgefundene Verteilungen annähernd normal. Gibt es für dieses Phänomen eine wahrscheinlichkeitstheoretische Erklärung?

Wir nehmen an, daß das beobachtete Merkmal von einer größeren Zahl von Einflußgrößen x_ν, $\nu = 1, \ldots, n$, abhängt, d.h. darstellbar ist als $f(x_1, \ldots, x_n)$. Außerdem nehmen wir an, daß diese Einflußgrößen innerhalb der Gesamtheit voneinander unabhängig variieren. Schließlich unterstellen wir, daß diese Variation so gering ist, daß wir $f(x_1, \ldots, x_n)$ durch eine lineare Funktion approximieren können:

$$f(x_1, \ldots, x_n) \doteq f(\mu_1, \ldots, \mu_n) + \sum_1^n (x_i - \mu_i)\frac{\partial}{\partial \mu_i} f(\mu_1, \ldots, \mu_n).$$

Dann können wir – nach einer verallgemeinerten Version des Zentralen Grenzwertsatzes – die Verteilung von

$$\sum_1^n (\mathbf{x}_i - \mu_i) \frac{\partial}{\partial \mu_i} f(\mu_1, \ldots, \mu_n),$$

und daher auch die Verteilung von $f(\mathbf{x}_1, \ldots, \mathbf{x}_n) - f(\mu_1, \ldots, \mu_n)$, durch eine Normalverteilung approximieren. Voraussetzung ist dabei, daß nicht eine der Einflußgrößen so stark variiert (bzw. ihr Gewicht $\frac{\partial}{\partial \mu_i} f(\mu_1, \ldots, \mu_n)$ so groß ist), daß sie alle anderen Einflußgrößen dominiert – es sei denn, diese Einflußgröße wäre selbst normalverteilt.

Die hier angedeutete Begründung für das Auftreten normalverteilter Größen trifft nur dort zu, wo sich viele Einflußgrößen annähernd additiv überlagern. Manche Zusammenhänge sind von ganz anderer Struktur: Die Lebensdauer eines (in Serie arbeitenden) Aggregats oder die Festigkeit einer Kette hängen vom Wert des schwächsten Teils ab: Es gilt $f(x_1, \ldots, x_n) = \min\{x_1, \ldots, x_n\}$. In solchen Situationen treten keine Normalverteilungen, sondern Verteilungen eines ganz anderen Typs (sogenannte "Extremwertverteilungen") auf, die wir in Kapitel 12 genauer untersuchen.

8.8 Charakterisierung der Normalverteilung

Im Zentralen Grenzwertsatz ergab sich die Normalverteilung als Grenzverteilung geeignet standardisierter Summen unabhängiger Zufallsvariabler. Wir greifen nun den Gesichtspunkt auf, daß eine Grenzverteilung von Summen sich unter Summenbildungen reproduziert. (In Abschnitt 12.2 behandeln wir einen analogen Effekt: Eine Grenzverteilung von Maxima reproduziert sich unter der Bildung von Maxima.)

8.8.1 Proposition: *Gibt es Folgen $a_n \in \mathbb{R}$, $b_n \in \mathbb{R}_+$, so daß*

$$P^n * \left((x_1, \ldots, x_n) \to b_n^{-1} \left(\sum_1^n x_\nu - a_n \right) \right), \qquad n \in \mathbb{N}, \tag{8.8.2}$$

*gegen ein nicht ausgeartetes W-*Maß $Q|\mathbb{B}$ *konvergiert, dann gibt es zu jedem $m \in \mathbb{N}$ Konstanten $A_m \in \mathbb{R}$, $B_m \in \mathbb{R}_+$, so daß*

$$Q^m * \left((x_1, \ldots, x_m) \to B_m^{-1} \left(\sum_1^m x_\nu - A_m \right) \right) = Q. \tag{8.8.3}$$

Bezeichnen wir die Verteilungsfunktion von $P|\mathbb{B}$ mit F, die Verteilungsfunktion des n-fachen Faltungsprodukts

$$P^{*n} := P^n * \left((x_1, \ldots, x_n) \to \sum_1^n x_\nu \right)$$

mit F^{*n}, dann können wir Proposition 8.8.1 auch so formulieren: Gibt es

Folgen $a_n \in \mathbb{R}$, $b_n \in \mathbb{R}_+$ und eine nicht ausgeartete Verteilungsfunktion G, so daß für alle Stetigkeitsstellen t von G

$$(8.8.2') \qquad \lim_{n\to\infty} F^{*n}(a_n + b_n t) = G(t),$$

dann gibt es zu jedem $m \in \mathbb{N}$ Konstanten $A_m \in \mathbb{R}$, $B_m \in \mathbb{R}_+$, so daß für alle $t \in \mathbb{R}$

$$(8.8.3') \qquad G^{*m}(A_m + B_m t) = G(t).$$

Beweis: Wir bezeichnen:

$$F_n(t) := P^n\left\{(x_1, \ldots, x_n) \in \mathbb{R}^n : b_n^{-1}\left(\sum_1^n x_\nu - a_n\right) \le t\right\}$$
$$= F^{*n}(a_n + b_n t).$$

Nach (8.8.2′) gilt für alle Stetigkeitsstellen t von G

$$(8.8.2'') \qquad \lim_{n\to\infty} F_n(t) = G(t).$$

Für beliebige $x_{i,\nu} \in \mathbb{R}$ mit $i = 1, \ldots, m$ und $\nu = 1, \ldots, n$ gilt

$$b_{mn}^{-1}\left(\sum_{i=1}^m \sum_{\nu=1}^n x_{i,\nu} - a_{mn}\right) = b_{mn}^{-1} b_n \sum_{i=1}^m \left(b_n^{-1}\left(\sum_{\nu=1}^n x_{i,\nu} - a_n\right)\right)$$
$$+ b_{mn}^{-1}(m a_n - a_{mn}).$$

Angewendet für unabhängige Realisationen aus P folgt daraus für alle $t \in \mathbb{R}$

$$F_{mn}(t) = F_n^{*m}(b_n^{-1}(a_{mn} - m a_n) + b_n^{-1} b_{mn} t),$$

also, unter Verwendung von (8.8.2″),

$$(8.8.4) \qquad \lim_{n\to\infty} F_n^{*m}(b_n^{-1}(a_{mn} - m a_n) + b_n^{-1} b_{mn} t) = \lim_{n\to\infty} F_{mn}(t) = G(t).$$

Andererseits folgt aus (8.8.2″) für alle $m \in \mathbb{N}$ und alle Stetigkeitsstellen t von G^{*m}

$$(8.8.5) \qquad \lim_{n\to\infty} F_n^{*m}(t) = G^{*m}(t).$$

(Wir verwenden diese Relation ohne Beweis. Für $m = 2$ und W-Maße mit Dichte folgt sie sofort aus

$$F_n^{*2}(t) = \int F_n(t - s) F_n'(s)\, ds$$

mittels M.7.3 und M.8.2.)

Nach Satz M.7.15 folgt aus (8.8.4) und (8.8.5) die Existenz von

$$A_m := \lim_{n\to\infty} b_n^{-1}(a_{mn} - m a_n)$$

und

$$B_m := \lim_{n\to\infty} b_n^{-1} b_{mn}$$

sowie die Beziehung (8.8.3′). □

Grenzverteilungen standardisierter Summen erfüllen also stets Relation (8.8.3′). Umgekehrt ist jede Verteilung, die (8.8.3′) erfüllt, in trivialer Weise Grenzverteilung standardisierter Summen.

Man beachte, daß mit einer Funktion G, die eine Relation der Form (8.8.3′) erfüllt, dies auch jede Funktion $t \to G(\alpha + \beta t)$, mit $\beta > 0$, tut.

8.8.6 Proposition: *Die Normalverteilung ist die einzige Verteilung mit endlicher Varianz, welche* (8.8.3′) *erfüllt.*

Beweis: $N_{(\mu,\sigma^2)}$ erfüllt (8.8.3′) mit

(8.8.7) $$A_m = (m - m^{1/2})\mu \qquad \text{und} \qquad B_m = m^{1/2}.$$

Ist umgekehrt Q ein W-Maß mit endlicher Varianz, dessen Verteilungsfunktion G (8.8.3′) erfüllt, dann gilt (siehe Proposition 6.8.1) mit $\mu = \mathscr{E}(Q)$ die Relation (8.8.7), so daß

$$B_m^{-1}\left(\sum_1^m x_\nu - A_m\right) = \mu + m^{-1/2} \sum_1^m (x_\nu - \mu).$$

Nach dem Zentralen Grenzwertsatz folgt daraus

$$\lim_{m\to\infty} G^{*m}(A_m + B_m t) = N_{(\mu,\sigma^2)}(-\infty, t]$$

mit $\sigma^2 = \mathscr{V}(Q)$. Wegen (8.8.3′) folgt $Q = N_{(\mu,\sigma^2)}$. □

Die Aufgabe, alle Verteilungen zu charakterisieren, die als Grenzverteilungen standardisierter Summen auftreten, erweist sich als technisch relativ schwierig. Wir verweisen den Leser auf die einschlägige Literatur (vgl. z.B. Chow und Teicher (1988), Abschnitt 12.3). Daß (8.8.3′) nicht nur von der Normalverteilung erfüllt wird, ist klar: Für die Cauchy-Verteilung (mit Symmetrie-Zentrum 0) gilt (8.8.3′) mit $A_m = 0$, $B_m = m$ (siehe Proposition 4.6.15).

Eine Charakterisierung ganz anderer Art bringt die folgende

8.8.8 Proposition: *Sei $P|\mathbb{B}$ ein W-Maß mit stetiger Dichte. $\mathbf{x}_1, \ldots, \mathbf{x}_n$ seien unabhängig nach P verteilt. Besitzt die verbundene Verteilung P^n von $(\mathbf{x}_1, \ldots, \mathbf{x}_n)$ für irgendein $n > 1$ eine Dichte, die nur von $(x_1^2 + \cdots + x_n^2)$ abhängt, so gilt $P = N_{(0,\sigma^2)}$.*

Die Motivierung dieser Charakterisierung:

a) $n = 2$. Wir denken uns eine Schießscheibe mit einem Koordinatensystem ausgestattet. Sind die Abweichungen vom Ziel in den beiden Koordinatenrichtungen stochastisch unabhängig, und hängt die Verteilung der Einschüsse nur vom Abstand des Einschusses vom Ziel ab, dann sind die Abweichungen in den Koordinatenrichtungen normalverteilt (vgl. auch Beispiel 3.2.3).

b) $n = 3$. Sind die Geschwindigkeiten eines Moleküls in den 3 Koordinatenrichtungen stochastisch unabhängig, und hängt die Verteilung seiner Geschwindigkeit (aufgefaßt als Vektor im $\mathbb{R}^3$) nur von deren Betrag ab, dann sind die Geschwindigkeiten in den Koordinatenrichtungen normalverteilt. (Vgl. auch Beispiel 4.7.3.)

Beweis: Sei p die Dichte von $P|\mathbb{B}$. Nach Voraussetzung gibt es für ein $n > 1$ eine Funktion h_0: $[0, \infty) \to [0, \infty)$, so daß

$$\prod_1^n p(x_\nu) = h_0\left(\sum_1^n x_\nu^2\right).$$

Daraus folgt $p(0) > 0$ (denn sonst wäre $h_0(r) = p(\sqrt{r})p^{n-1}(0) = 0$ für alle $r > 0$). Dann gibt es auch eine Funktion h, so daß

$$\frac{p(x_1)p(x_2)}{p(0)p(0)} = h(x_1^2 + x_2^2).$$

Für $x_2 = 0$ folgt

$$\frac{p(x)}{p(0)} = h(x^2),$$

also

$$h(r_1)h(r_2) = h(r_1 + r_2) \qquad \text{für } r_i \geq 0, \quad i = 1, 2. \tag{8.8.9}$$

Hieraus folgt, daß $h(r) > 0$ für alle $r \geq 0$.

Angenommen $h(r_0) = 0$ für ein $r_0 \geq 0$, also wegen (8.8.9)

$$h(r) = 0 \qquad \text{für alle } r \geq r_0.$$

Aus (8.8.9) folgt durch Induktion $0 = h(r_0) = h(r_0/n)^n$. Also $h(r) = 0$ für alle $r > 0$, was nicht möglich ist.

Die Anwendung des Logarithmus auf die Gleichung (8.8.9) impliziert, daß $\log h$ die Cauchy'sche Funktionalgleichung erfüllt. Daher gilt (siehe Satz H.4) $\log h(r) = c \cdot r$, also $h(r) = \exp(c \cdot r)$ und $p(x) = p(0) \cdot \exp(cx^2)$. Wegen $\int p(x)\,dx = 1$ folgt $c < 0$, d.h. p ist die Dichte einer Normalverteilung mit Erwartungswert 0. □

8.9 Der Zentrale Grenzwertsatz im Unterricht

Der Zentrale Grenzwertsatz stellt den Lehrer vor ein schwieriges Problem. Ohne Zweifel handelt es sich bei diesem Satz um das schönste Ergebnis der Wahrscheinlichkeitstheorie: Wir erhalten auf mathematischem Weg eine Aussage, die ohne komplizierten Begriffsapparat verständlich ist und die sich außerdem empirisch überprüfen läßt und für den Laien damit fast den Charakter eines Naturgesetzes hat. Andererseits kommt ein Beweis wegen seiner Komplexität für den Unterricht nicht in Betracht.

Der Lehrer wird sich daher damit begnügen müssen, dem Schüler die Bedeutung des Zentralen Grenzwertsatzes klar zu machen (was wegen der Verflechtung von "Konvergenz gegen die Normalverteilung" und "Schrumpfen gegen den Erwartungswert" nicht ganz einfach ist), und seine Gültigkeit heuristisch zu begründen. Hierfür bieten sich zwei Wege an.

a) Berechnung der Verteilung von Summen (oder Mittelwerten) für einige Beispiele. Am eindrucksvollsten ist die Konvergenz gegen die Normalverteilung, wenn man dabei von einer Verteilung ganz anderer Gestalt ausgeht, z.B. von der Gleichverteilung. Rechnerisch am einfachsten ist der Fall einer diskreten Gleichverteilung, und dieser ist auch am leichtesten zu veranschaulichen:

1) Wir werfen gleichzeitig n Würfel. Wie ist die Verteilung der Augensumme? Nachstehende Bilder zeigen die Verteilung der Augensummen für $n = 2$ und $n = 10$. Der Maßstab auf der Abszisse wurde so gewählt, daß das Intervall der möglichen Augensummen (von n bis $6n$) für alle n gleich breit ist. Diese Bilder zeigen, daß sich die Verteilung der Augensummen immer mehr im mittleren Bereich zusammenzieht, extrem große und extrem kleine Augensummen also immer unwahrscheinlicher werden.

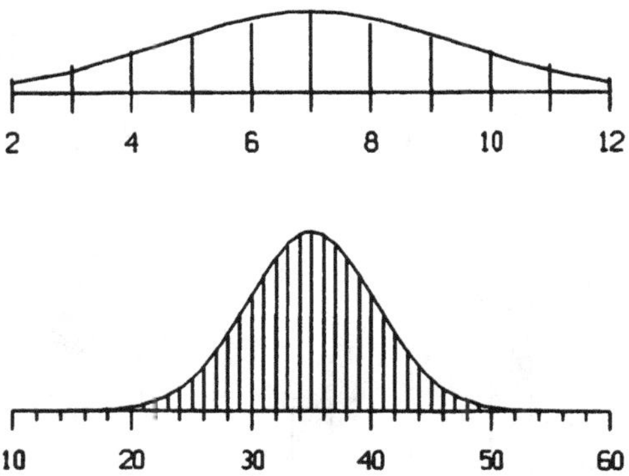

Bild 8.1 Verteilung der Augensumme für $n = 2$ und 10 im Vergleich mit der approximierenden Normalverteilung.

2) Das Galton-Brett zeigt, daß die Binomial-Verteilung $B_{n,\frac{1}{2}}$ ($\equiv$ Verteilung einer Summe von n nach $B_{1,\frac{1}{2}}$-verteilten Zufallsvariablen) für $n = 7$ oder 8 in etwa die für die Normalverteilung typische "Glockenform" besitzt.

3) Etwas schwieriger – aber eine gute Übung für das Integrieren – ist es, mit Hilfe von Formel (4.6.1) die Dichte von $\frac{1}{n}\sum_{1}^{n} \mathbf{x}_\nu$ zu berechnen, wenn $\mathbf{x}_\nu$

gleichverteilt in $[-1, 1]$ ist. Man erhält so Dichten, deren Gestalt sich mit steigendem n immer mehr der "Glockenform" annähert.

Wir geben nachstehend die Formeln für $n = 2, 3, 4$ an. Da diese Dichten um 0 symmetrisch sind, genügt die Angabe für $0 \leqq x \leqq 1$. Für $x > 1$ sind die Dichten 0.

$$p_2(x) = 1 - x \qquad 0 \leqq x \leqq 1$$

$$p_3(x) = \begin{cases} \frac{9}{8}(1 - 3x^2) & 0 \leqq x \leqq \frac{1}{3} \\ \frac{27}{16}(x - 1)^2 & \frac{1}{3} \leqq x \leqq 1 \end{cases}$$

$$p_4(x) = \begin{cases} \frac{4}{3}(1 - 6x^2 + 6x^3) & 0 \leqq x \leqq \frac{1}{2} \\ \frac{8}{3}(1 - x)^3 & \frac{1}{2} \leqq x \leqq 1 \end{cases}$$

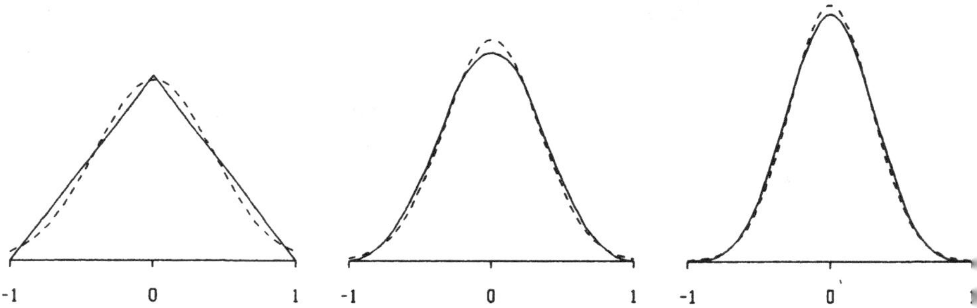

Bild 8.2 Dichte der Summe für $n = 2, 3, 4$ und der approximierenden Normalverteilung.

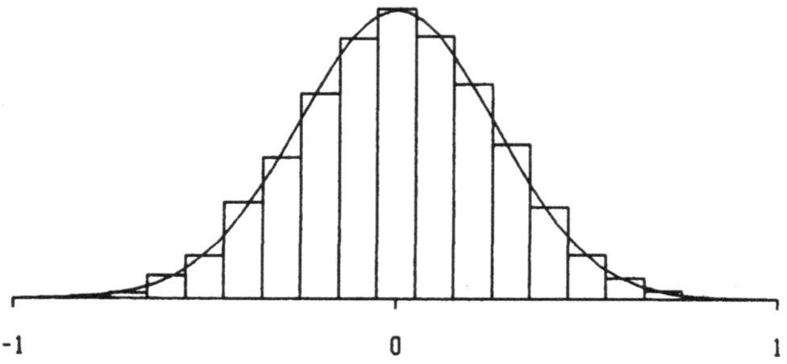

Bild 8.3 Verteilung der Durchschnitte von 10 Realisationen in $[-1, 1]$ gleichverteilter Variabler: Empirisches Ergebnis aus 5000 Simulationen und approximierende Normalverteilung.

b) Schließlich bleibt die Möglichkeit, den Zentralen Grenzwertsatz durch Computer-Simulation heuristisch zu stützen.

9. Bedingte Wahrscheinlichkeit

9.1 Der Begriff der bedingten Wahrscheinlichkeit

Ausgehend von einer Serie von Zufallsexperimenten mit Ergebnissen $x_\nu \in X$, $\nu \in \mathbb{N}$, wählen wir die Teilserie jener Ergebnisse x_ν aus, die in einer vorgegebenen Menge $A_0 \subset X$ liegen. Es interessiert uns die Verteilung der Zufallsvariablen innerhalb der Teilmenge A_0.

Ein triviales Beispiel: x_ν, $\nu \in \mathbb{N}$, sind die Lebensdauern zufällig ausgewählter Personen. Es interessiert die Verteilung der Lebensdauer jener Personen, die älter als 65 werden. Dann ist $A_0 = (65, \infty)$.

Sei $A \subset A_0$ eine beliebige Teilmenge. Dann ist die Häufigkeit, mit der x_ν in A liegt, gleich $\sum_1^n 1_A(x_\nu)$. Die relative Häufigkeit in der nach dem Gesichtspunkt "$x_\nu \in A_0$" ausgewählten Teilserie ist

$$\frac{\sum_1^n 1_A(x_\nu)}{\sum_1^n 1_{A_0}(x_\nu)}.$$

Ist $P|\mathscr{A}$ das *W*-Maß, das die Verteilung der Zufallsvariablen $\mathbf{x}_\nu$ beschreibt, dann ist für meßbare Mengen A_0, A mit $P(A_0) > 0$ bei großen Serien von Zufallsexperimenten

$$\frac{\sum_1^n 1_A(x_\nu)}{\sum_1^n 1_{A_0}(x_\nu)} = \frac{n^{-1}\sum_1^n 1_A(x_\nu)}{n^{-1}\sum_1^n 1_{A_0}(x_\nu)} \doteq \frac{P(A)}{P(A_0)}.$$

Wir definieren daher die *bedingte Wahrscheinlichkeit* von A, gegeben $A_0 \in \mathscr{A}$, durch

(9.1.1) $\quad P(A|A_0) := P(A)/P(A_0), \qquad A \in \mathscr{A},\ A \subset A_0.$

Die so definierte Funktion $A \to P(A|A_0)$ können wir auf Grund der obigen Motivierung interpretieren als Maß über dem Grundraum A_0, definiert für Mengen $A \in \mathscr{A}$, $A \subset A_0$. Das System dieser Mengen bildet wieder eine σ-Algebra, die wir mit $\mathscr{A}_0$ bezeichnen, also:

$$\mathscr{A}_0 := \{A \in \mathscr{A} : A \subset A_0\}.$$

Wie man sich leicht überlegt, gilt: $\mathscr{A}_0 = \mathscr{A} \cap A_0$ $(= \{A \cap A_0 : A \in \mathscr{A}\})$.

Die durch (9.1.1) definierte Funktion $A \to P(A|A_0)$ ist tatsächlich ein W-Maß, das die Kolmogorov'schen Axiome (1.2.8)–(1.2.10) erfüllt:

1) $P(A|A_0) \geqq 0$ ist klar;

2) $P(A_0|A_0) = \dfrac{P(A_0)}{P(A_0)} = 1$;

3) Für paarweise disjunkte Mengen $A_\nu \in \mathscr{A}_0$, $\nu \in \mathbb{N}$, gilt

$$P\left(\bigcup_1^\infty A_\nu\right) = \sum_1^\infty P(A_\nu), \quad \text{also auch}$$

$$P\left(\bigcup_1^\infty A_\nu \middle| A_0\right) = P\left(\bigcup_1^\infty A_\nu\right) \Big/ P(A_0) = \sum_1^\infty P(A_\nu)/P(A_0)$$

$$= \sum_1^\infty P(A_\nu|A_0).$$

Besitzt P die Dichte p, dann besitzt $P(\cdot|A_0)$ die Dichte

(9.1.2) $\qquad x \to p(x)1_{A_0}(x)/P(A_0).$

9.1.3 Beispiel: a) Beim Roulette (mit den Zahlen 0 bis 36) sind 18 Zahlen rot, 18 schwarz, die Null ist ohne Farbe. Die Wahrscheinlichkeit für das Ergebnis "7" ist 1/37. Ist bekannt, daß die eingetretene Zahl rot ist, so beträgt die Wahrscheinlichkeit für "7" indes 1/18.

b) Es werden 2 Würfel geworfen. Gesucht ist die Wahrscheinlichkeit, daß mindestens eine 4 auftritt. Diese ist 11/36. Ist bekannt, daß die Augensumme 10 beträgt, dann ist die Wahrscheinlichkeit, daß mindestens eine 4 auftritt, 2/3 (da $A_0 = \{(x, y) \in \{1, \ldots, 6\}^2 : x + y = 10\} = \{(4, 6), (5, 5), (6, 4)\}$ und $A = \{(4, 6), (6, 4)\}$).

Oft ist es zweckmäßig, $P(\cdot|A_0)$ nicht als W-Maß über dem Grundraum A_0 aufzufassen, sondern als W-Maß über dem ursprünglichen Grundraum X. Dies geschieht, indem man die Menge $A \in \mathscr{A}$ durch ihren in A_0 entfallenden Teil ersetzt, d.h. die in (9.1.1) gegebene Definition abändert zu

(9.1.4) $\qquad P(A|A_0) := P(A \cap A_0)/P(A_0), \qquad A \in \mathscr{A}.$

Ist $X = \bigcup_1^\infty A_k$ eine Zerlegung von X in endlich oder abzählbar viele paarweise disjunkte Mengen $A_k \in \mathscr{A}$ mit $P(A_k) > 0$, dann können wir für jedes k die bedingte Wahrscheinlichkeit $P(\cdot|A_k)$ auf $\mathscr{A}$ definieren. Der Zerlegung des Grundraums entspricht eine Aufspaltung des W-Maßes $P|\mathscr{A}$ in eine Schar von W-Maßen $P(\cdot|A_k)$, $k \in \mathbb{N}$. Jedes W-Maß aus dieser Schar beschreibt die Verteilung der Zufallsvariablen innerhalb der jeweiligen Bedingungsmenge A_k. Aus dieser Schar von bedingten W-Maßen können wir das ursprüngliche W-Maß wie folgt zurückgewinnen:

Nach Definition der bedingten Wahrscheinlichkeit (9.1.4) gilt für alle $A \in \mathscr{A}$

(9.1.5) $$P(A \cap A_k) = P(A|A_k)P(A_k),$$

also

(9.1.6) $$P(A) = \sum_1^\infty P(A|A_k)P(A_k).$$

Dies ist der sogenannte "Satz von der totalen Wahrscheinlichkeit". Obwohl es sich – mathematisch gesehen – um eine unmittelbar einsichtige Tautologie handelt, ist diese Relation von praktischem Interesse, weil in manchen Situationen primär die bedingten Wahrscheinlichkeitsmaße $P(\cdot|A_k)$ und die Wahrscheinlichkeiten $P(A_k)$ gegeben sind. Relation (9.1.6) sagt uns, wie wir daraus das W-Maß $P|\mathscr{A}$ als Gemisch der Maße $P(\cdot|A_k)$ mit den Gewichten $P(A_k)$ konstruieren können. Dies ist ein Spezialfall jenes Problems, das wir im Abschnitt 9.8 ausführlich behandeln werden.

9.1.7 Beispiel: Eine Bevölkerung bestehe aus zwei Gruppen A_1 und A_2 mit unterschiedlich verteilten I.Q.-Werten. Es sei $P(\cdot|A_k) = N_{(\mu_k, \sigma^2)}$ mit $\mu_1 = 100$, $\mu_2 = 108$ und $\sigma = 15$. Ferner gelte $P(A_1) = 0{,}9$, $P(A_2) = 0{,}1$. Gesucht ist der Anteil der Gruppe A_2 unter den Personen mit einem I.Q. größer als x_0, d.h.: Wir suchen die bedingte Wahrscheinlichkeit für $\mathbf{x} \in A_2$, gegeben $\mathbf{x} \in A_0 := (x_0, \infty)$.

$P(A_0)$, der Anteil der Bevölkerung mit einem I.Q. größer als x_0, ist nach (9.1.6) gleich

$$N_{(\mu_1, \sigma^2)}(x_0, \infty)P(A_1) + N_{(\mu_2, \sigma^2)}(x_0, \infty)P(A_2).$$

Da

$$P(A_2 \cap A_0) = N_{(\mu_2, \sigma^2)}(x_0, \infty)P(A_2),$$

ist der gesuchte Anteil der Gruppe A_2 unter den Personen mit einem I.Q. größer als x_0 gleich

$$\frac{N_{(\mu_2, \sigma^2)}(x_0, \infty) \cdot P(A_2)}{N_{(\mu_1, \sigma^2)}(x_0, \infty)P(A_1) + N_{(\mu_2, \sigma^2)}(x_0, \infty)P(A_2)}$$

$$= \frac{\left(1 - \Phi\left(\frac{x_0 - 108}{15}\right)\right) \cdot 0{,}1}{1 - \left(\Phi\left(\frac{x_0 - 100}{15}\right) \cdot 0{,}9 + \Phi\left(\frac{x_0 - 108}{15}\right) \cdot 0{,}1\right)}.$$

Je größer x_0 ist, desto größer ist der Anteil der Gruppe A_2: Für $x_0 = 130$ ergibt sich ein Anteil von 26%, für $x_0 = 145$ ein Anteil von 36%, obwohl der Anteil der Gruppe A_2 an der Gesamtheit nur 10% beträgt.

Hierzu ein praktisches Beispiel: In den USA ist der Anteil der Studenten asiatischer Abstammung um so größer, je höher die Qualifikationsstufe ist.

9.2 Bedingte Wahrscheinlichkeiten für zweidimensionale Zufallsvariable

In diesem Abschnitt wenden wir das Konzept der bedingten Wahrscheinlichkeit auf eine zweidimensionale Zufallsvariable an: Wir interessieren uns für die Verteilung von $\mathbf{y}$ unter der Bedingung $\mathbf{x} \in A$. In diesem Fall haben wir $A_0 = A \times Y$, und wir interessieren uns für die bedingte Wahrscheinlichkeit des Ereignisses $\mathbf{y} \in B$, d.h. der Menge $X \times B$. Statt $P(X \times B | A \times Y)$ verwenden wir in diesem Fall die intuitivere Schreibweise $P(\mathbf{y} \in B | \mathbf{x} \in A)$. Nach (9.1.4) gilt

$$P(\mathbf{y} \in B | \mathbf{x} \in A) = \frac{P((X \times B) \cap (A \times Y))}{P(A \times Y)}.$$

Da $(X \times B) \cap (A \times Y) = A \times B$, erhalten wir die Beziehung

$$(9.2.1) \qquad P(\mathbf{y} \in B | \mathbf{x} \in A) = \frac{P(A \times B)}{P_1(A)},$$

die sich auch unmittelbar aus der Interpretation des Begriffs der bedingten Wahrscheinlichkeit ergibt. (P_1 bezeichnet die 1. Randverteilung, vgl. Abschnitt 3.3.) Aus Abschnitt 9.1 folgt, daß $P(\mathbf{y} \in B | \mathbf{x} \in A)$, in Abhängigkeit von B betrachtet, ein W-Maß ist. Wir wissen aus Abschnitt 1.4, daß man W-Maße in Spezialfällen einfach darstellen kann: Diskrete W-Maße durch Angabe der Wahrscheinlichkeiten endlich oder abzählbar vieler Punkte, stetige W-Maße durch Angabe einer Dichte. Im Fall bedingter Wahrscheinlichkeiten hängt eine solche Darstellung auch noch davon ab, ob die bedingende Variable, $\mathbf{x}$, diskret oder stetig ist.

A) $\mathbf{x}$ ist diskret.

Seien a_i, $i \in \mathbb{N}$, die Ausprägungen, die $\mathbf{x}$ annimmt. Dann ist (9.2.1) unmittelbar anwendbar, um die bedingte Wahrscheinlichkeit $\mathbf{y} \in B$, gegeben $\mathbf{x} = a_i$, zu berechnen. Wir unterstellen o.B.d.A., daß $P_1\{a_i\} > 0$. Dann gilt

$$(9.2.2) \qquad P(\mathbf{y} \in B | \mathbf{x} = a_i) = \frac{P(\{a_i\} \times B)}{P_1\{a_i\}}, \qquad B \in \mathscr{B}.$$

Man rechnet sofort nach, daß $B \to P(\mathbf{y} \in B | \mathbf{x} = a_i)$ für jedes $i \in \mathbb{N}$ ein W-Maß ist.

Ist die Verteilung P selbst diskret, dann können wir die Punkte mit positiver Wahrscheinlichkeit darstellen als (a_i, b_j), $i, j \in \mathbb{N}$. Es genügt dann, die bedingte Wahrscheinlichkeit für alle Mengen $B = \{b_j\}$ anzugeben:

$$(9.2.3) \qquad P(\mathbf{y} = b_j | \mathbf{x} = a_i) = \frac{P\{(a_i, b_j)\}}{P_1\{a_i\}}, \qquad j \in \mathbb{N}.$$

Ein zweiter wichtiger Spezialfall ist der, daß alle Verteilungen $B \to P(\mathbf{y} \in$

$B|\mathbf{x} = a_i)$, $i \in \mathbb{N}$, stetig sind. Dann ist auch die Verteilung $B \to \sum_1^\infty P(\mathbf{y} \in B|\mathbf{x} = a_i)P_1\{a_i\} = \sum_1^\infty P(\{a_i\} \times B) = P_2(B)$, d.h. die Verteilung von $\mathbf{y}$, stetig. Ist p_i eine Dichte von $B \to P(\mathbf{y} \in B|\mathbf{x} = a_i)$, dann ist $y \to \sum_1^\infty p_i(y)P_1\{a_i\}$ eine Dichte von P_2.

B) $\mathbf{x}$ ist stetig.
Die Berechnung der bedingten Wahrscheinlichkeit für $\mathbf{y} \in B$, gegeben $\mathbf{x} \in A$, nach (9.2.1) setzt voraus, daß die bedingende Menge A positive Wahrscheinlichkeit besitzt. Dies schränkt den Nutzen dieses Konstrukts erheblich ein. Es erscheint uns selbstverständlich, die Sterblichkeit getrennt für Männer und Frauen zu betrachten. Genauso selbstverständlich ist es, die Sterblichkeit in Abhängigkeit von einem anderen Merkmal, zum Beispiel dem Körpergewicht oder dem Alkoholkonsum, zu betrachten. Die Verteilung solcher Merkmale ist jedoch – zumindest im Modell – stetig, und Relation (9.2.1) für die Berechnung der bedingten Wahrscheinlichkeit wird sinnlos, falls $A = \{x\}$, da dann $P_1(A) = 0$.

Um zu einem befriedigenden Konzept der bedingten Wahrscheinlichkeit auch für Zufallsvariable $\mathbf{x}$ mit stetiger Verteilung zu kommen, betrachten wir nun den Fall, daß P_1 ein W-Maß auf $\mathbb{B}$ mit Dichte p_1 ist. Unser Ziel ist es, die bedingte Wahrscheinlichkeit dafür anzugeben, daß $\mathbf{y} \in B$, wenn $\mathbf{x}$ einen vorgegebenen Wert x annimmt. Diese wollen wir mit dem Symbol $P(\mathbf{y} \in B|\mathbf{x} = x)$ bezeichnen.

Sei $I_n(x)$, $n \in \mathbb{N}$, eine Folge offener Intervalle mit $P_1(I_n(x)) > 0$, die sich um den Punkt x zusammenzieht. Für jedes dieser Intervalle ist die bedingte Wahrscheinlichkeit nach (9.2.1) gegeben durch

$$(9.2.4) \qquad P(\mathbf{y} \in B|\mathbf{x} \in I_n(x)) = \frac{P(I_n(x) \times B)}{P_1(I_n(x))}.$$

Es liegt daher nahe, die bedingte Wahrscheinlichkeit für $\mathbf{y} \in B$, gegeben $\mathbf{x} = x$, als

$$(9.2.5) \qquad \lim_{n\to\infty} \frac{P(I_n(x) \times B)}{P_1(I_n(x))}$$

zu definieren. Wir zeigen im folgenden, daß dies unter speziellen Voraussetzungen tatsächlich möglich ist.

Da die 1. Randverteilung von P, d.h. das Maß $A \to P(A \times Y)$, $A \in \mathbb{B}$, eine Dichte besitzt, besitzt (nach dem Satz von Radon-Nikodym; vgl. Bauer (1990), S. 116, Satz 17.10) auch $A \to P(A \times B)$, $A \in \mathbb{B}$, eine Dichte, die wir mit $x \to p(x, B)$ bezeichnen:

$$(9.2.6) \qquad P(A \times B) = \int_A p(x, B)\,dx \qquad \text{für alle } A \in \mathbb{B}.$$

Ist $Y = \mathbb{R}$ und besitzt $P|\mathbb{B}^2$ eine Dichte p, dann gilt

$$p(x, B) = \int_B p(x, y)\, dy.$$

Dann gilt nach Satz H.3 für Lebesgue-fast alle $x \in \mathbb{R}$ mit $p_1(x) > 0$

$$\text{(9.2.7)} \qquad \frac{P(I_n(x) \times B)}{P_1(I_n(x))} = \frac{P(I_n(x) \times B)/\lambda(I_n(x))}{P_1(I_n(x))/\lambda(I_n(x))} \to \frac{p(x, B)}{p_1(x)}.$$

Dies rechtfertigt es, die Funktion $x \to p(x, B)/p_1(x)$, $p_1(x) > 0$, als *bedingte Wahrscheinlichkeit* für $\mathbf{y} \in B$, gegeben $\mathbf{x}$, zu interpretieren.

Da die Dichten p und p_1 nur bis auf Lebesgue-Nullmengen eindeutig sind, ist die Funktion $x \to p(x, B)/p_1(x)$ nur bis auf P_1-Nullmengen eindeutig. Man hat es also bei einer bedingten Wahrscheinlichkeit für $\mathbf{y} \in B$, gegeben $\mathbf{x} = x$, genau genommen nicht mit einer bestimmten Funktion, sondern mit einer Äquivalenzklasse von Funktionen (die paarweise bis auf P_1-Nullmengen übereinstimmen) zu tun.

9.2.8 Satz: *Eine Funktion* $x \to P(B|x)$, $x \in \mathbb{R}$, *ist genau dann eine bedingte Wahrscheinlichkeit für* $\mathbf{y} \in B$, *gegeben* $\mathbf{x}$, *wenn*

$$\text{(9.2.9)} \qquad \int_A P(B|x) p_1(x)\, dx = P(A \times B) \qquad \textit{für alle } A \in \mathbb{B}.$$

Beweis: a) Man prüft sofort nach, daß $P(B|x) := p(x, B)/p_1(x)$ Relation (9.2.9) erfüllt.

b) Die Funktion $P(B|\cdot)$ ist durch (9.2.9) bis auf P_1-Nullmengen eindeutig bestimmt. □

Wir heben noch eine wichtige Folgerung von Relation (9.2.9) heraus. Für $A = \mathbb{R}$ gilt

$$\text{(9.2.10)} \qquad \int P(B|x) p_1(x)\, dx = P_2(B).$$

Dies ist eine Darstellung der Wahrscheinlichkeit $P_2(B)$ als Mittelwert der bedingten Wahrscheinlichkeiten $P(B|x)$, wobei die Dichte p_1 als "Gewichtsfunktion" auftritt.

9.2.11 Anmerkung: Unsere Definition der bedingten Wahrscheinlichkeit, die eng an die intuitive Interpretation anschließt, erfordert nicht unbedingt, daß der Raum X – wie hier – euklidisch ist; es muß jedoch zumindest ein metrischer Raum sein. Da die Funktion $x \to P(B|x)$ durch (9.2.9) bis auf P_1-Nullmengen eindeutig bestimmt ist und man die Existenz derselben mit Hilfe des Satzes von Radon-Nikodym ohne jede Voraussetzung an den meßbaren Raum $(X, \mathscr{A})$ beweisen kann, wird üblicherweise Relation (9.2.9) als Definition der bedingten Wahrscheinlichkeit für $\mathbf{y} \in B$, gegeben $\mathbf{x}$, gewählt. Ohne den Zusammenhang mit $\lim_{n \to \infty} P(I_n(x) \times B)/P_1(I_n(x))$ ist die Interpretation von $P(B|\cdot)$ als bedingte Wahrscheinlichkeit jedoch nur auf Umwegen zu rechtfertigen (z.B. dadurch, daß die "Mittelung" der Wahrscheinlichkeiten $P(B|x)$ über $x \in A$ mittels P_1 die Wahrscheinlichkeit $P(A \times B)$ ergeben soll).

Die Interpretation von $P(B|x)$ als Wahrscheinlichkeit für $\mathbf{y} \in B$, gegeben $\mathbf{x} = x$, verlangt, daß $P(B|x)$, bei festem x als Funktion von B betrachtet, ein W-Maß ist. Da $P(B|\cdot)$ durch (9.2.9) nur bis auf P_1-Nullmengen eindeutig bestimmt ist, wird dies im allgemeinen nicht der Fall sein, wenn man für jedes B willkürlich eine der Funktionen auswählt, die (9.2.9) erfüllen. Man kann jedoch zeigen, daß man unter geeigneten Voraussetzungen (insbesondere: $Y = \mathbb{R}^k$) die Wahlen der Funktionen $P(B|\cdot)$ für die verschiedenen meßbaren Mengen B so aufeinander abstimmen kann, daß $B \to P(B|x)$ tatsächlich für jedes x ein W-Maß ist. Wir verzichten hier auf einen Beweis dieses allgemeinen Satzes, da dies in den für uns wichtigen Spezialfällen unmittelbar nachzuprüfen ist. (Für den Fall "**x** diskret" ist dies bereits in 9.2 A) geschehen.)

Manchen Leser mag obige Definition der bedingten Wahrscheinlichkeit bei einer stetigen Zufallsvariablen **x** nicht überzeugen. Während bei einer diskreten Zufallsvariablen **x** die durch (9.2.2) gegebene bedingte Wahrscheinlichkeit ohne weiteres als Grenzwert relativer Häufigkeiten interpretierbar ist, ist dies im Fall einer stetigen Zufallsvariablen nicht von vornherein klar. Weder aus der Begründung durch den Grenzübergang (9.2.7), noch aus (9.2.9) ist unmittelbar einsichtig, daß die Interpretation der "bedingten Wahrscheinlichkeit" $P(B|x)$ mittels relativer Häufigkeiten eine solide Basis hat. Wir bringen daher im folgenden eine zusätzliche "operationelle" Rechtfertigung für dieses Konzept der bedingten Wahrscheinlichkeit. (Selbstverständlich gilt diese Rechtfertigung auch für den Fall einer diskreten Zufallsvariablen **x**, doch ist sie dort nicht unbedingt erforderlich. Wir schreiben sie daher für den Fall einer stetigen Zufallsvariablen an.)

Wir erinnern zunächst daran, wie wir ein Zufallsexperiment zur Grundlage eines Glücksspiels zwischen einer Bank und einem Spieler machen können. Den Ausgangspunkt bildet ein W-Maß $P|\mathbb{B}$ und eine fest gewählte Menge $B \in \mathbb{B}$. Die Bank ist bereit, den Betrag 1 zu zahlen, wenn die Realisation einer nach P verteilten Zufallsvariablen **y** in B liegt. Um seine Gewinnerwartung zu maximieren, muß der Spieler ein Los kaufen, wenn der Lospreis kleiner als $P(B)$ ist. Er darf das Los nicht kaufen, wenn der Lospreis höher als $P(B)$ ist.

Nun betrachten wir ein modifiziertes Glücksspiel: Den Ausgangspunkt bildet ein W-Maß $P|\mathbb{B}^2$ und eine fest gewählte Menge $B \in \mathbb{B}$. Es wird eine Realisation (x, y) einer nach P verteilten Zufallsvariablen $(\mathbf{x}, \mathbf{y})$ bestimmt und der Wert x dem Spieler bekanntgegeben. Die Bank ist bereit, den Betrag 1 zu zahlen, falls $y \in B$. Für die Teilnahme an diesem Spiel setzt die Bank einen Los-Preis $L_B(x)$ fest.

In dieser Situation ist die bedingte Wahrscheinlichkeit $P(B|x)$ jene Größe, an der sich der Spieler orientieren muß, um seinen Gewinn zu maximieren: Er muß ein Los kaufen, wenn $L_B(x) < P(B|x)$; er darf kein Los kaufen, wenn $L_B(x) > P(B|x)$.

Begründung: Bezeichne A die Menge jener Ergebnisse x, für die der Spieler

Lose kauft. Er gibt dann im Durchschnitt für Lose den Betrag $\int_A L_B(x)p_1(x)\,dx$ aus (wobei p_1 die Dichte der Verteilung von $\mathbf{x}$, d.i. der 1. Randverteilung von P, bezeichnet). Der Spieler gewinnt den Betrag 1, wenn $y \in B$ und $x \in A$. Der Erwartungswert seines Gewinns ist also $P(A \times B)$.

Wegen (9.2.9) gilt $P(A \times B) = \int_A P(B|x)p_1(x)\,dx$. Der erwartete Nettogewinn (= erwarteter Gewinn abzüglich Ausgabe für Lose) ist also

$$G(A) := \int_A (P(B|x) - L_B(x))p_1(x)\,dx.$$

Wie man leicht sieht, gilt

$$G(A) \leqq G(A_0) \qquad \text{für alle } A \in \mathbb{B},$$

wobei

$$A_0 := \{x \in \mathbb{R} \colon L_B(x) < P(B|x)\}.$$

Für Anwendungen ist die Tatsache, daß eine bedingte Wahrscheinlichkeit stets existiert, nicht ausreichend. Wir müssen in der Lage sein, sie explizit zu bestimmen. Wir tun dies nun für die beiden wichtigsten Spezialfälle.

a) $(\mathbf{x}, \mathbf{y})$ ist stetig.
Besitzt das W-Maß $P|\mathbb{B}^2$ die Dichte $p(x, y)$, dann erfüllt die Funktion

$$\text{(9.2.12)} \qquad P(B|x) := \frac{\int_B p(x, y)\,dy}{p_1(x)}$$

die Beziehung (9.2.9). Dabei beschränken wir diese Definition auf $A := \{x \in \mathbb{R}\colon p_1(x) > 0\}$. Nach Abschnitt 1.4B) ist klar, daß $B \to P(B|x)$ für jedes feste $x \in A$ ein W-Maß ist.Dieses besitzt die Dichte

$$\text{(9.2.13)} \qquad y \to p(x, y)/p_1(x), \qquad y \in \mathbb{R}.$$

Beachten Sie die Einfachheit dieses Zusammenhangs: Die Dichte des bedingten W-Maßes, gegeben $\mathbf{x} = x$, ist proportional zu $y \to p(x, y)$, mit einem Proportionalitätsfaktor, der bewirkt, daß das Integral über alle y gleich 1 wird. Vgl. hierzu die Beispiele 9.3.4 und 9.3.6 und das Beispiel in Abschnitt 9.4.

b) Die Randverteilung von $\mathbf{y}$ ist diskret.
$\mathbf{y}$ nehme die Werte $b_j, j \in \mathbb{N}$, mit positiver Wahrscheinlichkeit an.

Da $\mathbf{x}$ stetig ist, besitzt das Maß $A \to P(A \times \{b_j\})$ für jedes $j \in \mathbb{N}$ eine Dichte $\bar{p}_j$, d.h.

$$\text{(9.2.14)} \qquad P(A \times \{b_j\}) = \int_A \bar{p}_j(x)\,dx, \qquad j \in \mathbb{N}, \qquad A \in \mathbb{B}.$$

Die Randverteilung von $\mathbf{x}$ hat die Dichte

(9.2.15) $p_1(x) = \sum_1^\infty \bar{p}_j(x), \qquad x \in \mathbb{R}.$

Dann gilt für jedes $x \in \mathbb{R}$ mit $p_1(x) > 0$

(9.2.16) $P(\{b_j\}|x) = \dfrac{\bar{p}_j(x)}{p_1(x)}, \qquad j \in \mathbb{N}.$

Nach Satz 9.2.8 haben wir zu zeigen, daß für jedes $j \in \mathbb{N}$ gilt

$$\int_A P(\{b_j\}|x) p_1(x)\, dx = P(A \times \{b_j\}), \qquad A \in \mathbb{B}.$$

Dies folgt jedoch unmittelbar aus (9.2.14).

Auch hier ist die Frage, ob $P(B|x)$, als Funktion von B betrachtet, ein W-Maß ist, sofort zu bejahen. Nach Abschnitt 1.4A) genügt hierfür, daß $\sum_1^n P(\{b_j\})|x) = 1$, was unmittelbar aus (9.2.15) und (9.2.16) folgt. Ein Anwendungsbeispiel ist 9.10.13.

9.3 Erwartungswerte bedingter Verteilungen

Die in Abschnitt 9.2 definierten bedingten Verteilungen sind die Antwort des Mathematikers auf die Frage, wie die Zufallsvariable $\mathbf{y}$ verteilt ist, wenn $\mathbf{x}$ einen vorgegebenen Wert x annimmt. Die Aufgabe, bedingte Wahrscheinlichkeiten für $\mathbf{y} \in B$, gegeben $\mathbf{x} = x$, anzugeben, läßt sich in den wichtigen Spezialfällen durch Angabe eines W-Maßes $B \to P(\mathbf{y} \in B|\mathbf{x} = x)$ lösen, das die Verteilung von $\mathbf{y}$, gegeben $\mathbf{x} = x$, beschreibt. Oft interessiert uns nicht die Verteilung von $\mathbf{y}$, sondern nur ein Funktional dieser Verteilung: Wir interessieren uns nicht dafür, wie die Personen mit einer Größe von 1,80 m nach dem Gewicht verteilt sind, sondern nur, wie das Durchschnittsgewicht dieser Personen ist. Wir können solche Fragen mittels des Erwartungswerts der bedingten Verteilung beantworten.

Die folgenden Überlegungen schreiben wir für den Fall an, daß $(\mathbf{x}, \mathbf{y})$ eine stetige Verteilung besitzt. Die in den anderen Fällen erforderlichen Modifikationen sind offensichtlich.

Sei $f\colon \mathbb{R} \to \mathbb{R}$ eine meßbare Funktion. Wir definieren den Erwartungswert der Zufallsvariablen $f(\mathbf{y})$ unter der Bedingung $\mathbf{x} = x$ für eine stetige Zufallsvariable $(\mathbf{x}, \mathbf{y})$ mit Dichte p durch

(9.3.1) $\mathscr{E}(f(\mathbf{y})|\mathbf{x} = x) := \int f(y) p(x, y)\, dy / p_1(x).$

Diese Definition kann genauso motiviert werden, wie die Definition der bedingten Wahrscheinlichkeit. (9.3.1), angewendet für $f = 1_B$, führt zu (9.2.12) zurück. Aus (9.3.1) folgt

(9.3.2) $\mathscr{E}(f(\mathbf{y})) = \int \mathscr{E}(f(\mathbf{y})|\mathbf{x} = x)p_1(x)\,dx.$

Der Erwartungswert von $f(\mathbf{y})$ ist also ein gewogenes Mittel der bedingten Erwartungswerte $\mathscr{E}(f(\mathbf{y})|\mathbf{x} = x)$, $x \in X$.

Analog läßt sich für eine meßbare Funktion $f\colon \mathbb{R}^2 \to \mathbb{R}$ der Erwartungswert der Zufallsvariablen $f(\mathbf{x}, \mathbf{y})$ unter der Bedingung $\mathbf{x} = x$ definieren durch

(9.3.1′) $\mathscr{E}(f(x, \mathbf{y})|\mathbf{x} = x) := \int f(x, y)p(x, y)\,dy/p_1(x).$

Es gilt

(9.3.2′) $\mathscr{E}(f(\mathbf{x}, \mathbf{y})) = \int \mathscr{E}(f(x, \mathbf{y})|\mathbf{x} = x)p_1(x)\,dx.$

Die Relationen (9.3.1), (9.3.2), angewendet für die Funktion $f(y) = y^2$, liefern nach kurzer Umrechnung die Beziehung

(9.3.3) $\mathscr{V}(\mathbf{y}) = \int \mathscr{V}(\mathbf{y}|\mathbf{x} = x)p_1(x)\,dx + \int (\mathscr{E}(\mathbf{y}|\mathbf{x} = x) - \mathscr{E}(\mathbf{y}))^2 p_1(x)\,dx.$

Dabei ist

$$\mathscr{V}(\mathbf{y}|\mathbf{x} = x) := \int (y - \mathscr{E}(\mathbf{y}|\mathbf{x} = x))^2 p(x, y)\,dy/p_1(x),$$

die Varianz der bedingten Verteilung von $\mathbf{y}$, gegeben $\mathbf{x} = x$.

Die Varianz von $\mathbf{y}$ setzt sich also additiv aus zwei Komponenten zusammen: dem Durchschnitt der bedingten Varianzen und der Varianz der bedingten Erwartungswerte. (Relation (9.3.3) verallgemeinert Relation (6.6.3).)

9.3.4 Beispiel: Sei $P = N_{(\mu_1, \mu_2, \sigma_1^2, \sigma_2^2, \rho)}$. Auf Grund von (9.2.13) ist die bedingte Verteilung von $\mathbf{y}$, gegeben $\mathbf{x} = x$

(9.3.5) $N_{\left(\mu_2 + \rho\frac{\sigma_2}{\sigma_1}(x - \mu_1),\, \sigma_2^2(1 - \rho^2)\right)}.$

Es gilt also $\mathscr{E}(\mathbf{y}|\mathbf{x} = x) = \mu_2 + \rho\dfrac{\sigma_2}{\sigma_1}(x - \mu_1)$ und $\mathscr{V}(\mathbf{y}|\mathbf{x} = x) = \sigma_2^2(1 - \rho^2)$. Beachtenswert ist, daß nur der Erwartungswert, nicht aber die Varianz der bedingten Verteilung von x abhängt. Daß die Varianz der bedingten Verteilung, $\sigma_2^2(1 - \rho^2)$, im allgemeinen kleiner ist als σ_2^2, die Varianz der Randverteilung von $\mathbf{y}$, ist plausibel: Die Kenntnis des Werts von $\mathbf{x}$ verkleinert die Varianz von $\mathbf{y}$, und zwar um so mehr, je stärker der Zusammenhang zwischen $\mathbf{x}$ und $\mathbf{y}$ ist (d.h. je größer $|\rho|$ ist).

Die Funktion $x \to \mu_2 + \rho\dfrac{\sigma_2}{\sigma_1}(x - \mu_1)$ heißt *Regressionsgerade*. Sie gibt an, wie der bedingte Erwartungswert $\mathscr{E}(\mathbf{y}|\mathbf{x} = x)$ von x abhängt. Im Fall einer "positiven Korrelation" ($\rho > 0$) ist für $x > \mu_1$ der Erwartungswert der bedingten Verteilung von $\mathbf{y}$ größer als μ_2 (der Erwartungswert der Randverteilung von $\mathbf{y}$).

Mit Hilfe des Begriffs "stochastisch größer" (vgl. Definition 6.5.1) können wir die Bedeutung einer positiven Korrelation noch anschaulicher beschreiben: Bei positiver Korrelation ist die bedingte Verteilung von $\mathbf{y}$, gegeben

$\mathbf{x} = x$, stochastisch um so größer, je größer x ist. Bei einer zweidimensionalen Normalverteilung sind die beiden Variablen also voneinander positiv bzw. negativ regressions-abhängig (vgl. Definition 6.10.6), je nachdem, ob ρ positiv oder negativ ist.

Da die Randverteilung von $\mathbf{x}$ die Normalverteilung $N_{(\mu_1,\sigma_1^2)}$ ist, gilt

$$\int \mathscr{E}(\mathbf{y}|\mathbf{x} = x)p_1(x)\,dx$$

$$= \int \left(\mu_2 + \rho\frac{\sigma_2}{\sigma_1}(x - \mu_1)\right)\frac{1}{\sqrt{2\pi}\sigma_1}\exp\left[-\frac{(x-\mu_1)^2}{2\sigma_1^2}\right]dx$$

$$= \mu_2 = \mathscr{E}(\mathbf{y}).$$

Dies bestätigt Relation (9.3.2).

Ferner gilt

$$\int (\mathscr{E}(\mathbf{y}|\mathbf{x} = x) - \mathscr{E}(\mathbf{y}))^2 p_1(x)\,dx$$

$$= \rho^2\frac{\sigma_2^2}{\sigma_1^2}\int (x-\mu_1)^2\cdot\frac{1}{\sqrt{2\pi}\sigma_1}\exp\left[-\frac{(x-\mu_1)^2}{2\sigma_1^2}\right]dx = \rho^2\sigma_2^2.$$

Da $\mathscr{V}(\mathbf{y}|\mathbf{x} = x) = \sigma_2^2(1-\rho^2)$, unabhängig von x, gilt $\int \mathscr{V}(\mathbf{y}|\mathbf{x} = x)p_1(x)\,dx = \sigma_2^2(1-\rho^2)$. Beide Relationen zusammen bestätigen Relation (9.3.3).

9.3.6 Beispiel: Wir untersuchen die Vererbung eines bestimmten Merkmals (z.B. Intelligenz oder Körpergröße). Unsere Zufallsvariable $(\mathbf{x}, \mathbf{y})$ gebe mit ihrer 1. Komponente das Merkmal des Vaters, mit der 2. das Merkmal des ältesten Sohnes an. Die Erfahrung zeigt, daß $(\mathbf{x}, \mathbf{y})$ annähernd (zweidimensional) normalverteilt ist. Zur Vereinfachung nehmen wir an, daß das Merkmal stationär ist, d.h. die Verteilung bei den Söhnen die gleiche ist wie bei den Vätern. Dann ist die Verteilung von $(\mathbf{x}, \mathbf{y})$ von der Form $N_{(\mu,\mu,\sigma^2,\sigma^2,\rho)}$. Die bedingte Verteilung von $\mathbf{y}$, gegeben $\mathbf{x} = x$, ist $N_{(\mu+\rho(x-\mu),\sigma^2(1-\rho^2))}$. Ist $\rho > 0$, dann können wir den Erwartungswert der bedingten Verteilung auffassen als konvexe Kombination von μ und x mit dem Gewicht ρ: $\mu + \rho(x-\mu) = (1-\rho)\mu + \rho x$. Söhne überdurchschnittlich intelligenter Väter sind gleichfalls überdurchschnittlich intelligent, aber nicht im gleichen Ausmaß. Ihr I.Q. weicht im Durchschnitt von dem der Väter (x) ab in Richtung des Gesamtdurchschnitts (μ). Das gleiche gilt für Söhne von Vätern mit unterdurchschnittlicher Intelligenz. Dieses Phänomen der "Rückkehr zum Durchschnitt" hat Galton (1886) zur Verwendung des Wortes "Regression" inspiriert. Dabei handelt es sich natürlich nicht um irgendein Naturgesetz, sondern um ein rein formales Phänomen. Jede kausale Interpretation verbietet sich schon deswegen, weil die Rolle von Vätern und Söhnen vertauschbar ist: überdurchschnittlich intelligente Söhne haben Väter, die gleichfalls überdurchschnittlich intelligent sind, aber nicht im gleichen Ausmaß.

Offensichtlich hat Galton selbst das Phänomen der 'Regression' nicht richtig verstanden und nach einer kausalen Erklärung gesucht (nachdem er sich gewissenhaft davon überzeugt hatte, daß im Zusammenhang mit der Vererbung der Größe eine Regression nicht nur bei Erbsen, sondern auch bei Engländern auftritt). Er vermeint (1886, S. 252/3) diese Erklärung darin zu finden, daß die Nachkommen ihre Merkmale nicht nur von den Eltern, sondern auch noch von früheren Vorfahren erben, die hinsichtlich dieses Merkmals – wegen ihrer großen Zahl – im Durchschnitt dem Populations-Mittel entsprechen und daher die Regression zum Populations-Mittel bewirken.

Ausgestorben ist die Suche nach einer kausalen Erklärung bis heute nicht: Gelegentlich versuchen auch Lehrbücher über Statistik hierfür eine biologische Erklärung zu geben, so z.B. Freedman, Pisani und Purves (1978), die auf S. 429 die "Rückkehr zum Durchschnitt" damit erklären, daß die Körpergröße von Kindern das Mittel zwischen der Körpergröße der Eltern ist; da Frauen im Durchschnitt kleiner als Männer sind, sind also die (an diesem Punkt der Erörterung noch geschlechtslosen) Kinder kleiner als ihre Väter!

9.4 Bedingte Wahrscheinlichkeit und stochastische Unabhängigkeit

Die Idee der bedingten Wahrscheinlichkeit war implizit schon enthalten in unseren vorbereitenden Überlegungen zur Definition der stochastischen Unabhängigkeit. Für eine zweidimensionale Zufallsvariable $(\mathbf{x}, \mathbf{y})$, deren Verteilung vom W-Maß $P|\mathscr{A} \otimes \mathscr{B}$ gesteuert wird, hatten wir stochastische Unabhängigkeit definiert durch

$$\frac{P(A \times B)}{P(A \times Y)} = \frac{P(\bar{A} \times B)}{P(\bar{A} \times Y)} \qquad \text{für alle } A \in \mathscr{A}, B \in \mathscr{B}$$

und gefolgert, daß

$$\frac{P(A \times B)}{P(A \times Y)} = P(X \times B) \qquad \text{für alle } A \in \mathscr{A}, B \in \mathscr{B}.$$

$P(A \times B)/P(A \times Y)$ ist die bedingte Wahrscheinlichkeit für $\mathbf{y} \in B$, wenn $\mathbf{x} \in A$. Stochastische Unabhängigkeit bedeutet, daß diese bedingte Wahrscheinlichkeit nicht von der "Bedingung" $\mathbf{x} \in A$ abhängt und daher mit der Randverteilung von $\mathbf{y}$ übereinstimmt:

$$P(\mathbf{y} \in B | \mathbf{x} \in A) = P_2(B), \qquad A \in \mathscr{A}, B \in \mathscr{B}.$$

Besitzt die Verteilung von $(\mathbf{x}, \mathbf{y})$ eine Dichte, dann kann diese im Fall der

Unabhängigkeit als Produkt der Dichten der beiden Randverteilungen gewählt werden (vgl. Satz 4.3.5)

$$(x, y) \to p_1(x)p_2(y).$$

Auf Grund von (9.2.13) erhalten wir daraus, daß die Dichte der bedingten Verteilung von **y**, gegeben $\mathbf{x} = x$, gleich $y \to p_2(y)$ ist, unabhängig von der "Bedingung" $\mathbf{x} = x$. (Wir erinnern an Beispiel 4.3.8 zur zweidimensionalen Normalverteilung.)

Zur Veranschaulichung der Abhängigkeit betrachten wir noch das Beispiel der zweidimensionalen Cauchy-Verteilung mit der Dichte (vgl. (3.6.6))

$$(9.4.1) \qquad p(x, y) = \frac{1}{2\pi a^2(1 + (x^2 + y^2)/a^2)^{3/2}}.$$

Die 1. Randverteilung besitzt die Dichte

$$p_1(x) = \frac{1}{\pi a} \cdot \frac{1}{1 + x^2/a^2}.$$

Daraus ergibt sich die Dichte der bedingten Verteilung von **y**, gegeben $\mathbf{x} = x$, nach (9.2.13) als

$$(9.4.2) \qquad y \to \frac{1}{2(a^2 - x^2)^{1/2}(1 + y^2/(a^2 + x^2))^{3/2}}.$$

Während bei der Normalverteilung die bedingten Verteilungen wieder Normalverteilungen sind, tritt hier als bedingte Verteilung eine Verteilung ganz anderen Typs auf, nämlich eine Verteilung mit der Dichte $y \to \dfrac{1}{2c(1 + y^2/c^2)^{3/2}}$, d.i. die t-Verteilung mit 2 Freiheitsgraden und Skalenparameter $c = (a^2 + x^2)^{1/2}/\sqrt{2}$.

Wesentlich an diesem Beispiel ist, daß hier die bedingte Verteilung von **y**, gegeben $\mathbf{x} = x$, infolge der stochastischen Abhängigkeit tatsächlich eine Funktion von x ist. Je größer $|x|$, desto stärker streut die bedingte Verteilung.

9.5 Bedingte Unabhängigkeit

Wir betrachten eine dreidimensionale Zufallsvariable $(\mathbf{x}, \mathbf{y}, \mathbf{z})$. Die Komponenten $(\mathbf{x}, \mathbf{y})$ heißen *bedingt unabhängig*, wenn die bedingte Verteilung von $(\mathbf{x}, \mathbf{y})$, gegeben $\mathbf{z} = z$, für alle z ein unabhängiges Produkt ist.

Besitzt die Verteilung von $(\mathbf{x}, \mathbf{y}, \mathbf{z})$ eine Dichte, dann besitzt auch die bedingte Verteilung von $(\mathbf{x}, \mathbf{y})$, gegeben $\mathbf{z} = z$, eine Dichte, und zwar (siehe (9.2.13))

$$(9.5.1) \qquad (x, y) \to p(x, y|z) := \frac{p(x, y, z)}{p_3(z)}, \qquad (x, y) \in \mathbb{R}^2.$$

Dabei ist p_3 die Dichte der Randverteilung von $\mathbf{z}$,

$$p_3(z) := \iint p(x, y, z)\,dx\,dy, \qquad z \in \mathbb{R}.$$

Bedingte Unabhängigkeit liegt also dann vor, wenn

$$(9.5.2) \qquad p(x, y|z) = p_1(x|z) \cdot p_2(y|z)$$

erfüllt ist.

Beachten Sie: Die Dichte der 1. Randverteilung von $(\mathbf{x}, \mathbf{y})$, gegeben $\mathbf{z} = z$, ist

$$p_1(x|z) := \int p(x, y|z)\,dy = \frac{\int p(x, y, z)\,dy}{p_3(z)}.$$

Da $(x, z) \to \int p(x, y, z)\,dy$ die Dichte der (zweidimensionalen) Randverteilung von $(\mathbf{x}, \mathbf{z})$ ist, ist $p_1(x|z)$ gleichzeitig die Dichte der bedingten Verteilung, gegeben $\mathbf{z} = z$, der zweidimensionalen Randverteilung von $(\mathbf{x}, \mathbf{z})$.

Nach (9.5.1) gilt $p(x, y, z) = p(x, y|z)p_3(z)$. Die Dichte der Randverteilung von $(\mathbf{x}, \mathbf{y})$ ist daher darstellbar als

$$(x, y) \to \int p(x, y|z)p_3(z)\,dz.$$

Wir können uns also die Randverteilung von $(\mathbf{x}, \mathbf{y})$ dargestellt denken als Gemisch der Schar der bedingten Verteilungen mit der Dichte $(x, y) \to p(x, y|z)$, $z \in \mathbb{R}$; die Mischung erfolgt entsprechend P_3, der Randverteilung von $\mathbf{z}$.

Auch im Fall der bedingten Unabhängigkeit werden $(\mathbf{x}, \mathbf{y})$ im allgemeinen abhängig sein: Aus $p(x, y|z) = p_1(x|z)p_2(y|z)$ folgt nicht, daß die Dichte von $(\mathbf{x}, \mathbf{y})$,

$$(x, y) \to \int p_1(x|z)p_2(y|z)p_3(z)\,dz,$$

als Produkt (der Dichte von $\mathbf{x}$ und der Dichte von $\mathbf{y}$) darstellbar ist.

9.5.3 Proposition: *Sind die Zufallsvariablen* $(\mathbf{x}, \mathbf{y})$ *bedingt unabhängig und sind deren bedingte Verteilungen* $P_i(\cdot|\mathbf{z} = z)$ *in Abhängigkeit von* z *stochastisch steigend, dann sind* $(\mathbf{x}, \mathbf{y})$ *positiv abhängig.*

Beweis: Wegen der bedingten Unabhängigkeit von $\mathbf{x}$ und $\mathbf{y}$, gegeben $\mathbf{z} = z$, gilt

$$P((x, \infty) \times (y, \infty)|\mathbf{z} = z) = P_1((x, \infty)|\mathbf{z} = z) \cdot P_2((y, \infty)|\mathbf{z} = z),$$

nach Integration über z bezüglich P_3 also

$$P_{12}((x, \infty) \times (y, \infty)) = \int P_1((x, \infty)|\mathbf{z} = z)P_2((y, \infty)|\mathbf{z} = z)p_3(z)\,dz.$$

Dabei bezeichnet P_{12} die Verteilung von $(\mathbf{x}, \mathbf{y})$. Da die Funktionen $z \to P_1((x, \infty)|\mathbf{z} = z)$ und $z \to P_2((y, \infty)|\mathbf{z} = z)$ nicht fallend sind, folgt aus Korollar H.9, angewendet auf P_3,

$$\int P_1((x,\infty)|\mathbf{z}=z)P_2((y,\infty)|\mathbf{z}=z)p_3(z)\,dz$$
$$\geqq \int P_1((x,\infty)|\mathbf{z}=z)p_3(z)\,dz \int P_2((y,\infty)|\mathbf{z}=z)p_3(z)\,dz$$
$$= P_1(x,\infty)P_2(y,\infty),$$

also

$$P_{12}((x,\infty)\times(y,\infty)) \geqq P_1(x,\infty)P_2(y,\infty). \qquad \square$$

Selbst eine negative bedingte Abhängigkeit zwischen $(\mathbf{x},\mathbf{y})$, gegeben $\mathbf{z}=z$, kann durch Mischung über z in eine positive Abhängigkeit zwischen $(\mathbf{x},\mathbf{y})$ verwandelt werden. Hierzu ein anschauliches Beispiel: Bei Schulkindern besteht – innerhalb jeder Altersstufe – zwischen Handgeschicklichkeit und Körpergewicht eine negative Abhängigkeit. Faßt man Schüler aller Altersstufen zusammen, entsteht daraus eine positive Abhängigkeit, da mit steigendem Alter sowohl die Handgeschicklichkeit als auch das Körpergewicht zunehmen.

Wann immer bei Anwendungen eine stochastische Abhängigkeit der Zufallsvariablen $(\mathbf{x},\mathbf{y})$ festgestellt wird, muß man fragen, ob diese Abhängigkeit echt ist oder nur durch eine dritte, nicht erfaßte Einflußgröße $\mathbf{z}$ vorgetäuscht wird. In solchen Fällen muß man für die von der Sache her in Frage kommenden Einflußgrößen $\mathbf{z}$ den Zusammenhang zwischen $\mathbf{x}$ und $\mathbf{y}$ bei festgehaltenem $\mathbf{z}=z$ untersuchen, mit anderen Worten: Man muß die bedingte Verteilung von $(\mathbf{x},\mathbf{y})$, gegeben $\mathbf{z}$, betrachten. Hier ein Standardbeispiel zur Illustration dieses Sachverhalts:

9.5.4 Beispiel: Untersucht wird der Einfluß einer bestimmten Behandlungsmethode auf die Heildauer einer Krankheit. Die Ergebnisse lauten:

Behandlung	Zahl der Fälle	Ø Heildauer
ja	210	27
nein	110	23

Verlängert die Behandlung tatsächlich die durchschnittliche Heildauer? Nicht unbedingt. Die durchschnittliche Heildauer könnte vom Geschlecht des Patienten abhängen, und dieses wiederum könnte – z.B. auf dem Weg über eine Berufstätigkeit – die Bereitschaft beeinflussen, sich einer Behandlung zu unterziehen. Durch den Einfluß des Geschlechts könnte also ein Zusammenhang vorgetäuscht werden, der nicht echt ist. Erst eine Aufgliederung des Zahlenmaterials nach dem Geschlecht kann hier Klarheit schaffen. Eine solche Aufgliederung könnte ein Bild ergeben, das ganz anders aussieht, z.B. so:

Behandlung	männlich		weiblich		zusammen	
	Zahl der Fälle	∅ Heildauer	Zahl der Fälle	∅ Heildauer	Zahl der Fälle	∅ Heildauer
ja	10	14	200	28	210	27
nein	100	21	10	42	110	23

Eine interessante Anwendung der bedingten Unabhängigkeit stammt von Cole (1973). Dieser untersucht die Frage, ob ein Auswahlverfahren (z.B. für die Zulassung zum Universitätsstudium) eine bestimmte Gruppe (z.B. Frauen) diskriminiert.

Wir ordnen jeder Person 3 Merkmale zu:

x = zugelassen/nicht zugelassen,

y = männlich/weiblich,

z = Ausmaß der Qualifikation.

Das Zulassungsverfahren ist frei von Diskriminierung, wenn $(\mathbf{x}, \mathbf{y})$, gegeben $\mathbf{z}$, bedingt unabhängig sind. Schlichter formuliert: wenn bei Personen gleicher Qualifikation der Anteil der Zugelassenen bei Männern und Frauen gleich groß ist.

Globalzahlen über den Anteil der zugelassenen Männer bzw. Frauen können auch bei einem nicht-diskriminierenden Zulassungsverfahren eine Diskriminierung vortäuschen: a) wenn die Qualifikation der beiden Geschlechter verschieden sein sollte, b) selbst bei gleicher Qualifikation, wenn z.B. der Andrang der Frauen zu einem Studium mit niedriger Zulassungsquote besonders groß wäre. Hier erhält man ein einwandfreies Bild erst dann, wenn man $\mathbf{z}$ zweidimensional auffaßt: als Kombination von Studienrichtung und Qualifikation.

Ein weiteres Beispiel dieser Art: Angenommen, eine bestimmte Einflußgröße, z.B. eine bestimmte Diät, führe zu einer Verlängerung der durchschnittlichen Lebensdauer. Untersucht man nur den Zusammenhang zwischen dieser Diät und der Krebssterblichkeit, wird man zu dem Schluß kommen, daß die Diät krebsfördernd sei. Ob dies tatsächlich der Fall ist oder nicht, läßt sich nur klären, wenn man den Zusammenhang zwischen Diät und Krebssterblichkeit für jede einzelne Altersstufe gesondert durchführt, also die bedingten Verteilungen, gegeben das Alter, untersucht. Daß die Diät keinen Einfluß auf die Krebssterblichkeit hat, zeigt sich daran, daß die Krebssterblichkeit von der Diät bedingt unabhängig ist.

Ist das Merkmal $\mathbf{z}$ stetig, kann es bei kleinem Zahlenmaterial schwierig sein, die bedingte Unabhängigkeit, gegeben $\mathbf{z}$, an Hand empirischen Materials zu überprüfen. Man müßte dieses Material nach $\mathbf{z}$ in feine Stufen aufgliedern, und innerhalb jeder Stufe den Zusammenhang zwischen $\mathbf{x}$ und $\mathbf{y}$ untersuchen.

Anders ist die Situation, wenn der Verteilungstyp bis auf einige Parameter bekannt ist. Dann kann man die Parameter auf Grund der Daten schätzen und innerhalb des Modells feststellen, ob bedingte Unabhängigkeit vorliegt. Das wichtigste Beispiel ist die mehrdimensionale Normalverteilung.

Allgemein gilt für m-dimensionale Normalverteilungen folgendes.

Wir zerlegen $\mathbf{x} = (\mathbf{x}_1, \ldots, \mathbf{x}_m)$ in zwei Teilvektoren $\mathbf{x}_{(1)} = (\mathbf{x}_1, \ldots, \mathbf{x}_k)$, $\mathbf{x}_{(2)} = (\mathbf{x}_{k+1}, \ldots, \mathbf{x}_m)$. Entsprechend zerlegen wir den Mittelwertvektor $\mu = (\mu_1, \ldots, \mu_m)$ in $\mu_{(1)} = (\mu_1, \ldots, \mu_k)$ und $\mu_{(2)} = (\mu_{k+1}, \ldots, \mu_m)$ und die Kovarianz-Matrix in

$$\Sigma = \begin{pmatrix} \Sigma_{11} & \Sigma_{12} \\ \Sigma_{21} & \Sigma_{22} \end{pmatrix},$$

sowie deren Inverse in

$$A = \begin{pmatrix} A_{11} & A_{12} \\ A_{21} & A_{22} \end{pmatrix}.$$

Wie man leicht nachrechnet, gilt

$$A_{11} = (\Sigma_{11} - \Sigma_{12}\Sigma_{22}^{-1}\Sigma_{21})^{-1}$$

und

$$(9.5.5) \qquad \varphi_\Sigma(x - \mu)$$
$$= \varphi_{\Sigma_{22}}(x_{(2)} - \mu_{(2)})\varphi_{A_{11}^{-1}}(x_{(1)} - [\mu_{(1)} + \Sigma_{12}\Sigma_{22}^{-1}(x_{(2)} - \mu_{(2)})]).$$

Da $x_{(2)} \to \varphi_{\Sigma_{22}}(x_{(2)} - \mu_{(2)})$ die Dichte der Randverteilung von $\mathbf{x}_{(2)}$ ist, ist

$$(9.5.6) \qquad x_{(1)} \to \varphi_{A_{11}^{-1}}(x_{(1)} - [\mu_{(1)} + \Sigma_{12}\Sigma_{22}^{-1}(x_{(2)} - \mu_{(2)})])$$

die Dichte der bedingten Verteilung von $\mathbf{x}_{(1)}$, gegeben $\mathbf{x}_{(2)} = x_{(2)}$. Für $m = 2$ spezialisiert ergibt dies die in Beispiel 9.3.4 hergeleitete Relation.

Für den Fall $m = 3$ erhalten wir aus (9.5.6), daß die bedingte Verteilung von $(\mathbf{x}_1, \mathbf{x}_2)$, gegeben $\mathbf{x}_3 = x_3$, eine Normalverteilung ist mit Mittelwertvektor $(\bar{\mu}_1(x_3), \bar{\mu}_2(x_3))$,

$$(9.5.7) \qquad \bar{\mu}_1(x_3) := \mu_1 + \frac{\sigma_{13}}{\sigma_{33}}(x_3 - \mu_3),$$

$$(9.5.8) \qquad \bar{\mu}_2(x_3) := \mu_2 + \frac{\sigma_{23}}{\sigma_{33}}(x_3 - \mu_3)$$

und einer Kovarianz-Matrix mit den Elementen

$$(9.5.9) \qquad \bar{\sigma}_{ij} := \sigma_{ij} - \sigma_{i3}\sigma_{j3}\sigma_{33}^{-1}, \qquad i, j = 1, 2.$$

Diese zweidimensionale Normalverteilung können wir anschreiben als

$$N_{(\bar{\mu}_1(x_3), \bar{\mu}_2(x_3), \bar{\sigma}_1^2, \bar{\sigma}_2^2, \bar{\rho})}$$

mit

(9.5.10) $\bar{\sigma}_i^2 := \bar{\sigma}_{ii} = \sigma_{ii}(1 - \rho_{i3}^2), \qquad i = 1, 2,$

und

(9.5.11) $$\bar{\rho} := \frac{\rho_{12} - \rho_{13}\rho_{23}}{\sqrt{(1 - \rho_{13}^2)(1 - \rho_{23}^2)}}.$$

Dabei ist $\rho_{ij} := \dfrac{\sigma_{ij}}{\sigma_i \sigma_j}$, mit $\sigma_k^2 := \sigma_{kk}$.

$\bar{\rho}$ heißt *partielle Korrelation* zwischen $(\mathbf{x}_1, \mathbf{x}_2)$, gegeben $\mathbf{x}_3 = x_3$, und wird oft als $\rho_{12 \cdot 3}$ angeschrieben.

Da die Größen σ_{ij} leicht zu schätzen sind, kann man auf Grund empirischen Materials die bedingte Verteilung von $(\mathbf{x}_1, \mathbf{x}_2)$, gegeben $\mathbf{x}_3 = x_3$, schätzen und dann die Frage der bedingten Unabhängigkeit von $(\mathbf{x}_1, \mathbf{x}_2)$, gegeben $\mathbf{x}_3 = x_3$, prüfen: Bedingte Unabhängigkeit besteht genau dann, wenn $\bar{\rho} = 0$.
Warnung: Formel (9.5.11) für $\bar{\rho}$ gilt nur dann, wenn $(\mathbf{x}_1, \mathbf{x}_2, \mathbf{x}_3)$ eine dreidimensionale Normalverteilung besitzt.

Wir haben eingangs erwähnt, daß auch im Fall der bedingten Unabhängigkeit von $(\mathbf{x}_1, \mathbf{x}_2)$, gegeben $\mathbf{x}_3 = x_3$, die Variablen $(\mathbf{x}_1, \mathbf{x}_2)$ im allgemeinen abhängig sein werden. Im Fall der dreidimensionalen Normalverteilung liegt bedingte Unabhängigkeit vor, falls $\bar{\rho} = 0$. Die bedingte Verteilung von $(\mathbf{x}_1, \mathbf{x}_2)$, gegeben $\mathbf{x}_3 = x_3$, ist dann

$$N_{(\bar{\mu}_1(x_3), \bar{\sigma}_1^2)} \otimes N_{(\bar{\mu}_2(x_3), \bar{\sigma}_2^2)}.$$

Für $i = 1, 2$ ist daher $\mathbf{x}_i$ positiv regressions-abhängig von $\mathbf{x}_3$, wenn $\rho_{i3} > 0$. Nach Proposition 9.5.3 impliziert dies stets eine positive Abhängigkeit zwischen $\mathbf{x}_1$ und $\mathbf{x}_2$. (Im vorliegenden Spezialfall ist dies auch direkt einzusehen: Wegen (9.5.11) folgt aus $\bar{\rho} = 0$ die Beziehung $\rho_{12} = \rho_{13}\rho_{23} > 0$.)

9.5.12 Beispiel: Zwei Leute lesen unabhängig Korrektur für ein bestimmtes Buch. Sie finden k_1 bzw. k_2 Fehler; k_0 Fehler finden beide gemeinsam. Wieviele Fehler sind in dem Buch (schätzungsweise) vorhanden?

Dies ist eine Übungsaufgabe aus Rutsch und Schriever (1974), S. 95. Dort wird folgende Lösung vorgeschlagen: Ist n die Anzahl der Fehler in dem Buch und p_i die Wahrscheinlichkeit, mit der die i. Person einen Fehler entdeckt, dann ist k_i eine Realisation aus B_{n,p_i}. Da die beiden Personen unabhängig voneinander arbeiten, ist die Wahrscheinlichkeit, daß ein Fehler von beiden entdeckt wird, gleich $p_1 p_2$, demnach k_0 eine Realisation aus $B_{n,p_1 p_2}$. Man erhält somit folgende stochastische Relationen:

$$\frac{k_i}{n} \doteq p_i, \qquad i = 1, 2, \text{ und } \frac{k_0}{n} \doteq p_1 p_2.$$

Daraus ergibt sich $\frac{k_1 k_2}{k_0}$ als Schätzung für n.

Eine solche Schlußweise wäre nur dann zulässig, wenn die Wahrscheinlichkeit, einen Fehler zu finden, für jeden Fehler gleich wäre. Dies trifft jedoch kaum zu. Ein realistischeres Modell müßte davon ausgehen, daß es verschiedene Fehlerkategorien gibt, die Anzahl der entdeckten Fehler also einer gemischten Binomial-Verteilung folgt (z.B. nach $\alpha B_{n,p_i} + (1-\alpha)B_{n,q_i}$, $i = 1, 2$, wenn es zwei Arten von Fehlern gibt, die mit den relativen Häufigkeiten α und $1-\alpha$ auftreten, und von der i. Person mit den Wahrscheinlichkeiten p_i bzw. q_i entdeckt werden).

Auch wenn die Variablen $\mathbf{k}_1$, $\mathbf{k}_2$ innerhalb jeder Fehlerkategorie unabhängig sind: Insgesamt (d.h. bei Aggregation über alle Fehlerkategorien) liegt keine Unabhängigkeit mehr vor.

9.6 Das Borel'sche Paradoxon

Die Darstellung der bedingten Verteilung durch (9.2.13) ist scheinbar völlig problemlos: Sie entspricht genau dem, was wir uns anschaulich unter der bedingten Verteilung von $\mathbf{y}$, gegeben $\mathbf{x} = x$, vorstellen. Wir dürfen dabei aber nicht übersehen, daß sich diese Definition auf einen ganz speziellen Fall bezieht: Eine zweidimensionale Zufallsvariable mit Lebesgue-Dichte und eine Bedingung der einfachsten Form: $\mathbf{x} = x$.

Zur Illustration der Schwierigkeiten, die auftreten können, betrachten wir als Beispiel die Menge $A_0 := \{(x, y) \in \mathbb{R}^2 : x = y\}$. Die Frage, wie die Verteilung der Zufallsvariablen $(\mathbf{x}, \mathbf{y})$ innerhalb von A_0 (d.h. mit A_0 als neuem Grundraum) aussieht, erscheint ganz natürlich. Dennoch gibt es hierfür keine wirklich befriedigende Antwort. Dies hängt damit zusammen, daß eine Definition der bedingten Wahrscheinlichkeit, die so allgemein ist, daß sie auf solche Probleme anwendbar wäre, auf die Geometrie des Grundraums Bezug nehmen müßte.

Das folgende Beispiel zeigt, daß die bedingte Wahrscheinlichkeit von der Wahl des Koordinatensystems abhängt.

9.6.1 Beispiel: Auf $B := [0,1] \times (0,1) \cup \left\{(u,v) \in (-1,0) \times (0,1) \colon 0 < v < \frac{1+u}{1-u}\right\}$ definieren wir die Verteilung Q durch die Dichte

$$q(u, v) = \frac{2v}{(1+u)^2}, \qquad (u, v) \in B.$$

Die Verteilung von **u** hat die Dichte

$$q_1(u) = \frac{1}{(1 + |u|)^2}, \qquad u \in (-1, 1).$$

Daher hat die bedingte Verteilung von **v**, gegeben **u** $= u$, nach (9.2.13) die Dichte

$$(9.6.2) \qquad \frac{q(u,v)}{q_1(u)} = 2v\frac{(1 + |u|)^2}{(1 + u)^2}, \qquad 0 < v < \min\left\{1, \frac{1 + u}{1 - u}\right\}.$$

Daraus ergibt sich für **v**, gegeben **u** $= 0$, die bedingte Verteilung mit der Dichte $v \to 2v$, $0 < v < 1$. Unsere Interpretation: Wenn wir aus einer langen Serie von Realisationen (u_ν, v_ν), $\nu = 1, 2, \ldots$, jene mit $u_\nu \doteq 0$ herausgreifen, erhalten wir Realisationen von **v**, die (annähernd) mit der Dichte $v \to 2v$, $0 < v < 1$, verteilt sind.

Wir denken uns nun die nach Q verteilte Zufallsvariable (**u**, **v**) transformiert zu

$$(9.6.3) \qquad x = \frac{1 - u}{1 + u} v, \qquad y = v.$$

Wie man leicht nachrechnet, ist die Zufallsvariable (**x**, **y**) gleichverteilt über dem Einheitsquadrat. Den Realisationen (u_ν, v_ν) mit $u_\nu = 0$ entsprechen die Realisationen (x_ν, y_ν) mit $x_\nu = y_\nu$, also Punkte auf der Diagonale. Da (**x**, **y**) auf dem Einheitsquadrat gleichverteilt ist, müßte die bedingte Verteilung der Punkte auf der Diagonalen doch eigentlich auch eine Gleichverteilung sein. Wegen (9.6.3) gilt für $u = 0$ jedoch $x = y = v$, und die bedingte Verteilung von **v** ($\equiv$ **y**), gegeben **u** $= 0$ (d.h. **x** $=$ **y**), hat die Dichte $v \to 2v$, $0 < v < 1$.

Der Grund dieser Schwierigkeiten liegt natürlich darin, daß wir hier bedingte Wahrscheinlichkeiten innerhalb einer Menge vom Maß 0 betrachten und diese davon abhängen, mit welchen Folgen von Mengen wir uns bei dem Grenzübergang in (9.2.7) dieser Nullmenge nähern.

Eine noch anschaulichere, aber rechnerisch nicht so leicht nachvollziehbare Illustration dieser Schwierigkeiten ist das Borel'sche Paradoxon. Die Zufallsvariable $(\mathbf{x}, \mathbf{y}, \mathbf{z}) \in \mathbb{R}^3$ sei gleichverteilt auf der Einheitssphäre, A_0 sei ein Großkreis. Jede vernünftige Definition der bedingten Verteilung von (**x**, **y**, **z**) unter der Bedingung $(\mathbf{x}, \mathbf{y}, \mathbf{z}) \in A_0$ müßte zu einer Gleichverteilung auf A_0 führen.

In Abschnitt 3.6 haben wir die Punkte der Einheitssphäre durch Polarkoordinaten dargestellt.

$$\begin{aligned} x &= \cos\varphi \cos\theta \\ y &= \sin\varphi \cos\theta \qquad 0 \leqq \varphi < 2\pi, \quad -\frac{\pi}{2} < \theta \leqq \frac{\pi}{2} \\ z &= \sin\theta \end{aligned}$$

Die Gleichverteilung auf der Einheitssphäre haben wir induziert durch die Verteilung mit der Dichte

$$q(\varphi, \theta) = \frac{1}{4\pi}\cos\theta, \qquad (\varphi, \theta) \in [0, 2\pi) \times (-\pi/2, \pi/2].$$

$A_0 = \{(\varphi_0, \theta): \theta \in (-\pi/2, \pi/2]\}$ stellt einen halben Großkreis dar. Die bedingte Verteilung der Zufallsvariablen, gegeben $\boldsymbol{\varphi} = \varphi_0$, hat nach (9.2.13) die Dichte

$$(9.6.4) \qquad \theta \to \frac{1}{2}\cos\theta, \qquad \theta \in (-\pi/2, \pi/2],$$

ist also k e i n e Gleichverteilung auf A_0.

(Relation (9.6.4) folgt unmittelbar daraus, daß $\boldsymbol{\varphi}$ und $\boldsymbol{\theta}$ stochastisch unabhängig sind: $q(\varphi, \theta) = \frac{1}{4\pi}\cos\theta$ ist das Produkt der beiden Randdichten $\varphi \to \frac{1}{2\pi}$ und $\theta \to \frac{1}{2}\cos\theta$.)

Betrachten wir hingegen Kreise $B_0 = \{(\varphi, \theta_0): 0 \leqq \varphi < 2\pi\}$, erhalten wir als bedingte Dichte die Gleichverteilung von $\boldsymbol{\varphi}$ über $[0, 2\pi)$. Dies gilt insbesondere auch für den Großkreis mit $\theta_0 = 0$.

9.7 Gekoppelte Zufallsexperimente und Mischverteilungen

Wir betrachten zwei Zufallsexperimente, die gekoppelt sind in dem Sinn, daß die Verteilung des Ergebnisses des zweiten Zufallsexperiments abhängt vom Ergebnis des ersten.

Die Zufallsvariable $\mathbf{x}$ mit der Verteilung P_1 beschreibe das Ergebnis des ersten Zufallsexperiments. Nimmt $\mathbf{x}$ den Wert x an, dann ist die Verteilung der Zufallsvariablen $\mathbf{y}$, die das Ergebnis des zweiten Zufallsexperiments beschreibt, $P(\cdot|x)$. Das Ergebnis dieses zweistufigen Zufallsexperiments wird also durch die Angabe des Paares (x, y) beschrieben. Gesucht ist das W-Maß, das die Verteilung der Zufallsvariablen $(\mathbf{x}, \mathbf{y})$ beschreibt. Häufig gilt das Interesse nicht dieser verbundenen Verteilung, sondern nur der Randverteilung von $\mathbf{y}$.

A) $\mathbf{x}$ ist diskret.
Wir nehmen an, daß die Wahrscheinlichkeit von P_1 in den Punkten a_i, $i \in \mathbb{N}$, konzentriert ist. $P_1\{a_i\}$ ist also die Wahrscheinlichkeit für $\mathbf{x} = a_i$; $P(B|a_i)$ ist die Wahrscheinlichkeit für $\mathbf{y} \in B$, falls $\mathbf{x} = a_i$. Demnach ist die Wahrscheinlichkeit des Ergebnisses $\mathbf{x} = a_i$, $\mathbf{y} \in B$, gegeben durch

$$(9.7.1) \qquad P(\{a_i\} \times B) := P(B|a_i)P_1\{a_i\}.$$

Ein pedantischer Leser wird – natürlich zu Recht – einwenden, daß das W-Maß P durch (9.7.1) gar nicht auf einer vollen σ-Algebra definiert ist, daher gar nicht die verbundene Verteilung von $(\mathbf{x}, \mathbf{y})$ darstellt. Sei also $C \in \mathscr{A} \otimes \mathscr{B}$ beliebig. Mit $C_i := \{y \in \mathbb{R}: (a_i, y) \in C\}$ (dem Schnitt von C an der Stelle $x = a_i$) definieren wir

$$(9.7.2) \qquad P(C) := \sum_1^\infty P(C_i|a_i)P_1\{a_i\}, \qquad C \in \mathscr{A} \otimes \mathscr{B}.$$

Wie man leicht nachrechnet, ist $P|\mathscr{A} \otimes \mathscr{B}$ ein W-Maß.

Die 2. Randverteilung von P (d.h. die Verteilung von $\mathbf{y}$) ist

$$(9.7.3) \qquad P_2(B) = P(X \times B) = \sum_1^\infty P(B|a_i)P_1\{a_i\}, \qquad B \in \mathscr{B}.$$

Die 1. Randverteilung von P ist P_1 (da $P(\{a_i\} \times Y) = P(Y|a_i)P_1\{a_i\} = P_1\{a_i\}$); die bedingte Wahrscheinlichkeit für $\mathbf{y} \in B$, gegeben $\mathbf{x} = a_i$, ist nach (9.2.2) gleich

$$P(\mathbf{y} \in B|\mathbf{x} = a_i) = \frac{P(\{a_i\} \times B)}{P_1\{a_i\}},$$

wegen (9.7.1) also gleich $P(B|a_i)$. (Diese Beziehungen haben wir durch die Verwendung der Symbole P_1 und $P(\cdot|a_i)$ bereits vorweggenommen.)

Das folgende Beispiel illustriert die Konstruktion von P und P_2 für den Fall, daß auch $P(\cdot|a_i)$ diskret ist. In diesem Fall genügt es, P für Mengen $\{(a_i, b_j)\}$ zu definieren.

9.7.4 Das triviale Beispiel: Eine Urne enthalte K rote und $N - K$ weiße Kugeln. Das 1. Zufallsexperiment bestehe aus dem Ziehen einer Kugel, mit den möglichen Ergebnissen r und w. Es gilt:

$$P_1\{r\} = \frac{K}{N}, \qquad P_1\{w\} = \frac{N-K}{N}.$$

Das 2. Zufallsexperiment bestehe im Ziehen einer zweiten Kugel. Da das 1. Zufallsexperiment die Zusammensetzung der Rest-Urne beeinflußt, hängen die Wahrscheinlichkeiten für das 2. Zufallsexperiment vom Ergebnis des 1. Zufallsexperiments ab. Es gilt:

$$P(\{r\}|r) = \frac{K-1}{N-1}, \qquad P(\{w\}|r) = \frac{N-K}{N-1},$$

$$P(\{r\}|w) = \frac{K}{N-1}, \qquad P(\{w\}|w) = \frac{N-K-1}{N-1}.$$

Daraus folgt nach (9.7.1)

$$P\{(r,r)\} = P(\{r\}|r)P_1\{r\} = \frac{K-1}{N-1} \cdot \frac{K}{N},$$

$$P\{(r,w)\} = P(\{w\}|r)P_1\{r\} = \frac{N-K}{N-1}\cdot\frac{K}{N},$$

$$P\{(w,r)\} = P(\{r\}|w)P_1\{w\} = \frac{K}{N-1}\cdot\frac{N-K}{N}.$$

$$P\{(w,w)\} = P(\{w\}|w)P_1\{w\} = \frac{N-K-1}{N-1}\cdot\frac{N-K}{N}.$$

Bilden wir die 2. Randverteilung (die die Verteilung der Farbe der Kugel beim 2. Zug angibt), erhalten wir – wie zu erwarten –

$$P_2\{r\} = \frac{K}{N}, \qquad P_2\{w\} = \frac{N-K}{N},$$

also die gleiche Verteilung wie P_1.

Auf dem Weg über die bedingten Wahrscheinlichkeiten können wir auch die Hypergeometrische Verteilung herleiten, die wir in Abschnitt 2.4 durch kombinatorische Überlegungen gewonnen haben: Es bezeichne $H_{N,K,n}\{k\}$ die Wahrscheinlichkeit dafür, daß eine Stichprobe vom Umfang n genau k rote Kugeln enthält. Dieses Ergebnis kann aus einer Stichprobe vom Umfang $n-1$ auf zwei Arten entstehen.

a) Die Stichprobe enthält k rote Kugeln (Wahrscheinlichkeit $H_{N,K,n-1}\{k\}$) und die n. Kugel ist weiß $\left(\text{bedingte Wahrscheinlichkeit } 1 - \frac{K-k}{N-(n-1)}\right)$.

b) Die Stichprobe enthält $k-1$ rote Kugeln (Wahrscheinlichkeit $H_{N,K,n-1}\{k-1\}$) und die n. Kugel ist rot $\left(\text{bedingte Wahrscheinlichkeit } \frac{K-(k-1)}{N-(n-1)}\right)$.

Daher gilt für $k = 0, 1, \ldots, n$

$$H_{N,K,n}\{k\} = H_{N,K,n-1}\{k\}\left(1 - \frac{K-k}{N-(n-1)}\right) + H_{N,K,n-1}\{k-1\}\frac{K-(k-1)}{N-(n-1)}.$$

Daraus folgt Formel (2.4.2) durch Induktion nach n.

B) **x** ist stetig.

Die Verteilung P_1 von **x** besitze eine Dichte p_1. Dann ist die Wahrscheinlichkeit für $\mathbf{y} \in B$ gleich

$$(9.7.5) \qquad P_2(B) = \int P(B|x)p_1(x)\,dx, \qquad B \in \mathscr{B}.$$

Die intuitive Begründung: Wir approximieren $x \to P(B|x)$ durch eine Treppenfunktion $\sum_1^\infty c_i 1_{A_i}(x)$ (mit paarweise disjunkten A_i) derart, daß

$$(9.7.6) \qquad \sum_1^\infty c_i 1_{A_i}(x) \leqq P(B|x) \leqq \sum_1^\infty c_i 1_{A_i}(x) + \varepsilon.$$

Dann gilt für die Wahrscheinlichkeit, daß $\mathbf{x} \in A_i$ und $\mathbf{y} \in B$, in Analogie zu (9.7.1)

$$c_i P_1(A_i) \leqq P\{(x,y) \in \mathbb{R} \times Y: x \in A_i, y \in B\} \leqq (c_i + \varepsilon)P_1(A_i).$$

Durch Summation über i erhalten wir daraus für $P_2(B) := P\{(x,y) \in \mathbb{R} \times Y:$

$y \in B\}$ die Relation

$$\sum_1^\infty c_i P_1(A_i) \leqq P_2(B) \leqq \sum_1^\infty c_i P_1(A_i) + \varepsilon.$$

Ferner gilt wegen (9.7.6)

$$\sum_1^\infty c_i P_1(A_i) \leqq \int P(B|x) p_1(x)\, dx \leqq \sum_1^\infty c_i P_1(A_i) + \varepsilon.$$

Da ε und die approximierende Treppenfunktion beliebig waren, folgt daraus (9.7.5).

Um eine exakte Begründung geben zu können, müssen wir zuerst auf Grund der Verteilung P_1 von $\mathbf{x}$ und der Verteilung $P(\cdot|x)$ von $\mathbf{y}$ die verbundene Verteilung P von $(\mathbf{x}, \mathbf{y})$ auf $\mathbb{B} \otimes \mathscr{B}$ konstruieren. Wir definieren für eine beliebige Menge $C \in \mathbb{B} \otimes \mathscr{B}$:

(9.7.7) $$P(C) := \int P(C_x|x) p_1(x)\, dx.$$

Dabei bezeichnet $C_x = \{y \in Y: (x, y) \in C\}$ den Schnitt von C an der Stelle x. In der Maßtheorie wird gezeigt, daß die Mengen C_x meßbar sind. Daher ist $P(C_x|x)$ für alle $x \in \mathbb{R}$ definiert. Ferner zeigt man, daß auch $x \to P(C_x|x)$ eine meßbare Funktion, das Integral auf der rechten Seite von (9.7.7) also definiert ist.

Wie man leicht nachrechnet, ist $P|\mathbb{B} \otimes \mathscr{B}$ ein W-Maß:

1) $P(C) \geqq 0$, da der Integrand nicht-negativ ist;
2) $P(\mathbb{R} \times Y) = \int P(Y|x) p_1(x)\, dx = 1$;
3) Sind die Mengen C_k, $k \in \mathbb{N}$, paarweise disjunkt, dann gilt dies auch für die Schnittmengen $(C_k)_x$, $k \in \mathbb{N}$, und es folgt

$$P\left(\left(\bigcup_1^\infty C_k\right)_x \middle| x\right) = P\left(\bigcup_1^\infty (C_k)_x \middle| x\right) = \sum_1^\infty P((C_k)_x|x),$$

also auch

$$P\left(\bigcup_1^\infty C_k\right) = \int P\left(\left(\bigcup_1^\infty C_k\right)_x \middle| x\right) p_1(x)\, dx$$
$$= \sum_1^\infty \int P((C_k)_x|x) p_1(x)\, dx = \sum_1^\infty P(C_k).$$

Für die folgenden Überlegungen erwähnen wir, daß

(9.7.8) $$P(A \times B) = \int_A P(B|x) p_1(x)\, dx.$$

Dies folgt unmittelbar aus (9.7.7), da

$$(A \times B)_x = \begin{cases} B & x \in A \\ \emptyset & x \in \bar{A} \end{cases},$$

also

$$P((A \times B)_x|x) = P(B|x) 1_A(x).$$

Nebenbei bemerkt: Durch (9.7.8) ist P auf allen Quadern definiert. Nach dem Erweiterungssatz M.4.8 ist P dadurch auf $\mathbb{B} \otimes \mathscr{B}$ eindeutig bestimmt. Es gibt also kein anderes Maß (außer dem durch (9.7.7) definierten), welches (9.7.8) erfüllt.

Aus (9.7.8) folgt, daß P_1 die 1. Randverteilung von P ist (da $P(A \times Y) = \int_A p_1(x)\,dx$). Der Vergleich mit (9.2.9) zeigt außerdem, daß $P(\cdot|x)$ die bedingte Verteilung von $\mathbf{y}$, gegeben $\mathbf{x} = x$, ist. Dies sind Eigenschaften, die wir durch die Bezeichnungen bereits vorweggenommen haben.

Es ist mit (9.7.7) also tatsächlich gelungen, ein W-Maß auf $\mathbb{B} \otimes \mathscr{B}$ zu definieren, welches eine gegebene Randverteilung und eine gegebene Schar bedingter Verteilungen besitzt. Dieses W-Maß beschreibt die Verteilung des Ergebnisses (x, y) der gekoppelten Zufallsexperimente.

Wenden wir (9.7.8) mit $A = \mathbb{R}$ an, erhalten wir die Verteilung von $\mathbf{y}$:

$$P_2(B) := P(\mathbb{R} \times B) = \int P(B|x)p_1(x)\,dx.$$

Dies bestätigt Relation (9.7.5).

Besitzt $P(\cdot|x)$ für jedes $x \in \mathbb{R}$ eine Dichte $y \to \bar{p}(y|x)$, dann besitzt P die Dichte

$$(x, y) \to \bar{p}(y|x)p_1(x),$$

denn es gilt wegen (9.7.8) für alle $A, B \in \mathbb{B}$

$$\iint_{A \times B} \bar{p}(y|x)p_1(x)\,dx\,dy = \int_A P(B|x)p_1(x)\,dx = P(A \times B),$$

also wegen des Eindeutigkeitssatzes M.4.2 auch

$$\iint_C \bar{p}(y|x)p_1(x)\,dx\,dy = P(C) \qquad \text{für alle } C \in \mathbb{B}^2.$$

Die Randverteilung P_2 von $\mathbf{y}$ besitzt daher die Dichte

(9.7.9) $$y \to \int \bar{p}(y|x)p_1(x)\,dx.$$

Neben dem gekoppelten Zufallsexperiment gibt es noch ein ganz anderes Modell, das zu den formal gleichen Beziehungen führt: Das "Mischen" von Verteilungen.

Angenommen, ein Produkt wird auf zwei Maschinen gefertigt. Die Verteilung eines bestimmten Qualitätsmerkmals bei Fertigung auf der Maschine i sei Q_i. Werden auf der i. Maschine n_i Stück gefertigt und die Produktion beider Maschinen in einer Lieferung zusammengefaßt, dann ist die Verteilung des Qualitätsmerkmales in der gesamten Lieferung $\frac{n_1}{n_1 + n_2} Q_1 + \frac{n_2}{n_1 + n_2} Q_2$.

Allgemein: Werden Verteilungen Q_i, $i \in \mathbb{N}$, mit den Anteilen α_i, $i \in \mathbb{N}$ $\left(\alpha_i \geqq 0, \sum_1^\infty \alpha_i = 1\right)$, gemischt, resultiert die Verteilung

(9.7.10) $$Q := \sum_1^\infty \alpha_i Q_i.$$

$\left(\text{Damit ist gemeint: Für alle } A \in \mathscr{A} \text{ gilt } Q(A) = \sum_1^\infty \alpha_i Q_i(A).\right)$

Man rechnet sofort nach, daß die durch (9.7.10) definierte Funktion Q ein W-Maß ist.

Es muß sich nicht immer um ein wirkliches Mischen handeln. Oft liegt nur eine gedachte Zerlegung der Gesamtheit in mehrere Schichten vor (z.B.: Aufgliederung der unselbständig Berufstätigen in Arbeiter und Angestellte).

Formal können wir dies auch so auffassen: An jeder Einheit werden zwei Merkmale, (x, y), festgestellt. Die Verteilung von $(\mathbf{x}, \mathbf{y})$ in der Gesamtheit bezeichnen wir mit P. Die möglichen Ausprägungen von $\mathbf{x}$ bezeichnen wir mit a_i, $i \in \mathbb{N}$. Zerlegen wir die Gesamtheit nach der Ausprägung von $\mathbf{x}$ in Schichten, dann ist der Anteil der i. Schicht gleich $P_1\{a_i\}$ (P_1 = 1. Randverteilung von P); die Verteilung innerhalb der i. Schicht ist $P(\cdot|\mathbf{x} = a_i)$. Aus den beiden Bestandteilen $P_1\{a_i\}$ und $P(\cdot|\mathbf{x} = a_i)$, $i \in \mathbb{N}$, (d.h. aus der 1. Randverteilung und der Schar der bedingten Verteilungen) können wir die verbundene Verteilung P von $(\mathbf{x}, \mathbf{y})$ nach (9.7.1) (bzw. (9.7.2)) rekonstruieren. Insbesondere ergibt sich die 2. Randverteilung nach (9.7.3) als Gemisch der bedingten Verteilungen, gewichtet mit den Wahrscheinlichkeiten der 1. Randverteilung. Dementsprechend ergeben sich Erwartungswerte irgendwelcher Funktionen bezüglich der 2. Randverteilung als gewogene Mittel der Erwartungswerte der bedingten Verteilungen.

Wir haben bisher das Mischen von endlich oder abzählbar vielen Verteilungen betrachtet. Auch das Mischen "kontinuierlich vieler" Verteilungen spielt in den Anwendungen eine Rolle:

9.7.11 Beispiel: Die Anzahl der Unfälle einer bestimmten Person innerhalb eines Jahres ist erfahrungsgemäß mit guter Näherung durch eine Poisson-Verteilung, P_c, zu beschreiben, wobei c die "Unfallneigung" der betreffenden Person ausdrückt. (Dies gilt sowohl für Verkehrsunfälle als auch für Arbeitsunfälle.) Theoretische Gründe für die Gültigkeit der Poisson-Verteilung werden in den Abschnitten 11.1 und 11.2 besprochen.

Untersucht man demgegenüber die Verteilung der Zahl der Unfälle pro Jahr in einer größeren Personen-Gesamtheit (z.B. dem Kundenbestand einer Versicherung), ist eine befriedigende Approximation durch eine Poisson-Verteilung nicht mehr möglich. Damit ist gemeint: Sei N die Anzahl der Personen in der betrachteten Gesamtheit. Für $k \in \mathbb{N}_0$ sei N_k die Anzahl der Personen, die in diesem Jahr k Unfälle hatten. Dann gilt $N = \sum_{k \in \mathbb{N}_0} N_k$. Die relative Häufigkeit der Personen, die k Unfälle hatten, ist $p_k = N_k/N$, $k \in \mathbb{N}_0$. Diese relativen Häufigkeiten sind nicht mehr befriedigend durch eine Poisson-Verteilung zu approximieren. Dies liegt daran, daß die Unfallneigung von Person zu Person schwankt.

Sei c_i die Unfallneigung der i. Person. Die Wahrscheinlichkeit, daß eine zufällig ausgewählte Person im betrachteten Zeitabschnitt k Unfälle hat ($\equiv$ Anteil der Personen mit k Unfällen in einer großen Gesamtheit) ist

$$P\{k\} = \frac{1}{N} \sum_{i=1}^{N} P_{c_i}\{k\}.$$

Die Berechnung der Verteilung der Unfallzahlen auf Grund der Unfallneigungen der einzelnen Personen ist eine Fiktion, da die Unfallneigungen $c_1, \ldots, c_N$ nicht bekannt sind.

Da die in die Poisson-Verteilung als Parameter eingehende "Unfallneigung" c beliebige positive Werte annehmen kann, unterstellen wir, daß die Verteilung der Unfallneigungen in einer großen Personengesamtheit näherungsweise durch eine stetige Verteilung über $(0, \infty)$ beschrieben werden kann. Bezeichnen wir deren Dichte mit q, dann ergibt sich nach (9.7.5) für die Verteilung der Zahl der Unfälle

(9.7.12) $$P\{k\} = \int_0^\infty P_c\{k\} q(c)\, dc, \qquad k \in \mathbb{N}_0.$$

Die Erfahrung zeigt, daß man für P eine gute Anpassung an die wirkliche Verteilung erhält, wenn man für die Verteilung der Unfallneigung eine geeignete Gamma-Verteilung annimmt. Für q = Dichte von $\Gamma_{a,b}$ gilt

$$P\{k\} = \frac{\Gamma(b+k)}{\Gamma(b)\Gamma(k+1)} \cdot \frac{a^k}{(a+1)^{b+k}}.$$

Für ganzzahlige b ist dies eine Negative Binomial-Verteilung, nämlich $B^-_{n,p}$ mit $n = b$ und $p = 1/(a+1)$ (vgl. 1.6.3).

9.8 Beispiele für gekoppelte Zufallsexperimente und Mischverteilungen

9.8.1 Beispiel: Zwillingspaare entstehen auf zwei verschiedene Arten: durch Befruchtung zweier gleichzeitig reif gewordener Eier (zweieiige Zwillinge) oder durch Teilung eines befruchteten Eies (eineiige Zwillinge).

Um das Geschlecht von Zwillingspaaren zu beschreiben, definieren wir ein Merkmal y mit den Ausprägungen m = "beide männlich", w = "beide weiblich" und d = "gemischt geschlechtlich".

Die Verteilung von y auf die Ausprägungen m, w und d ist ein Gemisch aus den Verteilungen für die eineiigen und zweieiigen Zwillinge. Bezeichnen wir die Wahrscheinlichkeit einer Knabengeburt mit p (einer Mädchengeburt mit $1-p$), erhalten wir folgende Werte.

Art des Zwillings	deren Wahrscheinlichkeit	Wahrscheinlichkeit für das Geschlecht		
		m	w	d
eineiig	q	p	$1-p$	0
zweieiig	$1-q$	p^2	$(1-p)^2$	$2p(1-p)$
Mischverteilung		$pq + p^2(1-q)$	$(1-p)q + (1-p)^2(1-q)$	$2p(1-p)(1-q)$

Für $p = 0{,}52$ und $q = 0{,}35$ erhalten wir für die Mischverteilung folgende Werte:

$$P_2\{m\} = 0{,}36, \qquad P_2\{w\} = 0{,}32 \quad \text{und} \quad P_2\{d\} = 0{,}32.$$

Die Verteilung der Zwillingspaare auf die drei Gruppen weicht also deutlich von der Verteilung ab, die im Normalfall bei zwei Geschwistern zu erwarten wäre (nämlich 0,27 : 0,23 : 0,50).

9.8.2 Beispiel: Zwei körnige Substanzen A und B sind in einem bestimmten Verhältnis $p:(1-p)$ gemischt. Aus diesem Gemisch werden Tabletten gepreßt. Gesucht ist eine Information darüber, wie stark die Menge der Substanz A in den einzelnen Tabletten streut.

Zur Vereinfachung nehmen wir an, daß beide Substanzen die gleiche konstante Korngröße aufweisen. Die Anzahl der Körner pro Tablette ist zufallsabhängig, verteilt nach P_1. Enthält eine Tablette n Körner, dann ist die Wahrscheinlichkeit dafür, daß k Körner von Substanz A (und dementsprechend $n-k$ Körner von Substanz B) stammen, gleich $B_{n,p}\{k\}$. Der Anteil der Tabletten, in denen k Körner der Substanz A enthalten sind, ist demnach

$$P_2\{k\} = \sum_{n=0}^{\infty} B_{n,p}\{k\} P_1\{n\}, \qquad k \in \mathbb{N}_0.$$

Ist P_1 eine Poisson-Verteilung mit Parameter a, dann ist P_2 eine Poisson-Verteilung mit Parameter ap.

9.8.3 Beispiel: Gegeben sei eine Anzahl n von Einheiten (z.B. Atomen, Glühlampen etc.), die mit einer gewissen Wahrscheinlichkeit ausfallen (zerfallen, funktionsunfähig werden). Die Wahrscheinlichkeit dafür, daß eine Einheit innerhalb des Zeitabschnitts $(0, t_1]$ ausfällt, sei p_1. Nimmt man an, daß der Ausfall der Einheiten wechselseitig unabhängig ist, dann ist die Anzahl der Einheiten zum Zeitpunkt t_1 verteilt nach $B_{n,1-p_1}$.

Die Wahrscheinlichkeit, daß eine zum Zeitpunkt t_1 vorhandene Einheit innerhalb des Zeitabschnitts $(t_1, t_2]$ ausfällt, sei p_2. Waren zum Zeitpunkt t_1 gerade noch n_1 Einheiten nicht ausgefallen, dann ist die Anzahl der Einheiten zum Zeitpunkt t_2 verteilt nach $B_{n_1,1-p_2}$.

Nach (9.7.3), angewendet für $P_1 = B_{n,1-p_1}$ und $P(\cdot|n_1) = B_{n_1,1-p_2}$, ist die Wahrscheinlichkeit dafür, daß zum Zeitpunkt t_2 genau n_2 Einheiten vorhanden sind, gleich

$$P_2\{n_2\} = \sum_{n_1=n_2}^{n} B_{n_1,1-p_2}\{n_2\} B_{n,1-p_1}\{n_1\}.$$

Rechnen Sie nach, daß

$$P_2\{n_2\} = B_{n,(1-p_1)(1-p_2)}\{n_2\}.$$

Dieses Ergebnis war zu erwarten: $1 - p_i$ ist die Wahrscheinlichkeit, daß eine Einheit den Zeitabschnitt $(0, t_1]$ (für $i = 1$) bzw. $(t_1, t_2]$ (für $i = 2$) überdauert, $(1 - p_1)(1 - p_2)$ daher die Wahrscheinlichkeit, daß sie den Zeitabschnitt $(0, t_2]$ überdauert.

9.8.4 Beispiel: Wir betrachten einen Produktionsprozeß, bei dem die produzierten Stücke mit einer Wahrscheinlichkeit α defekt sind. Die defekten Stücke treten in diesem Prozeß unabhängig voneinander (also nicht etwa gehäuft in einer Serie) auf. Die Produktion erfolgt in Losen vom Umfang N. Für jedes Los wird der Prozeß neu eingerichtet. Daher schwankt die Wahrscheinlichkeit α für die Produktion eines defekten Stücks von Los zu Los. Gesucht ist die Verteilung für die Anzahl der defekten Stücke in den Losen.

Wir gehen von dem Modell aus, daß die Wahrscheinlichkeit $\boldsymbol{\alpha}$ verteilt ist nach einem W-Maß $P_1 | \mathbb{B} \cap (0, 1)$ mit Dichte p_1. Ist die Wahrscheinlichkeit α für die Produktion eines defekten Stücks gegeben, dann ist die Anzahl der defekten Stücke in einem Los der Größe N verteilt nach $B_{N,\alpha}$. Daher ist die Wahrscheinlichkeit für K defekte Stücke in einem Los der Größe N unter Berücksichtigung dessen, daß $\boldsymbol{\alpha}$ selbst eine Zufallsvariable ist, nach (9.7.5) gleich

$$(9.8.5) \qquad Q_N\{K\} = \int_0^1 B_{N,\alpha}\{K\} p_1(\alpha)\, d\alpha, \qquad K = 0, 1, \ldots, N.$$

Entnehmen wir einem Los vom Umfang N mit K defekten Stücken eine Stichprobe vom Umfang n, dann ist die Anzahl k der defekten Stücke in der Stichprobe verteilt nach $H_{N,K,n}$.

Berücksichtigt man, daß $\mathbf{K}$ selbst eine Zufallsvariable ist, erhält man für die Randverteilung der Anzahl k der defekten Stücke in der Stichprobe

$$(9.8.6) \qquad \sum_{K=k}^{N-n+k} H_{N,K,n}\{k\} Q_N\{K\}.$$

Betrachten wir nun insbesondere Verteilungen Q_N des Typs (9.8.5), dann erhalten wir für (9.8.6) den Wert $Q_n\{k\}$.

Begründung: Wegen

$$(9.8.7) \qquad H_{N,K,n}\{k\} B_{N,\alpha}\{K\} = B_{n,\alpha}\{k\} B_{N-n,\alpha}\{K - k\}$$

folgt

$$(9.8.8) \qquad \sum_{K=k}^{N-n+k} H_{N,K,n}\{k\} B_{N,\alpha}\{K\} = B_{n,\alpha}\{k\} \sum_{l=0}^{N-n} B_{N-n,\alpha}\{l\} = B_{n,\alpha}\{k\}.$$

Dieses Ergebnis ist auch anschaulich klar: Das Los ist eine Zufallsstichprobe vom Umfang N aus einem Zufallsprozeß, bei dem die produzierten Stücke mit der Wahrscheinlichkeit α defekt sind. Aus dieser Zufallsstichprobe entnehmen wir eine weitere Zufallsstichprobe vom Umfang n, die wir auch als

Zufallsstichprobe vom Umfang n aus dem ursprünglichen Prozeß auffassen können.

Für gewisse Dichten p_1 ist das Integral (9.8.5) elementar darstellbar. Ist p_1 die Dichte einer *Beta-Verteilung* (mit den Parametern a, $b > 0$), d.h.

$$p_1(\alpha) = \frac{\Gamma(a+b)}{\Gamma(a)\Gamma(b)}\alpha^{a-1}(1-\alpha)^{b-1}, \qquad \alpha \in [0,1],$$

dann gilt:

$$\begin{aligned}
&\int_0^1 B_{N,\alpha}\{K\}p_1(\alpha)\,d\alpha \\
&= \binom{N}{K}\frac{\Gamma(a+b)}{\Gamma(a)\Gamma(b)}\int_0^1 \alpha^{K+a-1}(1-\alpha)^{N-K+b-1}\,d\alpha \\
&= \binom{N}{K}\frac{\Gamma(a+b)}{\Gamma(a)\Gamma(b)}\frac{\Gamma(a+K)\Gamma(b+N-K)}{\Gamma(a+b+N)},
\end{aligned}$$

also

$$(9.8.9) \qquad Q_N\{K\} = \binom{N}{K}\frac{\Gamma(a+b)}{\Gamma(a)\Gamma(b)}\cdot\frac{\Gamma(a+K)\Gamma(b+N-K)}{\Gamma(a+b+N)},$$

Dies ist die sogenannte *Polya-Verteilung.*

9.9 Die Bayes'sche Regel

Wir haben in Abschnitt 9.7 erfahren, wie man aus der Randverteilung von $\mathbf{x}$ und der Schar der bedingten Verteilungen von $\mathbf{y}$, gegeben $\mathbf{x} = x$, die verbundene Verteilung von $(\mathbf{x}, \mathbf{y})$ rekonstruieren kann. In Abschnitt 9.1 bzw. 9.2 wurde besprochen, wie man aus der verbundenen Verteilung die bedingte Verteilung von $\mathbf{x}$, gegeben $\mathbf{y} = y$, erhält. Man kann also, ausgehend von der einen Sorte bedingter Verteilungen ($\mathbf{x} = x$) die andere Sorte ($\mathbf{y} = y$) berechnen.

Die elementare Form: Der Grundraum X wird in abzählbar viele disjunkte meßbare Mengen A_k, $k \in \mathbb{N}$, zerlegt: $X = \bigcup_1^\infty A_k$. Ist die "Randverteilung" $P_1(A_k)$, $k \in \mathbb{N}$, und die Schar der bedingten Verteilungen $P(\cdot|A_k)|\mathscr{A}$, $k \in \mathbb{N}$, gegeben, kann man daraus die Wahrscheinlichkeit $P|\mathscr{A}$ mit Hilfe des "Satzes von der totalen Wahrscheinlichkeit" rekonstruieren: Wir zitieren (9.1.6):

$$(9.9.1) \qquad P(A) = \sum_1^\infty P(A|A_l)P(A_l), \qquad A \in \mathscr{A}.$$

Von $P|\mathscr{A}$ ausgehend kann man dann nach (9.1.4) die bedingte Wahrscheinlichkeit des Ereignisses $\mathbf{x} \in A_k$, gegeben $\mathbf{x} \in A$, berechnen:

$$(9.9.2) \qquad P(A_k|A) = \frac{P(A_k \cap A)}{P(A)}, \qquad k \in \mathbb{N}.$$

Dies ist der natürliche Weg, um von den bedingten Wahrscheinlichkeiten der einen Sorte zu den bedingten Wahrscheinlichkeiten der anderen Sorte zu gelangen. In Lehrbüchern über elementare Wahrscheinlichkeitsrechnung faßt man diese beiden unmittelbar einsichtigen Schritte in der sogenannten *Bayes'schen Regel* zusammen:

$$(9.9.3) \qquad P(A_k|A) = \frac{P(A|A_k)P(A_k)}{\sum_1^\infty P(A|A_l)P(A_l)}, \qquad k \in \mathbb{N}.$$

Da die Mengen A_l, $l \in \mathbb{N}$, paarweise disjunkt sind, gilt $P(A \cap A_k|A_l) = 0$ für $l \neq k$. Ferner ist nach (9.1.4) $P(A \cap A_k|A_k) = P(A|A_k)$. Daher folgt aus (9.9.1)

$$P(A \cap A_k) = \sum_{l=1}^\infty P(A \cap A_k|A_l)P(A_l) = P(A|A_k)P(A_k).$$

Zusammen mit (9.9.2) folgt daraus (9.9.3).

Besteht das Ziel des Unterrichts nicht darin, den Schüler ausgerüstet mit der Bayes'schen Regel ins Leben zu schicken, sondern ihn in das stochastische Denken einzuführen, wird man die Anwendung der unübersichtlichen Formel (9.9.3) vermeiden, und statt dessen den natürlichen Weg über (9.9.1) und (9.9.2) gehen. Ferner ist zu bedenken, daß eine sinnvolle Anwendung dieser Formeln stillschweigend davon ausgeht, daß nur die Dichotomie "$\mathbf{x} \in A$ oder $\mathbf{x} \in \bar{A}$" gegeben ist. (Denn wäre der Wert von $\mathbf{x}$ bekannt – für welche Menge A sollte man (9.9.3) dann anwenden?) Man zielt mit der Bayes'schen Regel (9.9.3) also eigentlich auf eine zweidimensionale, diskrete Zufallsvariable.

Um den Sinn der Bayes'schen Regel zu veranschaulichen, betrachten wir das folgende Klassifikationsproblem.

Die Individuen einer Population haben ein manifestes Merkmal $\mathbf{x}$ und ein latentes Merkmal $\mathbf{y}$. Es besteht der Wunsch, von dem manifesten Merkmal $\mathbf{x}$ auf das latente Merkmal $\mathbf{y}$ zu schließen. Wir nehmen an, daß jedes der beiden Merkmale (endlich oder) abzählbar vieler Ausprägungen fähig ist, die wir einfach durchnumerieren. Die Zufallsvariable $(\mathbf{x}, \mathbf{y})$ nimmt also Werte $(i, j) \in \mathbb{N}^2$ an. Bekannt seien die bedingten Wahrscheinlichkeiten $P(\mathbf{x} = i|\mathbf{y} = j)$, $i, j \in \mathbb{N}$, sowie die Wahrscheinlichkeiten $P_2\{j\}, j \in \mathbb{N}$. Daraus ergeben sich die bedingten Wahrscheinlichkeiten $P(\mathbf{y} = j|\mathbf{x} = i)$ wie folgt:

Nach (9.9.1) (angewendet für $A = \{i\} \times \{j\}$ bzw. $A = \{i\} \times \mathbb{N}$) gilt

$$P(\mathbf{x} = i, \mathbf{y} = j) = P(\mathbf{x} = i|\mathbf{y} = j)\mathbf{P}_2\{j\}$$

und

$$P_1\{i\} = \sum_{l=1}^\infty P(\mathbf{x} = i|\mathbf{y} = l)P_2\{l\}.$$

Nach (9.9.2) folgt daraus

$$(9.9.4) \qquad P(\mathbf{y} = j \mid \mathbf{x} = i) = \frac{P(\mathbf{x} = i, \mathbf{y} = j)}{P_1\{i\}} = \frac{P(\mathbf{x} = i \mid \mathbf{y} = j)\mathbf{P}_2\{j\}}{\sum_{l=1}^{\infty} P(\mathbf{x} = i \mid \mathbf{y} = l) P_2\{l\}}.$$

Dies ist eine spezielle Anwendung der Bayes'schen Regel (9.9.3).

In konkreten Anwendungen ist oft gar nicht die Randverteilung P_2 für das latente Merkmal **y**, sondern die Randverteilung P_1 für das manifeste Merkmal **x** gegeben. Dann ist die Bayes'sche Regel in der Form (9.9.3) nicht anwendbar, wohl aber der "natürliche Weg" über (9.9.1) und (9.9.2).

Wir konkretisieren diese Überlegungen anhand des folgenden Standard-Beispiels.

9.9.5 Beispiel: Diagnose einer Krankheit. Jede Person trägt zwei Merkmale: Das erste Merkmal sei die Diagnose mit den beiden Ausprägungen "gesund" und "krank", das zweite Merkmal sei der wahre Zustand – gleichfalls mit den Ausprägungen "gesund" und "krank". Bekannt sei die Treffsicherheit der Diagnose: Die Wahrscheinlichkeit, daß ein Gesunder als "krank" diagnostiziert wird, sei 5%, die Wahrscheinlichkeit, daß ein Kranker als "gesund" diagnostiziert wird, 10%. Wir können daher von folgenden bedingten Wahrscheinlichkeiten ausgehen:

$$(9.9.6) \qquad \begin{array}{ll} P(\mathbf{x} = g \mid \mathbf{y} = g) = 0{,}95 & P(\mathbf{x} = k \mid \mathbf{y} = g) = 0{,}05 \\ P(\mathbf{x} = g \mid \mathbf{y} = k) = 0{,}10 & P(\mathbf{x} = k \mid \mathbf{y} = k) = 0{,}90. \end{array}$$

Gesucht ist die Wahrscheinlichkeit dafür, daß eine Person mit der Diagnose "gesund" tatsächlich krank ist.

Um die Bayes'sche Regel anwenden zu können, benötigt man noch eine Annahme über den Anteil der Kranken in der Bevölkerung. Unterstellt man z.B. $P\{\mathbf{y} = k\} = 0{,}02$ (und dementsprechend $P\{\mathbf{y} = g\} = 0{,}98$), erhält man

$$P(\mathbf{y} = k \mid \mathbf{x} = g) = \frac{P(\mathbf{x} = g \mid \mathbf{y} = k) \cdot P_2\{k\}}{P(\mathbf{x} = g \mid \mathbf{y} = g) \cdot P_2\{g\} + P(\mathbf{x} = g \mid \mathbf{y} = k) \cdot P_2\{k\}}.$$

$$= \frac{0{,}10 \cdot 0{,}02}{0{,}95 \cdot 0{,}98 + 0{,}10 \cdot 0{,}02} \doteq 0{,}002.$$

Natürlich ist es, auf eine Anwendung der Bayes'schen Regel zu verzichten und zunächst von den bedingten Wahrscheinlichkeiten (9.9.6) ausgehend die verbundene Verteilung des zweidimensionalen Merkmals in einer 4-Felder-Tafel zu rekonstruieren. Dabei kann man auch auf die nicht ganz realistische Annahme verzichten, daß der Anteil der Kranken in der Bevölkerung bekannt sei und statt dessen mit dem Anteil der als "krank" Diagnostizierten arbeiten.

Bezeichnet p den – unbekannten – Anteil der Kranken in der Bevölkerung (d.h. $P\{\mathbf{y} = k\} = p$, $P\{\mathbf{y} = g\} = 1 - p$), dann erhalten wir aus den in (9.9.6) gegebenen bedingten Wahrscheinlichkeiten folgende 4-Felder-Tafel:

Zustand \ Diagnose	gesund	krank	Σ
gesund	$0{,}95(1-p)$	$0{,}05(1-p)$	$1-p$
krank	$0{,}10p$	$0{,}90p$	p

Die Untersuchung habe bei 7% der Bevölkerung die Diagnose "krank" ergeben. Dann ist

$$0{,}05(1-p) + 0{,}90p = 0{,}07,$$

also $p = 0{,}02/0{,}85$. Damit können wir die 4-Felder-Tafel konkret ausfüllen:

Zustand \ Diagnose	gesund	krank	Σ
gesund	0,928	0,049	0,977
krank	0,002	0,021	0,023
Σ	0,930	0,070	1,000

Daraus erhalten wir die gesuchte Wahrscheinlichkeit

$$P(\mathbf{y} = k | \mathbf{x} = g) = 0{,}002/0{,}930 \doteq 0{,}002.$$

Weniger erfreulich ist

$$P(\mathbf{y} = k | \mathbf{x} = k) \equiv 0{,}021/0{,}070 \doteq 0{,}3.$$

Solche Zahlen machen klar, daß selbst verhältnismäßig zuverlässige Diagnoseverfahren für eine Reihenuntersuchung der gesamten Bevölkerung ungeeignet sind, wenn es sich um eine seltene Krankheit handelt.

9.10 Beispiele zur Bayes'schen Regel

9.10.1 Das triviale Beispiel: Die Urne 1 enthalte rote und weiße Kugeln im Mischungsverhältnis 1:2, die Urne 2 im Mischungsverhältnis 1:1. Es wird eine Urne zufällig ausgewählt und eine Kugel gezogen. Diese ist rot. Mit welcher Wahrscheinlichkeit stammt die Kugel aus der Urne 1?

Das Zufallsexperiment wird beschrieben durch die Nummer der Urne und die Farbe der Kugel. Wird jede der beiden Urnen mit gleicher Wahrscheinlichkeit gewählt, gilt

$$P_1\{i\} = \frac{1}{2} \qquad \text{für } i = 1, 2.$$

Ferner ist

$$P(\{r\}|1) = \frac{1}{3}, \qquad P(\{w\}|1) = \frac{2}{3},$$

$$P(\{r\}|2) = \frac{1}{2}, \qquad P(\{w\}|2) = \frac{1}{2}.$$

Daraus folgt

$$P(\{1\}|r) = \frac{P(\{r\}|1)P_1\{1\}}{P(\{r\}|1)P_1\{1\} + P(\{r\}|2)P_1\{2\}} = \frac{2}{5},$$

und dementsprechend $P(\{2\}|r) = \frac{3}{5}$. Von diesen bedingten Wahrscheinlichkeiten ausgehend können wir nun beispielsweise die bedingte Wahrscheinlichkeit dafür berechnen, daß auch die zweite (aus derselben Urne gezogene) Kugel rot ist, wenn die erste Kugel rot war. Dazu benötigen wir aber eine Annahme über die Größe der Urne. Nehmen wir an, daß jede der beiden Urnen 6 Kugeln enthält. Wenn die Ziehungen aus Urne 1 erfolgen, ist die Wahrscheinlichkeit für rot beim zweiten Zug, falls beim ersten rot kam, gleich $\frac{1}{5}$; wenn die Ziehungen aus Urne 2 erfolgen, gleich $\frac{2}{5}$. Wir erhalten demnach als Wahrscheinlichkeit dafür, daß die zweite Kugel rot ist, wenn die erste Kugel rot war, den Wert

$$P(\{r\}|r) = \frac{1}{5}P(\{1\}|r) + \frac{2}{5}P(\{2\}|r) = \frac{8}{25}.$$

9.10.2 Beispiel: Inzest ist schädlich. Die in vielen Gesellschaften herrschenden Inzest-Verbote finden ihre genetische Begründung darin, daß bei der Kreuzung naher Verwandter "defekte" Allele mit größerer Wahrscheinlichkeit zusammentreffen als bei der Kreuzung zweier beliebiger Individuen aus der Population.

Um diesen Effekt an einem einfachen Modell zu veranschaulichen, betrachten wir ein Allel, das in den beiden Ausprägungen A und a auftritt. Die relativen Häufigkeiten der Genotypen AA, Aa $(= aA)$ und aa seien p, $2q$ und r (mit $p + 2q + r = 1$). Das "defekte" Allel sei a. Das normale Allel, A, sei dominant. Dann treten in der Population zwei Phänotypen auf: "Gesunde" (AA, Aa oder aA) mit der relativen Häufigkeit $p + 2q$ und "Kranke" mit der relativen Häufigkeit r. Wir nehmen an, daß unter den gesunden Individuen die Kreuzung zufällig erfolgt. (Da Individuen vom Genotyp aa im allgemeinen benachteiligt sein werden, gilt hier das Gesetz von Hardy-Weinberg (vgl. Beispiel 4.7.4) nicht.)

Aus Tabelle 4.1, eingeschränkt auf die gesunden Individuen, ergeben sich die in Spalte (1) von Tabelle 9.1 angegebenen Wahrscheinlichkeiten für die Paarungen.

Tabelle 9.1. Wahrscheinlichkeiten verschiedener Genotypen.

Genotyp der Eltern	dessen Wahrscheinlichkeit	bedingte Wahrscheinlichkeiten in der F_1-Generation						bedingte Wahrscheinlichkeit des Genotyps *aa* in der F_2-Generation	
		AA	*Aa* oder *aA*	*aa*	davon gesund	Aufteilung der Gesunden *AA*	*Aa* oder *aA*		
	(1)		(2)		(3)		(4)	(5)	(6)
$AA \times AA$	$p^2/(1-r)^2$	1	0	0	1	1	0	0	$p/(p+4q)$
$AA \times Aa$ oder $Aa \times AA$	$4pq/(1-r)^2$	$\frac{1}{2}$	$\frac{1}{2}$	0	1	$\frac{1}{2}$	$\frac{1}{2}$	$\frac{1}{16}$	$4q/(p+4q)$
$Aa \times Aa$	$4q^2/(1-r)^2$	$\frac{1}{4}$	$\frac{1}{2}$	$\frac{1}{4}$	$\frac{3}{4}$	$\frac{1}{3}$	$\frac{2}{3}$	$\frac{1}{9}$	
Wahrscheinlichkeit der Genotypen in der F_1-Generation		$\dfrac{(p+q)^2}{(1-r)^2}$	$\dfrac{2(p+q)q}{(1-r)^2}$	$\dfrac{q^2}{(1-r)^2}$					

Demnach treten unter den gesunden Nachkommen gesunder Eltern die Genotypen *AA* und "*Aa* oder *aA*" mit den (bedingten) Wahrscheinlichkeiten $\frac{p+q}{p+3q}$ bzw. $\frac{2q}{p+3q}$ auf. Kreuzen sich diese zufällig, dann tritt unter deren Nachkommen der Genotyp *aa* mit der Wahrscheinlichkeit $\frac{q^2}{(p+3q)^2}$ auf. (Dies folgt aus Tabelle 4.1, angewendet für $\frac{p+q}{p+3q}$ statt p, $\frac{q}{p+3q}$ statt q und $r = 0$.)

Um den Effekt der Inzucht an einem einfachen Beispiel zu demonstrieren, untersuchen wir die Wahrscheinlichkeit für das Auftreten des Genotyps *aa* unter den Nachkommen zweier gesunder Geschwister, die von gesunden Eltern abstammen.

Tabelle 9.1 zeigt in Spalte 3 die Wahrscheinlichkeit eines gesunden Nachkommens in der F_1-Generation, und in Spalte 4, wie sich diese auf die beiden Genotypen *AA* und "*Aa* oder *aA*" verteilen. Spalte 5 gibt die Wahrscheinlichkeit für einen Nachkommen des Genotyps *aa* (in der F_2-Generation) bei der zufälligen Kreuzung gesunder Geschwister aus der F_1-Generation an (berechnet auf Grund von Tabelle 4.1, angewendet für die Wahrscheinlichkeiten aus Spalte 4). Je nach der Genotyp-Kombination der Eltern kann diese Wahrscheinlichkeit bis zu 1/9 betragen.

Wir interessieren uns jedoch auch für einen Mittelwert für die gesamte Population: Wie groß ist die Wahrscheinlichkeit, daß Nachkommen eines zufällig herausgegriffenen Paares gesunder Geschwister, das von gesunden Eltern abstammt, den Genotyp *aa* haben? Wir sehen hier – wie so oft bei Anwendungen – daß eine scheinbar klar formulierte Frage so klar nicht ist. Um die gesuchte Wahrscheinlichkeit berechnen zu können, müßten wir wissen, mit welcher Wahrscheinlichkeit ein zufällig herausgegriffenes Paar gesunder Geschwister von den verschiedenen Genotyp-Kombinationen der Eltern stammt. Um diese Wahrscheinlichkeit nach der Bayes'schen Regel zu berechnen, benötigen wir eine Annahme darüber, mit welcher Häufigkeit aus den Nachkommen der verschiedenen Genotyp-Kombinationen der Eltern Paare gesunder Geschwister entstehen. Dazu müßten wir zunächst eine Annahme über die Anzahl der Nachkommen der verschiedenen Genotyp-Kombinationen machen (z.B., daß das Auftreten eines Nachkommens des Genotyps *aa* die Produktion weiterer Nachkommen nicht einschränkt). Ferner benötigen wir eine Annahme darüber, wie sich unter den Nachkommen des Eltern-Genotyps $Aa \times Aa$, unter denen auch welche vom Genotyp *aa* sein können, Paare gesunder Geschwister bilden: Nur zufällig? Oder unter Ausschluß einer Kreuzung mit Geschwistern des Genotyps *aa*?

Grundsätzlich kann die Antwort auf eine "naive" Frage entscheidend davon abhängen, wie wir diese präzisieren. Im konkreten Fall bietet sich jedoch ein einfacher Ausweg an: Die Unbestimmtheit des Modells rührt ausschließlich von der Genotyp-Kombination $Aa \times Aa$ her. Diese hat die größte Wahrscheinlichkeit für Enkel des Genotyps *aa*, nämlich $\frac{1}{9}$. Wie immer wir das Modell präzisieren: Der Populations-Mittelwert wird größer sein als jener Mittelwert, den wir erhalten, wenn wir die Genotyp-Kombination $Aa \times Aa$ fortlassen. Tun wir dies und nehmen wir an, daß die durchschnittliche Kinderzahl für die Genotyp-Kombination $AA \times AA$ und "$AA \times Aa$ oder $Aa \times AA$" gleich ist, dann erhalten wir unter Anwendung der Bayes'schen Regel die in Spalte (6) angegebenen Wahrscheinlichkeiten, mit denen ein gesundes Geschwisterpaar von den verschiedenen Eltern-Genotyp-Kombinationen abstammt. Aus diesen Wahrscheinlichkeiten ergibt sich für den Genotyp *aa* der Enkel die Wahrscheinlichkeit

$$0 \cdot \frac{p}{p+4q} + \frac{1}{16} \cdot \frac{4q}{p+4q} = \frac{q}{4(p+4q)}.$$

Dies ist eine untere Schranke für die Wahrscheinlichkeit dafür, daß Nachkommen eines gesunden Geschwisterpaares, das von gesunden Eltern abstammt, vom Genotyp *aa* sind.

Ist das Allel *a* relativ selten, dann sind q und r klein und p nahezu 1. In diesem Fall gilt näherungsweise: Die Wahrscheinlichkeit für Nachkommen des Genotyps *aa* ist bei der Kreuzung gesunder Individuen, die von gesunden Eltern abstammen, q^2, bei Kreuzung gesunder Geschwister, die von gesunden Eltern abstammen, jedoch mindestens $q/4$.

Hier noch ein numerisches Beispiel: Es sei

$$p = 0{,}9600,\ 2q = 0{,}0397,\ r = 0{,}0003.$$

Dann betragen diese Wahrscheinlichkeiten $\frac{q^2}{(p+3q)^2} \doteq 0{,}00038$ bzw. $\frac{q}{4(p+4q)} \doteq 0{,}0048$. Die Wahrscheinlichkeit für einen Nachkommen des Genotyps *aa* wäre also in diesem Fall bei Geschwistern mindestens 12 mal so groß.

9.10.3 Beispiel: Ein Abnehmer erhält regelmäßig Lieferungen in Losen der Größe N. Die Wahrscheinlichkeit, daß ein solches Los K defekte Stücke enthält, sei $Q_N\{K\}$, mit $\sum_{K=0}^{N} Q_N\{K\} = 1$.

Der Käufer entnimmt jedem Los eine Stichprobe vom Umfang n. Für ein Los mit insgesamt K defekten Stücken ist die Wahrscheinlichkeit für k defekte Stücke in der Stichprobe durch die Hypergeometrische Verteilung gegeben: $H_{N,K,n}\{k\}$.

Das Ergebnis des Zufallsexperiments wird vollständig beschrieben durch

(K, k). Das zugehörige Wahrscheinlichkeits-Maß $P_{N,n}|\mathscr{P}(\{0, 1, \ldots, N\} \times \{0, 1, \ldots, n\})$ ist nach (9.7.1) definiert durch

$$P_{N,n}\{(K, k)\} = H_{N,K,n}\{k\} Q_N\{K\}. \tag{9.10.4}$$

$H_{N,K,n}\{k\}$ ist interpretierbar als die bedingte Wahrscheinlichkeit für k defekte Stücke in der Stichprobe, falls das Los K defekte Stücke enthält.

Die Indizes N, n in der Symbolik beizubehalten, erscheint überflüssig, da diese zunächst fest sind. Bei den folgenden Überlegungen erweist es sich jedoch als bequem, die Formeln in Abhängigkeit von N und n anschreiben zu können.

Auf Grund der konkreten Problemstellung interessiert weniger die Gesamtzahl der defekten Stücke im Los, als die Zahl der defekten Stücke im Restlos, die wir mit $\bar{k} := K - k$ bezeichnen.

Bezeichnet $\bar{P}_{N,n}$ die verbundene Verteilung von $(\mathbf{k}, \bar{\mathbf{k}})$, dann können wir (9.10.4) mit den neuen Bezeichnungen anschreiben als

$$\bar{P}_{N,n}\{(k, \bar{k})\} = H_{N,k+\bar{k},n}\{k\} Q_N\{k + \bar{k}\}. \tag{9.10.5}$$

Daraus erhalten wir die Randverteilung $\hat{P}_{N,n}$ von $\mathbf{k}$ (der Anzahl der defekten Stücke in der Stichprobe) als

$$\hat{P}_{N,n}\{k\} = \sum_{l=0}^{N-n} H_{N,k+l,n}\{k\} Q_N\{k + l\}. \tag{9.10.6}$$

(Wir weichen hier von der üblichen Symbolik für die Randverteilung ab, um $\bar{P}_{N,n}$ nicht mit weiteren Indizes zu überladen.)

Die bedingte Wahrscheinlichkeit dafür, daß das Restlos $\bar{k}$ defekte Stücke enthält, wenn k defekte Stücke in der Stichprobe sind, ist daher

$$\frac{\bar{P}_{N,n}\{(k, \bar{k})\}}{\hat{P}_{N,n}\{k\}} = \frac{H_{N,k+\bar{k},n}\{k\} Q_N\{k + \bar{k}\}}{\sum_{l=0}^{N-n} H_{N,k+l,n}\{k\} Q_N\{k + l\}}, \qquad \bar{k} = 0, 1, \ldots, N - n. \tag{9.10.7}$$

Mit Hilfe dieser bedingten Verteilung können wir beispielsweise den Erwartungswert für den Ausschußanteil im Restlos berechnen:

$$\frac{(N - n)^{-1} \sum_{l=0}^{N-n} l \, H_{N,k+l,n}\{k\} Q_N\{k + l\}}{\sum_{l=0}^{N-n} H_{N,k+l,n}\{k\} Q_N\{k + l\}}. \tag{9.10.8}$$

Wegen

$$\frac{K - k}{N - n} \cdot \frac{\binom{K}{k}}{\binom{N}{n}} = \frac{k + 1}{n + 1} \cdot \frac{\binom{K}{k+1}}{\binom{N}{n+1}}$$

gilt

$$\frac{K-k}{N-n} H_{N,K,n}\{k\} = \frac{k+1}{n+1} H_{N,K,n+1}\{k+1\}.$$

Daraus folgt sofort, daß der durch (9.10.8) gegebene Erwartungswert für den Ausschußanteil im Restlos gleich ist

(9.10.9) $$\frac{k+1}{n+1} \cdot \frac{\hat{P}_{N,n+1}\{k+1\}}{\hat{P}_{N,n}\{k\}}.$$

Wir betrachten nun den Fall, daß die Zahl der defekten Stücke im Los binomial-verteilt ist:

(9.10.10) $$Q_N\{K\} = \binom{N}{K} \alpha^K (1-\alpha)^{N-K}.$$

Wir erhalten in diesem Fall auf Grund von (9.10.7) unter Verwendung von (9.8.8) und (9.10.10) mit $\bar{n} := N - n$

(9.10.11) $$\frac{\bar{P}_{N,n}\{(k,\bar{k})\}}{\hat{P}_{N,n}\{k\}} = \binom{\bar{n}}{\bar{k}} \alpha^{\bar{k}} (1-\alpha)^{\bar{n}-\bar{k}}, \qquad \bar{k} = 0, 1, \ldots, \bar{n}.$$

Dieses Ergebnis mag zunächst überraschen: Die Wahrscheinlichkeit für $\bar{k}$ defekte Stücke im Restlos ist unabhängig davon, wie groß k war; die Anzahl der defekten Stücke in der Stichprobe enthält keinerlei Informationen über die Qualität des Restloses. Dies liegt natürlich an der speziellen a priori-Verteilung (9.10.10). Eine solche a priori-Verteilung liegt vor, wenn der Produktionsprozeß "in Kontrolle" ist. Darunter verstehen wir einen Produktionsprozeß, bei dem defekte Stücke unabhängig voneinander mit einer zeitlich konstanten Wahrscheinlichkeit auftreten. Bei einem solchen Prozeß ist die Qualität eines jeden Abschnitts stochastisch unabhängig von der Qualität eines dazu disjunkten Abschnitts – also auch die Qualität des Restloses stochastisch unabhängig von der Qualität der Stichprobe.

Bei einem in Kontrolle befindlichen Produktionsprozeß ist eine Abnahmeprüfung auf Stichprobenbasis nutzlos. Eine solche Abnahmeprüfung kann nur gegen Qualitäts*schwankungen* schützen. Nur wenn Ausmaß und Wahrscheinlichkeit solcher Qualitätsschwankungen aus der Erfahrung bekannt sind, kann man Abnahmeprüfungen nach objektiven Kriterien festlegen.

Ein Beispiel in dieser Richtung: Wir nehmen an, daß sich die Verteilung Q_N als Gemisch von Binomial-Verteilungen ergibt:

$$Q_N\{K\} = \int_0^1 B_{N,\alpha}\{K\} p_1(\alpha)\, d\alpha, \qquad K \in \{0, 1, \ldots, N\}.$$

Dann gilt, wie in Beispiel 9.8.4 gezeigt wurde,

$$\hat{P}_{N,n}\{k\} = Q_n\{k\},$$

so daß wir für den Erwartungswert des Ausschußanteils im Restlos nach (9.10.9) erhalten:

$$\text{(9.10.12)} \quad \frac{k+1}{n+1} \cdot \frac{Q_{n+1}\{k+1\}}{Q_n\{k\}}.$$

Ist p_1 die Dichte einer Beta-Verteilung (also Q_N eine Polya-Verteilung), ergibt sich daraus unter Verwendung von (9.8.9) der Wert $(a + k)/(a + b + n)$. Sind die Werte a, b aus langfristigen Beobachtungen bekannt, kann darauf ein kostenminimierendes Stichprobenverfahren aufgebaut werden.

9.10.13 Beispiel: Ein Kunde bezieht Ersatzteile von zwei verschiedenen Erzeugern. Die Lebensdauer der Ersatzteile vom Erzeuger k sei verteilt nach $\Gamma_{a_k^{-1},b}$; die Anzahl der bezogenen Stücke sei n_k.

Bei einem Stück wurde eine extrem niedrige Lebensdauer, t, festgestellt. Wie groß ist die Wahrscheinlichkeit, daß dieses vom Erzeuger 1 stammt?

Bezeichnen wir mit x die Nummer des Erzeugers, mit y die Lebensdauer seiner Produkte, dann können wir die verbundene Verteilung P von $(\mathbf{x}, \mathbf{y})$ darstellen durch die bedingten Wahrscheinlichkeiten für $\mathbf{y}$, gegeben $\mathbf{x} = k$:

$$P(\cdot\,|k) = \Gamma_{a_k^{-1},b}, \qquad k = 1, 2,$$

und durch die Randverteilung

$$P_1\{k\} = \frac{n_k}{n_1 + n_2}, \qquad k = 1, 2.$$

Daher ist die Verteilung von $(\mathbf{x}, \mathbf{y})$ im Sinn von (9.2.14) darstellbar durch die Dichte-Schar $(k = 1, 2)$

$$y \to \frac{n_k}{n_1 + n_2} \cdot \frac{1}{\Gamma(b)} a_k^b y^{b-1} \exp[-a_k y], \qquad y > 0.$$

Nach (9.2.16) ist dann die bedingte Wahrscheinlichkeit für $\mathbf{x} = 1$, gegeben $\mathbf{y} = t$,

$$\text{(9.10.14)} \quad n_1 a_1^b \exp[-a_1 t](n_1 a_1^b \exp[-a_1 t] + n_2 a_2^b \exp[-a_2 t])^{-1}.$$

Werden beispielsweise vom ersten Erzeuger $n_1 = 1000$, vom zweiten $n_2 = 2000$ Stück bezogen und sind $a_1 = 10$, $a_2 = 3$ und $b = 3$, so erhalten wir als bedingte Wahrscheinlichkeit, gegeben $\mathbf{y} = 0{,}01$, den Wert 0,96 dafür, daß das betrachtete Stück vom ersten Erzeuger stammt.

Manche Statistiker propagieren die Anwendung der Bayes'schen Regel auch (oder vor allem) im Zusammenhang mit subjektiven Wahrscheinlichkeiten. Hier ein Beispiel, das in seiner formalen Struktur dem Klassifikationsproblem aus Abschnitt 9.9 folgt.

9.10.15 Beispiel: Wer ist der Autor? Es ist die Identität des Verfassers einer Arbeit zu ermitteln. In Frage kommen zwei Autoren, 1 und 2. Als eines der Kriterien wird die Häufigkeit gewählt, mit der diese Autoren das Wort "also" verwenden. Auf Grund einer Vorstudie von Arbeiten der beiden Autoren sei bekannt, daß die Häufigkeit dieses Worts in einem Text bestehend aus m Wörtern einer Poisson-Verteilung mit dem Parameter ma_i folgt, wobei $a_1 = 0{,}6 \cdot 10^{-3}$ und $a_2 = 1{,}4 \cdot 10^{-3}$ (für Autor 1 bzw. 2). In der Arbeit mit unbekannter Autorschaft mit der Länge $m = 2.500$ komme das Wort "also" 5 mal vor.

Um daraus auf die Wahrscheinlichkeit zu schließen, daß Autor 1 diese Arbeit verfaßt hat, muß man von a priori-Wahrscheinlichkeiten für die Autorschaft ausgehen. Subjektivisten würden bei Fehlen jedweder Information jedem der beiden Autoren a priori die Wahrscheinlichkeit $\frac{1}{2}$ zuordnen. (Allenfalls könnte man auch von der Anzahl der Arbeiten ausgehen, die von diesen Autoren vorliegen.)

Bezeichnet x die Autorschaft, dann gilt also

$$P_1\{1\} = P_1\{2\} = \frac{1}{2}.$$

Ferner ist

$$P(\{k\}|\mathbf{x} = i) = \frac{(ma_i)^k}{k!} e^{-ma_i}, \qquad i = 1, 2,$$

also

$$P_2\{k\} = \frac{1}{2}\left(\frac{(ma_1)^k}{k!} e^{-ma_1} + \frac{(ma_2)^k}{k!} e^{-ma_2}\right),$$

und somit

$$P(\mathbf{x} = 1|k) = \frac{P(\{k\}|\mathbf{x} = 1) \cdot \frac{1}{2}}{P_2\{k\}} = \frac{a_1^k e^{-ma_1}}{a_1^k e^{-ma_1} + a_2^k e^{-ma_2}}.$$

Für die konkreten Zahlen $a_1 = 0{,}6 \cdot 10^{-3}$, $a_2 = 1{,}4 \cdot 10^{-3}$ und $k = 5$ ergibt sich daraus der Wert

$$P(\mathbf{x} = 1|5) = 0{,}1.$$

Selbst wenn man dem subjektivistischen Ansatz für die a priori-Wahrscheinlichkeiten mit je $\frac{1}{2}$ reserviert gegenübersteht, wird man sich der Aussagekraft dieser Zahl nicht ganz entziehen können, insbesondere dann, wenn Untersuchungen mit verschiedenen Wörtern alle eindeutig in die gleiche Richtung weisen.

Der Bayes'sche Ansatz ist nur eine Möglichkeit, sich solchen Fragen zu nähern. Andere Autoren gehen beispielsweise von einem Vergleich der Häufigkeitsverteilungen der Wortlängen aus. Der insbesondere am Bayes'schen Ansatz interessierte Leser wird auf das Buch von Mosteller und Wallace (1984) verwiesen. Stärker auf das Sachproblem abgestellt ist die Dissertation von Bolz (1977).

9.10.16 Beispiel: Auswahlverfahren. Jedes Individuum einer Gesamtheit besitze 2 Merkmale (x, y), z.B. $x =$ Ergebnis eines Eignungstests, $y =$ ein Maß für die tatsächliche (nur im Nachhinein feststellbare) Eignung. Auf Grund des Eignungstests soll ein vorgegebener Anteil α der Gesamtheit ausgewählt werden.

Wir betrachten "zufallsgesteuerte" Auswahlverfahren, bei denen ein Bewerber mit dem Testergebnis x mit der Wahrscheinlichkeit $w(x)$ ausgewählt wird. Das einfachste Beispiel eines solchen Auswahlverfahrens wäre

$$w_0(x) = \begin{cases} 1 & \\ 0 & \end{cases} \quad x \begin{matrix} \geqq \\ < \end{matrix} x_0$$

(bei dem also in Wirklichkeit k e i n e Zufallssteuerung stattfindet).

Intuitiv wird man vermuten, daß dieses Auswahlverfahren unter allen Auswahlverfahren, die sich auf das Ergebnis x des Eignungstests stützen, das beste ist; daß man eine "gerechtere" Auswahl eventuell durch eine Verbesserung des Eignungstests erreichen kann, aber nicht dadurch, daß man an Stelle von w_0 ein Auswahlverfahren w setzt, bei dem tatsächlich eine Zufallsentscheidung gefällt wird, bei dem also zumindest für manche Testergebnisse x durch Los über die Zulassung entschieden wird. So plausibel es ist, daß w_0 das beste Auswahlverfahren ist – diese Auffassung wird nicht allgemein geteilt, sonst hätten die Wissenschaftsminister der Bundesrepublik Deutschland nicht seinerzeit das Losverfahren für die Zulassung zum Medizinstudium beschlossen.

Um die intuitive Vermutung von der Optimalität des Zulassungsverfahrens w_0 zu überprüfen, betrachten wir alle Auswahlverfahren $w: \mathbb{R} \to [0, 1]$, die einen vorgegebenen Anteil α der Bewerber auswählen:

$$(9.10.17') \quad \int w(x) p_1(x)\, dx = \alpha,$$

wobei p_1 die Dichte der Verteilung der Testergebnisse $\mathbf{x}$ ist. Insbesondere wird also beim Auswahlverfahren w_0 der Schwellenwert x_0 nach (9.10.17') so festgelegt, daß

$$(9.10.17'') \quad \int_{x_0}^{\infty} p_1(x)\, dx = \alpha.$$

Zur Vereinfachung setzen wir voraus, daß die verbundene Verteilung von $(\mathbf{x}, \mathbf{y})$ eine Dichte p besitzt. Dann ist $p_1(x) = \int p(x, y)\, dy$. Ferner stehe das Testergebnis x mit der wahren Eignung y in einem sinnvollen Zusammenhang. Eine natürliche Voraussetzung ist: Die bedingte Verteilung $P(\cdot | x)$ von $\mathbf{y}$, gegeben $\mathbf{x} = x$, hängt monoton von x ab, d.h. $P(\cdot | x'')$ ist stochastisch größer als $P(\cdot | x')$, wenn $x'' > x'$. Diese Voraussetzung ist insbesondere erfüllt, wenn p Dichte einer zweidimensionalen Normalverteilung mit positivem Korrelationskoeffizienten ist (vgl. Beispiel 9.3.4). Mit Hilfe der Dichten ausgedrückt heißt dies, daß

(9.10.18) $\pi(x, y_0) := \int_{y_0}^{\infty} p(x, y)\, dy / p_1(x)$

für jedes y_0 eine nicht fallende Funktion von x ist.

Der Vergleich von Zulassungsverfahren mit gleicher Zulassungsquote α stützt sich auf die Verteilung der Zugelassenen nach der Eignung, $\mathbf{y}$. Die verbundene Verteilung von $(\mathbf{x}, \mathbf{y})$ unter den Zugelassenen besitzt die Dichte

(9.10.19) $(x, y) \rightarrow w(x) p(x, y)/\alpha,$

die Verteilung von $\mathbf{y}$ unter den Zugelassenen also die Dichte

(9.10.20) $q_w(y) := \int w(x) p(x, y)\, dx/\alpha.$

Für zwei beliebige Zulassungsverfahren w_i werden die Verteilungen mit den Dichten $q_{w_i}, i = 1, 2$ nicht unmittelbar vergleichbar sein. Wir müssen uns dann für den Vergleich der beiden Verteilungen (und damit für die Bewertung der beiden Zulassungsverfahren) auf ein bestimmtes Funktional dieser Verteilungen stützen (z.B. den Erwartungswert oder den Anteil derer, für die y einen bestimmten Wert y_0 übersteigt). Bei einer Bewertung des Auswahlverfahrens w_0 sind wir jedoch in einer günstigeren Lage:

Die zu w_0 gehörende Eignungsverteilung ist stochastisch größer als die Eignungsverteilung für jedes andere Auswahlverfahren w mit der gleichen Zulassungsquote:

(9.10.21) $\int_{y_0}^{\infty} q_{w_0}(y)\, dy \geqq \int_{y_0}^{\infty} q_w(y)\, dy \qquad$ für alle $y_0 \in \mathbb{R}$.

Beweis: Für alle $x \in \mathbb{R}$ gilt

(9.10.22) $(w_0(x) - w(x))(\pi(x, y_0) - \pi(x_0, y_0)) \geqq 0.$

Dies ist so einzusehen: Für $x > x_0$ ist $w_0(x) = 1$, also $w_0(x) - w(x) \geqq 0$; für $x < x_0$ ist $w_0(x) = 0$, also $w_0(x) - w(x) \leqq 0$. Zusammen mit der Monotonie von $x \rightarrow \pi(x, y_0)$ folgt daraus (9.10.22).

Aus (9.10.22) folgt wegen (9.10.17') und (9.10.17'')

$$\int (w_0(x) - w(x)) \pi(x, y_0) p_1(x)\, dx$$
$$\geqq \pi(x_0, y_0) \int (w_0(x) - w(x)) p_1(x)\, dx = 0,$$

also

$$\int w_0(x) \pi(x, y_0) p_1(x)\, dx \geqq \int w(x) \pi(x, y_0) p_1(x)\, dx.$$

Wegen (9.10.18) folgt daraus

$$\int_{y_0}^{\infty} \left(\int w_0(x) p(x, y)\, dx\right) dy \geqq \int_{y_0}^{\infty} \left(\int w(x) p(x, y)\, dx\right) dy,$$

also wegen (9.10.20) auch die zu beweisende Relation (9.10.21).

Bemerkung: Die Annahme, daß die verbundene Verteilung von $(\mathbf{x}, \mathbf{y})$ eine Dichte besitzt, diente nur dazu, die Argumentation übersichtlicher zu machen. Angenommen, $\mathbf{y}$ besitzt nur 2 Ausprägungen, 1 = "geeignet" und 0 = "ungeeignet". In diesem Fall können wir P darstellen durch seine beiden Zweige $A \to P(A \times \{k\})$, $k = 1, 2$, mit den Dichten $p(\cdot, k)$, $k = 1, 2$. Falls

$$P(\{1\}|x) = \frac{p(x, 1)}{p(x, 0) + p(x, 1)} \qquad \text{(vgl. (9.2.16))}$$

eine nicht fallende Funktion von x ist, geht der Beweis mit $P(\{1\}|x)$ an Stelle von $\pi(x, y_0)$ durch.

In den bisherigen Überlegungen war die Zulassungsquote konstant. Tatsächlich hängt die Effizienz eines Auswahlverfahrens stark von der Zulassungsquote ab. Dies wird durch folgende Überlegungen illustriert.

Angenommen, $(\mathbf{x}, \mathbf{y})$ habe eine zweidimensionale Normalverteilung mit Korrelationskoeffizienten ρ. Ohne Beschränkung der Allgemeinheit können wir annehmen, daß die Größen $\mathbf{x}, \mathbf{y}$ so standardisiert sind, daß $\mu_1 = \mu_2 = 0$ und $\sigma_1^2 = \sigma_2^2 = 1$. Dann ist die verbundene Dichte

$$p(x, y) = \frac{1}{2\pi\sqrt{1-\rho^2}} \exp\left[-\frac{1}{2(1-\rho^2)}(x^2 + y^2 - 2\rho xy)\right].$$

Die bedingte Verteilung von $\mathbf{y}$, gegeben $\mathbf{x} = x$, ist $N_{(\rho x, 1-\rho^2)}$.

Für das Folgende nehmen wir an, daß Bewerber mit $y > y_0$ geeignet sind. Der Anteil der Geeigneten unter den Bewerbern mit Testergebnis x ist dann

$$N_{(\rho x, 1-\rho^2)}(y_0, \infty) = 1 - \Phi\left(\frac{y_0 - \rho x}{\sqrt{1-\rho^2}}\right);$$

der Anteil der Geeigneten unter den Zugelassenen ergibt sich daraus als

$$\text{(9.10.23)} \quad \int_{x_0}^{\infty} \left(1 - \Phi\left(\frac{y_0 - \rho x}{\sqrt{1-\rho^2}}\right)\right) \varphi(x)\, dx \Big/ (1 - \Phi(x_0)).$$

Um zu veranschaulichen, wie stark der Anteil der Geeigneten unter den Zugelassenen von der Zulassungsquote α abhängt, nehmen wir $y_0 = 0$ an, d.h. 50% der Bewerber seien geeignet. Dann gilt

$$1 - \Phi\left(\frac{y_0 - \rho x}{\sqrt{1-\rho^2}}\right) = \Phi\left(\frac{\rho x}{\sqrt{1-\rho^2}}\right),$$

so daß der Anteil der Geeigneten unter den Zugelassenen gleich ist

$$\int_{x_0}^{\infty} \Phi\left(\frac{\rho x}{\sqrt{1-\rho^2}}\right) \varphi(x)\, dx \Big/ (1 - \Phi(x_0)).$$

Um die Zulassungsquote α zu erreichen, müssen wir $x_0 = u_\alpha$ wählen. Nachstehende Tabelle zeigt, wie der Anteil der Geeigneten unter den Zugelassenen von der Zulassungsquote α abhängt: Auch bei relativ schwacher Korrelation zwischen Eignung und Eignungstest erreichen wir eine starke Anreicherung der Geeigneten unter den Zugelassenen, wenn die Zulassungsquote sehr klein ist.

Tabelle 9.2. Anteil der Geeigneten unter den Zugelassenen.

ρ \ α	0,1	0,8
0,6	0,90	0,59
0,8	0,98	0,61

α = Zulassungsquote; ρ = Korrelation zwischen Test und Eignung; der Anteil der Geeigneten unter den Bewerbern ist 0,5.

Leser, die an der Anwendung statistischer Methoden bei psychologischen Tests interessiert sind, werden auf Lord und Novick (1974) oder Fischer (1974) hingewiesen.

Wir beschließen diesen Abschnitt mit einem Beispiel ähnlicher Struktur:

9.10.24 Beispiel: Die Spitzensportler dieses Jahres sind nur zum Teil auch die Spitzensportler des nächsten Jahres. Selbst wenn man vom Nachwachsen neuer Kräfte absieht und den Vergleich für eine feste Gruppe von Personen durchführt, ist in der Spitzengruppe eine deutliche Fluktuation zu beobachten.

Zur Illustration nehmen wir an, daß die Leistungen in zwei aufeinander folgenden Jahren einer zweidimensionalen Normalverteilung folgen. Wieder nehmen wir o.B.d.A. an, daß die Variablen $\mathbf{x}$, $\mathbf{y}$ so standardisiert sind, daß $\mu_1 = \mu_2 = 0$ und $\sigma_1^2 = \sigma_2^2 = 1$. Den Anteil der Personen, die im 2. Jahr oberhalb des oberen α-Quantils liegen, unter jenen, die bereits im 1. Jahr oberhalb des oberen α-Quantils liegen, erhalten wir aus (9.10.23), indem wir dort $x_0 = y_0 = u_\alpha$ setzen. Er beträgt

$$\frac{1}{\alpha}\int_{u_\alpha}^{\infty}\left(1 - \Phi\left(\frac{u_\alpha - \rho x}{\sqrt{1-\rho^2}}\right)\right)\varphi(x)\,dx.$$

Selbst bei $\rho = 0{,}9$ liegt diese bedingte Wahrscheinlichkeit für $\alpha = 1\%$ nur knapp über 1/2.

10. Lebensdauer-Verteilungen

10.1 Sterbetafeln; Abgangsordnungen

Untersuchungen über die "Sterblichkeit" der Bevölkerung (u.a. durch versicherungsmathematische Fragestellungen motiviert) gaben bereits früh Anstoß zur Beschäftigung mit statistischen Untersuchungen, beginnend mit den Arbeiten von Petty und Graunt Mitte des 17. Jahrhunderts. Die erste mathematisch fundierte Analyse des Sterbegeschehens ist wohl die des Astronomen Halley (1693), durchgeführt an Hand von Geburts- und Sterbestatistiken der Stadt Breslau (vgl. hierzu auch Westergaard (1882)).

Wenn wir eine Sterbetafel ihrer durch eine lange Tradition geheiligten Symbole (wie l_x, d_x usw.) entkleiden, entdecken wir, daß ihr Kernstück aus einer Verteilungsfunktion und der zugehörigen Dichte besteht. Der gleiche Begriffsapparat ist auch für das Studium der Lebensdauer technischer Produkte anwendbar. Statt von "Sterbetafeln" sprechen wir dort von "Abgangsordnungen".

Wir betrachten eine Gesamtheit gleichartiger Einheiten. Jeder dieser Einheiten ordnen wir als Merkmal die "Lebensdauer" zu. Mit $P|\mathbb{B}_0$, $\mathbb{B}_0 := \mathbb{B} \cap (0, \infty)$, bezeichnen wir die Verteilung der Lebensdauer, mit $F(t) := P(0, t]$, $t > 0$, die zugehörige Verteilungsfunktion. Diese gibt die Wahrscheinlichkeit für eine Lebensdauer $\leq t$ an, also den Anteil der im Alter t "schon Gestorbenen". Sterbetafeln oder Abgangsordnungen geben statt dessen den Anteil der im Alter t "noch Lebenden", also $P(t, \infty) = 1 - F(t)$ an. Diese Funktion heißt *Überlebenswahrscheinlichkeit* und wird mit $\bar{F}(t)$ bezeichnet.

Der besseren Übersichtlichkeit wegen rechnet die Sterbetafel nicht mit "Anteilen" oder Prozenten, sondern geht von einer fiktiven Bevölkerung von 100 000 aus, wodurch Dezimalstellen vermieden werden.

Eine empirisch ermittelte Sterbetafel kann nur als Tabelle wiedergegeben werden (da ihr Verlauf kaum durch einfache Funktionen zu beschreiben ist). Eine solche Tabelle gibt die Werte der Funktion $\bar{F}(t) := P(t, \infty)$ für einzelne Jahre $t = 1, 2, \ldots$ an. Aus dieser Approximation können wir die Wahrscheinlichkeit dafür errechnen, daß jemand k-jährig (d.h.: nach Vollendung des k. und vor Vollendung des $(k + 1)$. Lebensjahres) stirbt. Diese ist

$$P(k, k + 1] = \bar{F}(k) - \bar{F}(k + 1).$$

Um den Zusammenhang mit der üblichen Symbolik bei Sterbetafeln herzustellen: dort wird das Alter mit x bezeichnet; ferner werden folgende Symbole verwendet: $l_x = \bar{F}(x)$, $d_x = l_x - l_{x+1}$.

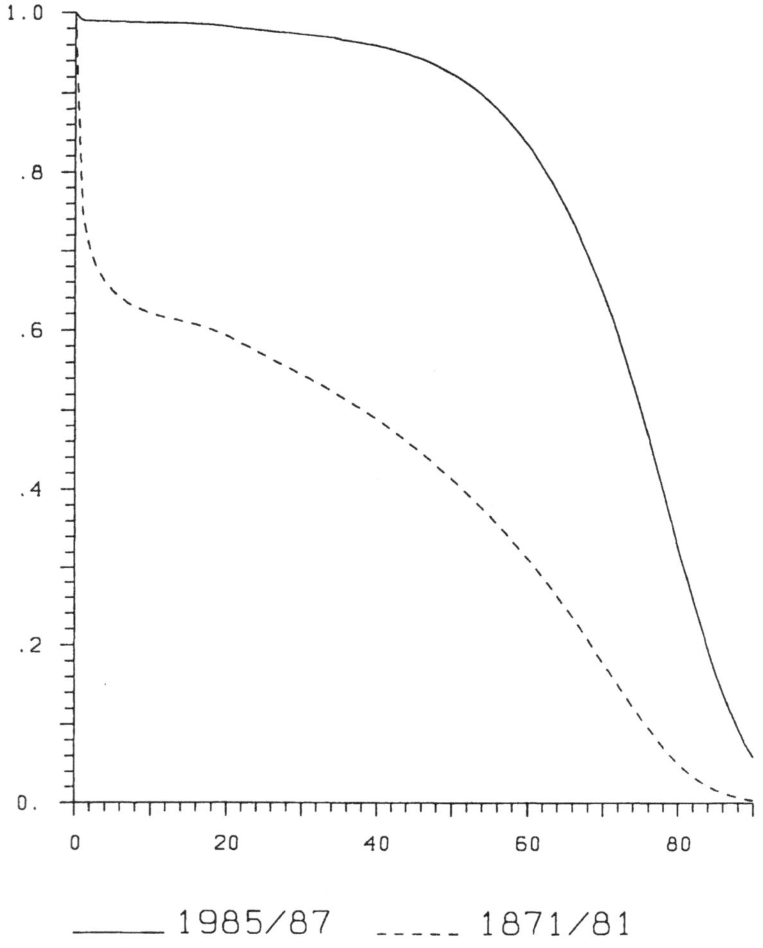

Bild 10.1 Überlebenswahrscheinlichkeit für Männer. Vergleich 1871/81 mit 1985/87.

Auch wenn sich Sterbetafeln damit begnügen, die Werte $\bar{F}(t)$ für ganzzahlige Jahre t anzugeben (ausgenommen die Werte $t \in (0, 1)$) und dies für alle praktischen Zwecke ausreicht: im Modell ist P eine stetige Verteilung mit einer Dichte p, die auf $(0, \infty)$ definiert ist. Da $P(k, k+1] = \int_k^{k+1} p(t)\,dt$, ist $P(k, k+1]$ der Durchschnittswert, den die Dichte im Intervall $(k, k+1]$ besitzt, d.h. $P(k, k+1]$ approximiert den Wert $p(t)$ für $t \in (k, k+1]$, wenn p genügend glatt ist.

Hätten wir eine Sterbetafel vor uns, die die Werte $\bar{F}(t)$ in feinerer Abstufung von t angibt, könnten wir $p(t)$ im Intervall $(t, t + \Delta]$ approximieren durch $P(t, t + \Delta]/\Delta$.

Die Dichte der Lebensdauer-Verteilung erfaßt einen wichtigen Aspekt der Sterblichkeit. Bild 10.2 zeigt, daß sich das Sterbealter jetzt stark bei Werten über 70 (also in der Nähe einer natürlichen Grenze) konzentriert, während es vor 100 Jahren – infolge krankheitsbedingten vorzeitigen Todes – gleichmäßiger verteilt war.

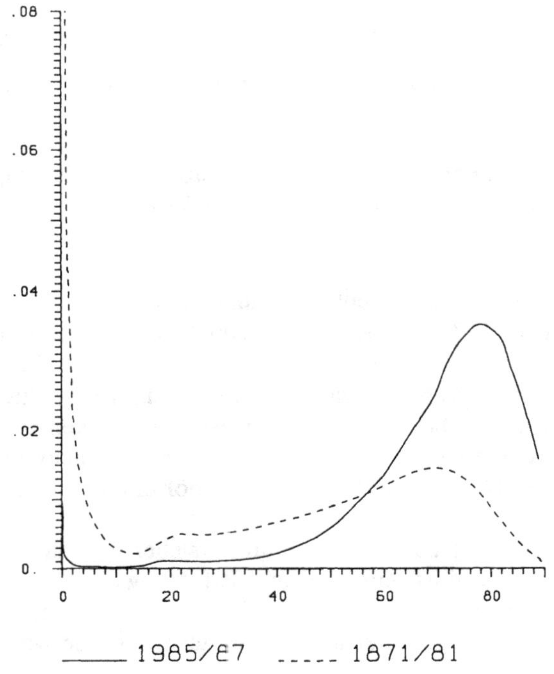

Bild 10.2 Dichte der Lebensdauer-Verteilung für Männer. Vergleich 1871/81 mit 1985/87.

Die Verteilung nach dem Sterbealter ist jedoch nur ein Aspekt des Phänomens der Sterblichkeit. Aus versicherungsmathematischen Gründen interessiert man sich auch noch für andere Größen, z.B. für die durchschnittliche Lebenserwartung eines 40-jährigen. Solche Größen beziehen sich auf eine bedingte Verteilung: auf die Verteilung von **t**, gegeben $\mathbf{t} > t_0$. Ihre Dichte ist (vgl. (9.1.2))

$$t \to p(t)/\bar{F}(t_0), \qquad t > t_0.$$

Mit Hilfe dieser bedingten Verteilung können wir die weitere Lebenserwartung ausdrücken: Sie beträgt für eine Person im Alter t_0

$$\frac{1}{\bar{F}(t_0)} \int_{t_0}^{\infty} tp(t)\,dt - t_0.$$

Aus Proposition 6.2.10 folgt sofort, daß

$$\text{(10.1.1)} \qquad \frac{1}{\bar{F}(t_0)} \int_{t_0}^{\infty} tp(t)\,dt - t_0 = \frac{1}{\bar{F}(t_0)} \int_{t_0}^{\infty} \bar{F}(t)\,dt.$$

Man kann daher die weitere Lebenserwartung direkt auf Grund der Sterbetafel berechnen, ohne vorher die Dichte ausrechnen zu müssen: $\int_k^{\infty} \bar{F}(t)\,dt$ wird approximiert durch $\sum_{l=k}^{\infty} \bar{F}(l)$.

Die Betrachtung solcher bedingten Verteilungen kann auch dazu dienen, gewisse Phänomene zu isolieren, z.B. die normale Sterblichkeit abzutrennen von der Säuglingssterblichkeit.

10.1.2 Beispiel: Die durchschnittliche Lebenserwartung eines männlichen Neugeborenen hat sich zwischen 1872/80 und 1985/87 von 36 auf 72, also um 36 Jahre erhöht. Klammert man die Säuglingssterblichkeit aus, d.h. betrachtet man die durchschnittliche (weitere) Lebenserwartung eines 1-jährigen, so hat sich diese von 47 auf 72, also um 25 Jahre, erhöht – das ist deutlich weniger. Klammert man die gesamte Kindersterblichkeit aus, betrachtet man also die weitere Lebenserwartung eines 14-jährigen, beträgt die Erhöhung nur mehr 15 Jahre (von 44 auf 59).

Die weitere Lebenserwartung ist jene Größe, die für versicherungsmathematische Berechnungen entscheidend ist. Zur intuitiven Erfassung der Verteilung der weiteren Lebensdauer ist die "Halbwertszeit" (vgl. hierzu Beispiel 6.3.2 auf seite 126) vielleicht besser geeignet als die "weitere Lebenserwartung".

10.1.3 Beispiel: Ein 30-jähriger will einen Rentenanspruch erwerben, der ihm für die Zeit von der Vollendung des 59. Lebensjahres bis zum Todesfall eine jährliche Rente von DM 10 000 garantiert. Wie ist der Barwert dieses Rentenanspruchs heute? Wenn wir Verzinsung und Geldveränderung ausklammern, haben wir einfach den Erwartungswert für die Höhe des insgesamt auszuzahlenden Betrags zu ermitteln. Dieser ist

$$\frac{10\,000}{\bar{F}(30)} \cdot \sum_{k=59}^{\infty} \bar{F}(k) = 158\,913 \quad \text{(DM)}.$$

10.1.4 Beispiel: Eine Dame im Alter von 40 heiratet einen Herrn im Alter von 58. Sie hat in der Zeitung gelesen, daß die durchschnittliche Lebenserwartung für Frauen um 7 Jahre über der der Männer liegt und hofft daher auf eine Witwenschaft von 25 Jahren. Wie groß ist die Wahrscheinlichkeit, daß diese Hoffnung in Erfüllung geht?

Um diese Frage beantworten zu können, benötigen wir zunächst die Verteilung für die Dauer der Witwenschaft. Bezeichne P_i die Verteilung der weiteren Lebensdauer für 58-jährige Männer ($i = 1$) bzw. 40-jährige Frauen ($i = 2$).

Sei

$$\bar{G}(t) := P_1 \otimes P_2\{(t_1, t_2) \in (0, \infty)^2 : t_2 - t_1 > t\}.$$

Dann ist $\bar{G}(0)$ die Wahrscheinlichkeit, daß die Frau Witwe wird, und $\bar{G}(t)$ die Wahrscheinlichkeit dafür, daß die Witwenschaft mindestens t Jahre dauert. $\bar{G}(25)$ ist also die gesuchte Zahl.

Bezeichnet $\bar{F}_m(t)$ die Wahrscheinlichkeit, daß ein Mann (bzw. $\bar{F}_w(t)$, daß eine Frau) das Lebensalter t erreicht, dann ist die für die Rechnung benötigte bedingte Wahrscheinlichkeit, daß ein 58-jähriger das Alter $58 + t$ (für $t \geqq 0$) erreicht, gleich $\bar{F}_m(58 + t)/\bar{F}_m(58)$ (bzw. $\bar{F}_w(40 + t)/\bar{F}_w(40)$ für die 40-jährige Frau). Mit diesen Größen können wir $\bar{G}(t)$ berechnen als

$$\bar{G}(t) = \frac{1}{\bar{F}_m(58)\bar{F}_w(40)} \int_0^\infty \bar{F}_w(40 + t + t_1) p_1(58 + t_1)\, dt_1.$$

Um diesen Ausdruck auszuwerten, müssen wir das Integral durch die Summe $\sum_{k=0}^{\infty} \bar{F}_w(40 + t + k)(\bar{F}_m(58 + k) - \bar{F}_m(58 + k + 1))$ approximieren und erhalten so den Wert $\bar{G}(25) = 0{,}41$. Die Wahrscheinlichkeit für die Witwenschaft an sich ist $\bar{G}(0) = 0{,}93$.

Ist nur die durchschnittliche Dauer der Witwenschaft gefragt, liegt die Versuchung nahe, einfach die weitere Lebenserwartung einer 40-jährigen um die weitere Lebenserwartung eines 58-jährigen zu vermindern. Man erhält so den Wert 20,6. Bei dieser Art der Berechnung geht allerdings eine Art "negativer Witwenschaft" ein, falls die Frau zuerst stirbt. Die sachlich richtige Antwort kann nur mit Hilfe der bedingten Verteilungen gegeben werden: Für den Fall, daß der Mann zuerst stirbt, beträgt die durchschnittliche Dauer der Witwenschaft

$$\frac{1}{\bar{G}(0)} \int_0^\infty \bar{G}(t)\, dt \doteq 24 \text{ Jahre.}$$

Leser, die an der Anwendung mathematischer Methoden in der Bevölkerungswissenschaft interessiert sind, werden auf Feichtinger (1973, 1979) und Keyfitz (1985) hingewiesen.

Eine elementare Einführung in die Versicherungsmathematik bietet Kremer (1985). Anspruchsvollere, auf die Risikotheorie abgestellte, Bücher sind Bühlmann (1970), Heilmann (1987) sowie Hipp und Michel (1990).

10.2 Sterbewahrscheinlichkeiten; Ausfallraten

Es ist klar, daß man einem so komplexen Phänomen wie der Sterblichkeit nicht dadurch voll gerecht werden kann, daß man ein einzelnes Funktional (wie "Mittlere Lebenserwartung" oder "Median") angibt. Die Verteilung der Lebensdauer enthält zwar alle Informationen, muß aber für gewisse Fragestellungen noch eigens ausgewertet werden.

Um Lebensdauer-Verteilungen besser vergleichen zu können, berechnen wir sogenannte *Sterbewahrscheinlichkeiten* (oder *Ausfallraten* bei technischen Produkten). Diese sind definiert durch

(10.2.1) $A(t) := p(t)/\bar{F}(t), \qquad t > 0.$

Die Ausfallrate gibt die Intensität des Ausscheidens in Abhängigkeit vom Alter t an: die Wahrscheinlichkeit, daß eine Person vom Alter t das Alter $t + \Delta$ nicht überlebt, ist $P(t, t + \Delta]/\bar{F}(t)$, bezogen auf die Zeiteinheit also $\Delta^{-1} P(t, t + \Delta]/\bar{F}(t)$. Für $\Delta \to 0$ erhalten wir wegen $\Delta^{-1} P(t, t + \Delta] \to p(t)$ daraus (10.2.1).

Für spätere Anwendungen bemerken wir, daß

(10.2.2) $A(t) = -\frac{d}{dt} \log \bar{F}(t), \qquad t > 0.$

10.2.3 Beispiel: Bei vielen technischen Produkten ist die Lebensdauer annähernd exponentialverteilt mit der Dichte *)

(10.2.4) $t \to a \exp[-at], \qquad t > 0.$

In diesem Fall gilt

(10.2.5) $\bar{F}(t) = e^{-at},$

also

$$A(t) \equiv a.$$

*) **Anmerkung:** Meist ist es zweckmäßig, den Parameter einer Exponentialverteilung als Skalen-Parameter anzusetzen, d.h. die Dichte in der Form $\frac{1}{a} \exp\left[-\frac{t}{a}\right]$ zu schreiben. In diesem Abschnitt schreiben wir – davon abweichend – die Dichten in der Form $a \exp[-at]$, da dann viele Ergebnisse einfacher anzuschreiben sind.

Die Ausfallrate ist zeitlich konstant, das Produkt altert nicht. Dies drückt sich auch darin aus, daß die weitere Lebenserwartung vom Alter unabhängig ist.

Nach (10.1.1) ist die weitere Lebenserwartung im Alter t_0 gleich $\frac{1}{\bar{F}(t_0)} \int_{t_0}^{\infty} \bar{F}(t)\,dt$. Für den Fall der Exponentialverteilung erhalten wir wegen (10.2.5) hierfür den Wert $\frac{1}{a}$, unabhängig vom Alter t_0.

10.2.6 Aufgabe: Verdoppelt sich bei einer beliebigen Lebensdauer-Verteilung P_1 die Lebenserwartung (d.h. gilt nun $P_2(0,t] = P_1(0,2t]$ für alle $t > 0$), dann halbiert sich die Ausfallrate.

Im Unterschied zu vielen technischen Produkten zeigt die Ausfallrate (= Sterbewahrscheinlichkeit) beim Menschen eine deutliche Altersabhängigkeit. Ihr Verlauf zeigt viel klarer als eine Darstellung der Verteilungsfunktion oder Dichte der Lebensdauer-Verteilung (Bild 10.2.), wie die "Sterbeintensität" vom Alter abhängt. Wieviele Personen zwischen 60 und 70 sterben, hängt nicht nur von der "Sterbeintensität" in diesem Zeitraum ab, sondern auch davon, wieviele bereits davor gestorben sind. Die Berechnung der Sterbewahrscheinlichkeit eliminiert den Einfluß des Sterbegeschehens vor diesem Zeitpunkt, d.h. sie greift die Sterbeintensität in dem untersuchten Zeitabschnitt heraus.

Erst in der Darstellung der Sterbewahrscheinlichkeiten erkennen wir die wichtigsten Erscheinungen deutlich:

a) daß die "Sterbeintensität" ab etwa 50 Jahren stark ansteigt,

b) daß in den letzten 100 Jahren nicht nur die Säuglingssterblichkeit stark zurückgegangen ist, sondern auch die Sterblichkeit in den höheren Altersstufen.

Für die empirische Ermittlung von Abgangsordnungen ist es wichtig, daß die Lebensdauer-Verteilung durch die Ausfallrate eindeutig bestimmt ist.

10.2.7 Proposition: *Durch die Ausfallrate $A(t)$, $t > 0$, ist die Lebensdauer-Verteilung eindeutig bestimmt. Es gilt:*

$$\bar{F}(t) = \exp\left[-\int_0^t A(u)\,du\right], \qquad t > 0. \tag{10.2.8}$$

Dies folgt sofort aus (10.2.2) und der "Anfangsbedingung" $\bar{F}(0) = 1$.

Aus dieser Proposition folgt insbesondere, daß die Exponentialverteilung die einzige Verteilung mit konstanter Ausfallrate ist.

Bei Anwendungen ist die Funktion A oft in Form einer (empirisch ermittelten) Tabelle gegeben. Dies trifft insbesondere für Untersuchungen über die Sterblichkeit zu. Dort wird aus den Zahlen über Bevölkerung und Sterbefälle – aufgegliedert nach Alter und Geschlecht – die Sterbewahrscheinlichkeit (≡ Wahrscheinlichkeit, innerhalb eines Jahres zu sterben) ermittelt und davon

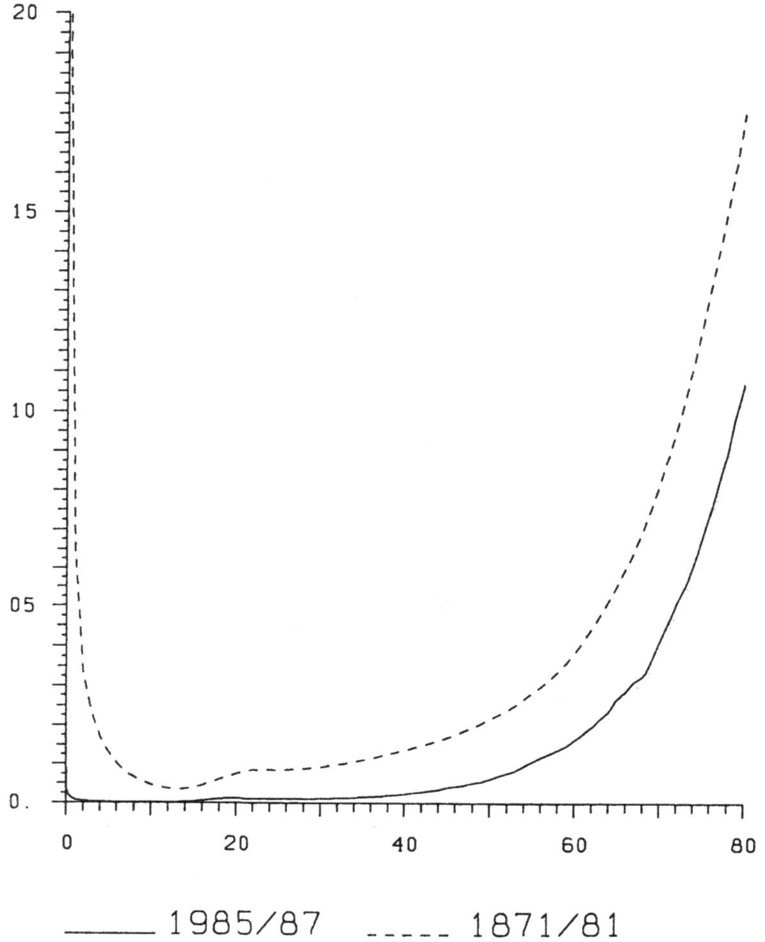

Bild 10.3 Sterbewahrscheinlichkeit für Männer. Vergleich 1871/81 mit 1985/87.

ausgehend für jedes Altersjahr die Überlebenswahrscheinlichkeit. Da die Werte in einer Sterbetafel im allgemeinen nur jahresweise angegeben sind, approximieren wir $A(k)$ (vgl. (10.2.1)) durch

$$\bar{A}(k) := \frac{\bar{F}(k) - \bar{F}(k+1)}{\bar{F}(k)}.$$

Damit ist $\bar{F}(k+1) = \bar{F}(k)(1 - \bar{A}(k))$, und wegen $\bar{F}(0) = 1$ erhält man induktiv

(10.2.9) $$\bar{F}(k) = \prod_{0}^{k-1} (1 - \bar{A}(l)), \qquad k \in \mathbb{N}.$$

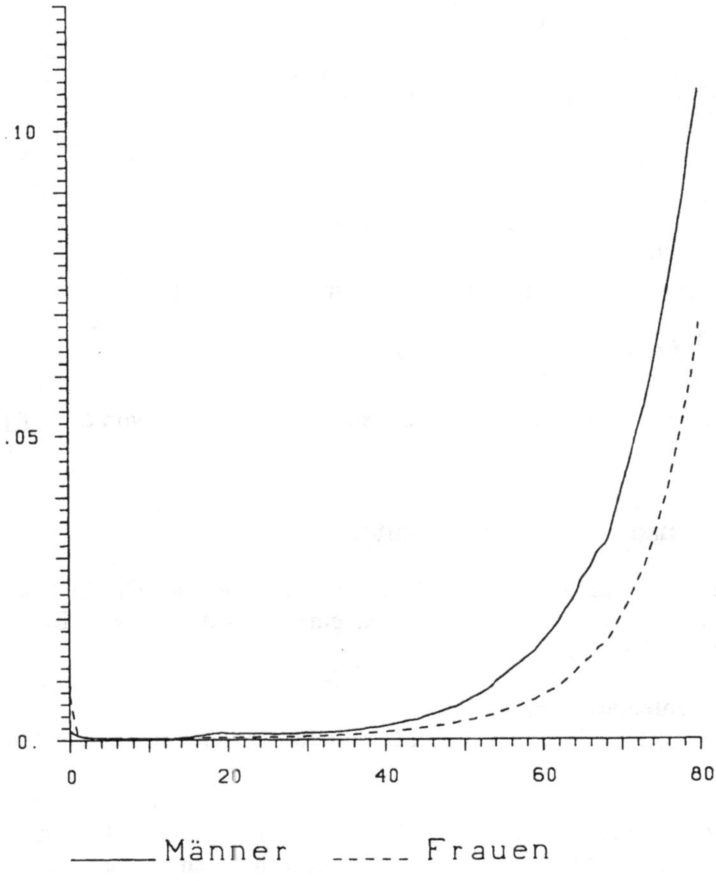

Bild 10.4 Sterbewahrscheinlichkeit 1985/87. Vergleich Männer – Frauen.

Für die Auswertung empirischen Materials tritt diese Formel für die Berechnung von $\bar{F}$ aus $\bar{A}$ an die Stelle von Formel (10.2.8).

Wir erinnern an einige Beziehungen, die aus Abschnitt 6.5 bekannt sind:

a) Hat P_2 einen nicht fallenden Dichtequotienten bezüglich P_1, so gilt $A_2(t) \leqq A_1(t)$ für alle $t > 0$. Daraus folgt insbesondere, daß die Ausfallrate der $\Gamma_{a,b}$-Verteilung im Halbstrahl $(0, \infty)$ monoton von b abhängt.

b) Aus $A_2(t) \geqq A_1(t)$ für alle $t > 0$ folgt, daß P_2 stochastisch kleiner ist als P_1.

Wir haben oben bemerkt, daß bei zeitlich konstanter Ausfallrate die weitere Lebenserwartung nicht vom Alter abhängt. Es ist naheliegend, daß bei einer mit dem Alter zunehmenden Ausfallrate die weitere Lebenserwartung mit steigendem Alter abnehmen wird. Die folgende Proposition bestätigt, daß dies tatsächlich so ist.

10.2.10 Proposition: *Ist die Ausfallrate für $t > t_0$ nicht fallend, dann ist die weitere Lebenserwartung für $t > t_0$ nicht steigend.*
Beweis: Für alle $t > t_0$, $u > 0$ gilt

$$\frac{d}{dt}\frac{\bar{F}(t+u)}{\bar{F}(t)} = -(A(t+u) - A(t))\frac{\bar{F}(t+u)}{\bar{F}(t)} \leqq 0.$$

Daher gilt für jedes $u > 0$:

(10.2.11) $t \to \dfrac{\bar{F}(t+u)}{\bar{F}(t)}$ ist für $t > t_0$ nicht steigend.

Nach (10.1.1) ist die weitere Lebenserwartung im Alter t gleich

$$\frac{1}{\bar{F}(t)}\int_t^\infty \bar{F}(s)\,ds = \frac{1}{\bar{F}(t)}\int_0^\infty \bar{F}(t+u)\,du.$$

Wegen (10.2.11) ist dies für $t > t_0$ eine nicht steigende Funktion von t. □

10.3 Die Lebensdauer von Aggregaten

Wir betrachten ein Aggregat bestehend aus m Komponenten. Die Lebensdauer der k. Komponente sei verteilt nach einem W-Maß $P_k|\mathbb{B}_0$, $\mathbb{B}_0 := \mathbb{B} \cap (0, \infty)$, mit der Dichte p_k.

A) Die Komponenten arbeiten in Serie.
Damit ist gemeint: Das Aggregat fällt aus, sobald e i n e der Komponenten ausfällt.

Bezeichnet t_k die Lebensdauer der k. Komponente, dann ist $\min\{t_1, \ldots, t_m\}$ die Lebensdauer des Aggregats. Die Verteilung der Lebensdauer des Aggregats bezeichnen wir mit P_*. Die zugehörige Überlebenswahrscheinlichkeit, $\bar{F}_*$, ist nach Beispiel 4.7.2

(10.3.1) $\bar{F}_*(t) = \prod_1^m \bar{F}_k(t), \qquad t > 0.$

Daraus können wir sofort die Dichte q_* der Lebensdauer-Verteilung des Aggregats gewinnen. Es gilt

(10.3.2) $q_*(t) = \bar{F}_*(t) \sum_1^m \dfrac{p_k(t)}{\bar{F}_k(t)}, \qquad t > 0.$

Die Gültigkeit von (10.3.1) setzt voraus, daß die einzelnen Komponenten voneinander unabhängig funktionieren, daß also nicht beispielsweise eine Komponente vor dem Ausfall schlecht funktioniert, damit die Funktionsweise der anderen Komponenten stört und deren Lebensdauer verkürzt.

Formal das gleiche Modell wird auch in der Bevölkerungsstatistik für die Analyse des Sterbegeschehens angewendet, wobei wir lediglich statt vom "Ausfall einer Komponente" von einer "den Tod verursachenden Krankheit" sprechen müssen. Allerdings ist hier die Hypothese, daß die "Komponenten unabhängig voneinander ausfallen" (d.h. die zum Tode führenden Krankheiten sich wechselseitig nicht beeinflussen), nicht immer realistisch. (Vgl. hierzu Keyfitz (1985) und David und Moeschberger (1978).)

Aus (10.3.1) ergibt sich sofort (mittels (10.2.2)) folgende Relation zwischen den Ausfallraten:

$$(10.3.3) \qquad A_*(t) = \sum_1^m A_k(t), \qquad t > 0.$$

Daß sich die Ausfallraten der einzelnen Komponenten addieren, erklärt, warum ein Aggregat mit äußerst zuverlässigen Komponenten selbst unzuverlässig sein kann, wenn die Anzahl dieser Komponenten sehr groß wird.

Aus (10.3.3) folgt insbesondere, daß das Aggregat eine steigende Ausfallrate besitzt, wenn dies für jede einzelne Komponente zutrifft.

Ist die Lebensdauer der einzelnen Komponenten exponentialverteilt, dann gilt dies auch für die Lebensdauer des Aggregats: Aus $\bar{F}_k(t) = \exp[-a_k t]$ folgt (wegen (10.3.1))

$$\bar{F}_*(t) = \exp\left[-\left(\sum_1^n a_k\right)t\right].$$

Von (10.3.3) ausgehend können wir untersuchen, wie sich eine Änderung der Ausfallrate bei einer bestimmten Komponente auf die Lebensdauer des Aggregats auswirken wird: wir brauchen nur $A_k(t)$ durch den geänderten Wert zu ersetzen und dann die Lebensdauer-Verteilung des Aggregats nach (10.2.8) zu bestimmen. Die analoge Fragestellung bei der Sterbestatistik lautet: Welchen Einfluß hätte es auf die Verteilung der Lebensdauer (oder auf die mittlere Lebenserwartung), wenn es gelänge, die Sterblichkeit an einer bestimmten Krankheit zu verringern oder ganz auszuschalten? Fragestellungen dieser Art haben bereits sehr früh die Mathematiker beschäftigt, so z.B. D. Bernoulli (1760) bei seinen Untersuchungen über den Einfluß der Sterblichkeit an Pocken (deren Aussagekraft allerdings mangels geeigneter empirischer Unterlagen fragwürdig blieb).

Nun wollen wir die Analyse des Ausfalls von Aggregaten dadurch verfeinern, daß wir nicht nur nach der Lebensdauer des Aggregats fragen, sondern auch noch danach, welche Komponente den Ausfall verursacht hat.

Mit

(10.3.4) $\quad I(t_1, \ldots, t_m) := k$, wenn k der kleinste Index i ist,

für den $t_i = \min\{t_1, \ldots, t_m\}$,

definieren wir

(10.3.5) $\underline{\min}(t_1, \ldots, t_m) := (\min\{t_1, \ldots, t_m\}, I(t_1, \ldots, t_m))$.

Diese Funktion wird als das *identifizierte Minimum* bezeichnet (weil sie nicht nur den Wert des Minimums angibt, sondern zusätzlich jene Komponente identifiziert, die den Ausfall verursacht hat).

Das identifizierte Minimum ist das, was wir bestenfalls beobachten können, denn die Lebensdauer der nicht ausgefallenen Komponenten bleibt unbekannt. In der Sterbestatistik entspricht dem identifizierten Minimum das Sterbealter mit Angabe der Todesursache.

Das identifizierte Minimum können wir auffassen als eine Zufallsvariable, die ihre Werte im Grundraum $(0, \infty) \times \{1, .., m\}$ annimmt. Wir bezeichnen: $Q := \bigotimes_1^m P_i * \underline{\min}$. Auch wenn Q formal ein W-Maß auf $\mathbb{B}_0 \otimes \mathscr{P}\{1, .., m\}$ ist, am zweckmäßigsten stellen wir es durch seine m Zweige $A \to Q(A \times \{k\})$ dar: Es gilt

$$(10.3.6) \quad Q(A \times \{k\}) = \left(\bigotimes_1^m P_i\right)\{(t_1, \ldots, t_m) \in (0, \infty)^m: \underline{\min}(t_1, \ldots, t_m) \in A \times \{k\}\}, \qquad A \in \mathbb{B}_0, \qquad k = 1, \ldots, m.$$

Daraus folgt

$$Q((t, \infty) \times \{k\}) = \left(\bigotimes_1^m P_i\right)\{(t_1, \ldots, t_m) \in (0, \infty)^m: t < t_k \leqq t_j \text{ für } j = 1, .., m, j \neq k\}.$$

Da

$$\left(\bigotimes_{\substack{i=1\\ i\neq k}}^m P_i\right)\{(t_1, .., t_{k-1}, t_{k+1}, .., t_m) \in (0, \infty)^{m-1}: t_j \geqq t_k \text{ für } j = 1, .., m; j \neq k\}$$

$$= \prod_{\substack{i=1\\ i\neq k}}^m \bar{F}_i(t_k) = \bar{F}_*(t_k)/\bar{F}_k(t_k)$$

(mit $\bar{F}_*$ wie in (10.3.1)), folgt

$$Q((t, \infty) \times \{k\}) = \int_t^\infty \bar{F}_*(t_k) \frac{p_k(t_k)}{\bar{F}_k(t_k)} dt_k.$$

Durch Differenzieren nach t gewinnen wir daraus die Dichte

$$(10.3.7) \quad q(t, k) = \bar{F}_*(t) \cdot \frac{p_k(t)}{\bar{F}_k(t)}, \qquad t > 0.$$

Mit Hilfe dieser Dichten können wir die Wahrscheinlichkeiten $Q(A \times \{k\})$

berechnen. Es gilt

$$Q(A \times \{k\}) = \int_A q(t,k)\,dt, \qquad A \in \mathbb{B}_0,\ k = 1, \ldots, m.$$

Die 1. Randverteilung von Q ist

$$Q_1(A) := \sum_1^m Q(A \times \{k\}), \qquad A \in \mathbb{B}_0,$$

mit der Dichte

$$q_1(t) = \sum_1^m q(t,k), \qquad t > 0,$$

also

$$(10.3.8) \qquad q_1(t) = \bar{F}_*(t) \sum_1^m \frac{p_k(t)}{\bar{F}_k(t)}, \qquad t > 0.$$

Dies stimmt mit (10.3.2) überein.

Die 2. Randverteilung von Q ist

$$(10.3.9) \qquad Q_2\{k\} := Q((0,\infty) \times \{k\}) = \int_0^\infty q(t,k)\,dt, \qquad k = 1, \ldots, m.$$

Sie gibt die Wahrscheinlichkeit dafür an, daß die Komponente k als erste ausfällt.

10.3.10 Beispiel: Um ein ausgefallenes Aggregat, bestehend aus zwei Komponenten, zu reparieren, will man wissen, durch welche Komponente der Ausfall verursacht wurde. Sind die Lebensdauer-Verteilungen der beiden Komponenten bekannt, kann man die Wahrscheinlichkeiten angeben, mit denen der Ausfall durch Komponente 1 bzw. 2 verursacht wurde: Diese sind durch (10.3.9) gegeben.

Kann man aus der Kenntnis des Ausfallzeitpunkts t bessere Aussagen über die Wahrscheinlichkeit gewinnen, mit der der Ausfall durch Komponente 1 bzw. 2 verursacht wurde? Im allgemeinen ja.

Die Dichte der bedingten Wahrscheinlichkeit, daß der Ausfall durch Komponente k verursacht wurde, gegeben den Ausfallzeitpunkt t, ist nach (9.2.16)

$$q(t,k)/q_1(t), \qquad k = 1, 2.$$

Wir konkretisieren das Beispiel weiter für $P_1 = \Gamma_{a_1^{-1},2}$ und $P_2 = \Gamma_{a_2^{-1},1}$. Dann gilt:

$$p_1(t) = a_1^2 t \exp[-a_1 t], \qquad \bar{F}_1(t) = (1 + a_1 t)\exp[-a_1 t],$$

$$p_2(t) = a_2 \exp[-a_2 t], \qquad \bar{F}_2(t) = \exp[-a_2 t],$$

also nach (10.3.7)

$$q(t,1) = a_1^2 t \exp[-(a_1 + a_2)t],$$

$$q(t,2) = a_2(1 + a_1 t)\exp[-(a_1 + a_2)t].$$

Daher ist die Wahrscheinlichkeit dafür, daß Komponente 1 zuerst ausfällt, gleich

$$Q_2\{1\} = \int_0^\infty q(t,1)\,dt = a_1^2/(a_1 + a_2)^2.$$

Ist der Ausfallzeitpunkt t des Aggregats bekannt, erhalten wir als bedingte Wahrscheinlichkeit dafür, daß der Ausfall durch Komponente 1 verursacht wurde, nach (9.2.16) den Wert

$$\frac{q(t,1)}{q(t,1) + q(t,2)} = \frac{a_1^2 t}{a_2 + (a_1 + a_2)a_1 t}.$$

Die Wahrscheinlichkeit, daß der Ausfall durch Komponente 1 verursacht wurde, ist also für sehr kleine t fast 0.

Anders ist die Situation, wenn beide Lebensdauer-Verteilungen exponentiell sind: $P_k = \Gamma_{a_k^{-1},1}$. Dann gilt für $k = 1, 2$:

$$p_k(t) = a_k \exp[-a_k t], \qquad \bar{F}_k(t) = \exp[-a_k t],$$

also

$$q(t,k) = a_k \exp[-(a_1 + a_2)t]$$

und

$$\frac{q(t,1)}{q(t,1) + q(t,2)} = \frac{a_1}{a_1 + a_2}.$$

Die bedingte Wahrscheinlichkeit dafür, daß der Ausfall durch Komponente 1 verursacht wurde, ist also von t unabhängig. In diesem speziellen Fall trägt die Kenntnis des Ausfallzeitpunkts nichts zur Identifizierung der ausgefallenen Komponente bei.

Wir sind bisher davon ausgegangen, daß die Lebensdauer-Verteilungen P_k der Komponenten bekannt sind, und haben daraus die Verteilung Q des identifizierten Minimums errechnet. Sind die Lebensdauer-Verteilungen P_k unbekannt, so stellt sich das umgekehrte Problem: von der empirisch feststellbaren Verteilung Q ausgehend die unbekannten Verteilungen P_k zu schätzen. Es ist daher von Interesse, klarzustellen, daß dies tatsächlich möglich ist: die Lebensdauer-Verteilungen P_k der Komponenten sind durch die Verteilung des identifizierten Minimums eindeutig bestimmt.

Nach (10.3.7) gilt

$$A_k(t) := \frac{p_k(t)}{\bar{F}_k(t)} = \frac{q(t,k)}{\bar{F}_*(t)}.$$

Da $\bar{F}_*(t) = Q_1(t, \infty)$ ist die Ausfallrate der k. Komponente durch die Verteilung des identifizierten Minimums eindeutig bestimmt. Aus der Ausfallrate A_k erhalten wir $\bar{F}_k$ nach (10.2.8).

B) Die Komponenten arbeiten parallel.
Damit ist gemeint: Das Aggregat fällt erst dann aus, wenn alle Komponenten ausgefallen sind. Es ist natürlich, sich in diesem Fall auf Aggregate aus gleichartigen Komponenten zu beschränken. Während sich die Lebensdauer eines Aggregats aus Komponenten in Serie am besten durch $\bar{F}$ ausdrücken ließ, ist bei Aggregaten aus parallel arbeitenden Komponenten die Verwendung der Verteilungsfunktion F zweckmäßiger.

a) Aggregate mit "heißer" Reserve.
Damit ist gemeint: Die Komponenten arbeiten gleichzeitig. Es bezeichne P die Lebensdauer-Verteilung dieser (gleichartigen) Komponenten, und t_k die Lebensdauer der k. Komponente. Dann ist die Lebensdauer des Aggregats gleich $\max\{t_1, \ldots, t_m\}$, also dessen Verteilungsfunktion

$$F_m(t) = F(t)^m, \; t > 0.$$

Daraus erhalten wir die Dichte der Lebensdauer-Verteilung des Aggregats

$$p_m(t) = mF(t)^{m-1}\mathrm{p}(t)$$

und die Ausfallrate für ein Aggregat aus m Komponenten

$$A_m(t) = \frac{p_m(t)}{1 - F_m(t)} = \frac{mF(t)^{m-1}p(t)}{1 - F(t)^m}.$$

10.3.11 Aufgabe: Zeigen Sie, daß $A_{m+1}(t) \leqq A_m(t)$ für alle $t > 0$ und alle $m \in \mathbb{N}$.

Selbst wenn die Lebensdauern der Komponenten exponentialverteilt sind, hängt die Ausfallrate des Aggregats jetzt vom Alter ab.

10.3.12 Beispiel: Ist $m = 2$ und $F(t) = 1 - \exp(-at)$, dann gilt

$$A_2(t) = \frac{2(1 - \exp[-at])a\exp[-at]}{1 - (1 - \exp[-at])^2}$$
$$= \frac{2a(1 - \exp[-at])}{2 - \exp[-at]}.$$

Die Ausfallrate des Aggregats ist in diesem Fall für kleine t fast 0 und steigt mit $t \to \infty$ gegen a, den Wert für eine einzelne Komponente, an.

Ein solches Ergebnis kann z.B. bei der Entscheidung helfen, ob es günstiger ist, eine Komponente zu verdoppeln, oder eine teurere Version dieser Komponente mit längerer Lebensdauer zu wählen. Allerdings wird eine solche Entscheidung nicht immer eindeutig sein, da man u.U. Lebensdauer-Verteilungen verschiedener Gestalt miteinander vergleichen muß, deren Unterschied nur auf Grund eines ganz bestimmten Merkmals (z.B. der durchschnittlichen Lebensdauer oder der Wahrscheinlichkeit, daß eine bestimmte Mindestlebensdauer überschritten wird) bewertet werden kann.

b) Aggregate mit "kalter" Reserve.
Damit ist gemeint: Die Komponenten treten n a c h e i n a n d e r in Funktion, sobald die gerade in Funktion befindliche Komponente ausfällt. Es bezeichne P die Lebensdauer-Verteilung dieser Komponenten und t_k die Lebensdauer der k. Komponente. Dann ist die Lebensdauer des Aggregats gleich $\sum_1^m t_k$, also dessen Lebensdauer-Verteilung gleich dem Faltungsprodukt P^{*m}.

Die durchschnittliche Lebensdauer des Aggregats ist daher das m-fache der durchschnittlichen Lebensdauer der Komponenten (vgl. Abschnitt 4.6).

Ist die Lebensdauer der einzelnen Komponente verteilt nach $\Gamma_{a,b}$, dann ist die Lebensdauer des Aggregats aus m Komponenten verteilt nach $\Gamma_{a,mb}$ (vgl. 1.6.8).

Nicht ganz so einfach zu zeigen ist der Satz, daß das Aggregat eine steigende Ausfallrate besitzt, wenn dies für jede der Komponenten zutrifft (vgl. Barlow und Proschan (1965), S. 36, Theorem 5.1).

Das Studium der Zuverlässigkeit von Aggregaten hat sich zu einem eigenen Teilgebiet der Statistik entwickelt. Der interessierte Leser wird auf die Monographien von Störmer (1983), Gaede (1977) und Barlow und Proschan (1965) hingewiesen. Auch das Buch von Hartung (1989) enthält ein ausführliches Kapitel über diese Fragen.

11. Die Poisson-Verteilung

Wir widmen der Poisson-Verteilung ein eigenes Kapitel, da sie neben der Binomial-Verteilung die wichtigste diskrete Verteilung ist und in den verschiedensten Situationen auftritt. In den ersten beiden Abschnitten versuchen wir, die Form der Poisson-Verteilung aus möglichst anschaulichen Eigenschaften herzuleiten. Dies liefert ein Beispiel für das Problem der Charakterisierung von Verteilungen. Solche Charakterisierungen dienen der Klarstellung, in welchen Situationen man welche Verteilungstypen erwarten kann. Der an dem Problem der Charakterisierung von Verteilungen im allgemeinen interessierte Leser wird auf die Monographien von Kagan, Linnik und Rao (1973) sowie Galambos und Kotz (1978) hingewiesen.

Die Benennung dieser Verteilung nach Poisson (1781–1840) ist kaum gerechtfertigt. Sie war bereits de Moivre (1718) bekannt; erst von Bortkiewicz (1898) hat nachdrücklich auf ihre Bedeutung hingewiesen.

11.1 Charakterisierung der Poisson-Verteilung durch die bedingte Unabhängigkeit

Wir betrachten ein isoliertes Drahtstück, in dessen Isolierung punktförmige Fehler auftreten, und zwar unabhängig voneinander. "Punktförmig" soll heißen, daß auch auf einem kleinen Teilstück beliebig viele dieser Fehler Platz finden können.

Bezeichne $P_0\{n\}$ für $n \in \mathbb{N}_0$ die Wahrscheinlichkeit für das Auftreten von n Fehlern auf einem Drahtstück vorgegebener Länge. Es gilt

$$(11.1.1) \qquad \sum_{0}^{\infty} P_0\{n\} = 1.$$

Wir denken uns dieses Drahtstück im Verhältnis α: $(1 - \alpha)$ unterteilt. Wenn sich die Fehler gleichmäßig über das Drahtstück verteilen (d.h. wenn die Wahrscheinlichkeit ihres Auftretens in einem Teilstück proportional zur Länge dieses Teilstücks ist), dann entfällt jeder Fehler auf dem Drahtstück mit der Wahrscheinlichkeit α auf das 1. Teilstück und mit der Wahrscheinlichkeit $1 - \alpha$ auf das 2. Teilstück. Verteilen sich die Fehler unabhängig voneinander auf die beiden Teilstücke, dann hat bei n Fehlern auf dem gesamten Drahtstück die Aufteilung k: $(n - k)$ auf die beiden Teilstücke die Wahrscheinlichkeit

$$B_{n,\alpha}\{k\} = \binom{n}{k}\alpha^k(1-\alpha)^{n-k}.$$

Daher ist die Wahrscheinlichkeit, daß gleichzeitig k Fehler auf dem 1. und $n-k$ Fehler auf dem 2. Teilstück auftreten, gleich $B_{n,\alpha}\{k\}P_0\{n\}$ (vgl. (9.7.1)).

Wenn die Fehler auf den beiden Teilstücken unabhängig voneinander auftreten, ist die Wahrscheinlichkeit für das Auftreten von k Fehlern auf dem 1. und $n-k$ Fehlern auf dem 2. Teilstück auch noch anders ausdrückbar, nämlich als $P_1\{k\}P_2\{n-k\}$, wenn $P_i\{l\}$ die Wahrscheinlichkeit für das Auftreten von l Fehlern auf dem i. Teilstück ($i = 1, 2$) bezeichnet. Es gilt dann also für alle $n \in \mathbb{N}_0$ und alle $k \in \{0, 1, \ldots, n\}$

$$(11.1.2) \quad P_1\{k\}P_2\{n-k\} = \binom{n}{k}\alpha^k(1-\alpha)^{n-k}P_0\{n\}.$$

W-Maße P_i, die diese Funktional-Gleichung erfüllen, sind notwendigerweise Poisson-Verteilungen. Dies können wir so einsehen:

Aus (11.1.2) folgt (für $k = n$ und $k = n-1$) für alle $n \in \mathbb{N}_0$

$$(11.1.3') \quad P_1\{n\}P_2\{0\} = \alpha^n P_0\{n\},$$

$$(11.1.3'') \quad P_1\{n-1\}P_2\{1\} = n\alpha^{n-1}(1-\alpha)P_0\{n\}.$$

Aus (11.1.3') folgt für $\alpha \in (0, 1)$, daß $P_2\{0\} > 0$ (da sonst $P_0\{n\} = 0$ für alle $n \in \mathbb{N}_0$, im Widerspruch zu (11.1.1)). Daher folgt aus (11.1.3') und (11.1.3'') für $n \in \mathbb{N}$

$$(11.1.4) \quad \frac{P_1\{n\}}{P_1\{n-1\}} = \frac{1}{n}\cdot\frac{\alpha}{1-\alpha}\cdot\frac{P_2\{1\}}{P_2\{0\}},$$

also insbesondere

$$\frac{1}{\alpha}\cdot\frac{P_1\{1\}}{P_1\{0\}} = \frac{1}{1-\alpha}\cdot\frac{P_2\{1\}}{P_2\{0\}}.$$

Bezeichnen wir diesen gemeinsamen Wert mit c, erhalten wir aus (11.1.4) für $n \in \mathbb{N}$

$$\frac{P_1\{n\}}{P_1\{n-1\}} = \frac{1}{n}\alpha c.$$

Daraus folgt durch vollständige Induktion für alle $n \in \mathbb{N}_0$

$$P_1\{n\} = \frac{1}{n!}(\alpha c)^n P_1\{0\}.$$

Wegen $\sum_0^\infty P_1\{n\} = 1$ folgt daraus

$$1 = P_1\{0\} \sum_0^\infty \frac{1}{n!}(\alpha c)^n = P_1\{0\} \exp[\alpha c],$$

also

$$(11.1.5') \quad P_1\{n\} = \frac{(\alpha c)^n}{n!} \exp[-\alpha c], \qquad n \in \mathbb{N}_0.$$

Die gleichen Argumente liefern

$$(11.1.5'') \quad P_2\{n\} = \frac{((1-\alpha)c)^n}{n!} \exp[-(1-\alpha)c], \qquad n \in \mathbb{N}_0.$$

Die beiden Verteilungen P_1, P_2 sind also Poisson-Verteilungen mit Parametern αc bzw. $(1-\alpha)c$, die proportional zur Länge der beiden Teilstücke sind. Für die Wahrscheinlichkeit von n Fehlern auf dem gesamten Drahtstück, $P_0\{n\}$, erhalten wir aus (11.1.2) durch Summation über alle $k \in \{0, 1, \ldots, n\}$

$$(11.1.5''') \quad P_0\{n\} = \sum_{k=0}^{r} P_1\{k\} P_2\{n-k\} = \frac{c^n}{n!} e^{-c}, \qquad n \in \mathbb{N}_0,$$

also gleichfalls eine Poisson-Verteilung. Wir haben damit gezeigt: Wenn es Verteilungen P_0, P_1, P_2 gibt, die (11.1.1) und (11.1.2) erfüllen, dann müssen sie die durch (11.1.5) beschriebene Form haben. Daß die durch (11.1.5) beschriebenen Verteilungen die Relationen (11.1.1) und (11.1.2) tatsächlich erfüllen, ist unmittelbar nachzurechnen.

11.2 Charakterisierung der Poisson-Verteilung mit Hilfe der Reproduktivität

Das oben beschriebene Modell legt die Frage nahe, ob nicht die Forderung, daß für die Teilstücke das gleiche "Fehlergesetz" gelten soll wie für das gesamte Drahtstück, schon ausreicht, um dieses "Fehlergesetz" als eine Poisson-Verteilung zu charakterisieren. Um diese Idee weiter zu verfolgen, bringen wir die Abhängigkeit von der Länge des Drahtstücks von vornherein ins Spiel: Für $c > 0$ bezeichne nun also $Q_c\{n\}$ die Wahrscheinlichkeit für n Fehler auf einem Drahtstück der Länge c. Es gilt

$$(11.2.1) \quad \sum_0^\infty Q_c\{n\} = 1 \qquad \text{für alle } c > 0.$$

Fügen wir zwei Drahtstücke mit den Längen a und b zusammen, erhalten wir ein Drahtstück mit der Länge $a + b$, das im Verhältnis $\alpha = a/(a+b)$ zu $1 - \alpha = b/(a+b)$ unterteilt ist. Relation (11.1.2), angewendet für $P_1 = Q_a$, $P_2 = Q_b$ und $P_0 = Q_{a+b}$, lautet dann: Für alle $a, b \in (0, \infty)$, alle $n \in \mathbb{N}_0$ und alle

$k \in \{0, 1, \dots, n\}$ gilt

$$(11.2.2) \quad Q_a\{k\} Q_b\{n-k\} = \binom{n}{k} \left(\frac{a}{a+b}\right)^k \left(\frac{b}{a+b}\right)^{n-k} Q_{a+b}\{n\}.$$

Wir benötigen diese Relation jedoch nicht in ihrer vollen Allgemeinheit, sondern nur zwei spezielle Folgerungen daraus, die für sich intuitiv interpretierbar sind.

Durch Summation über alle $k \in \{0, 1, \dots, n\}$ erhalten wir für alle $a, b > 0$ und alle $n \in \mathbb{N}_0$

$$(11.2.3) \quad \sum_{k=0}^{n} Q_a\{k\} Q_b\{n-k\} = Q_{a+b}\{n\}.$$

Diese Relation drückt aus, daß die Fehler auf den beiden Teilstücken der Länge a und b unabhängig voneinander auftreten (vgl. hierzu (4.6.2)). Relation (11.2.3) reicht noch nicht aus, um die Poisson-Verteilung zu charakterisieren, d.h. es gibt auch andere "Fehlergesetze" $Q_c\{n\}$, die (11.2.3) erfüllen.

Aus (11.2.2) folgt jedoch noch eine weitere Beziehung, wenn $Q_c\{n\}$ für alle $n \in \mathbb{N}$ stetig von c abhängt und $Q_c\{1\} > 0$ für alle c nahe 0, nämlich:

$$(11.2.4) \quad \lim_{c \downarrow 0} \frac{Q_c\{n\}}{Q_c\{1\}} = 0 \qquad \text{für } n \geqq 2.$$

Für $k = n$ erhalten wir aus (11.2.2) nämlich die Beziehung

$$Q_a\{n\} Q_b\{0\} = \left(\frac{a}{a+b}\right)^n Q_{a+b}\{n\},$$

also

$$\frac{Q_a\{n\}}{Q_a\{1\}} = \left(\frac{a}{a+b}\right)^{n-1} \frac{Q_{a+b}\{n\}}{Q_{a+b}\{1\}}.$$

Da $c \to Q_c\{n\}$ als stetig vorausgesetzt war, folgt daraus (11.2.4) durch Grenzübergang für $a \to 0$.

Relation (11.2.4) besagt, daß der Anteil derjenigen Drahtstücke der Länge c mit n Fehlern gegenüber denjenigen mit 1 Fehler für $c \to 0$ gegen 0 geht.

Wir beweisen nun: *Hängt* $Q_c\{n\}$ *für alle* $n \in \mathbb{N}$ *stetig von* c *ab, ist* $Q_c\{1\} > 0$ *für alle* c *nahe* 0, *und gelten die Relationen* (11.2.1), (11.2.3) *und* (11.2.4), *dann gibt es ein* $\lambda > 0$, *so daß für alle* $c > 0$ *und alle* $n \in \mathbb{N}_0$

$$(11.2.5) \quad Q_c\{n\} = \frac{(\lambda c)^n}{n!} e^{-\lambda c}.$$

Daß (11.2.5) nicht notwendig mit $\lambda = 1$ gilt, war von Anfang an zu erwarten: Q_c bezog sich auf ein "Drahtstück der Länge c" – in welcher Längeneinheit? Erst das Produkt

λc ist eine sinnvolle Größe: der Erwartungswert für die Anzahl der Fehler auf einem Drahtstück der Länge c.

Beweis: Zunächst ist klar, daß $Q_c\{0\} > 0$ für alle $c > 0$. Wäre $Q_c\{0\} = 0$ für alle $c > 0$, dann würde aus (11.2.3) durch Induktion über n folgen, daß $Q_c\{n\} = 0$ für alle $c > 0$, $n \in \mathbb{N}_0$, im Widerspruch zu (11.2.1). Also gibt es mindestens ein $c_0 > 0$ mit $Q_{c_0}\{0\} > 0$. Da nach (11.2.3)

(11.2.6) $$Q_a\{0\}Q_b\{0\} = Q_{a+b}\{0\} \qquad \text{für alle } a, b > 0,$$

folgt $Q_{mc_0}\{0\} = (Q_{c_0}\{0\})^m > 0$ für alle $m \in \mathbb{N}$, also $Q_c\{0\} > 0$ für alle $c > 0$, da wegen (11.2.6) $Q_c\{0\}$ eine nicht steigende Funktion von c ist.

Da $Q_c\{0\} > 0$ für alle $c > 0$, können wir folgende Funktion einführen:

(11.2.7) $$f_n(c) := \frac{Q_c\{n\}}{Q_c\{0\}}, \qquad n \in \mathbb{N}_0.$$

Wir bemerken, daß

(11.2.8) $$f_0(c) \equiv 1.$$

Auf Grund von (11.2.3) und (11.2.6) erhalten wir

(11.2.9) $$\sum_{k=0}^{n} f_k(a)f_{n-k}(b) = f_n(a+b) \qquad \text{für alle } n \in \mathbb{N}_0.$$

Für $n = 1$ folgt (wegen (11.2.8))

$$f_1(a) + f_1(b) = f_1(a+b).$$

Dies ist die Cauchy'sche Funktional-Gleichung (H.4.1). Da mit $c \to Q_c\{n\}$ auch $c \to f_n(c)$ stetig ist, folgt nach Satz H.4 die Existenz eines $\lambda \in \mathbb{R}$, so daß

(11.2.10) $$f_1(c) = \lambda c \qquad \text{für alle } c > 0.$$

Wegen (11.2.4) gilt $\lambda > 0$.

Wir behaupten: Für alle $n \in \mathbb{N}_0$ gilt

(11.2.11) $$f_n(c) = \frac{(\lambda c)^n}{n!} \qquad \text{für alle } c > 0.$$

Dies beweisen wir durch vollständige Induktion. Für $n = 1$ reduziert sich (11.2.11) auf die bereits bewiesene Behauptung (11.2.10). Nehmen wir an, es wäre $n \geq 2$ und (11.2.11) wäre für $k = 1, \ldots, n-1$ bewiesen. Dann folgt aus (11.2.9)

(11.2.12) $$f_n(a) + \sum_{k=1}^{n-1} \frac{(\lambda a)^k}{k!} \frac{(\lambda b)^{n-k}}{(n-k)!} + f_n(b) = f_n(a+b).$$

Wegen

$$\sum_{k=1}^{n-1} \frac{a^k}{k!} \frac{b^{n-k}}{(n-k)!} = \frac{1}{n!}[(a+b)^n - a^n - b^n]$$

folgt aus (11.2.12)

$$f_n(a) - \frac{(\lambda a)^n}{n!} + f_n(b) - \frac{(\lambda b)^n}{n!} = f_n(a+b) - \frac{(\lambda(a+b))^n}{n!}.$$

Die Funktion

$$c \to f_n(c) - \frac{(\lambda c)^n}{n!}$$

erfüllt also die Cauchy'sche Funktional-Gleichung. Da sie stetig ist, gibt es nach Satz H.4 ein $\lambda_n \in \mathbb{R}$, so daß

$$(11.2.13) \quad f_n(c) - \frac{(\lambda c)^n}{n!} = \lambda_n c \qquad \text{für alle } c > 0.$$

Zusammen mit (11.2.10) folgt daraus

$$\frac{f_n(c)}{f_1(c)} = \frac{(\lambda c)^{n-1}}{n!} + \frac{\lambda_n}{\lambda}, \qquad n \geqq 2.$$

Da $f_n(c)/f_1(c) = Q_c\{n\}/Q_c\{1\}$, folgt aus (11.2.4) für $n \geqq 2$: $\lim\limits_{c \downarrow 0} f_n(c)/f_1(c) = 0$. Daher ist $\lambda_n = 0$. Wegen (11.2.13) folgt daraus Relation (11.2.11). Mit (11.2.7) gilt daher: $Q_c\{n\} = \frac{(\lambda c)^n}{n!} Q_c\{0\}$. Aus $\sum\limits_0^\infty Q_c\{n\} = 1$ folgt $Q_c\{0\} = e^{-\lambda c}$, also (11.2.5). □

Schließlich zeigen wir an einem Beispiel, daß die Reproduktivität (11.2.3) zur Charakterisierung der Poisson-Verteilung nicht ausreicht, d.h. daß es tatsächlich außer der Poisson-Verteilung auch noch andere *W*-Maße Q_c gibt, die (11.2.3) erfüllen.

Sei R ein beliebiges diskretes *W*-Maß über $\mathbb{N}_0$, und $R_k := R^{*k}$, $k \in \mathbb{N}$. Außerdem sei R_0 das ausgeartete *W*-Maß mit $R_0\{0\} = 1$. Schließlich sei P_c die Poisson-Verteilung mit Parameter c. Für $c > 0$ definieren wir

$$(11.2.14) \quad Q_c\{n\} := \sum_{k=0}^{\infty} P_c\{k\} R_k\{n\}, \qquad n \in \mathbb{N}_0.$$

Wie man leicht nachrechnet, ist Q_c ein *W*-Maß, das Relation (11.2.3) erfüllt.

Außerdem gilt

$$\lim_{c \downarrow 0} \frac{Q_c\{n\}}{Q_c\{1\}} = \frac{R\{n\}}{R\{1\}}.$$

Q_c ist also keine Poisson-Verteilung, es sei denn, es gilt $R\{n\} = 0$ für $n \geqq 2$, d.h. es ist $R = B_{1,p}$. In diesem Fall gilt für das durch (11.2.14) definierte Maß $Q_c = P_{cp}$.

Definition (11.2.14) läßt sich auch anschaulich deuten: Ist $P_c\{k\}$ die Wahrscheinlichkeit für k Unfälle innerhalb einer bestimmten Zeitspanne und $R\{m\}$

die Wahrscheinlichkeit für m Tote bei einem Unfall, dann ist $Q_c\{n\}$ die Wahrscheinlichkeit für n Unfalltote in dieser Zeitspanne. Bedingung (11.2.4) wäre nur dann erfüllt, wenn die Anzahl der Unfälle mit 2 Toten im Verhältnis zur Anzahl der Unfälle mit 1 Toten beliebig klein würde, wenn sich die Anzahlen auf eine sehr kurze Zeitspanne beziehen. Auch wenn die Anzahl der Unfälle einer Poisson-Verteilung folgt: die Anzahl der Unfalltoten wird es im allgemeinen nicht tun.

11.2.15 Aufgabe: Überzeugen Sie sich davon, daß für $R = B_{2,p}$ die Beziehung (11.2.2) nicht erfüllt ist: Die bedingte Verteilung für die Aufteilung von n Unfalltoten auf die Zeitabschnitte a und b folgt nicht der Binomial-Verteilung $B_{n,a/(a+b)}$.

Unsere Herleitung der Poisson-Verteilung ist offensichtlich auf sehr viele Situationen übertragbar:

a) Aus einer Glasmasse werden Flaschen erzeugt. Sind in dieser Glasmasse punktförmige Einschlüsse regellos verteilt, so folgt die Verteilung der Anzahl der Einschlüsse pro Flasche einer Poisson-Verteilung. In Lehrbüchern für Medizinalstatistik sind es Bakterien, die in einer Lösung verteilt sind; in Schulbüchern sind es Rosinen, die im Teig zufällig verteilt sind: Dann ist die Anzahl der Rosinen in den Brötchen Poisson-verteilt.

b) Saatgut enthält als Verunreinigung Samen anderer Pflanzensorten. Ist diese Verunreinigung sehr gering, dann ist die Anzahl der fremden Samen pro Packung Poisson-verteilt.

11.3 Approximation der Binomial-Verteilung durch die Poisson-Verteilung

Das letzte Beispiel leitet über zu einem anderen Anwendungsgebiet der Poisson-Verteilung: als Approximation der Binomial-Verteilung für sehr kleine p und große n. Unter diesen Bedingungen gilt näherungsweise

(11.3.1) $$B_{n,p}\{k\} \doteq P_{np}\{k\}, \qquad k \in \mathbb{N}_0.$$

Relation (11.3.1) wird meist in der folgenden Form gebracht: $\lim_{n\to\infty} B_{n,\frac{a}{n}}\{k\} = P_a\{k\}$. Diese Form ist "mathematisch exakt", aber nutzlos: Denn wir betrachten ja keine Folge von Binomial-Verteilungen B_{n,p_n} mit $p_n = a/n$, sondern eine feste Binomial-Verteilung $B_{n,p}$. Uns interessiert keine Limes-Aussage, sondern eine Aussage über die Genauigkeit einer Approximation.

11.3.2 Proposition: *Für alle Mengen $A \subset \mathbb{N}_0$ gilt*

(11.3.3') $$|B_{n,p}(A) - P_{np}(A)| \le np^2 \qquad p \in [0,1].$$

Für alle Halbstrahlen $A = \{0,\ldots,m\}$ (und daher auch für $A = \{m, m+1,\ldots\}$) gilt die etwas schärfere Abschätzung

(11.3.3″) $|B_{n,p}\{0,\ldots,m\} - P_{np}\{0,\ldots,m\}| \le np^2/2 \qquad p \in [0,1].$

Diese Relationen sind nützlich, wenn n groß und np klein, np^2 also sehr klein ist.

Beweis: (i) Für alle $p \in [0,1]$ gilt

(11.3.4) $|B_{1,p}\{0\} - P_p\{0\}| = e^{-p} - (1-p)$

und

$$|B_{1,p}\{1\} - P_p\{1\}| = p - pe^{-p}.$$

Daraus erhalten wir (wegen $B_{1,p}\{m\} = 0$ für $m > 1$)

$$\sum_{m=0}^{\infty} |B_{1,p}\{m\} - P_p\{m\}| = (e^{-p} - (1-p)) + (p - pe^{-p}) + P_p\{2,3,\ldots\}$$
$$= 2p(1 - e^{-p}) \le 2p^2.$$

Nach (6.11.5″) folgt daraus

(11.3.5′) $D(B_{1,p}, P_p) \le p^2.$

(ii) Für $m > 0$ gilt (wegen $B_{1,p}\{0,\ldots,m\} = 1$)

$$|B_{1,p}\{0,\ldots,m\} - P_p\{0,\ldots,m\}| \le 1 - P_p\{0,1\}$$
$$= e^{-p} - (1-p) \le p^2/2.$$

Nach (11.3.4) gilt diese Relation auch für $m = 0$, so daß

(11.3.5″) $d(B_{1,p}, P_p) \le p^2/2.$

Aus (6.11.9) folgt für die Distanzen der n-fachen Faltungsprodukte

$$\Delta(P^{*n}, Q^{*n}) \le n\Delta(P,Q).$$

Da $B_{n,p}$ und P_{np} die n-fachen Faltungsprodukte von $B_{1,p}$ bzw. P_p sind (vgl. (1.6.1) bzw. (1.6.4)), folgen die Relationen (11.3.3) aus den Relationen (11.3.5). □

Ein typisches Anwendungsbeispiel für die Approximation der Binomial-Verteilung durch die Poisson-Verteilung wäre etwa: die Verteilung von Druckfehlern in einem nur aus Buchstaben bestehenden Text. Angenommen, die Druckfehler treten voneinander unabhängig auf mit einer Wahrscheinlichkeit $p = 1/24\,000$. Eine Druckseite besteht aus 40 Zeilen à 60 Buchstaben. Dann ist die Anzahl der Fehler pro Zeile verteilt nach $B_{60,p}$, die Anzahl der Fehler pro Seite – wegen der Reproduktivität der Binomial-Verteilung – nach $(B_{60,p})^{*40} = B_{2400,p}$. Die Verteilung der Fehler pro Zeile $B_{60,p}$ können wir approximieren durch P_{60p}, die Verteilung der Fehler pro Seite – wegen der Reproduktivität der Poisson-Verteilung – durch $(P_{60p})^{*40} = P_{2400p}$. Zur Veranschaulichung von Relation (11.2.4): Das Verhältnis der Seiten mit 2 Druckfehlern zu den Seiten mit 1 Druckfehler ist

$$B_{2400,p}\{2\}/B_{2400,p}\{1\} \doteq 0{,}04998.$$

Das Verhältnis der Zeilen mit 2 Druckfehlern zu den Zeilen mit 1 Druckfehler ist

$$B_{60,p}\{2\}/B_{60,p}\{1\} \doteq 0{,}00123.$$

Diese Werte werden durch die Poisson-Verteilung sehr gut approximiert: Es gilt

$$P_{2400p}\{2\}/P_{2400p}\{1\} = 0{,}05$$

und

$$P_{60p}\{2\}/P_{60p}\{1\} = 0{,}00125.$$

Ein Standard-Beispiel einer Poisson-verteilten Größe liefert der radioaktive Zerfall. Wir gehen davon aus, daß Atome nicht altern, die Lebensdauer-Verteilung also exponentiell ist (vgl. Proposition 10.2.7). Dann ist die Wahrscheinlichkeit, daß ein Atom innerhalb eines Zeitabschnitts der Länge t zerfällt, gleich $1 - \exp[-at]$. Ist die Anzahl der Atome n, so ist die Wahrscheinlichkeit für den Zerfall von k Atomen gleich $B_{n,(1-\exp[-at])}\{k\}$. Wird t so gewählt, daß $n(1 - \exp[-at])$ etwa kleiner als 10 ist, dann ist bei sehr großem n die Wahrscheinlichkeit $1 - \exp[-at]$ sehr klein und daher ungefähr gleich at. Daher können wir $B_{n,(1-\exp[-at])}$ durch P_{nat} approximieren: Die Anzahl der in einem Zeitintervall der Länge t zerfallenden Atome ist annähernd Poisson-verteilt mit einem Parameter, der proportional zur Länge t des Zeitintervalls ist.

11.4 Darstellung der Verteilungsfunktion der Poisson-Verteilung

Poisson-Wahrscheinlichkeiten für Intervalle können mit Hilfe der Verteilungsfunktion einer Gamma-Verteilung,

$$\Gamma_b(x) := \frac{1}{\Gamma(b)} \int_0^x t^{b-1} e^{-t}\, dt,$$

dargestellt werden. Die folgende Proposition 11.4.1 entspricht der Proposition 4.8.4 für die Binomial-Verteilung.

11.4.1 Proposition: *Es gilt:*

$$(11.4.2) \qquad \sum_{\nu=k}^{\infty} \frac{a^\nu}{\nu!} e^{-a} = \Gamma_k(a), \qquad k \in \mathbb{N}.$$

Beweis: Die Funktion $f_k(a) = \sum_{\nu=k}^{\infty} \frac{a^\nu}{\nu!} e^{-a}$ ist in $(0, \infty)$ differenzierbar. Man rechnet leicht nach, daß

$$f_k'(a) = \frac{a^{k-1}}{(k-1)!} e^{-a} \qquad \text{für } k \in \mathbb{N}.$$

Wegen $f_k(0) = 0$ gilt daher für $k \in \mathbb{N}$

$$f_k(a) = \frac{1}{(k-1)!} \int_0^a t^{k-1} e^{-t} \, dt.$$

□

11.5 Der Zusammenhang zwischen Poisson-Verteilung und Exponentialverteilung

Zu diesem Zweck betrachten wir n Realisationen einer auf einer Strecke der Länge nc gleichverteilten Zufallsvariablen. Dann ist die Wahrscheinlichkeit dafür, daß eine Realisation auf eine Teilstrecke der Länge a entfällt, gleich $\frac{a}{nc}$, die Wahrscheinlichkeit für k Realisationen auf dieser Teilstrecke also

$$\binom{n}{k} \left(\frac{a}{nc}\right)^k \left(1 - \frac{a}{nc}\right)^{n-k}. \tag{11.5.1}$$

Bei Grenzübergang für $n \to \infty$ (bei dem die durchschnittliche Anzahl der Punkte pro Längeneinheit konstant bleibt) konvergiert dieser Ausdruck gegen $\frac{(a/c)^k}{k!} e^{-a/c}$, also die Poisson'sche Wahrscheinlichkeit. Der Abstand $\mathbf{x}_{(k+1):n} - \mathbf{x}_{k:n}$ ist für $k = 1, \ldots, n-1$ verteilt mit der Dichte $u \to \frac{1}{c}\left(1 - \frac{u}{nc}\right)^{n-1}$ (vgl. Proposition 4.9.11), für $n \to \infty$ also mit der Dichte $u \to \frac{1}{c} e^{-\frac{u}{c}}$. Für große n ist somit die Distanz zwischen benachbarten Punkten annähernd exponentialverteilt, die Anzahl der Punkte in einem Intervall gegebener Länge annähernd Poisson-verteilt.

Den Zusammenhang zwischen einer Poisson-Verteilung der Anzahl der Punkte und der Exponentialverteilung zwischen ihren Abständen können wir auch noch anders interpretieren. Zu diesem Zweck betrachten wir folgendes "Erneuerungsproblem": Eine Einheit mit der Lebensdauer-Verteilung P wird nach dem Ausfall sofort erneuert (d.h. durch eine neue Einheit mit der gleichen Lebensdauer-Verteilung ersetzt). Gesucht ist die Anzahl der Erneuerungen bis zum Zeitpunkt t. Es bezeichne t_k die Lebensdauer der k. Einheit. Wir ordnen jeder unendlichen Folge $T = (t_k)_{k \in \mathbb{N}}$ eine Zahl $N(T)$ zu, die definiert ist durch

$$N(T) := \max\left\{n \in \mathbb{N} : \sum_1^n t_k \leqq t\right\}.$$

Wir zeigen: $N(T)$, *die Anzahl der Erneuerungen bis zum Zeitpunkt t, ist Poisson-verteilt, wenn die Lebensdauern voneinander stochastisch unabhängig exponentialverteilt sind.*

Es gilt:

$$N(T) = n \text{ genau dann, wenn } \sum_1^n t_k \leqq t < \sum_1^{n+1} t_k,$$

d.h.:

$$\{T \in (0, \infty)^{\mathbb{N}}: N(T) = n\}$$
$$= \left\{T \in (0, \infty)^{\mathbb{N}}: \sum_1^n t_k \leqq t\right\} - \left\{T \in (0, \infty)^{\mathbb{N}}: \sum_1^{n+1} t_k \leqq t\right\},$$

also $P^{\mathbb{N}}\{T \in (0, \infty)^{\mathbb{N}}: N(T) = n\} = P^{*n}(0, t] - P^{*(n+1)}(0, t]$ (vgl. Abschnitt 4.10).

Ist P die Exponentialverteilung mit Dichte $t \to a\exp[-at]$, $t > 0$, dann gilt (nach 1.6.8) $P^{*n} = \Gamma_{a^{-1}, n}$. Nach (11.4.2) ist

$$\Gamma_{a^{-1}, n}(0, t] = \Gamma_n(at) = \sum_{\nu=n}^{\infty} \frac{(at)^\nu}{\nu!} e^{-at},$$

also

$$P^{*n}(0, t] - P^{*(n+1)}(0, t] = \frac{(at)^n}{n!} e^{-at},$$

und daher

$$P^{\mathbb{N}}\{T \in (0, \infty)^{\mathbb{N}}: N(T) = n\} = \frac{(at)^n}{n!} e^{-at}.$$

12. Die Verteilung von Extremwerten

12.1 Einleitung

Bei manchen zufallsabhängigen Erscheinungen interessiert vor allem das stochastische Verhalten von Extremwerten.

12.1.1 Beispiel: Ein Aggregat aus m Komponenten, die in Serie arbeiten, fällt aus, sobald eine der Komponenten ausfällt. Bezeichnet t_k die Lebensdauer der k-ten Komponente, dann ist $\min\{t_1, \ldots, t_m\}$ die Lebensdauer des Aggregates. Wenn die Komponenten unabhängig voneinander ausfallen, kann man aus den Verteilungen der Lebensdauern der einzelnen Komponenten die Verteilung der Lebensdauer des Aggregates bestimmen. In 10.3 haben wir die Verteilung der Lebensdauer des Aggregates unter der Annahme exponentialverteilter Lebensdauern der Komponenten studiert. Bei einer sehr großen Zahl von Komponenten sind asymptotische Aussagen über die Verteilung der Lebensdauer des Aggregates von Interesse.

12.1.2 Beispiel: Eine Kette ist so stark wie ihr schwächstes Glied. Besteht eine Kette aus k Gliedern mit den Reißfestigkeiten $t_1, \ldots, t_k$, dann ist $\min\{t_1, \ldots, t_k\}$ die Reißfestigkeit der Kette. Aus der Verteilung der Reißfestigkeit der einzelnen Glieder ergibt sich – unter der Annahme der Unabhängigkeit – die Verteilung der Reißfestigkeit der Kette.

Drähte, Seile etc. kann man – gedanklich – in eine große Zahl von Teilstücken zerlegen. Auch hier ist die Reißfestigkeit gleich dem Minimum der Reißfestigkeiten der einzelnen Teilstücke. Daß die Verteilung der Reißfestigkeit eines Drahtes vom gleichen Typ ist, wie die Verteilung des Minimums einer großen Zahl unabhängiger Zufallsvariabler ist eigentlich nicht zu erwarten, da hier die Voraussetzung der Unabhängigkeit der Reißfestigkeiten der – fiktiven – Teilstücke im allgemeinen nicht gegeben ist. Trotzdem stimmen die empirischen Befunde mit den unter der Annahme der Unabhängigkeit hergeleiteten theoretischen Ergebnissen gut überein.

12.1.3 Beispiel: Die höchsten Wasserstände aufeinanderfolgender Jahre sind (annähernd) voneinander unabhängig. Die Frage nach dem höchsten Wasserstand in den nächsten 100 Jahren erfordert die Berechnung der Verteilung von $\max\{x_1, \ldots, x_{100}\}$, ausgehend von der Verteilung der x_k, $k = 1, \ldots, 100$. Probleme gleicher Art treten bei zahlreichen geophysikalischen Phänomenen auf.

In den folgenden Abschnitten bringen wir einige grundlegende Ergebnisse über die möglichen Grenzverteilungen von Maxima und Minima unabhängiger identisch verteilter Zufallsvariabler. Die ersten Ergebnisse dieser Art stammen von Fréchet (1927) und Fisher und Tippett (1928). Die erste Monographie über diesen Fragenkreis stammt von Gumbel (1958). Sie ist wegen der ausführlichen Diskussion verschiedener Anwendungen noch immer lesenswert. Die neuere Literatur befaßt sich darüber hinaus u.a. mit Grenzverteilungen für die Extrema abhängiger Zufallsvariabler. Der interessierte Leser wird auf die Monographien von Galambós (1987) und Pfeifer (1989), sowie auf das mathematisch anspruchsvollere Buch von Leadbetter, Lindgren und Rootzén (1983) verwiesen.

Leider zeigt sich, daß die Approximationen der Verteilungen durch Grenzverteilungen – je nach der Ausgangsverteilung – von sehr unterschiedlicher Genauigkeit sind. Konvergenzraten und eine Verbesserung solcher Approximationen durch asymptotische Entwicklungen bringt Reiß (1989, insbesondere Kapitel 5).

12.2 Die asymptotische Verteilung von Maxima und Minima

Der Zentrale Grenzwertsatz sagt uns, unter welchen Bedingungen Summen unabhängiger Zufallsvariabler asymptotisch normalverteilt sind. Die Verteilung der Zufallsvariablen selbst geht dabei nur über wenige Parameter – Erwartungswert und Varianz – ein. Ähnliches gilt für die Stichprobenquantile (siehe Abschnitt 8.5). Auch sie sind, nach geeigneter Standardisierung, asymptotisch normalverteilt. Nun allerdings hängt die Grenzverteilung vom Wert der Dichte an der Stelle des Quantils ab.

Analoges gilt für die Verteilung von Maximum und Minimum: Auch hier können wir – meistens – durch geeignete Standardisierung die Konvergenz gegen eine Grenzverteilung erreichen. Falls wir uns bei der Standardisierung auf lineare Transformationen beschränken, d.h. die asymptotische Verteilung für Folgen $b_n^{-1}(\max\{\mathbf{x}_1,\ldots,\mathbf{x}_n\} - a_n)$, $n \in \mathbb{N}$, betrachten, gibt es nur 3 mögliche Grenzverteilungen. In den Abschnitten 12.3 und 12.4 werden diese Grenzverteilungen hergeleitet und Kriterien für die Ermittlung der Folgen a_n, b_n angegeben.

Wir begnügen uns damit, Sätze über die asymptotische Verteilung einer Folge von Maxima zu formulieren. Zu jedem dieser Sätze gibt es einen entsprechenden Satz für Minima. Wir können diesen dadurch gewinnen, daß wir den Satz für Maxima auf die Verteilung der Variablen $-\mathbf{x}$ anwenden.

Der Weg zu den möglichen Grenzverteilungen geht von der Idee aus, daß eine Grenzverteilung (standardisierter) Maxima unter der Bildung von Maxima stabil sein muß.

Sei $P|\mathbb{B}$ ein W-Maß mit Verteilungsfunktion F. Dann gilt:

$$P^n\{(x_1,\ldots,x_n)\in\mathbb{R}^n: b_n^{-1}(\max\{x_1,\ldots,x_n\}-a_n)\le t\}$$
$$=P^n\{(x_1,\ldots,x_n)\in\mathbb{R}^n: \max\{x_1,\ldots,x_n\}\le a_n+b_nt\}$$
$$=(F(a_n+b_nt))^n,\quad \text{d.h.:}$$

$t\to(F(a_n+b_nt))^n$ ist die Verteilungsfunktion von $b_n^{-1}(\max\{\mathbf{x}_1,\ldots,\mathbf{x}_n\}-a_n)$. Um die Schreibweise übersichtlich zu halten, schreiben wir $F^n(a_n+b_nt)$ statt $(F(a_n+b_nt))^n$.

12.2.1 Satz: *Gibt es Folgen $a_n\in\mathbb{R}$, $b_n\in\mathbb{R}_+$, $n\in\mathbb{N}$, und eine Verteilungsfunktion H derart, daß*

$$(12.2.2)\qquad \lim_{n\to\infty}F^n(a_n+b_nt)=H(t)$$

für alle Stetigkeitsstellen t von H, dann gibt es Funktionen A: $\mathbb{R}_+\to\mathbb{R}$ und B: $\mathbb{R}_+\to\mathbb{R}_+$, so daß

$$(12.2.3)\qquad H^s(A(s)+B(s)t)=H(t)\qquad \textit{für alle } s\in\mathbb{R}_+,\ t\in\mathbb{R}.$$

Insbesondere gilt:

$$(12.2.3')\qquad H^n(A(n)+B(n)t)=H(t)\qquad \text{für alle } n\in\mathbb{N},\ t\in\mathbb{R}.$$

Für $s\in\mathbb{N}$ hat die Beziehung (12.2.3) also eine konkrete Interpretation: Sind $\mathbf{x}_1,\ldots,\mathbf{x}_n$ unabhängige, nach H verteilte Zufallsvariable, dann können wir $\max\{\mathbf{x}_1,\ldots,\mathbf{x}_n\}$ so standardisieren – durch $B(n)^{-1}(\max\{\mathbf{x}_1,\ldots,\mathbf{x}_n\}-A(n))$ – daß die standardisierte Zufallsvariable wieder nach H verteilt ist.

Man beachte, daß (12.2.3′) nur scheinbar spezieller als (12.2.3) ist. Relation (12.2.3′) impliziert (12.2.2) mit $F=H$, $a_n=A(n)$, $b_n=B(n)$. Es gibt also Funktionen A' und B', die (12.2.3) für alle $s\in\mathbb{R}_+$ und $t\in\mathbb{R}$ erfüllen (und deswegen mit A und B übereinstimmen).

Beweis: Für ausgeartete Verteilungsfunktionen H ist (12.2.3) trivial. Im folgenden sei H nicht ausgeartet.

Für jedes $s\in\mathbb{R}_+$ gilt wegen (12.2.2)

$$(12.2.4)\qquad \lim_{n\to\infty}F^{[ns]}(a_{[ns]}+b_{[ns]}t)=H(t)$$

für alle Stetigkeitsstellen t von H. Aus (12.2.4) folgt wegen $\lim\limits_{n\to\infty}n/[ns]=s^{-1}$ die Beziehung

$$\lim_{n\to\infty}F^n(a_{[ns]}+b_{[ns]}t)=H^{1/s}(t).$$

Da mit H auch $H^{1/s}$ eine Verteilungsfunktion ist, existieren nach Satz M.7.15

$$(12.2.5')\qquad A(s):=\lim_{n\to\infty}\frac{a_{[ns]}-a_n}{b_n}$$

und

$$(12.2.5'') \quad B(s) := \lim_{n\to\infty} \frac{b_{[ns]}}{b_n},$$

und es gilt

$$H(A(s) + B(s)t) = H^{1/s}(t) \qquad \text{für alle } t \in \mathbb{R}.$$

Dies ist (12.2.3). □

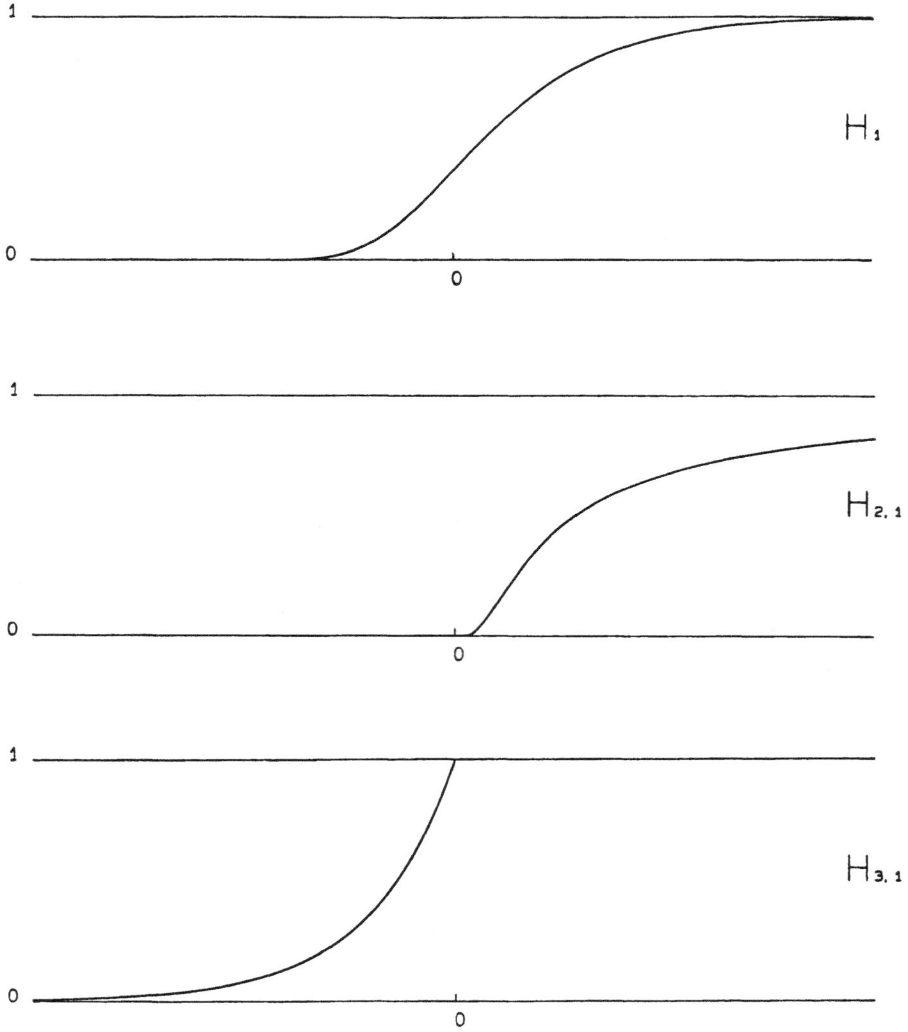

Bild 12.1 Die Verteilungsfunktionen H_1, $H_{2,1}$ und $H_{3,1}$.

Erfüllt eine Verteilungsfunktion H die Bedingung (12.2.3), dann erfüllt auch jede Funktion $t \to H(\alpha + \beta t)$ mit $\beta > 0$ diese Bedingung. Es gibt also stets *Familien* solcher Funktionen, deren Elemente sich untereinander durch lineare Transformationen unterscheiden. Der nachfolgende Satz stellt fest, daß es nur 3 solcher Familien gibt. Wir charakterisieren jede dieser Familien durch einen möglichst einfachen Repräsentanten.

12.2.6 Satz: *Die Familien (nicht-ausgearteter) Verteilungsfunktionen H, die* (12.2.3) *erfüllen, können durch folgende Repräsentanten charakterisiert werden.*

(12.2.7) $$H_1(t) = \exp[-\exp[-t]], \qquad t \in \mathbb{R}.$$

Dabei gilt (12.2.3) *mit* $A(s) = \log s$, $B(s) \equiv 1$.

Es gibt ein $\alpha > 0$, *so daß*

(12.2.8) $$H_{2,\alpha}(t) = \begin{cases} \exp[-t^{-\alpha}] \\ 0 \end{cases} \qquad t \begin{matrix} > \\ \leq \end{matrix} 0.$$

Dabei gilt (12.2.3) *mit* $A(s) \equiv 0$, $B(s) = s^{1/\alpha}$.

Es gibt ein $\alpha > 0$, *so daß*

(12.2.9) $$H_{3,\alpha}(t) = \begin{cases} 1 \\ \exp[-(-t)^{\alpha}] \end{cases} \qquad t \begin{matrix} \geq \\ < \end{matrix} 0.$$

Dabei gilt (12.2.3) *mit* $A(s) \equiv 0$, $B(s) = s^{-1/\alpha}$.

12.3 Beweis von Satz 12.2.6

Die Beziehung (12.2.3), d.h.

(12.3.1) $$H^s(A(s) + B(s)t) = H(t) \qquad \text{für } s \in \mathbb{R}_+, t \in \mathbb{R},$$

ist eine Funktionalgleichung, welche die unbekannten Funktionen H, A und B weitgehend bestimmt.

Zunächst die triviale Lösung: H ist ausgeartet, d.h. es gibt ein $t_0 \in \mathbb{R}$, so daß

$$H(t) = \begin{cases} 1 \\ 0 \end{cases} \qquad t \begin{matrix} \geq \\ < \end{matrix} t_0.$$

Dann gilt (12.3.1) mit $A(s) \equiv 0$, $B(s) \equiv 1$.

Im folgenden betrachten wir nicht-ausgeartete Verteilungsfunktionen H. Um die Formeln übersichtlicher zu machen, schreiben wir (12.3.1) um zu

(12.3.2) $$H(\alpha(s) + \beta(s)t) = H^s(t) \qquad \text{für } s \in \mathbb{R}_+, t \in \mathbb{R},$$

mit

(12.3.3) $$\alpha(s) = A(s^{-1}), \qquad \beta(s) = B(s^{-1}).$$

Für alle $r, s \in \mathbb{R}_+$ und alle $t \in \mathbb{R}$ gilt nach (12.3.2)

$$\begin{aligned} H^{rs}(t) &= H^r(\alpha(s) + \beta(s)t) \\ &= H(\alpha(r) + \beta(r)(\alpha(s) + \beta(s)t)) \end{aligned}$$

und

$$H^{rs}(t) = H(\alpha(rs) + \beta(rs)t).$$

Da H nicht ausgeartet ist, folgt nach Hilfssatz M.7.11

(12.3.4′) $\beta(rs) = \beta(r)\beta(s)$

(12.3.4″) $\alpha(rs) = \alpha(r) + \beta(r)\alpha(s).$

Aus (12.3.4′) folgt $\beta(1) = 1$ und $\beta(s^{-1}) = 1/\beta(s)$ für alle $s \in \mathbb{R}_+$. Also ist β eindeutig bestimmt durch die Werte $\beta(s)$, $s \in (1, \infty)$. Daher haben wir bei der "Lösung" der Funktionalgleichung (12.3.2) nur die folgenden drei Fälle zu unterscheiden.

1. Fall: $\beta(s) = 1$ für alle $s \in \mathbb{R}_+$. Dann nimmt (12.3.2) die Form $H(\alpha(s) + t) = H^s(t)$ an. Durch Anwendung von Hilfssatz 12.3.9 folgt daraus – nach geeigneter Standardisierung – die Relation (12.2.7).

2. Fall: Es gibt $s_0 > 1$ mit $\beta(s_0) < 1$. Durch Vertauschung der Rollen von r und s erhalten wir aus (12.3.4″)

$$\alpha(r) + \beta(r)\alpha(s) = \alpha(s) + \beta(s)\alpha(r).$$

Angewendet für $r = s_0$ folgt daraus (mit $a_0 = \alpha(s_0)/(1 - \beta(s_0))$) die Beziehung

(12.3.5) $\alpha(s) = a_0(1 - \beta(s)) \qquad$ für alle $s \in \mathbb{R}_+$.

Relation (12.3.2) nimmt dann folgende Gestalt an

(12.3.6) $H(a_0 + \beta(s)(t - a_0)) = H^s(t) \qquad$ für $s \in \mathbb{R}_+, t \in \mathbb{R}$.

Sei nun $t \leq a_0$. Da $\beta(s_0) < 1$, gilt $t \leq a_0 + \beta(s_0)(t - a_0)$, also (wegen (12.3.6))

$$H(t) \leq H(a_0 + \beta(s_0)(t - a_0)) = H^{s_0}(t).$$

Da $s_0 > 1$, folgt $H(t) = 0$ oder $H(t) = 1$. Da H nicht ausgeartet ist, folgt $H(t) = 0$ für $t \leq a_0$. Relevant sind daher nur die Werte $t > a_0$. Wir definieren

(12.3.7) $G(u) := H(a_0 + \exp[u]), \qquad u \in \mathbb{R}$.

Durch Anwendung von (12.3.6) für $t = a_0 + \exp[u]$ folgt

(12.3.8) $G(u + \log \beta(s)) = G^s(u) \qquad$ für $s \in \mathbb{R}_+, u \in \mathbb{R}$.

Da G alle Eigenschaften einer Verteilungsfunktion besitzt, folgt nach Hilfssatz 12.3.9: Es gibt ein $b \in \mathbb{R}_+$ und $c \in \mathbb{R}$, so daß

$$\log \beta(s) = -b \log s$$

und

$$G(u) = \exp\left[-\exp\left[-\frac{u}{b} + c\right]\right],$$

also

$$\beta(s) = s^{-t}$$

und

$$H(t) = \exp\left[-\left(\frac{t - a_0}{d}\right)^{-\frac{1}{b}}\right] \qquad \text{für } t > a_0.$$

Dies ist – nach geeigneter Standardisierung – Relation (12.2.8).

3. Fall: Es gibt $s_0 > 1$ mit $\beta(s_0) > 1$. Der Beweis verläuft analog zum 2. Fall und führt zu Relation (12.2.9). □

12.3.9 Hilfssatz: *Sei $H\colon \mathbb{R} \to [0, 1]$ eine nicht-ausgeartete Verteilungsfunktion. Gibt es eine Funktion $g\colon \mathbb{R}_+ \to \mathbb{R}$, so daß*

(12.3.10) $H(t + g(s)) = H^s(t)$ *für* $s \in \mathbb{R}_+$, $t \in \mathbb{R}$,

dann gibt es $a \in \mathbb{R}_+$ und $c \in \mathbb{R}$, so daß

(12.3.11) $g(s) = -a \log s, \qquad s \in \mathbb{R}_+,$

und

(12.3.12) $$H(t) = \exp\left[-\exp\left[-\frac{t}{a} + c\right]\right], \qquad t \in \mathbb{R}.$$

Beweis: Wir leiten zunächst einige Eigenschaften der Funktionen g und H her.

Da H nicht ausgeartet ist, existiert $t_0 \in \mathbb{R}$ mit $H(t_0) \in (0, 1)$. $s' < s''$ impliziert $H^{s'}(t_0) > H^{s''}(t_0)$, also

$$H(t_0 + g(s')) > H(t_0 + g(s'')).$$

Daher ist die Funktion g fallend, mit

$$g(s) \gtreqless 0 \qquad \text{für} \quad s \lesseqgtr 1.$$

Nun zeigen wir, daß $H(t) \in (0, 1)$ für *alle* $t \in \mathbb{R}$. Angenommen, es gibt $t \in \mathbb{R}$ mit $H(t) = 1$. Dann gibt es $t_1 \in \mathbb{R}$, so daß

$$H(t) \underset{=}{<} 1 \quad \text{für} \quad t \underset{\geq}{<} t_1.$$

Sei $s > 1$ beliebig. Für $t \in (t_1, t_1 - g(s))$ gilt

$$H^s(t) = H(t + g(s)) < 1,$$

im Widerspruch zu $H(t) = 1$. Also gilt $H(t) < 1$ für alle $t \in \mathbb{R}$. Analog beweist man $H(t) > 0$ für alle $t \in \mathbb{R}$.

Da H rechtsseitig stetig ist, gibt es ein $t_1 \in \mathbb{R}$, so daß $H(t) < H(t_1)$ für alle $t < t_1$. Da

$$\lim_{s \downarrow 1} H(t_1 + g(s)) = \lim_{s \downarrow 1} H^s(t_1) = H(t_1),$$

folgt $g(s) \uparrow 0$ für $s \downarrow 1$. Da H nicht-fallend ist, gilt

$$\lim_{\Delta \uparrow 0} H(t + \Delta) = \lim_{s \downarrow 1} H(t + g(s)) = \lim_{s \downarrow 1} H^s(t) = H(t) \quad \text{für alle } t \in \mathbb{R}.$$

Also ist H stetig. Schließlich zeigen wir, daß H monoton steigend ist. Sei $t' < t''$. Dann gibt es $s > 1$, so daß $t' < t'' + g(s) < t''$, also

$$H(t') \leq H(t'' + g(s)) = H^s(t'') < H(t'').$$

Da H stetig und steigend ist, ist die Funktion

(12.3.13) $h(t) := \log[\log H(t)/\log H(0)]$

stetig und fallend. Es gilt $h(0) = 0$, und $\lim_{t \to -\infty} h(t) = \infty$, $\lim_{t \to \infty} h(t) = -\infty$. Aus (12.3.10) folgt

(12.3.14) $h(t + g(s)) = h(t) + \log s \qquad \text{für } s \in \mathbb{R}_+,\ t \in \mathbb{R}.$

Für $t = 0$ erhalten wir

(12.3.15) $h(g(s)) = \log s.$

Also ist die Funktion g nicht nur fallend, sondern außerdem stetig, und es gilt

$$\lim_{s \downarrow 0} g(s) = \infty \quad \text{und} \quad \lim_{s \to \infty} g(s) = -\infty.$$

Daher ist $g^{-1}(u)$ für alle $u \in \mathbb{R}$ definiert. (12.3.14), angewendet für $s = g^{-1}(u)$, impliziert

$$h(t + u) = h(t) + h(u) \qquad \text{für } u, t \in \mathbb{R}.$$

Dies ist die Cauchy'sche Funktional-Gleichung. Da h stetig ist, gibt es nach Satz H. 4 ein $a > 0$, so daß

$$h(t) = -t/a, \qquad t \in \mathbb{R}.$$

Aus (12.3.15) und (12.3.13) folgen nun die Relationen (12.3.11) bzw. (12.3.12). □

12.4 Die Bestimmung der Grenzverteilung

In Satz 12.2.6 wurde klargestellt, daß es bei linearen Standardisierungen von $\max\{x_1, \ldots, x_n\}$ nur 3 Typen von Grenzverteilungen gibt. Um die Verteilung von $\max\{\mathbf{x}_1, \ldots, \mathbf{x}_n\}$ für ein konkretes P durch eine Grenzverteilung zu approximieren, müssen wir ermitteln, welche Grenzverteilung hierfür in Betracht kommt, und mit welchen Konstanten a_n, b_n zu standardisieren ist.

Den Schlüssel hierzu bildet der folgende Hilfssatz.

12.4.1 Hilfssatz: *Für Verteilungsfunktionen F und H sind die beiden folgenden Aussagen für jedes $t \in \mathbb{R}$ mit $H(t) \in (0, 1)$ äquivalent.*

(12.4.2) $$\lim_{n\to\infty} F^n(a_n + b_n t) = H(t)$$

(12.4.3) $$\lim_{n\to\infty} n\bar{F}(a_n + b_n t) = -\log H(t).$$

Beweis: $u_n \to 0$ impliziert $u_n^{-1} \log[1 + u_n] \to 1$. Daher gilt

(12.4.4) $$\lim_{n\to\infty} nu_n = \lim_{n\to\infty} n \log[1 + u_n],$$

sobald einer der beiden Grenzwerte (als endlicher Wert) existiert.

Relation (12.4.2) ist äquivalent zu

$$\lim_{n\to\infty} n \log[1 - \bar{F}(a_n + b_n t)] = \log H(t).$$

Daraus folgt die Äquivalenz von (12.4.2) und (12.4.3) durch Anwendung von (12.4.4) für $u_n = -\bar{F}(a_n + b_n t)$. (Die Beziehung $u_n \to 0$ folgt sowohl aus (12.4.2) als auch aus (12.4.3).) □

Die Nutzanwendung: Wir haben Folgen $a_n \in \mathbb{R}$, $b_n \in \mathbb{R}_+$ zu finden, so daß, für jedes t, $\lim_{n\to\infty} n\bar{F}(a_n + b_n t)$ in $\mathbb{R}$ existiert. Wenn es überhaupt solche Folgen gibt, dann können diese so gewählt werden, daß (12.4.3) gilt, wobei H eine der Funktionen H_i aus Satz 12.2.6 ist, d.h. es gilt dann

(12.4.5) $$\lim_{n\to\infty} n\bar{F}(a_n + b_n t) = \exp[-t], \qquad t \in \mathbb{R},$$

oder

(12.4.6) $$\lim_{n\to\infty} n\bar{F}(a_n + b_n t) = t^{-\alpha}, \qquad \text{mit } \alpha > 0 \text{ für alle } t > 0,$$

oder

(12.4.7) $$\lim_{n\to\infty} n\bar{F}(a_n + b_n t) = (-t)^{\alpha}, \qquad \text{mit } \alpha > 0 \text{ für alle } t < 0.$$

Im folgenden haben wir wiederholt die Aufgabe zu lösen, eine Folge c_n zu finden, so daß $\lim_{n\to\infty} n\bar{F}(c_n) = 1$. Dazu ist es oft nützlich, zunächst eine (einfachere) Funktion f zu suchen, für die $\lim_{u\to\infty} \frac{\bar{F}(u)}{f(u)} = 1$, und die Folge c_n so zu bestimmen, daß $\lim_{n\to\infty} nf(c_n) = 1$.

12.4.8 Beispiel: Wir bestimmen die Grenzverteilung und die Folgen a_n, b_n für $P = N_{(0,1)}$. Mittels de l'Hospital prüft man leicht nach, daß

$$\lim_{u \to \infty} \frac{N_{(0,1)}(u, \infty)}{u^{-1}\varphi(u)} = 1.$$

Die Bedingung (12.4.3) ist also äquivalent zu

$$\lim_{n \to \infty} \frac{n}{a_n + b_n t} \varphi(a_n + b_n t) = -\log H(t).$$

Wie man mit etwas Mühe nachrechnet, ist diese Bedingung erfüllt mit

$$H(t) = \exp[-\exp[-t]]$$

für

$$a_n = \sqrt{2 \log n} - \frac{1}{2} \frac{\log \log n + \log 4\pi}{\sqrt{2 \log n}}$$

$$b_n = (2 \log n)^{-1/2}.$$

12.4.9 Beispiel: Wir betrachten zwei Länder mit unterschiedlicher Einwohnerzahl, m und n. Ist zu erwarten, daß eine bestimmte sportliche Bestleistung in dem Land mit der größeren Einwohnerzahl dennoch immer wieder unter der des Landes mit der kleineren Einwohnerzahl liegen wird?

Wir unterstellen, daß die Leistungen der Einwohner in den beiden Ländern, $x_1, \ldots, x_m$ bzw. $y_1, \ldots, y_n$, unabhängige Realisationen des gleichen W-Maßes sind. Gefragt ist die Wahrscheinlichkeit dafür, daß

$$\max\{x_1, \ldots, x_m\} < \max\{y_1, \ldots, y_n\},$$

d.h.

$$(12.4.10) \quad P^m \times P^n\{((x_1, \ldots, x_m), (y_1, \ldots, y_n)) \in \mathbb{R}^m \times \mathbb{R}^n : \max\{x_1, \ldots, x_m\} < \max\{y_1, \ldots, y_n\}\}.$$

Im folgenden setzen wir voraus, daß es Folgen $a_n \in \mathbb{R}$, $b_n \in \mathbb{R}_+$ gibt, so daß

$$F^n(a_n + b_n t) \to H(t) \qquad \text{für alle } t \in \mathbb{R}.$$

Dann ist die gesuchte Wahrscheinlichkeit (12.4.10) für große m, n annähernd gleich

$$(12.4.11) \quad Q^2\{(u, v) \in \mathbb{R}^2 : a_m + b_m u < a_n + b_n v\},$$

wobei Q das zu H gehörende W-Maß bezeichnet.

Sei $m = Kn$. Wie sich die Wahrscheinlichkeit (12.4.11) für große n verhält, hängt wesentlich von der Ausgangsverteilung ab. Wir unterstellen nun, P sei eine Normalverteilung. Da die untersuchte Relation unter positiven linearen

Transformationen unverändert bleibt, können wir o.B.d.A. $P = N_{(0,1)}$ annehmen. Für große n und $m = Kn$ ist dann $a_{Kn} + b_{Kn}u < a_n + b_n v$ nach Beispiel 12.4.8 asymptotisch äquivalent mit $u < v - \log K$. Dies bedeutet insbesondere, daß die gesuchte Wahrscheinlichkeit in erster Näherung nur von der *relativen* Größe, K, der beiden Länder abhängt.

Da für die Normalverteilung $H(t) = \exp[-\exp[-t]]$, erhalten wir mit Hilfe von (12.5.11), angewendet für $2t = -\log K$,

$$Q^2\{(u,v) \in \mathbb{R}^2 : u < v - \log K\} = \frac{1}{K+1}.$$

Bei einem Größenverhältnis 10 : 1 hat das kleinere Land immerhin noch eine Rekord-Chance von ca. 9%.

Selbstverständlich können wir nicht erwarten, mit solchen Überlegungen quantitativ richtige Aussagen zu erhalten. Insbesondere ist fraglich, ob die Normalverteilungsannahme auch für die Flanken der Verteilung P realistisch ist. Überlegungen dieser Art erklären aber, warum auch bei Ländern sehr unterschiedlicher Größe unter gleichen Grundvoraussetzungen das kleinere Land nicht völlig chancenlos ist.

Nun geben wir einige hinreichende Bedingungen, welche die Bestimmung der Grenzfunktion und der Folgen $a_n, b_n, n \in \mathbb{N}$, erleichtern.

Eine einfache hinreichende Bedingung für (12.4.5) ist

$$\lim_{u\to\infty} \frac{\bar{F}(u+bt)}{\bar{F}(u)} = \exp[-t], \qquad t \in \mathbb{R}.$$

In diesem Falle gilt (12.4.5) mit $b_n \equiv b$ und jeder Folge $a_n \to \infty$, die $\lim_{n\to\infty} n\bar{F}(a_n) = 1$ erfüllt (da dann

$$\lim_{n\to\infty} n\bar{F}(a_n + bt) = \lim_{n\to\infty} \frac{\bar{F}(a_n + bt)}{\bar{F}(a_n)} = \exp[-t]).$$

12.4.12 Beispiel: Für $a, b > 0$ sei

$$\gamma_{a,b}(t) = \frac{1}{a^b\Gamma(b)} t^{b-1} \exp\left[-\frac{t}{a}\right], \qquad t > 0,$$

die Dichte der Gammaverteilung $\Gamma_{a,b}$. Nach de l'Hospital gilt

$$\lim_{u\to\infty} \frac{\Gamma_{a,b}(u+at,\infty)}{\Gamma_{a,b}(u,\infty)} = \lim_{u\to\infty} \frac{\gamma_{a,b}(u+at)}{\gamma_{a,b}(u)} = \exp[-t].$$

Ferner gilt – abermals nach de l'Hospital –

$$\lim_{u\to\infty} \frac{\Gamma_{a,b}(u,\infty)}{\gamma_{a,b}(u)} = -\lim_{u\to\infty} \frac{\gamma_{a,b}(u)}{\gamma'_{a,b}(u)} = a.$$

Daher ist die Bedingung $\lim_{n\to\infty} n\Gamma_{a,b}(a_n, \infty) = 1$ äquivalent zu $\lim_{n\to\infty} n\gamma_{a,b}(a_n) = a^{-1}$. Dies führt zu

$$a_n = a \log n + a(b - 1) \log \log n - a \log \Gamma(b).$$

Für $a = b = 1$ erhalten wir eine Aussage über die asymptotische Verteilung von Maxima der Exponentialverteilung: Die Verteilungsfunktion von $\max\{\mathbf{x}_1, \ldots, \mathbf{x}_n\} - \log n$ konvergiert für $n \to \infty$ gegen H_1. Daraus folgt beispielsweise, daß $\max\{\mathbf{x}_1, \ldots, \mathbf{x}_n\}$ für große n etwa mit Wahrscheinlichkeit 0,87 zwischen $\log n \pm 2$ liegt.

Ist $\bar{F}(u) > 0$ für alle $u \in \mathbb{R}$ und gibt es ein $\alpha > 0$, so daß

$$(12.4.13)\quad \lim_{u\to\infty} \frac{\bar{F}(ut)}{\bar{F}(u)} = t^{-\alpha} \qquad \text{für alle } t > 0,$$

dann gilt (12.4.6) mit $a_n = 0$ und jeder Folge $b_n \to \infty$ für die $\lim_{n\to\infty} n\bar{F}(b_n) = 1$ (da dann $\lim_{n\to\infty} n\bar{F}(b_n t) = \lim_{n\to\infty} \frac{\bar{F}(b_n t)}{\bar{F}(b_n)} = t^{-\alpha}$).

Bedingung (12.4.13) ist nicht nur hinreichend, sondern sogar notwendig für die Konvergenz gegen eine Grenzverteilung vom Typ $H_{2,\alpha}$. (Siehe Galambós (1987), Abschnitte 2.4 und 2.5.) Besitzt F eine Dichte p, die für alle hinreichend großen u positiv ist, dann ist (12.4.13) (durch Anwenden der Regel von de l'Hospital) äquivalent zu

$$(12.4.13')\quad \lim_{u\to\infty} \frac{p(tu)}{p(u)} = t^{-(1+\alpha)} \qquad \text{für alle } t > 0.$$

12.4.14 Beispiel: Cauchy-Verteilung. Wie man leicht nachprüft, gilt $\lim_{u\to\infty} \pi u\bar{F}(u) = 1$. Daraus folgt

$$\lim_{u\to\infty} \frac{\bar{F}(ut)}{\bar{F}(u)} = t^{-1}.$$

Ferner ist $\lim_{n\to\infty} n\bar{F}(b_n) = 1$ äquivalent zu $\lim_{n\to\infty} n/\pi b_n = 1$, so daß (12.4.6) z.B. mit $b_n = n/\pi$ gilt.

Man beachte, daß bei der Cauchy-Verteilung nicht nur eine ganz andere Standardisierung als bei der Normalverteilung erforderlich ist, sondern daß auch die zugehörigen Grenzverteilungen verschieden sind:

Im Falle der Normalverteilung konvergiert die Verteilungsfunktion von

$$(2\log n)^{1/2}\left(\max\{\mathbf{x}_1, \ldots, \mathbf{x}_n\} - \left(\sqrt{2\log n} - \frac{1}{2}\frac{\log\log n + \log 4\pi}{\sqrt{2\log n}}\right)\right)$$

gegen H_1.

Im Falle der Cauchy-Verteilung konvergiert die Verteilungsfunktion von $\pi n^{-1} \max\{\mathbf{x}_1, \ldots, \mathbf{x}_r\}$ gegen $H_{2,1}$.

Typ $H_{3,\alpha}$ der Grenzverteilung von Maxima spielt für Anwendungen keine wichtige Rolle. Dennoch zur Veranschaulichung ein

12.4.15 Beispiel: Die Gleichverteilung $Q|\mathbb{B}$ über $(0, a)$ hat die Verteilungsfunktion

$$F(t) = \begin{cases} 1 & t \geq a \\ t/a & t \in (0, a) \\ 0 & t \leq 0. \end{cases}$$

Für $a_n \equiv a$, $b_n = an^{-1}$ gilt für $t < 0$ und hinreichend große n

$$n\bar{F}(a_n + b_n t) = n\left(1 - \left(\frac{a + an^{-1}t}{a}\right)\right) = -t.$$

Daher ist nach Hilfssatz 12.4.1

$$\lim_{n \to \infty} Q^n\{(x_1, \ldots, x_n) \in \mathbb{R}^n \colon \frac{n}{a}(\max\{x_1, \ldots, x_n\} - a) \leq t\} = H_{3,1}(t).$$

Aus Sätzen über die asymptotische Verteilung von Maxima ergeben sich sofort analoge Sätze über die asymptotische Verteilung von Minima: Ist $\mathbf{x}$ verteilt nach einem W-Maß P mit Verteilungsfunktion F, dann ist $-\mathbf{x}$ verteilt nach dem W-Maß P_- mit der Verteilungsfunktion $F_-(t) := P_-(-\infty, t] = P[-t, \infty)$. Es gilt

$$(12.4.16) \quad \begin{aligned} &P^n\{(x_1, \ldots, x_n) \in \mathbb{R}^n \colon b_n^{-1}(\min\{x_1, \ldots, x_n\} - a_n) \leq t\} \\ &= P_-^n\{(y_1, \ldots, y_n) \in \mathbb{R}^n \colon b_n^{-1}(\max\{y_1, \ldots, y_n\} + a_n) \geq -t\}. \end{aligned}$$

Falls es Folgen $a_n \in \mathbb{R}$, $b_n \in \mathbb{R}_+$ gibt, so daß

$$\lim_{n \to \infty} P^n\{(x_1, \ldots, x_n) \in \mathbb{R}^n \colon b_n^{-1}(\min\{x_1, \ldots, x_n\} - a_n) \leq t\} = G(t)$$

für alle Stetigkeitsstellen t einer nicht ausgearteten Verteilungsfunktion G, dann gilt wegen (12.4.16) nach Satz 12.2.6, daß

$$G(t) = 1 - H(-t),$$

wobei H eine der dort genannten Verteilungsfunktionen ist. (Dabei wird die Stetigkeit von H benützt.)

Laut Hilfssatz 12.4.1 gilt also

$$\lim_{n \to \infty} P^n\{(x_1, \ldots, x_n) \in \mathbb{R}^n \colon b_n^{-1}(\min\{x_1, \ldots, x_n\} - a_n) \leq t\} = 1 - H(-t),$$

falls $\lim_{n \to \infty} n\bar{F}_-(-a_n - b_n t) = -\log H(-t)$, d.h.

$$\lim_{n\to\infty} nF(a_n + b_n t) = -\log H(-t).$$

Während der Typ $H_{3,\alpha}$ bei den Maxima unwichtig war, ist sein Pendant für Minima im Hinblick auf Verteilungen über $(0, \infty)$ von besonderem Interesse.

Wenn

$$F(t) \overset{>}{=} 0 \quad \text{für} \quad t \overset{>}{\leq} 0,$$

dann gilt

$$\lim_{n\to\infty} P^n\{(x_1,\ldots,x_n) \in \mathbb{R}^n\colon b_n^{-1}\min\{x_1,\ldots,x_n\} \leq t\}$$

$$= \begin{cases} 1 - \exp[-t^\alpha] \\ 0 \end{cases} \quad t \overset{>}{\leq} 0,$$

falls es ein $\alpha > 0$ gibt, so daß

(12.4.17) $$\lim_{n\to\infty} nF(b_n t) = t^\alpha.$$

$1 - \exp[-t^\alpha]$ für $t > 0$ heißt *Weibull-Verteilung*. Sie wurde von Weibull (1939) auf Grund empirischen Zahlenmaterials zur Beschreibung von Lebensdauer-Daten herangezogen.

12.4.18 Beispiel: Für die $\Gamma_{a,b}$-Verteilung gilt

$$\lim_{t\downarrow 0} \frac{\Gamma_{a,b}(0,t)}{\dfrac{1}{a^b\Gamma(b+1)}t^b} = 1.$$

Daher ist die Beziehung (12.4.17) für $b_n = a\Gamma(b+1)^{\frac{1}{b}}n^{-\frac{1}{b}}$ mit $\alpha = b$ erfüllt.

Für die Exponentialverteilung ergibt sich durch Spezialisierung für $a = b = 1$

$$\lim_{n\to\infty} E^n\{(x_1,\ldots,x_n) \in \mathbb{R}^n\colon n\min\{x_1,\ldots,x_n\} \leq t\} = 1 - \exp[-t].$$

Tatsächlich gilt in diesem Fall Gleichheit für jedes n, d.h.: $n\min\{\mathbf{x}_1,\ldots,\mathbf{x}_n\}$ hat dieselbe Verteilung wie jedes einzelne $\mathbf{x}_\nu$. Dies ist, nebenbei bemerkt, eine Eigenschaft, welche die Exponentialverteilung charakterisiert.

12.5 Spannweite und Stichproben-Mitte

Zwei Funktionen, $f(x_1,\ldots,x_n)$ und $g(x_1,\ldots,x_n)$, die wir aus der gleichen Stichprobe $(x_1,\ldots,x_n)$ berechnen, werden im allgemeinen stochastisch abhängig sein. Es ist intuitiv plausibel, daß die Abhängigkeit zwischen $\min\{\mathbf{x}_1,\ldots,\mathbf{x}_n\}$ und $\max\{\mathbf{x}_1,\ldots,\mathbf{x}_n\}$ um so schwächer sein wird, je größer n ist. Der nachfolgende Satz macht dies präzise.

12.5.1 Satz: *Besitzen Minimum und Maximum nach geeigneter Standardisierung nicht-ausgeartete Grenzverteilungen, dann sind die standardisierten Größen asymptotisch unabhängig: Für alle $t \in \mathbb{R}$ gelte*

$$\lim_{n\to\infty} P^n\{(x_1,\ldots,x_n) \in \mathbb{R}^n: b_n^{-1}(\min\{x_1,\ldots,x_n\} - a_n) \le t\} = G(t) \tag{12.5.2}$$

und

$$\lim_{n\to\infty} P^n\{(x_1,\ldots,x_n) \in \mathbb{R}^n: B_n^{-1}(\max\{x_1,\ldots,x_n\} - A_n) \le t\} = H(t). \tag{12.5.3}$$

Dann gilt für alle $s, t \in \mathbb{R}$:

$$\lim_{n\to\infty} P^n\{(x_1,\ldots,x_n) \in \mathbb{R}^n: b_n^{-1}(\min\{x_1,\ldots,x_n\} - a_n) \le s, \quad B_n^{-1}(\max\{x_1,\ldots,x_n\} - A_n) \le t\} = G(s)H(t). \tag{12.5.4}$$

Nach den Ergebnissen von Abschnitt 12.3 und 12.4 sind die Verteilungsfunktionen G und H notwendigerweise stetig.

Beweis: Seien $s, t \in \mathbb{R}$ mit $G(s) \in (0,1)$ und $H(t) \in (0,1)$ fest gewählt. Mit Hilfe der Verteilungsfunktion F von P können wir (12.5.2) und (12.5.3) umschreiben zu

$$\lim_{n\to\infty} \bar{F}^n(a_n + b_n s) = \bar{G}(s) \tag{12.5.2'}$$

$$\lim_{n\to\infty} F^n(A_n + B_n t) = H(t). \tag{12.5.3'}$$

Nach Hilfssatz 12.4.1 sind diese Beziehungen äquivalent zu

$$\lim_{n\to\infty} nF(a_n + b_n s) = -\log \bar{G}(s) \tag{12.5.2''}$$

$$\lim_{n\to\infty} n\bar{F}(A_n + B_n t) = -\log H(t). \tag{12.5.3''}$$

Daraus folgt insbesondere $\lim_{n\to\infty} F(a_n + b_n s) = 0$ und $\lim_{n\to\infty} F(A_n + B_n t) = 1$. Daher gilt für alle hinreichend großen n

$$a_n + b_n s < A_n + B_n t.$$

Für diese n gilt

$$\begin{aligned}
&P^n\{(x_1,\ldots,x_n) \in \mathbb{R}^n: b_n^{-1}(\min\{x_1,\ldots,x_n\} - a_n) > s,\\
&\qquad B_n^{-1}(\max\{x_1,\ldots,x_n\} - A_n) \le t\}\\
&= P^n\{(x_1,\ldots,x_n) \in \mathbb{R}^n: a_n + b_n s < x_\nu \le A_n + B_n t \text{ für } \nu = 1,\ldots,n\}\\
&= (F(A_n + B_n t) - F(a_n + b_n s))^n\\
&= (1 - (\bar{F}(A_n + B_n t) + F(a_n + b_n s)))^n
\end{aligned}$$

Wegen (12.5.2''), (12.5.3'') gilt

$$\lim_{n\to\infty} (1 - (\bar{F}(A_n + B_n t) + F(a_n + b_n s)))^n = \exp[\log \bar{G}(s) + \log H(t)]$$
$$= \bar{G}(s)H(t).$$

Damit ist die Behauptung für alle $s, t \in \mathbb{R}$ mit $G(s) \in (0,1)$ und $H(t) \in (0,1)$ bewiesen. Man überlegt sich leicht, daß sie dann auch für alle $s, t \in \mathbb{R}$ gilt. □

Sei P eine symmetrische Verteilung. Um das Symmetrie-Zentrum zu schätzen, gibt es zahlreiche Möglichkeiten; z.B. den Stichproben-Median (wenn die Dichte von P im Symmetrie-Zentrum positiv und stetig ist), oder das Stichproben-Mittel (wenn der Erwartungswert von P existiert). Gelegentlich wird hierfür die "Stichproben-Mitte",

(12.5.5) $$m^{(n)}(x_1, \ldots, x_n) := \tfrac{1}{2}(\min\{x_1, \ldots, x_n\} + \max\{x_1, \ldots, x_n\})$$

verwendet. Der mit Anwendungen erfahrene Statistiker wird von vornherein Bedenken dagegen haben, das Symmetrie-Zentrum mittels der Stichproben-Mitte zu schätzen, da sich Abweichungen von der Modellannahme betreffend P erfahrungsgemäß vor allem bei den sehr großen und den sehr kleinen Beobachtungen auswirken. Daher wird eine Aussage über die Verteilung der Stichproben-Mitte, die unter der Annahme hergeleitet wurde, daß P eine Normalverteilung ist, für Anwendungen nicht sehr zuverlässig sein. Sieht man von diesem Problem des Modellfehlers ab, ist es intuitiv nicht sofort klar, ob die Stichproben-Mitte besser oder schlechter als etwa der Stichproben-Median ist. Das nachstehende Ergebnis übertrifft die schlimmsten Befürchtungen.

Ähnliches gilt für die Verwendung der Spannweite,

(12.5.6) $$r^{(n)}(x_1, \ldots, x_n) := \max\{x_1, \ldots, x_n\} - \min\{x_1, \ldots, x_n\}$$

als Streuungsmaß. Da die Verteilung von $r^{(n)}(\mathbf{x}_1, \ldots, \mathbf{x}_n)$ mit steigendem n zerfließt, ist klar, daß ein von n abhängiger Normierungsfaktor angebracht werden muß, um aufgrund der Spannweite ein brauchbares Streuungsmaß zu erhalten. So kann man beispielsweise für jedes W-Maß P einen Faktor c_n so bestimmen, daß der Erwartungswert von $c_n r^{(n)}(x_1, \ldots, x_n)$ gleich der Standardabweichung von P ist. Dieser Faktor ist in der Arbeit von Tippett (1925) für die Normalverteilung tabelliert.

Die folgende Proposition bildet die Grundlage, um die Eignung von Stichproben-Mitte und Spannweite als Schätzer für Symmetrie-Zentrum und Streuung zu beurteilen.

12.5.7 Proposition: *Sei P ein um 0 symmetrisches W-Maß mit Verteilungsfunktion F. Es gebe Folgen $a_n \in \mathbb{R}$, $b_n \in \mathbb{R}_+$ und eine nicht-ausgeartete Verteilungsfunktion H, so daß für alle $t \in \mathbb{R}$*

(12.5.8) $$\lim_{n\to\infty} F^n(a_n + b_n t) = H(t).$$

Dann gilt

(12.5.9) $$\lim_{n\to\infty} P^n\{(x_1,\ldots,x_n)\in\mathbb{R}^n: b_n^{-1}m^{(n)}(x_1,\ldots,x_n)\le t\} = \int H(2t+s)H'(s)\,ds,$$

(12.5.10) $$\lim_{n\to\infty} P^n\{(x_1,\ldots,x_n)\in\mathbb{R}^n: b_n^{-1}(r^{(n)}(x_1,\ldots,x_n)-2a_n)\le t\} = \int H(t-s)H'(s)\,ds.$$

Beweis: Nach Voraussetzung gilt

$$\lim_{n\to\infty} P^n\{(x_1,\ldots,x_n)\in\mathbb{R}^n: b_n^{-1}(\max\{x_1,\ldots,x_n\}-a_n)\le t\} = H(t).$$

Wegen der Symmetrie von P um 0 folgt daraus

$$\lim_{n\to\infty} P^n\{(x_1,\ldots,x_n)\in\mathbb{R}^n: b_n^{-1}(\min\{x_1,\ldots,x_n\}+a_n)\le t\} = 1-H(-t).$$

Es gilt

$$\begin{aligned} P^n\{(x_1,\ldots,x_n)\in\mathbb{R}^n: b_n^{-1}m^{(n)}(x_1,\ldots,x_n)\le t\} &= P^n\{(x_1,\ldots,x_n)\in\mathbb{R}^n: b_n^{-1}(\min\{x_1,\ldots,x_n\}+a_n) \\ &\qquad + b_n^{-1}(\max\{x_1,\ldots,x_n\}-a_n)\le 2t\} \end{aligned}$$

und

$$\begin{aligned} P^n\{(x_1,\ldots,x_n)\in\mathbb{R}^n: b_n^{-1}(r^{(n)}(x_1,\ldots,x_n)-2a_n)\le t\} &= P^n\{(x_1,\ldots,x_n)\in\mathbb{R}^n: b_n^{-1}(\max\{x_1,\ldots,x_n\}-a_n) \\ &\qquad - b_n^{-1}(\min\{x_1,\ldots,x_n\}+a_n)\le t\}. \end{aligned}$$

Durch Anwendung von (4.6.1) erhalten wir daraus unter Verwendung der asymptotischen Unabhängigkeit (Satz 12.5.1) die Relationen (12.5.9) und (12.5.10). □

Die asymptotische Verteilung von Stichproben-Mittel und Stichproben-Median ist (in regulären Fällen) in einem Bereich der Ordnung $n^{-1/2}$ um das Symmetrie-Zentrum konzentriert. Bei der Stichproben-Mitte hängt diese Ordnung entscheidend davon ab, wie rasch die Dichte von P an den Flanken gegen 0 konvergiert. Im Falle der Normalverteilung gilt $b_n = (2\log n)^{-1/2}$; die Verteilung der Stichproben-Mitte zieht sich also bei steigendem Stichprobenumfang wesentlich langsamer um das Symmetrie-Zentrum zusammen als Stichproben-Mittel oder Stichproben-Median. Im Falle der Cauchy-Verteilung gilt $b_n = n/\pi$; die Verteilung der Stichproben-Mitte dehnt sich mit steigendem Stichprobenumfang immer weiter aus.

Da P um 0 symmetrisch ist, gilt dies auch für die Verteilung der Stichproben-Mitte, und für deren Grenzverteilung: Man prüft (mittels partieller Integration) leicht nach, daß für jede Verteilungsfunktion H

$$\int H(-2t+s)H'(s)\,ds = 1 - \int H(2t+s)H'(s)\,ds.$$

Ist insbesondere P die Normalverteilung, dann gilt (12.5.8) mit $H(t) = \exp[-\exp[-t]]$. Daraus folgt $H'(t) = H(t)\exp[-t]$ und

$$(12.5.11)\quad \int H(2t+s)H'(s)\,ds = (1+\exp[-2t])^{-1}.$$

Die Stichproben-Mitte normalverteilter Zufallsvariabler besitzt also eine sog. "logistische" Verteilung. Wichtiger als die Form der Grenzverteilung ist aber, wie oben ausgeführt, der für die Standardisierung benötigte Faktor b_n.

Um die Eignung der Spannweite als Streuungsmaß zu beurteilen, betrachten wir den Fall $P = N_{(0,\sigma^2)}$. (Dies genügt, da die Verteilung der Spannweite unter $N^n_{(\mu,\sigma^2)}$ nicht von μ abhängt.)

Aus

$$\begin{aligned} &N^n_{(0,1)}\{(x_1,\ldots,x_n)\in\mathbb{R}^n: b_n^{-1}(r^{(n)}(x_1,\ldots,x_n) - 2a_n) \le t\} \\ &= N^n_{(0,\sigma^2)}\{(x_1,\ldots,x_n)\in\mathbb{R}^n: (\sigma b_n)^{-1}(r^{(n)}(x_1,\ldots,x_n) - 2\sigma a_n) \le t\} \\ &= N^n_{(0,\sigma^2)}\left\{(x_1,\ldots,x_n)\in\mathbb{R}^n: \frac{2a_n}{\sigma b_n}\left(\frac{r^{(n)}(x_1,\ldots,x_n)}{2a_n} - \sigma\right) \le t\right\} \end{aligned}$$

folgt, daß die asymptotische Verteilung von $\dfrac{2a_n}{\sigma b_n}\left(\dfrac{r^{(n)}(\mathbf{x}_1,\ldots,\mathbf{x}_n)}{2a_n} - \sigma\right)$ unter $N^n_{(0,\sigma^2)}$ mit $n\to\infty$ gegen eine nicht-ausgeartete Grenzverteilung konvergiert. $1/2a_n$ ist also – asymptotisch – die richtige Standardisierung für $r^{(n)}$. Die Verteilung von $r^{(n)}(\mathbf{x}_1,\ldots,\mathbf{x}_n)/2a_n$ um σ zieht sich wie $b_n/2a_n$ zusammen. In dem hier betrachteten Fall der Normalverteilung ist dies näherungsweise $1/4\log n$, also deutlich langsamer als bei der Schätzung von σ mit der Standardabweichung, wo diese Rate $n^{-1/2}$ beträgt. Die Spannweite wird in der Praxis daher kaum für die Schätzung von σ verwendet. (Eine Ausnahme: Die laufende Qualitätsüberwachung mittels Kontrollkarten bei sehr kleinem n.)

12.6 Rekorde

Sei x_i, $i\in\mathbb{N}$, eine Folge reeller Zahlen. Wir nennen x_k einen "Rekord", wenn $x_k > x_i$ für $i = 1, \ldots, k-1$. Die Zahl k selbst heißt "Rekord-Zeit". (Der Ausdruck "Rekord-Zeitpunkt" wäre passender, doch "Rekord-Zeit" ist eingeführt.) Im folgenden betrachten wir die Folge der Rekord-Zeiten, $k_1, k_2, \ldots$. Sind die Zahlen x_i, $i\in\mathbb{N}$, unabhängige Realisationen einer Zufallsvariablen, dann lassen sich Aussagen über die Verteilung der Rekord-Zeiten machen. Anschaulich ist klar, daß diese immer dünner gesät sein müssen, insbesondere:

daß die Anzahl der Rekorde unter den ersten n Werten keinesfalls proportional n, sondern langsamer ansteigen wird. Wir zeigen im folgenden, daß sie – in einem noch zu präzisierenden Sinn – wie $\log n$ ansteigt. (Zum Kummer der Spezialisten auf diesem Teilgebiet der Wahrscheinlichkeitstheorie fallen Rekorde im Bereich des Sports viel häufiger an als dem Modell der unabhängigen Realisationen ein und derselben Zufallsvariablen entspricht.)

Die Frage, in welchem Tempo sich die Rekordwerte x_{k_i}, $i \in \mathbb{N}$, im Modell ändern, erfordert mathematisch etwas diffizilere Betrachtungen. Wir verweisen den interessierten Leser auf Pfeifer (1989, §4) oder Galambós (1987, Abschnitt 6.4).

Um Aussagen über die Verteilung der Rekord-Zeiten zu gewinnen, ordnen wir der Folge $(x_i)_{i \in \mathbb{N}}$ die Folge

(12.6.1) $$I_k((x_i)_{i \in \mathbb{N}}) = \begin{cases} 1 & x_k > \max\{x_1, \ldots, x_{k-1}\}, \\ 0 & x_k \leq \max\{x_1, \ldots, x_{k-1}\}, \end{cases} \quad k \in \mathbb{N},$$

zu. I_k zeigt also an, ob k eine Rekord-Zeit ist oder nicht. Auf diese Weise verwandeln wir die Folge x_i, $i \in \mathbb{N}$, in eine Folge von Elementen 0 und 1. Was uns interessiert, ist die relative Häufigkeit, mit der die Einsen in dieser Folge auftreten.

Zur Vereinfachung nehmen wir an, daß die Zufallsvariablen $\mathbf{x}_i$ eine stetige und streng monotone Verteilungsfunktion besitzen. Da $x_k > \max\{x_1, \ldots, x_{k-1}\}$ äquivalent zu $F(x_k) > \max\{F(x_1), \ldots, F(x_{k-1})\}$ ist, genügt es, das Verhalten von $I_k((x_i)_{i \in \mathbb{N}})$ für den Fall zu studieren, daß die x_i unabhängige Realisationen aus der Gleichverteilung über $(0, 1)$ sind. (Siehe Beispiel 3.2.6.)

Den Schlüssel zu Aussagen über die Verteilung von Rekord-Zeiten liefert die folgende

12.6.2 Proposition: *Es bezeichne Q die Gleichverteilung über* $(0, 1)$. *Dann gilt für alle $n \in \mathbb{N}$ und alle $(\delta_1, \ldots, \delta_n) \in \{0, 1\}^n$*

(12.6.3) $$Q^n\{(x_1, \ldots, x_n) \in (0, 1)^n\colon I_k(x_1, \ldots, x_n) = \delta_k \text{ für } k = 1, \ldots, n\} = \prod_{k=1}^{n} \left(\frac{1}{k}\right)^{\delta_k} \left(1 - \frac{1}{k}\right)^{1-\delta_k}.$$

Beweis: Wir stützen den Beweis darauf, daß für jedes $n \in \mathbb{N}$ die Zufallsvariablen $\max\{\mathbf{x}_1, \ldots, \mathbf{x}_n\}$ einerseits und $(I_1(\mathbf{x}_1, \ldots, \mathbf{x}_n), \ldots, I_n(\mathbf{x}_1, \ldots, \mathbf{x}_n))$ andererseits stochastisch unabhängig sind. Für $n = 1$ ist dies trivial. Angenommen, die stochastische Unabhängigkeit und Relation (12.6.3) wären für n bewiesen. Wir zeigen, daß sie dann auch für $(n + 1)$ gelten. Aus bezeichnungstechnischen Gründen fassen wir I_k (das ja tatsächlich nur von $x_1, \ldots, x_k$ abhängt) als Funktion von $x = (x_i)_{i \in \mathbb{N}}$ auf. Ferner schreiben wir $\mathrm{Max}_n(x) = \max\{x_1, \ldots, x_n\}$.

Die bedingte Verteilung von $(\mathrm{Max}_{n+1}(\mathbf{x}), I_{n+1}(\mathbf{x}))$, gegeben $\mathrm{Max}_n(\mathbf{x}) = s$ und $I_k(\mathbf{x}) = \delta_k$ für $k = 1, \ldots, n$ ist eindeutig bestimmt durch

(12.6.4) $$Q^{\mathbb{N}}\{x \in (0,1)^{\mathbb{N}}: \operatorname{Max}_{n+1}(x) \le t,\ I_{n+1}(x) = \delta \mid (s, \delta_1, \ldots, \delta_n)\}$$

$$= \begin{cases} Q\{x \in (0,1): s < x \le t\} = t - s \\ Q\{x \in (0,1): x \le s\} = s \end{cases} \quad \text{für } \delta = \begin{matrix} 1 \\ 0 \end{matrix}$$

$$= (t-s)^{\delta} s^{1-\delta} \qquad \text{für alle } 0 < s < t < 1.$$

Diese bedingten Wahrscheinlichkeiten hängen also nur von s, nicht aber von $(\delta_1, \ldots, \delta_n)$ ab. Daher ist $(\operatorname{Max}_{n+1}(\mathbf{x}), I_{n+1}(\mathbf{x}))$ stochastisch unabhängig von $(I_1(\mathbf{x}), \ldots, I_n(\mathbf{x}))$. Da die Verteilung von $\operatorname{Max}_n(\mathbf{x})$ im Intervall $(0,1)$ die Dichte ns^{n-1} besitzt, erhalten wir aus (12.6.4) für $t \in (0,1)$ und $\delta \in \{0,1\}$

(12.6.5) $$Q^{\mathbb{N}}\{x \in (0,1)^{\mathbb{N}}: \operatorname{Max}_{n+1}(x) \le t, I_{n+1}(x) = \delta\}$$

$$= \int_0^t (t-s)^{\delta} s^{1-\delta} n s^{n-1}\, ds$$

$$= t^{n+1} \left(\frac{1}{n+1}\right)^{\delta} \left(1 - \frac{1}{n+1}\right)^{1-\delta}.$$

Wegen der stochastischen Unabhängigkeit zwischen $(\operatorname{Max}_{n+1}(\mathbf{x}), I_{n+1}(\mathbf{x}))$ und $(I_1(\mathbf{x}), \ldots, I_n(\mathbf{x}))$ erhalten wir aus (12.6.5) und (12.6.3)

(12.6.6) $$Q^{\mathbb{N}}\{x \in (0,1)^{\mathbb{N}}: \operatorname{Max}_{n+1}(x) \le t, I_k(x) = \delta_k \text{ für } k = 1, \ldots, n+1\}$$

$$= t^{n+1} \prod_{k=1}^{n+1} \left(\frac{1}{k}\right)^{\delta_k} \left(1 - \frac{1}{k}\right)^{1-\delta_k}.$$

Dies beweist die stochastische Unabhängigkeit zwischen $\operatorname{Max}_{n+1}(\mathbf{x})$ und $(I_1(\mathbf{x}), \ldots, I_{n+1}(\mathbf{x}))$. Für $t = 1$ erhalten wir aus (12.6.6) Relation (12.6.3) mit $n + 1$ an Stelle von n. □

Aus (12.6.3) folgt insbesondere

(12.6.7) $$Q^n\{(x_1, \ldots, x_n) \in (0,1)^n: I_k(x_1, \ldots, x_n) = 1\} = \frac{1}{k}.$$

$I_k(x_1, \ldots, x_n) = 1$ bedeutet $x_k > \max\{x_1, \ldots, x_{k-1}\}$. Da alle Permutationen von $x_1, \ldots, x_k$ gleich wahrscheinlich sind, ist die Wahrscheinlichkeit, daß der größte der Werte $x_1, \ldots, x_k$ an die letzte Stelle kommt, gleich $1/k$. Relation (12.6.7) ist also von vornherein klar. Relation (12.6.3) beinhaltet jedoch viel mehr, nämlich: Die Zufallsvariablen $I_1(\mathbf{x}_1, \ldots, \mathbf{x}_n), \ldots, I_k(\mathbf{x}_1, \ldots, \mathbf{x}_n)$ sind stochastisch unabhängig (denn ihre verbundene Verteilung ist das Produkt ihrer Randverteilungen). Die Folge $I_k((\mathbf{x}_i)_{i \in \mathbb{N}})$, $k \in \mathbb{N}$, verhält sich also so wie eine Folge unabhängiger Realisationen δ_k aus $B_{1, 1/k}$, $k \in \mathbb{N}$.

Wir ziehen nun aus (12.6.3) einige Schlußfolgerungen.

Die 1. Rekord-Zeit ist nach Definition gleich 1. Die Wahrscheinlichkeit, daß die 2. Rekord-Zeit gleich m ist, ist gleich der Wahrscheinlichkeit des m-tupels mit $\delta_1 = 1$, $\delta_k = 0$ für $k = 2, \ldots, m-1$ und $\delta_m = 1$. Dies ist nach (12.6.3)

(12.6.8) $$\frac{1}{m}\prod_{k=2}^{m-1}\left(1-\frac{1}{k}\right)=\frac{1}{m(m-1)}.$$

(Noch einfacher als aus (12.6.3) ist dies direkt zu sehen: Die 2. Rekord-Zeit ist gleich m, wenn $x_i \le x_1$ für $i = 2, \ldots, m-1$, und $x_m > x_1$, also

$$\int_0^1 x_1^{m-2}(1-x_1)\,dx_1 = \frac{1}{m(m-1)}.)$$

Überraschend ist die Tatsache, daß bereits der Erwartungswert der 2. Rekord-Zeit ∞ ist.

Die *Anzahl* der Rekorde im Zeitintervall $\{n, \ldots, m\}$ ist $\sum_{k=n}^{m} I_k((x_i)_{i\in\mathbb{N}})$, der *Erwartungswert* für die Anzahl der Rekorde also $\sum_{k=n}^{m}\frac{1}{k}$. Wie man aus

$$\int_k^{k+1}\frac{1}{x}\,dx \le \frac{1}{k} \le \int_{k-1}^{k}\frac{1}{x}\,dx$$

leicht folgert, gilt

(12.6.9) $$\left|\sum_{k=n}^{m}\frac{1}{k}-\log\frac{m}{n}\right| \le \frac{1}{n} \qquad \text{für alle } n\in\mathbb{N} \text{ und alle } m \ge n.$$

Der Erwartungswert der Anzahl der Rekorde im Intervall $\{1, \ldots, n\}$ ist also näherungsweise gleich $\log n$, im darauf folgenden – gleich langen – Intervall $\{n+1, \ldots, 2n\}$ gleich $\log 2 \doteq 0{,}69$.

Proposition 12.6.2 erlaubt auch eine Aussage über die Verteilung der Anzahl der Rekorde. Sei nun $S_n(x) = \sum_{k=1}^{n} I_k((x_i)_{i\in\mathbb{N}})$ die Anzahl der Rekorde im Intervall 1, ..., n. Da sich die Folge $I_k((x_i)_{i\in\mathbb{N}})$, $k\in\mathbb{N}$, wie eine Folge unabhängiger Realisationen δ_k aus $B_{1,1/k}$, $k\in\mathbb{N}$, verhält, ist die Verteilung von $S_n(\mathbf{x})$ identisch mit dem Faltungsprodukt der Binomial-Verteilungen $B_{1/k}$ für $k = 1, \ldots, n$. Es gilt (siehe 1.6.1) $\mathscr{E}(B_{1,1/k}) = \frac{1}{k}$, $\mathscr{V}(B_{1,1/k}) = \frac{1}{k}\left(1-\frac{1}{k}\right)$. Nach einer Version des Zentralen Grenzwertsatzes für unabhängige, aber nicht notwendig identisch verteilte Zufallsvariable ist

$$\frac{S_n(\mathbf{x}) - \sum_{k=1}^{n}\frac{1}{k}}{\sqrt{\sum_{k=1}^{n}\frac{1}{k}\left(1-\frac{1}{k}\right)}}, \qquad n\in\mathbb{N},$$

asymptotisch verteilt nach $N_{(0,1)}$, da $\sum_{k=1}^{\infty}\frac{1}{k}\left(1-\frac{1}{k}\right) = \infty$ (siehe Bauer (1991), S. 239, Beispiel 3).

Ähnlich wie (12.6.9) beweist man, daß

$$\lim_{n\to\infty} \frac{\sum_{k=1}^{n} \frac{1}{k}\left(1 - \frac{1}{k}\right)}{\log n} = 1.$$

Da außerdem wegen (12.6.9)

$$\lim_{n\to\infty} \frac{\sum_{k=1}^{n} \frac{1}{k} - \log n}{\sqrt{\log n}} = 0,$$

folgt aus Satz M.7.15, daß auch die Verteilung von $\frac{S_n(\mathbf{x}) - \log n}{\sqrt{\log n}}$ gegen $N_{(0,1)}$ konvergiert.

13. Einige Grundprobleme der Mathematischen Statistik

13.1 Einleitung

Ein wichtiges Anwendungsgebiet der Wahrscheinlichkeitstheorie ist die Mathematische Statistik. Die Wahrscheinlichkeitstheorie geht davon aus, daß die Verteilung einer Zufallsvariablen bekannt ist. Sie behandelt die Aufgabe, die Verteilung einer bestimmten Funktion dieser Zufallsvariablen zu berechnen oder zumindest zu approximieren. Damit stellt sie die Hilfsmittel bereit für die Aufgabe der Mathematischen Statistik: auf Grund von Realisationen der Zufallsvariablen Rückschlüsse auf deren – unbekannte – Verteilung zu ziehen.

Ein typisches Beispiel: Bei 50 zufällig entnommenen Exemplaren eines bestimmten Produkts wird die Lebensdauer bestimmt. Zu schätzen ist die durchschnittliche Lebensdauer. Gewünscht wird ferner eine Information über die Genauigkeit dieser Schätzung. In manchen Situationen lautet die Fragestellung etwas anders: Es ist der Anteil jener Einheiten zu schätzen, deren Lebensdauer einen bestimmten kritischen Wert unterschreitet, oder: Auf Grund der Stichprobe ist nachzuweisen, daß dieser Anteil einen im Liefervertrag zugelassenen Höchstwert überschreitet.

Fragestellungen dieser Art haben wir in den vorangegangenen Kapiteln in mehreren Beispielen behandelt. In diesem Kapitel wollen wir einige methodologische Überlegungen zu Fragen des Schätzens und Testens anstellen. Wir verzichten darauf, einen Überblick über die in der Praxis gängigen Verfahren der Mathematischen Statistik zu geben. Hierfür steht dem Anwender genügend Literatur zur Verfügung. Vielmehr beschränken wir uns darauf, den mit den Grundzügen der Mathematischen Statistik vertrauten Anwender dazu anzuregen, die Grundlagen zu überdenken, konkreter gesagt: ihn davon abzuhalten, die üblichen Rezepte gedankenlos anzuwenden.

Auf eine Behandlung verschiedener theoretischer Fragen (etwa nach der Existenz "optimaler" Verfahren) müssen wir verzichten. Fragen dieser Art sind nur für einen kleineren Leserkreis von Interesse, und ihre Behandlung verlangt eine umfassendere mathematische Vorbildung.

13.2 Das Schätzen

Gegeben sei eine Stichprobe $(x_1, \ldots, x_n)$, bestehend aus n unabhängigen Realisationen einer Zufallsvariablen mit unbekannter Verteilung P. Zu schätzen ist der Wert eines bestimmten Funktionals, $\kappa(P)$.

Das Funktional κ wird in der Regel reellwertig sein (wie etwa der Erwartungswert, die Quantile oder die Streuungsmaße). Es kann sich jedoch auch um mehrdimensionale oder um "funktionswertige" Funktionale handeln (bei denen jedem W-Maß eine Funktion zugeordnet wird, beispielsweise bei zweidimensionalen W-Maßen die Regressionsfunktion $x \to \mathscr{E}(\mathbf{y}|\mathbf{x} = x)$).

Wir beschränken uns auf den einfachsten Fall eines reellwertigen Funktionals. Dann besteht die Aufgabe darin, jeder Stichprobe $(x_1, \ldots, x_n)$ eine Zahl $\kappa_n(x_1, \ldots, x_n)$ zuzuordnen. Aus der Absicht, $\kappa_n(x_1, \ldots, x_n)$ als Schätzwert für $\kappa(P)$ zu verwenden, resultiert die Forderung, daß die Schätzwerte $\kappa_n(x_1, \ldots, x_n)$ möglichst nahe am zu schätzenden Wert $\kappa(P)$ liegen sollen. Da $(\mathbf{x}_1, \ldots, \mathbf{x}_n)$ eine Zufallsvariable (mit der Verteilung P^n) ist, ist auch $\kappa_n(\mathbf{x}_1, \ldots, \mathbf{x}_n)$ eine Zufallsvariable; die auf Grund einer Stichprobe berechneten Schätzwerte $\kappa_n(x_1, \ldots, x_n)$ sind also Realisationen einer Zufallsvariablen. In die Sprache der Wahrscheinlichkeitstheorie übersetzt lautet die Forderung daher: Die Verteilung von $\kappa_n(\mathbf{x}_1, \ldots, \mathbf{x}_n)$ unter P^n soll möglichst eng um $\kappa(P)$ konzentriert sein. Da P unbekannt ist, soll dies für alle in Betracht kommenden Verteilungen P zutreffen.

Typische Beispiele für solche Schätzprobleme sind etwa:

a) $\kappa(P)$ ist der Erwartungswert von P. Ein plausibler Schätzer ist das Stichproben-Mittel, $\bar{\mathbf{x}}_n$. Dieses ist (vgl. Satz 8.1.1) asymptotisch verteilt nach $N_{(\mathscr{E}(P), \mathscr{V}(P)/n)}$.

b) $\kappa(P)$ ist das α-Quantil von P. Ein plausibler Schätzer ist das entsprechende Stichproben-Quantil, $\mathbf{x}_{[\alpha n]:n}$. Dieses ist (vgl. Satz 8.5.1) asymptotisch verteilt nach $N_{(\mathscr{Q}_\alpha(P), \alpha(1-\alpha)/np(\mathscr{Q}_\alpha(P))^2)}$.

Was wir an diesen Beispielen sehen, ist für reguläre Schätzprobleme typisch: Schätzer κ_n für ein Funktional κ sind unter P^n asymptotisch normalverteilt mit Erwartungswert $\kappa(P)$ und einer Varianz der Form $\sigma^2(P)/n$, die also mit steigendem Stichprobenumfang wie $1/n$ gegen 0 konvergiert.

In der Regel stehen mehrere Schätzer zur Auswahl. Die Entscheidung darüber, welcher Schätzer gewählt werden soll, richtet sich primär danach, wie eng seine Verteilung um $\kappa(P)$ konzentriert ist.

Bei kleinen Stichprobenumfängen wird man im allgemeinen feststellen müssen, daß die Schätzer hinsichtlich ihrer Konzentration um $\kappa(P)$ nicht ohne weiteres vergleichbar sind. Nur ausnahmsweise wird sich zeigen, daß zwei Schätzer κ_n, $\bar{\kappa}_n$ vergleichbar sind in dem Sinn, daß für alle in Betracht kommenden W-Maße P und alle $u', u'' \geqq 0$ gilt:

$$(13.2.1) \qquad P^n * \kappa_n(\kappa(P) - u', \kappa(P) + u'') \leqq P^n * \bar{\kappa}_n(\kappa(P) - u', \kappa(P) + u'').$$

Man behilft sich daher meist damit, daß man sich beim Vergleich der Schätzer auf ein bestimmtes Maß für die Streuung der Schätzer um $\kappa(P)$ beschränkt, zum Beispiel auf den Erwartungswert von $(\kappa_n(\mathbf{x}_1, \ldots, \mathbf{x}_n) - \kappa(P))^2$ oder von $|\kappa_n(\mathbf{x}_1, \ldots, \mathbf{x}_n) - \kappa(P)|$ unter P^n.

Das Ergebnis eines solchen Vergleichs kann – je nach dem gewählten Streuungsmaß – unterschiedlich ausfallen.

Zu dem Kriterium der "Konzentration" um $\kappa(P)$ tritt häufig als weiteres Kriterium das der richtigen "Zentrierung" hinzu. Implizit ist eine solche Forderung in den Vergleichen der "Konzentration um $\kappa(P)$" ohnedies enthalten. Sie wird jedoch oft auch explizit erhoben. Wäre die Verteilung von $\kappa_n(\mathbf{x}_1,\ldots,\mathbf{x}_n)$ symmetrisch, dann wäre klar, was "richtig zentriert" heißen soll: $\kappa(P)$ soll das Symmetriezentrum der Verteilung von $\kappa_n(\mathbf{x}_1,\ldots,\mathbf{x}_n)$ unter P^n sein. Verteilungen von Schätzern sind jedoch nur ausnahmsweise symmetrisch. Daher muß der Begriff "richtig zentriert" von der geplanten Verwendung des Schätzers her begründet werden.

In der Regel geschieht dies durch die Forderung der *Erwartungstreue*: Für alle in Betracht kommenden W-Maße soll $\kappa(P)$ der Erwartungswert von $\kappa_n(\mathbf{x}_1,\ldots,\mathbf{x}_n)$ unter P^n sein.

Das einfachste Beispiel eines erwartungstreuen Schätzers ist das Stichproben-Mittel als Schätzer für den Erwartungswert der Verteilung (sofern dieser existiert!). Dies ist eine unmittelbare Folge aus 6.8.2.

In manchen Situationen ist die Erwartungstreue eine zwingende Forderung, etwa dann, wenn zwischen Lieferant und Kunde eine ständige Verbindung besteht und die Schätzwerte (z.B. für das Gewicht) als Verrechnungsgrundlage dienen. Wäre der Schätzer nicht erwartungstreu $\left(\text{z.B. } \int \kappa_n(x_1,\ldots,x_n)\prod_1^n p(x_\nu) \times dx_1\ldots dx_n > \kappa(P)\right)$, dann würde jede Verrechnung einen systematischen Fehler aufweisen, und diese würden sich sukzessive aufaddieren.

Ein weiteres Beispiel: Nach Beispiel 4.7.2 gilt für die Lebensdauer eines in Serie arbeitenden Aggregats aus m Komponenten: $P(t_0,\infty) = \prod_1^m P_i(t_0,\infty)$. Liegen aus getrennten Lebensdauer-Prüfungen unabhängige Schätzungen $\lambda_i^{(n_i)}(x_{i1},\ldots,x_{in_i})$ für $P_i(t_0,\infty)$ vor, wird man $\prod_1^m \lambda_i^{(n_i)}(x_{i1},\ldots,x_{in_i})$ als Schätzer für $P(t_0,\infty)$ wählen. Sind die Schätzer $\lambda_i^{(n_i)}(\mathbf{x}_{i1},\ldots,\mathbf{x}_{in_i})$ nicht erwartungstreu, sondern beispielsweise leicht nach unten verfälscht, so akkumuliert sich der Fehler bei der Produktbildung. Erwartungstreue Schätzer $\lambda_i^{(n_i)}(\mathbf{x}_{i1},\ldots,\mathbf{x}_{in_i})$ für $P_i(t_0,\infty)$ liefern demgegenüber bei Produktbildung einen erwartungstreuen Schätzer für $P(t_0,\infty)$.

Als generelle Forderung an beliebige Schätzer ist die Erwartungstreue jedoch nicht zu rechtfertigen. Glücklicherweise, denn erwartungstreue Schätzer existieren nicht immer. Oft sind auch gar nicht alle Nutzanwendungen eines Schätzers bekannt. Wird er später beispielsweise verwendet, um einen Funktionswert $K(\kappa(P))$ durch $K(\kappa_n(x_1,\ldots,x_n))$ zu schätzen, geht die Erwartungstreue ohnedies verloren (es sei denn, K wäre linear).

Die Forderung, daß $\kappa_n(\mathbf{x}_1,\ldots,\mathbf{x}_n)$ richtig um $\kappa(P)$ zentriert sein soll, kann man auch durch die Forderung der *Mediantreue* präzisieren: Für alle in Betracht kommenden W-Maße soll $\kappa(P)$ ein Median der Verteilung von $\kappa_n(\mathbf{x}_1,\ldots,\mathbf{x}_n)$ unter P^n sein. Die Forderung, daß der wahre Wert $\kappa(P)$ gleich oft über- wie unterschätzt werden soll, ist ganz natürlich. Die Mediantreue bleibt nicht nur unter linearen, sondern unter beliebigen monotonen Transformationen erhalten: Ist $\kappa_n(\mathbf{x}_1, \ldots, \mathbf{x}_n)$ mediantreu für $\kappa(P)$, dann ist $K(\kappa_n(\mathbf{x}_1, \ldots, \mathbf{x}_n))$ mediantreu für $K(\kappa(P))$, falls K monoton ist.

Eine totale Vergleichbarkeit der Konzentration im Sinn von (13.2.1) verlangt insbesondere (durch Spezialisierung für $u = 0, u'' = \infty$ und $u' = -\infty, u'' = 0$), daß die Verteilungen beider Schätzer in $\kappa(P)$ das gleiche Quantil haben. Dies ist also eine notwendige Bedingung einer totalen Vergleichbarkeit der Konzentration, die in natürlicher Weise erfüllt ist, wenn man von beiden Schätzern Mediantreue verlangt. Die Forderung der Erwartungstreue schließt die totale Vergleichbarkeit im Sinn von (13.2.1) hingegen im allgemeinen aus.

Das einfachste Beispiel eines mediantreuen Schätzers ist der Stichproben-Median (bei ungeradem Stichprobenumfang) als Schätzer für den Median eines stetigen W-Maßes: Nach (4.9.6) ist die Verteilungsfunktion des Medians einer Stichprobe vom Umfang $2m + 1$ gleich

$$r \to \frac{(2m+1)!}{(m!)^2} \int_0^{F(r)} t^m (1-t)^m \, dt$$

(wobei F die Verteilungsfunktion von P bezeichnet).

Der Median $\mathcal{Q}_{\frac{1}{2}}(P)$ der Verteilung ist bestimmt durch $F(\mathcal{Q}_{\frac{1}{2}}(P)) = \frac{1}{2}$. Daher ist die Wahrscheinlichkeit für $x_{m+1:2m+1} \leqq \mathcal{Q}_{\frac{1}{2}}(P)$ gleich

$$\frac{(2m+1)!}{(m!)^2} \int_0^{1/2} t^m (1-t)^m \, dt = \frac{1}{2}.$$

Zwei mediantreue Schätzer können also im Sinn von (13.2.1) vergleichbar sein. Im allgemeinen sind sie es natürlich nicht: Greifen wir zwei beliebige – auch mediantreue – Schätzer heraus, müssen wir damit rechnen, daß manche Intervalle den einen, manche den anderen Schätzer mit größerer Wahrscheinlichkeit enthalten. Unter speziellen Bedingungen gibt es jedoch tatsächlich maximal konzentrierte mediantreue Schätzer, d.h. solche, die im Sinn von (13.2.1) besser als jeder andere mediantreue Schätzer sind. Im allgemeinen gelten solche Optimalitätseigenschaften nur asymptotisch – also approximativ für große Stichproben. Dies ist eigentlich zu erwarten: Für kleine Stichproben sind die Verteilungen verschiedenartiger Schätzer (z.B. Stichproben-Median und Stichproben-Mittel) von unterschiedlicher Gestalt und daher auch nicht annähernd vergleichbar. (Siehe Tabelle 13.1.)

Bei großen Stichproben ist die Situation übersichtlicher: Die Verteilungen der Schätzer sind in regulären Fällen annähernd normal mit Erwartungswert $\kappa(P)$, und zwei Normalverteilungen mit gleichem Erwartungswert sind stets vergleichbar: Die mit der kleineren Varianz ist stärker um den Erwartungswert konzentriert (vgl. Proposition 6.9.3). Man wird daher darauf vertrauen, daß der Schätzer mit der besseren Grenzverteilung für alle hinreichend großen Stichprobenumfänge stärker um $\kappa(P)$ konzentriert ist. (Dieses Vertrauen stützt sich auf empirisches Wissen, denn genau genommen sagt die

Grenzverteilung – ohne Kenntnis irgendwelcher Fehlerschranken – nichts über die Verteilung für irgendeinen festen Stichprobenumfang, und sei er noch so groß. Wer der Aussagekraft der Grenzverteilung in einem konkreten Fall mißtraut, kann diese durch numerische Berechnungen der exakten Verteilungen überprüfen.)

13.2.2 Beispiel: Sei P ein W-Maß mit einer um 0 symmetrischen Dichte p. Für $\theta \in \mathbb{R}$ sei P_θ das W-Maß mit der Dichte $x \to p(x - \theta)$. Gesucht ist ein Schätzer für das Symmetriezentrum von P_θ. Dieses läßt sich sowohl als Erwartungswert als auch als Median interpretieren.

Nach Satz 8.1.1 ist das Stichproben-Mittel asymptotisch verteilt nach $N_{(\theta, \sigma_1^2(P_\theta)/n)}$ mit

$$\sigma_1^2(P_\theta) = \int (x - \theta)^2 p(x - \theta)\,dx = \int y^2 p(y)\,dy;$$

nach Satz 8.5.1 ist der Stichproben-Median asymptotisch verteilt nach $N_{(\theta, \sigma_2^2(P_\theta)/n)}$, mit

$$\sigma_2^2(P_\theta) = \frac{1}{4p(\mathscr{Q}_{\frac{1}{2}}(P_\theta) - \theta)^2} = \frac{1}{4p(0)^2}.$$

Tabelle 13.1. Asymptotische Varianzen des Stichproben-Mittels (σ_1^2) und des Stichproben-Medians (σ_2^2) für verschiedene symmetrische Verteilungen.

	σ_1^2	σ_2^2
Normalverteilung $N_{(0,1)}$	1	$\pi/2$
Cauchy-Verteilung C	∞	$\pi^2/4$
Logistische Verteilung	$\pi^2/3$	4
Laplace-Verteilung	2	1

Hierbei ist die *Logistische Verteilung* definiert durch die Dichte

$$x \to \frac{\exp[-x]}{(1 + \exp[-x])^2}, \qquad x \in \mathbb{R};$$

die *Laplace-Verteilung* ist definiert durch die Dichte

$$x \to \frac{1}{2}\exp[-|x|], \qquad x \in \mathbb{R}.$$

Die Entscheidung, ob man das Stichproben-Mittel oder den Stichproben-Median als Schätzer wählen wird, hängt also davon ab, welche Verteilung vorliegt.

Eine solche Entscheidung wird in der Praxis dadurch erschwert, daß das

Wissen über die Form der Verteilung nie ganz präzise ist. Für $P = N_{(0,1)}$ ist das Stichproben-Mittel deutlich besser als der Stichproben-Median. Angenommen, P ist in Wirklichkeit aber ein Gemisch zweier Normalverteilungen: $P = (1-\varepsilon)N_{(0,1)} + \varepsilon N_{(0,a^2)}$. Dann sind die Varianzen der asymptotischen Verteilungen

$$\text{Stichproben-Mittel:} \quad \sigma_1^2(a) = (1-\varepsilon) + \varepsilon a^2,$$

$$\text{Stichproben-Median:} \quad \sigma_2^2(a) = \frac{\pi}{2}\left((1-\varepsilon) + \frac{\varepsilon}{a}\right)^{-2}.$$

Auch eine sehr kleine Beimischung von $N_{(0,a^2)}$ kann bewirken, daß die Grenzverteilung des Stichproben-Medians besser als die des Stichproben-Mittels ist: Für $\varepsilon = 0{,}01$ gilt $\sigma_2^2(a) < \sigma_1^2(a)$, sobald $a > 8$ oder $a < 0{,}04$. Allerdings ist die Aussagekraft eines Vergleichs der Grenzverteilungen in diesem Fall mit Vorsicht zu beurteilen: Der Anteil der Stichproben vom Umfang n, die nur Realisationen aus $N_{(0,1)}$ enthalten, ist $(1-\varepsilon)^n$, für $\varepsilon = 0{,}01$ und $n = 25$ also 0,78. Für 78% der Stichproben wäre also das Stichproben-Mittel auf jeden Fall der bessere Schätzer.

Für Anwendungen ist es stets wichtig, den Schätzer nicht nur danach auszuwählen, ob er unter den Modellannahmen möglichst gut ist, sondern auch danach, ob sich seine Qualität nicht entscheidend verschlechtert, sobald die Modellannahmen nicht ganz genau erfüllt sind. Daß der Schätzer dann, wenn die Modellannahmen falsch sind, stärker streut als vermutet, ist nicht das Schlimmste, was passieren kann: Der Schätzer kann einen systematischen Fehler aufweisen. Angenommen, wir interessieren uns eigentlich für den Median, versuchen aber, diesen durch das Stichproben-Mittel zu schätzen, weil wir überzeugt sind, daß eine Normalverteilung vorliegt (für die der Median mit dem Erwartungswert übereinstimmt). Solange die Verteilung tatsächlich symmetrisch ist, bleibt das Stichproben-Mittel ein Schätzer für den Median, der frei von systematischen Fehlern ist. Er ist nur möglicherweise nicht so genau wie der Stichproben-Median. Ist die Verteilung jedoch schief, fallen Erwartungswert und Median auseinander, und das Stichproben-Mittel besitzt – verwendet man es als Schätzer für den Median – einen systematischen Fehler. Bei kleinem Stichprobenumfang werden systematische Fehler des Schätzers im allgemeinen klein im Vergleich zum Zufallsfehler sein, wenn P leicht unsymmetrisch ist; bei großem Stichprobenumfang und einer starken Abweichung können die Schätzwerte völlig falsch liegen – was um so bedenklicher ist, als der Zufallsfehler infolge des großen Stichprobenumfangs sehr klein ist, man also auf eine große Genauigkeit des Schätzwertes vertrauen wird.

Fragen dieser Art werden in der Literatur unter dem Stichwort "Robustheit" abgehandelt. Der interessierte Leser wird auf das Buch von Hampel u.a. (1986) verwiesen.

In Beispiel 13.2.2 haben wir uns darauf beschränkt, zwei naheliegende Schätzer hinsichtlich ihrer Genauigkeit zu vergleichen. Tieferliegende Untersuchungen zeigen, daß es für hinreichend reguläre Familien von *W*-Maßen Schätzer gibt, die in gewissem Sinn asymptotisch optimal sind. Die bestmöglichen Schätzer hängen naturgemäß davon ab, wieviel man a priori über das unbekannte *W*-Maß weiß. Je genauer man weiß, welche *W*-Maße in Betracht kommen, desto genauer werden die bestmöglichen Schätzer sein (vgl. hierzu Abschnitt 13.4).

13.3 Konfidenz-Intervalle

Bei Schätzaufgaben besteht fast immer das Bedürfnis, den Schätzwert durch Angabe von Fehlerschranken zu ergänzen: $\kappa_n(x_1,\dots,x_n) \pm \Delta_n(x_1,\dots,x_n)$ bedeutet, daß der Fehler des Schätzers, $|\kappa_n(\mathbf{x}_1,\dots,\mathbf{x}_n) - \kappa(P)|$ mit großer Wahrscheinlichkeit kleiner als $\Delta_n(\mathbf{x}_1,\dots,\mathbf{x}_n)$ ist.

Wir beschränken uns wieder auf den Fall asymptotisch normalverteilter Schätzerfolgen. Ist κ_n, $n \in \mathbb{N}$, asymptotisch verteilt nach $N_{(\kappa(P),\sigma^2(P)/n)}$, dann gilt

$$(13.3.1)\quad P^n\{(x_1,\dots,x_n) \in X^n: |\kappa_n(x_1,\dots,x_n) - \kappa(P)| \leqq n^{-1/2}u_{\alpha/2}\sigma(P)\} \to 1-\alpha$$

(wenn u_β das obere β-Quantil der $N_{(0,1)}$ ist). Die Größe $n^{-1/2}u_{\alpha/2}\sigma(P)$ ist jedoch als Fehlerschranke nicht verwendbar, da sie im allgemeinen vom unbekannten *W*-Maß *P* abhängt.

Ist $\sigma_n(\mathbf{x}_1,\dots,\mathbf{x}_n)$, $n \in \mathbb{N}$, *eine Schätzerfolge, die stochastisch gegen* $\sigma(P)$ *konvergiert, dann folgt*

$$(13.3.2)\quad P^n\{(x_1,\dots,x_n) \in X^n: |\kappa_n(x_1,\dots,x_n) - \kappa(P)| \leqq n^{-1/2}u_{\alpha/2}\sigma_n(x_1,\dots,x_n)\} \to 1-\alpha.$$

Beweis: Die Verteilung von $n^{1/2}(\kappa_n(\mathbf{x}_1,\dots,\mathbf{x}_n) - \kappa(P))$ konvergiert schwach gegen $N_{(0,\sigma^2(P))}$, und $u_\beta(\sigma_n(\mathbf{x}_1,\dots,\mathbf{x}_n) - \sigma(P))$ konvergiert stochastisch gegen 0. Daher konvergiert nach dem Lemma von Sluckiĭ M.7.8 auch die Verteilung von $n^{1/2}(\kappa_n(\mathbf{x}_1,\dots,\mathbf{x}_n) - \kappa(P)) - u_\beta(\sigma_n(\mathbf{x}_1,\dots,\mathbf{x}_n) - \sigma(P))$ schwach gegen $N_{(0,\sigma^2(P))}$, so daß

$$P^n\{(x_1,\dots,x_n) \in X^n: n^{1/2}(\kappa_n(x_1,\dots,x_n) - \kappa(P)) - u_\beta(\sigma_n(x_1,\dots,x_n) - \sigma(P)) < u_\beta\sigma(P)\} \to 1-\beta.$$

Anwendung für $\beta = \alpha/2$ und $\beta = 1-\alpha/2$ liefert die Behauptung.

Man kann also den Schätzwert $\kappa_n(x_1,\dots,x_n)$ ergänzen durch die Fehlerschranke $n^{-1/2}u_{\alpha/2}\sigma_n(x_1,\dots,x_n)$. Dieser Sachverhalt kann noch in anderer Form ausgedrückt werden: Der Fehler $|\kappa_n(x_1,\dots,x_n) - \kappa(P)|$ liegt genau dann unterhalb der Fehlerschranke $n^{-1/2}u_{\alpha/2}\sigma_n(x_1,\ldots,x_n)$, wenn der wahre Wert, $\kappa(P)$, im Intervall

$$I_n(x_1,\ldots,x_n) := (\kappa_n(x_1,\ldots,x_n) - n^{-1/2}u_{\alpha/2}\sigma_n(x_1,\ldots,x_n),\ \kappa_n(x_1,\ldots,x_n) + n^{-1/2}u_{\alpha/2}\sigma_n(x_1,\ldots,x_n))$$

liegt. $I_n(x_1,\ldots,x_n)$ heißt *Konfidenz-Intervall.*

Anwender neigen zu der saloppen Formulierung, daß das Konfidenz-Intervall den wahren Wert mit der Wahrscheinlichkeit $1-\alpha$ enthält. Dies ist eine natürliche Sprechweise, solange man darüber nicht die richtige Interpretation aus den Augen verliert: $\kappa(P)$ ist eine feste, uns unbekannte, Zahl. Das Konfidenz-Intervall $I_n(x_1,\ldots,x_n)$ ist eine Realisation der "Zufallsvariablen" $I_n(\mathbf{x}_1,\ldots,\mathbf{x}_n)$. Die Aussage, daß das Konfidenz-Intervall die Zahl $\kappa(P)$ mit einer bestimmten Wahrscheinlichkeit enthält, bezieht sich auf diese Zufallsvariable und nicht auf eine bestimmte Realisation.

Selbst in dem hier betrachteten einfachen Fall asymptotisch normalverteilter Schätzer kann die Aufgabe, $\sigma(P)$ zu schätzen, schwierig sein. Im Fall des Stichproben-Mittels ist $\sigma(P) = \mathscr{V}(P)^{1/2}$. Daher ist beispielsweise $\left(\frac{1}{n}\sum_1^n (x_\nu - \bar{x}_n)^2\right)^{1/2}$ ein brauchbarer Schätzer. Im Fall eines Quantils ist die Varianz des Schätzers wesentlich schwieriger zu schätzen: Da $\sigma(P) = (\alpha(1-\alpha))^{1/2}/p(\mathscr{Q}_\alpha(P))$ ist, wird ein Schätzer für die Dichte an der Stelle $\mathscr{Q}_\alpha(P)$ benötigt.

Ist der Schätzer $\kappa_n(\mathbf{x}_1,\ldots,\mathbf{x}_n)$ von komplizierter Struktur, kann seine Varianz schwierig zu berechnen sein. Dazu kommt u.U. noch, daß über P wenig bekannt ist (z.B.: P ist eine beliebige stetige Verteilung über $\mathbb{R}$). Für solche Fälle empfiehlt sich ein heuristischer Ausweg: Man schätze auf Grund der Stichprobe die unbekannte Verteilung P und schätze die Varianz des Schätzers durch Simulation mit Realisationen aus der geschätzten Verteilung.

Konfidenz-Intervalle können nicht nur als Fehlerschranken zur Ergänzung eines Schätzwerts dienen; sie können auch zu Tests (vgl. Abschnitt 13.5) umfunktioniert werden. Sei $I_n(\mathbf{x}_1,\ldots,\mathbf{x}_n)$ ein Konfidenz-Intervall mit der Eigenschaft

(13.3.3) $$P^n\{(x_1,\ldots,x_n)\in X^n\colon \kappa(P)\in I_n(x_1,\ldots,x_n)\} \doteq 1-\alpha.$$

Um eine Hypothese über den Wert des Funktionals κ zu testen, z.B. die Hypothese $\kappa(P) = c_0$, bilden wir den Ablehnungsbereich

$$A_n := \{(x_1,\ldots,x_n)\in X^n\colon c_0 \notin I_n(x_1,\ldots,x_n)\}.$$

Dann gilt wegen (13.3.3) für alle W-Maße mit $\kappa(P) = c_0$ die Beziehung

$$P^n(A_n) = P^n\{(x_1,\ldots,x_n)\in X^n\colon c_0 \notin I_n(x_1,\ldots,x_n)\} \doteq \alpha.$$

Aus dem Konfidenz-Intervall mit einer Überdeckungswahrscheinlichkeit $1-\alpha$

wird also durch Komplementbildung ein Ablehnungsbereich, bei dem die richtige Hypothese mit der Irrtumswahrscheinlichkeit α verworfen wird.

Konfidenz-Intervalle wurden bereits im 19. Jahrhundert von mehreren Autoren verwendet, vermutlich von Laplace (1812) als erstem, der ein asymptotisches Konfidenz-Intervall für den Parameter der Binomial-Verteilung angibt. (Section 16, insbesondere S. 281ff.) Die Interpretation des Konfidenz-Intervalls als eines zufallsabhängigen Objekts, das einen unbekannten Wert mit vorgegebener Wahrscheinlichkeit enthält, findet sich jedoch erst bei Wilson (1927) in voller begrifflicher Klarheit. Die Entwicklung einer allgemeinen Theorie der Konfidenz-Verfahren beginnt mit Fisher (1930) und Neyman (1937). (Allerdings gibt Fisher seinem Konfidenz-Verfahren später eine andere Interpretation. Eine ausführliche Diskussion der Interpretation Fisher's findet der Leser bei Neyman.)

13.4 Ein Beispiel

In diesem Abschnitt werden die in 13.2 und 13.3 aufgeworfenen Fragen noch einmal an einem Beispiel aus dem Bereich der Lebensdauer-Prüfung erläutert.

Es sei bekannt, daß die Lebensdauer eines bestimmten Produkts exponentialverteilt ist. Für $a > 0$ bezeichne E_a die Exponentialverteilung mit Skalen-Parameter a, d.h. die Verteilung mit Dichte

$$(13.4.1) \qquad x \to \frac{1}{a}\exp\left[-\frac{x}{a}\right], \qquad x > 0.$$

Die der Schätzung zu Grunde liegende Verteilungsfamilie ist also $\{E_a: a \in (0, \infty)\}$. Zu schätzen ist der Median ($\equiv$ Halbwertszeit). Die nächstliegende Idee ist, als Schätzer den Stichproben-Median zu verwenden.

Nach Beispiel 6.3.2 steht der zu schätzende Median $\mathcal{Q}_{1/2}(E_a)$ mit dem Parameter a in der Beziehung

$$(13.4.2) \qquad \mathcal{Q}_{1/2}(E_a) = a \log 2.$$

Dies eröffnet eine weitere Möglichkeit zur Schätzung des Medians: Wir können zunächst den Parameter a schätzen und den Schätzer für a mit $\log 2$ multiplizieren. Als Schätzer für a eignet sich der Stichproben-Mittelwert: Da $\mathcal{E}(E_a) = a$ ist (vgl. 1.6.9), konvergiert der Stichproben-Mittelwert $\bar{\mathbf{x}}_n$ nach Satz 7.2.1 stochastisch gegen a.

Wir haben also folgende Schätzer zur Auswahl:

a) Den Stichproben-Median. Dessen Verteilung hat nach (4.9.7) für den Stichprobenumfang $n = 2m + 1$ die Dichte

$$x \to \frac{(2m+1)!}{(m!)^2}\,\frac{1}{a}\exp\left[-\frac{(m+1)x}{a}\right]\left(1 - \exp\left[-\frac{x}{a}\right]\right)^m.$$

b) $\bar{\mathbf{x}}_n \log 2$. Da $\mathbf{x}_\nu$ verteilt ist nach $\Gamma_{a,1}$, ist $\sum_1^n \mathbf{x}_\nu$ nach Beispiel 4.6.10 verteilt nach $\Gamma_{a,n}$, also $\bar{\mathbf{x}}_n \log 2$ verteilt nach $\Gamma_{(a \log 2)/n, n}$.

Streng genommen sind diese beiden Schätzer allerdings nicht vergleichbar: Der Stichproben-Median ist mediantreu für $\mathscr{Q}_{1/2}(E_a)$, der Schätzer $\bar{\mathbf{x}}_n \log 2$ ist erwartungstreu für $\mathscr{Q}_{1/2}(E_a)$. Wir können jedoch vergleichbare Schätzer gewinnen, indem wir statt log 2 einen Faktor c_n so wählen, daß $c_n \bar{\mathbf{x}}_n$ mediantreu für $\mathscr{Q}_{1/2}(E_a)$ ist. Bezeichnet γ_n den Median von $\Gamma_{1,n}$, dann ist $a c_n \gamma_n$ der Median der Verteilung von $c_n \sum_1^n \mathbf{x}_\nu$ unter E_a^n. Damit $c_n \sum_1^n \mathbf{x}_\nu$ mediantreu für $a \log 2$ ist, haben wir c_n so zu wählen, daß $a c_n \gamma_n = a \log 2$ gilt, also $c_n = \gamma_n^{-1} \log 2$.

Tiefergehende Überlegungen zeigen, daß $\gamma_n^{-1}(\log 2) \sum_1^n \mathbf{x}_\nu$ unter allen mediantreuen Schätzern für die Halbwertszeit maximal konzentriert ist, insbesondere also auch stärker konzentriert ist als der Stichproben-Median. Aus Bild 13.1 ist dies infolge der unterschiedlichen Gestalt der Verteilung der beiden Schätzer nicht leicht erkennbar.

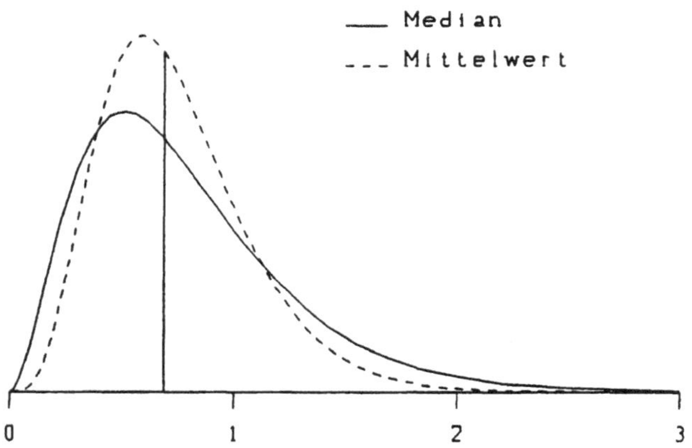

Bild 13.1 Verteilung des Stichproben-Medians und des auf Mediantreue transformierten Stichproben-Mittels für $n = 5$ und $a = 1$. Der senkrechte Strich gibt den Wert des Medians der Verteilung an.

Nun betrachten wir den Fall, daß nicht die Halbwertszeit ($\equiv a \log 2$), sondern die Ausfallrate ($\equiv a^{-1}$) zu schätzen ist. Aus dem mediantreuen Schätzer $\gamma_n^{-1}(\log 2) \sum_1^n \mathbf{x}_\nu$ für die Halbwertszeit erhalten wir sofort einen mediantreuen Schätzer für die Ausfallrate: $\gamma_n \left(\sum_1^n \mathbf{x}_\nu \right)^{-1}$. Die Erwartungstreue bleibt demgegenüber unter solchen Transformationen nicht erhalten: $\bar{\mathbf{x}}_n$ ist erwartungstreu für a; erwartungstreu für die Ausfallrate a^{-1} ist jedoch $\frac{n-1}{n}(\bar{\mathbf{x}}_n)^{-1}$, sofern $n > 1$. (Für $n = 1$ existiert kein erwartungstreuer Schätzer für die Ausfallrate.)

Nach Satz 8.5.1 ist der Stichproben-Median für große n annähernd normalverteilt mit Erwartungswert $\mathcal{Q}_{1/2}(E_a) = a \log 2$ und Standardabweichung $n^{-1/2}a$. Das Stichproben-Mittel $\bar{\mathbf{x}}_n$ ist nach dem Zentralen Grenzwertsatz annähernd normalverteilt mit Erwartungswert a und Standardabweichung $n^{-1/2}a$ (vgl. Satz 8.1.1). Daher ist $\bar{\mathbf{x}}_n \log 2$ annähernd normalverteilt mit Erwartungswert $a \log 2$ und Standardabweichung $n^{-1/2} a \log 2$. Obwohl in diesem Beispiel – ausnahmsweise – sogar eine Optimalitätseigenschaft für beliebige Stichprobenumfänge vorliegt (siehe Witting (1985), S. 309, Beispiel 2.122), sagt uns erst die asymptotische Theorie, wie groß der Unterschied in der Güte der Schätzer ist: Verwendet man statt des Stichproben-Medians den Schätzer $\bar{\mathbf{x}}_n \log 2$ $\left(\text{oder den asymptotisch äquivalenten Schätzer } \gamma_n^{-1}(\log 2)\sum_1^n \mathbf{x}_\nu\right)$, dann kann man für große Stichproben mit einem Stichprobenumfang, der um den Faktor $(\log 2)^2 = 0{,}48$ kleiner ist, die gleiche Genauigkeit erzielen.

Dieses Ergebnis gilt allerdings nur für den Fall, daß die Beobachtungen tatsächlich exponentialverteilt sind. Trifft diese Voraussetzung nicht zu, dann kann $\bar{\mathbf{x}}_n \log 2$ ganz falsch liegen, während der Stichproben-Median auf jeden Fall ein brauchbarer Schätzer für den Median der Verteilung bleibt. Nehmen wir zur Illustration an, die Beobachtungen seien in Wirklichkeit verteilt nach $\Gamma_{a,2}$; um einen groben Überblick zu erhalten, wie sich der Schätzer $\bar{\mathbf{x}}_n \log 2$ unter der Verteilung $\Gamma_{a,2}^n$ verhält, approximieren wir seine Verteilung durch eine Normalverteilung. Da $\mathscr{E}(\Gamma_{a,2}) = 2a$, $\mathscr{V}(\Gamma_{a,2}) = 2a^2$ (vgl. 1.6.8), ist $\bar{\mathbf{x}}_n \log 2$ asymptotisch verteilt wie $N_{(2a \log 2,\, 2a^2(\log 2)^2/n)}$.

Für immer größer werdende Stichprobenumfänge n zieht sich der Streubereich des Schätzers also nicht um den Median, d.i. $1{,}68a$, zusammen, sondern um den Wert $2a \log 2$. Er schätzt also gar nicht den Median der wahren Verteilung $\Gamma_{a,2}$, sondern eine Größe, die uns überhaupt nicht interessiert: das 0,40-Quantil. Dieser vom Stichprobenumfang unabhängige systematische Fehler ist um so heimtückischer, als der aus der Stichprobe berechenbare Streubereich des Zufallsfehlers bei großem Stichprobenumfang sehr klein sein wird, man also auf eine große Genauigkeit des Schätzwerts vertrauen wird. Bereits bei einer Stichprobe vom Umfang 6 wäre der Zufallsfehler mit großer Wahrscheinlichkeit (90%) kleiner als der systematische Fehler!

Ob man sich für den Schätzer $\bar{\mathbf{x}}_n \log 2$ oder für den Stichproben-Median entscheidet, wird also davon abhängen, wie sicher die Annahme ist, daß die Beobachtungen exponentialverteilt sind. Ein Mittelweg wäre anzunehmen, daß die wahre Verteilung irgendeine Gamma-Verteilung ist. Dann könnte man die beiden Parameter der Gamma-Verteilung schätzen und aus diesen

Werten einen Schätzer für den Median gewinnen. Bei diesem Mittelweg erhält man einen Schätzer, der besser als der Stichproben-Median ist. Er ist zwar schlechter als $\bar{\mathbf{x}}_n \log 2$, falls die wahre Verteilung exponentiell ist, ist aber für beliebige Gamma-Verteilungen ein brauchbarer Schätzer des Medians.

Ein Konfidenz-Intervall für a ist im Fall der Exponentialverteilung besonders einfach zu gewinnen, da nur ein Parameter vorliegt. Unter E_a^n ist $a^{-1} \sum_1^n \mathbf{x}_\nu$ verteilt nach $\Gamma_{1,n}$. Bezeichnen $\gamma_n'(\beta)$ und $\gamma_n''(\beta)$ das untere bzw. obere β-Quantil der Verteilung $\Gamma_{1,n}$, gilt für alle $a > 0$

$$E_a^n\left\{(x_1,\ldots,x_n) \in (0,\infty)^n: \gamma_n'(\alpha/2) < a^{-1} \sum_1^n x_\nu < \gamma''(\alpha/2)\right\} = 1 - \alpha,$$

also

$$E_a^n\left\{(x_1,\ldots,x_n) \in (0,\infty)^n: \gamma_n''(\alpha/2)^{-1} \sum_1^n x_\nu < a < \gamma_n'(\alpha/2)^{-1} \sum_1^n x_\nu\right\}$$
$$= 1 - \alpha.$$

$\left(\gamma_n''(\alpha/2)^{-1} \sum_1^n \mathbf{x}_\nu, \gamma_n'(\alpha/2)^{-1} \sum_1^n \mathbf{x}_\nu\right)$ ist also ein Konfidenz-Intervall für a mit der Überdeckungswahrscheinlichkeit $1 - \alpha$. (Ein Konfidenz-Intervall für $a \log 2$ erhält man daraus durch Multiplikation der Grenzen mit $\log 2$.)

Für große n kann man sich der Normalapproximation bedienen: Da $\bar{\mathbf{x}}_n$ asymptotisch verteilt ist mit Erwartungswert a und Standardabweichung $n^{-1/2}a$, gilt

$$E_a^n\{(x_1,\ldots,x_n) \in (0,\infty)^n: a - n^{-1/2} a u_{\alpha/2} < \bar{x}_n < a + n^{-1/2} a u_{\alpha/2}\}$$
$$\to 1 - \alpha,$$

also

$$E_a^n\{(x_1,\ldots,x_n) \in (0,\infty)^n: \bar{x}_n/(1 + n^{-1/2} u_{\alpha/2}) < a < \bar{x}_n/(1 - n^{-1/2} u_{\alpha/2})\}$$
$$\to 1 - \alpha.$$

13.5 Testen von Hypothesen

Es liegt eine Stichprobe vom Umfang n aus einer unbekannten Verteilung vor, die einer Familie $\mathfrak{P}$ angehört. Die Hypothese besagt, daß diese Verteilung einer bestimmten Teilfamilie, $\mathfrak{P}_0 \subset \mathfrak{P}$, angehört. Zu klären ist, ob diese Hypothese mit dem Ergebnis der Stichprobe verträglich ist.

13.5.1 Beispiel: Die Hypothese besagt, daß die Stichprobe $(x_1,\ldots,x_n)$ aus n unabhängigen Realisationen aus einer um 0 symmetrischen Verteilung besteht.

Um die Grundsätze des Testens von Hypothesen zu diskutieren, haben wir ein Beispiel gewählt, das besonders einfach ist. Es ist deswegen jedoch nicht unrealistisch. Angenommen, es werden an den beiden Augen eines Versuchstieres zwei verschiedene Behandlungsmethoden erprobt. Das Versuchsergebnis x_ν beim ν. Versuchstier ist die Differenz der beiden Heildauern. Unter der Hypothese, daß beide Behandlungsmethoden gleich wirksam sind, ist das Ergebnis x_ν genauso wahrscheinlich wie das Ergebnis $-x_\nu$.

Um die Hypothese der Symmetrie um 0 zu testen, wird eine bestimmte Testgröße gewählt, z.B. das Stichproben-Mittel $n^{-1}\sum_1^n x_\nu$. Unter der Hypothese besitzen die 2^n Ergebnisse $(\varepsilon_1 x_1, \ldots, \varepsilon_n x_n)$, $(\varepsilon_1, \ldots, \varepsilon_n) \in \{-1, 1\}^n$, alle die gleiche Wahrscheinlichkeit. Die Wahrscheinlichkeit, daß das tatsächlich beobachtete Stichproben-Mittel, $n^{-1}\sum_1^n x_\nu$, rein zufällig zu den m größten oder m kleinsten der Werte $n^{-1}\sum_1^n \varepsilon_\nu x_\nu$ gehört, ist daher $2m2^{-n}$. Bei entsprechend gewählten Werten m und n ist diese Wahrscheinlichkeit sehr klein. Bei Zutreffen der Hypothese ist es dann unwahrscheinlich, daß ein so extremer Wert des Stichproben-Mittels rein zufällig auftritt. Man wird im Fall eines solchen Ereignisses daher vermuten, daß die Hypothese falsch ist.

Allgemein formuliert: Man wählt einen bestimmten "Ablehnungsbereich", in den eine Stichprobe bei Zutreffen der Hypothese mit sehr kleiner Wahrscheinlichkeit fällt und verwirft die Hypothese, sobald die tatsächlich eingetretene Stichprobe im Ablehnungsbereich liegt.

Praktisch wählt man meist eine "Testgröße" und bildet den Ablehnungsbereich aus den besonders großen und/oder besonders kleinen Werten der Testgröße. Die Abgrenzung der "extremen" Werte der Testgröße erfolgt dabei so, daß die Wahrscheinlichkeit solcher Werte bei Zutreffen der Hypothese eine vorgegebene Irrtumswahrscheinlichkeit (z.B. 1%) nicht überschreitet. Eine den Praktiker ansprechende Alternative: Man verzichtet auf die Vorgabe einer Irrtumswahrscheinlichkeit und berechnet statt dessen die Wahrscheinlichkeit, mit der ein so extremer Wert der Testgröße, wie er beobachtet wurde, bei Zutreffen der Hypothese erreicht oder über- bzw. unterschritten würde. Ist diese Wahrscheinlichkeit sehr klein, wird die Hypothese verworfen.

Die Mathematische Statistik kann nichts dazu beitragen, diese Schlußweise überzeugender zu begründen. Sie muß sich darauf beschränken, den Anwender bei der Auswahl des Ablehnungsbereichs (oder der Testgröße) zu beraten.

Im obigen Beispiel hätte man als Testgröße statt des Stichproben-Mittels beispielsweise auch den Stichproben-Median oder den Maximalwert der Stichprobe wählen können. Wahrscheinlichkeitstheoretische Überlegungen können bei der Wahl der Testgröße helfen, wenn bekannt ist, aus welcher Verteilung die Stichprobe möglicherweise stammen könnte, falls die Hypothese falsch ist. Im konkreten Beispiel könnte man vermuten, daß die

Beobachtungen $x_1, \ldots, x_n$ unabhängige Realisationen aus einer Normalverteilung $N_{(\mu,\sigma^2)}$ sind – mit $\mu \neq 0$, falls die Hypothese falsch ist. (Eine solche Vermutung kann sich auf allgemeine Erfahrungen betreffend die Verteilung von Heildauern in diesem Bereich stützen.) Wahrscheinlichkeitstheoretische Überlegungen zeigen, daß bei Zutreffen dieser Vermutung das Stichproben-Mittel anderen Testgrößen gegenüber gewisse Vorzüge hat. Interessiert man sich beispielsweise nur für Alternativen $N_{(\mu,\sigma^2)}$ mit $\mu > 0$, dann wird die Hypothese der Symmetrie um 0 bei einem Ablehnungsbereich, der aus den m größten Werten $n^{-1} \sum_1^n \varepsilon_\nu x_\nu$ besteht, für alle $\mu > 0$ mit größerer Wahrscheinlichkeit verworfen als bei Verwendung irgendeines anderen Ablehnungsbereiches, der unter dieser Hypothese die gleiche Irrtumswahrscheinlichkeit einhält.

Weiß man, daß die Stichprobe aus einer Normalverteilung stammt, dann reduziert sich die Hypothese der "Symmetrie um 0" darauf, daß die Stichprobe eine Realisation aus $N^n_{(0,\sigma^2)}$ ist. In diesem Fall wird man gegen Alternativen $\mu > 0$ den dem t-Test entsprechenden Ablehnungsbereich $\{(x_1, \ldots, x_n) \in \mathbb{R}^n : \bar{x}_n/s_n > t_{n-1}(\alpha)\}$ verwenden ($t_{n-1}(\alpha)$ = oberes α-Quantil der t-Verteilung mit $n - 1$ Freiheitsgraden). Dieser Test ist rechnerisch wesentlich einfacher durchzuführen als der in Beispiel 13.5.1 angedeutete auf Randomisierung beruhende Test (der erst durch die Verfügbarkeit schneller Rechenanlagen praktikabel wurde). Der Nachteil des t-Tests: Die tatsächliche Irrtumswahrscheinlichkeit kann den zugelassenen Wert α übersteigen, wenn die Verteilung zwar um 0 symmetrisch ist (die Hypothese also zutrifft), aber keine Normalverteilung vorliegt.

Die hier an einer besonders einfachen und gutartigen Testaufgabe erläuterten Probleme vermehren sich bei komplexeren Testaufgaben. Ablehnungsbereiche, die gleichzeitig gegen alle Alternativen besonders gut sind, gibt es nur ausnahmsweise. Im allgemeinen muß man daher zwischen verschiedenen Ablehnungsbereichen wählen. Um einen Ablehnungsbereich richtig zu bewerten, müßte man wissen, a) mit welchen Wahrscheinlichkeiten die verschiedenen Alternativen auftreten, b) wie wichtig es ist, sie als Abweichungen von der Hypothese zu erkennen.

Dieser unlösbaren Aufgabe entzieht sich der Anwender durch Wahl einer plausiblen Testgröße. Die Entscheidung, gegen welche Alternativen der Test besonders empfindlich sein soll, ist damit nicht umgangen: Sie ist in der Wahl der Testgröße implizit enthalten, und es bereitet oft erhebliche Schwierigkeiten, sich wenigstens eine ungefähre Vorstellung davon zu verschaffen, was der Test tatsächlich tut, d.h. wie seine Güte gegenüber verschiedenen Alternativen ist.

Besonders einschneidend ist die Entscheidung für eine Testgröße, wenn diese auch für Maße, die deutlich von der Hypothese abweichen, zu einer sehr kleinen Verwerfungswahrscheinlichkeit führt. Ein darauf aufbauender Test ist also nur ein Test gegen gewisse Abweichungen von der Hypothese. Er wird für eine bestimmte Testaufgabe nur dann brauchbar sein, wenn es nur auf diese Abweichungen ankommt, oder wenn andere Abweichungen auf Grund der speziellen Struktur des Problems gar nicht auftreten können.

Zur Illustration betrachten wir Tests auf Unabhängigkeit: Es ist nachzuweisen, daß die Komponenten $\mathbf{x}$ und $\mathbf{y}$ einer zweidimensionalen stetigen Zufallsvariablen stochastisch abhängig sind. Dann ist $\mathfrak{P}$ die Familie aller W-Maße auf $\mathbb{B}^2$, die eine Dichte besitzen. $(\mathbf{x}, \mathbf{y})$ sind stochastisch unabhängig, wenn das zugehörige W-Maß ein Produktmaß ist. Der Hypothese der Unabhängigkeit entspricht also die Teilfamilie $\mathfrak{P}_0$ aller Produktmaße mit Dichte. Was aber sind die möglichen Alternativen? Alle Maße mit Dichte auf $\mathbb{B}^2$, die keine Produktmaße sind! Diese Klasse von W-Maßen umfaßt alle möglichen Formen der Abhängigkeit – eine unüberschaubare Vielfalt. Entscheidet man sich in dieser Situation für den Korrelationskoeffizienten als Testgröße, erfaßt man gewisse Formen der Abhängigkeit nicht: Nur im Fall einer zweidimensionalen Normalverteilung drückt sich jede Abhängigkeit in einem von 0 abweichenden Wert des Korrelationskoeffizienten ρ aus.

Selbst in parametrischen Modellen mit überschaubarer Gütefunktion ist die Wahl des Ablehnungsbereichs nicht immer problemlos. Als Beispiel betrachten wir die Aufgabe, in der Familie $\mathfrak{P} = \{N_{(\mu,\sigma^2)}: \mu \in \mathbb{R}, \sigma^2 > 0\}$ die Hypothese $\mathfrak{P}_0 = \{N_{(\mu_0,\sigma_0^2)}\}$ zu testen. Abweichungen von dieser Hypothese können von ganz verschiedener Natur sein. Handelt es sich bei $N_{(\mu,\sigma^2)}$ etwa um die Verteilung eines bestimmten Merkmals eines Produkts, so bedeutet eine Verteilung $N_{(\mu,\sigma_0^2)}$ mit $\mu \neq \mu_0$ zum Beispiel, daß die Maschine nicht auf den richtigen Wert eingestellt ist. Eine Verteilung $N_{(\mu_0,\sigma^2)}$ mit $\sigma^2 > \sigma_0^2$ jedoch bedeutet möglicherweise, daß die Maschine ausgeleiert ist. Die beiden Arten von Abweichungen treten mit unterschiedlicher Häufigkeit auf. Ihre Konsequenzen sind von unterschiedlichem Gewicht; daher ist die Anforderung an die Trennschärfe eines Tests in Richtung $\mu \neq \mu_0$ verschieden von den Anforderungen an die Trennschärfe in Richtung $\sigma^2 > \sigma_0^2$. (Abweichungen in Richtung $\sigma^2 < \sigma_0^2$ sind kaum zu erwarten.) In einem solchen Fall wird man den Anforderungen der Praxis am ehesten durch zwei Tests, für $\mu = \mu_0$ und für $\sigma^2 = \sigma_0^2$ (z.B. in Form zweier Kontrollkarten), gerecht. Diese ergeben in ihrem Zusammenwirken natürlich einen Test für die Hypothese $(\mu, \sigma^2) = (\mu_0, \sigma_0^2)$. Die Auswahl der kritischen Region orientiert sich aber ausschließlich am Verhalten der beiden Teiltests.

In diesem Beispiel tritt ein Gesichtspunkt zu Tage, der in der Testtheorie häufig vernachlässigt wird: Daß es nicht nur darauf ankommt, eine falsche Hypothese zu widerlegen, sondern auch darauf, zu erkennen, von welcher Art die Abweichungen von der Hypothese sind.

Gelegentlich stoßen wir auf Testaufgaben, bei denen zwar eine Hypothese vorliegt, aber keine als W-Maße formulierbaren Alternativen. Zur Illustration erinnern wir an verschiedene Schätzungen von π mit Hilfe des Buffon'schen Nadelexperiments (vgl. Abschnitt 5.1). Wenn alle Experimente korrekt durchgeführt worden wären, müßten die standardisierten Fehler (vgl. Tabelle 5.1) annähernd nach $N_{(0,1)}$ verteilt sein. Um die Hypothese zu testen, daß dies tatsächlich zutrifft, haben wir die Testgröße $\sum_1^6 \mathbf{x}_\nu^2$ gebildet. Diese müßte unter der Hypothese annähernd nach χ_6^2 verteilt sein. Der ermittelte Wert 0,45 war viel zu klein: Eine nach χ_6^2-verteilte Realisation wäre mit der Wahrscheinlichkeit 0,998 größer gewesen.

Wie ist die Wahl der Testgröße $\sum_1^6 \mathbf{x}_\nu^2$ zu begründen? Eigentlich gar nicht. Eine fundierte Begründung müßte sich auf die möglichen Alternativen stützen. In Unkenntnis dessen, wie die Schätzwerte zustande gekommen sind, wenn nicht durch korrekt ausgeführte Experimente, fehlt uns jede Grundlage für die Wahl einer Testgröße. Dem Aufsummieren aller standardisierten Fehler entspricht die Vorstellung, daß alle Autoren im gleichen Ausmaß gemogelt haben. Aber damit hätten wir ebenso die Testgröße $\sum_1^6 |\mathbf{x}_\nu|$ motivieren können. Wahrscheinlich ist es realistischer, anzunehmen, daß einzelne Autoren besonders krass gemogelt haben. Diese Annahme legt eine ganz andere Testgröße nahe, nämlich $\min\{|\mathbf{x}_\nu|: \nu = 1, \ldots, 6\}$. Tatsächlich zeigt sich, daß dieser Wert, 0,008 (der dem Versuchsergebnis von Lazzerini entspricht), unter der Hypothese mit einer Wahrscheinlichkeit von 0,96 überschritten wird.

Ist Φ die Verteilungsfunktion von $N_{(0,1)}$, dann ist

$$N_{(0,1)}\{x \in \mathbb{R}: |x| > u\} = 2\Phi(-u),$$

also

$$N_{(0,1)}^n\{(x_1, \ldots, x_n) \in \mathbb{R}^n: \min\{|x_\nu|: \nu = 1, \ldots, n\} > u\} = 2^n \Phi(-u)^n.$$

Angewendet für $n = 6$ und $u = 0{,}008$ ergibt sich die o.a. Wahrscheinlichkeit 0,96.

Die in Beispiel 4.8.11 angedeutete Analyse der zu kleinen Zufallsfehler in den Mendel'schen Versuchsergebnissen liefert ein weiteres Beispiel einer Hypothese, zu der es keine mathematisch faßbaren Alternativen gibt.

Die Probleme, die sich bei der Auswahl des Ablehnungsbereichs ergeben, erscheinen weniger gravierend, wenn man bedenkt, daß das Ziel des Testens stets darin besteht, die Hypothese zu widerlegen. Nur ein Ergebnis, das der Hypothese widerspricht, beweist etwas. Ein Ergebnis, das mit der Hypothese verträglich ist, beweist nichts; es darf auf keinen Fall kritiklos als Bestätigung der Hypothese interpretiert werden: Je kleiner die Stichprobe und je schlechter der Ablehnungsbereich, desto geringer ist die Wahrscheinlichkeit, damit die Hypothese zu widerlegen. Offensichtlich ist dies kein geeigneter Weg zu deren Bestätigung.

Die positive Seite dieser Überlegungen: Auch wenn man bei der Auswahl des Ablehnungsbereichs im Dunkeln tappte und sich mehr oder weniger willkürlich für irgendeinen entscheiden mußte: Sobald der Test zu einer Verwerfung der Hypothese geführt hat, ist die Aufgabe gelöst. (Ein besserer Ablehnungsbereich hätte allenfalls die Verwerfung der Hypothese mit einer noch kleineren Irrtumswahrscheinlichkeit α gestattet.)

Die negative Seite unserer Überlegungen gilt mit einer Einschränkung: Wenn das Modell so übersichtlich ist, daß man die Gütefunktion angeben kann, dann weiß man, welche Abweichungen von der Hypothese man durch den Test mit großer Wahrscheinlichkeit entdeckt hätte. Eine Stichprobe, die der Hypothese nicht widerspricht, stützt daher die Vermutung, daß die Abweichungen von der Hypothese in den aus der Gütefunktion erkennbaren Grenzen liegen.

Da statistische Tests ein Instrument zur Widerlegung von Hypothesen (und nicht zu deren Bestätigung) sind, ergibt sich folgende Handlungsanweisung: Man formuliere das Gegenteil von dem, was man beweisen will, als Hypothese, und widerlege diese durch einen Test. Im Idealfall, daß man die Gütefunktion tatsächlich in den Griff bekommt, ist der Stichprobenumfang so zu wählen, daß alle praktisch relevanten Abweichungen von der Hypothese mit großer Wahrscheinlichkeit zu einer Verwerfung der Hypothese führen.

Will man beweisen, daß der Ausschußanteil – entgegen dem Liefervertrag – größer als 2% ist, dann zeigt man, daß das Ergebnis der Stichprobe mit der Hypothese eines Ausschußanteils von höchstens 2% nicht verträglich ist. Man wählt den Stichprobenumfang so groß, daß die Hypothese bei praktisch relevanten Abweichungen (z.B. mehr als 3%) mit großer Wahrscheinlichkeit verworfen wird.

Auch wenn die Wahl des Ablehnungsbereichs bei manchen Testaufgaben mehr oder weniger willkürlich ist: Der Ablehnungsbereich ist auf jeden Fall festzulegen, ehe die Stichprobe vorliegt. Wird dieser erst nach Vorliegen der Stichprobe ausgewählt, dann gilt die formale Irrtumswahrscheinlichkeit α nicht mehr: Dies demonstriert der Extremfall, daß man bei Vorliegen der Stichprobe $x_1, \ldots, x_n$ den Ablehnungsbereich $C_n = \{(x_1, \ldots, x_n)\}$ wählt. Auch Statistiker, die das völlig einsehen, widerstehen nur selten der Versuchung, bei Vorliegen der Stichprobe mehrere Tests durchzuprobieren, ob die Hypothese nicht vielleicht doch mit irgendeinem dieser Tests zu widerlegen ist. Damit tun sie genau das, was wir vorhin als absurd erkannt haben: den Ablehnungsbereich der bereits vorliegenden Stichprobe anzupassen.

Eine Variante dieses Problems: Gelegentlich wird die Hypothese erst formuliert, wenn das Datenmaterial bereits vorliegt. Dies verändert die formalen Irrtumswahrscheinlichkeiten in einem mathematisch nicht faßbaren Ausmaß. Der von den Theoretikern gegebene und von den Praktikern nicht befolgte Rat lautet: Man unterteile das Datenmaterial, lasse sich von einem Teil zur Hypothesenbildung anregen und teste diese mit Hilfe des zweiten Teils des Datenmaterials.

M. Anhang: Maßtheorie

Dieses Kapitel informiert über einige Begriffe und Ergebnisse aus der Maßtheorie, die in Teilen des Buchs benötigt werden.

M.1 Mengensysteme

W-Maße P sind für gewisse Teilmengen $A \subset X$ definiert. Der Definitionsbereich von P ist demnach ein System von Teilmengen von X. Um die Eigenschaften von P bequem aussprechen zu können, setzt man üblicherweise voraus, daß P für alle Mengen einer σ-Algebra $\mathscr{A} \subset \mathscr{P}(X)$ definiert ist (vgl. Definition 1.2.1).

Die Mengen in der σ-Algebra $\mathscr{A}$ werden als "meßbar" bezeichnet, auch wenn auf $\mathscr{A}$ kein Maß definiert ist. In elementaren Anwendungen ist $X = \mathbb{R}^m$ und $\mathscr{A} = \mathbb{B}^m$, die Borel-Algebra des $\mathbb{R}^m$, oder $X = \mathbb{N}$, $\mathscr{A} = \mathscr{P}(\mathbb{N})$.

M.1.1 Bemerkung: An dieser Stelle seien noch drei weitere Sorten von Mengensystemen über einer Menge X erwähnt.

$\mathscr{R} \subset \mathscr{P}(X)$ heißt *Semiring*, wenn gilt:

i) $\emptyset \in \mathscr{R}$,

ii) $A, B \in \mathscr{R} \Rightarrow A \cap B \in \mathscr{R}$,

iii) für $A, B \in \mathscr{R}$, $B \subset A$, existieren paarweise disjunkte Mengen $C_1, \ldots, C_n \in \mathscr{R}$ mit

$$A \cap \bar{B} = \bigcup_{1}^{n} C_k.$$

Ein Beispiel für einen Semiring ist das System aller Quader im $\mathbb{R}^m$.

$\mathscr{R} \subset \mathscr{P}(X)$ heißt *Ring*, wenn gilt:

i) $\emptyset \in \mathscr{R}$,

ii) $A, B \in \mathscr{R} \Rightarrow A \cap \bar{B} \in \mathscr{R}$,

iii) $A, B \in \mathscr{R} \Rightarrow A \cup B \in \mathscr{R}$.

Ein Ring heißt *σ-Ring*, wenn er abgeschlossen unter abzählbaren Vereinigungen ist.

In allen drei Fällen muß also X nicht zu dem Mengensystem gehören.

M.1.2 Lemma: *Zu einem beliebigen Mengensystem $\mathscr{S} \subset \mathscr{P}(X)$ gibt es eine kleinste σ-Algebra, die $\mathscr{S}$ umfaßt.*

Diese heißt die von $\mathscr{S}$ *erzeugte* σ-Algebra; sie wird mit $\sigma(\mathscr{S})$ bezeichnet.

Beweis: σ-Algebren, die $\mathscr{S}$ umfassen, gibt es stets, z.B. $\mathscr{P}(X)$. Es gibt unter diesen σ-Algebren tatsächlich eine kleinste, nämlich den Durchschnitt aller σ-Algebren, die $\mathscr{S}$ umfassen. Man prüft sofort nach, daß dieser Durchschnitt tatsächlich eine σ-Algebra ist. Da er $\mathscr{S}$ umfaßt, ist dies die gesuchte kleinste σ-Algebra. □

Häufig erzeugen verschiedene Mengensysteme dieselbe σ-Algebra.

M.1.3 Lemma: *Seien $\mathcal{S}_1$, $\mathcal{S}_2 \subset \mathcal{P}(X)$ beliebige Mengensysteme. Wenn $\mathcal{S}_1 \subset \sigma(\mathcal{S}_2)$ und $\mathcal{S}_2 \subset \sigma(\mathcal{S}_1)$, dann gilt $\sigma(\mathcal{S}_1) = \sigma(\mathcal{S}_2)$ (denn $\mathcal{S}_1 \subset \sigma(\mathcal{S}_2)$ impliziert $\sigma(\mathcal{S}_1) \subset \sigma(\mathcal{S}_2)$).*

M.1.4 Definition: Eine σ-Algebra $\mathcal{A}$ auf X heißt *abzählbar erzeugt*, wenn es ein abzählbares Mengensystem $\mathcal{S} \subset \mathcal{P}(X)$ gibt mit $\sigma(\mathcal{S}) = \mathcal{A}$.

Wenn wir eine beliebige Menge $A \subset X$ als neuen Grundraum wählen, dann bezeichnen wir die von einem Mengensystem $\mathcal{T} \subset \mathcal{P}(A)$ im Grundraum A erzeugte σ-Algebra mit $\sigma_A(\mathcal{T})$.

M.1.5 Lemma: *Sei $\mathcal{S} \subset \mathcal{P}(X)$ ein beliebiges Mengensystem und $A \subset X$ eine beliebige Teilmenge. Dann gilt*

$$\sigma_A(\mathcal{S} \cap A) = \sigma(\mathcal{S}) \cap A,$$

wobei $\quad \mathcal{S} \cap A := \{S \cap A \colon S \in \mathcal{S}\}$

und $\quad \sigma(\mathcal{S}) \cap A = \{S \cap A \colon S \in \sigma(\mathcal{S})\}$.

Beweis: Da $\sigma(\mathcal{S}) \cap A$ eine σ-Algebra über A ist, die $\mathcal{S} \cap A$ enthält, gilt

$$\sigma_A(\mathcal{S} \cap A) \subset \sigma(\mathcal{S}) \cap A.$$

Sei $\mathcal{B} := \{B_1 \cup B_2 \colon B_1 \in \sigma_A(\mathcal{S} \cap A), B_2 \in \mathcal{P}(\bar{A})\}$. Wie man leicht nachprüft, ist $\mathcal{B}$ eine σ-Algebra. Da $\mathcal{S} \subset \mathcal{B}$, gilt $\sigma(\mathcal{S}) \subset \mathcal{B}$, also auch $\sigma(\mathcal{S}) \cap A \subset \mathcal{B} \cap A = \sigma_A(\mathcal{S} \cap A)$. □

M.1.6 Definition: $\mathbb{B}^m$, die *Borel-Algebra* des $\mathbb{R}^m$, ist die kleinste σ-Algebra über $\mathbb{R}^m$, die alle Quader umfaßt.

$\mathbb{B}^m$ enthält alle offenen Mengen in $\mathbb{R}^m$ (da jede offene Menge des $\mathbb{R}^m$ als Vereinigung von abzählbar vielen (offenen) Quadern darstellbar ist). $\mathbb{B}^m$ enthält daher auch alle abgeschlossenen Mengen (denn das Komplement jeder abgeschlossenen Menge ist offen).

Andere Definitionen von $\mathbb{B}^m$ sind möglich, z.B. als die kleinste σ-Algebra, die alle offenen Mengen umfaßt. (Bezeichnen wir das System der offenen Mengen des $\mathbb{R}^m$ mit $\mathcal{U}_m$, das System aller Quader mit $\mathcal{Q}_m$. Da jeder Quader als abzählbarer Durchschnitt offener Quader darstellbar ist, gilt $\mathcal{Q}_m \subset \sigma(\mathcal{U}_m)$. Da außerdem $\mathcal{U}_m \subset \sigma(\mathcal{Q}_m)$, folgt $\sigma(\mathcal{Q}_m) = \sigma(\mathcal{U}_m)$.)

Die Borel-Algebra $\mathbb{B}^m$ wird auch vom System der abgeschlossenen unteren Quadranten $\mathcal{H} := \left\{ \bigtimes_1^m (-\infty, r_i] \colon r_1, \ldots, r_m \in \mathbb{R} \right\}$ erzeugt (oder einem der anderen Systeme basierend auf $(-\infty, r)$, $[r, \infty)$ oder (r, ∞)). Ein abzählbares Erzeugendensystem erhält man, wenn man in $\mathcal{H}$ nur Quadranten mit $r_1, \ldots, r_m \in \mathbb{Q}$ zuläßt.

Mit der Borel-Algebra haben wir im $\mathbb{R}^m$ eine von speziellen Maßen unabhängige σ-Algebra zur Verfügung. In der Analysis wird bei der Entwicklung des Lebesgue-Maßes im $\mathbb{R}^m$ primär der Ring der *Lebesgue-Mengen* eingeführt, für die das Lebesgue-Maß λ_m definiert und endlich ist. Zwischen der σ-Algebra der Borel-Mengen und dem Ring der Lebesgue-Mengen besteht ein einfacher Zusammenhang:

1. Ist B eine Borel-Menge und A eine Lebesgue-Menge, dann ist $B \cap A$ eine Lebesgue-Menge.
2. Zu jeder Lebesgue-Menge A gibt es Borel-Mengen B_i, $i = 1, 2$, derart, daß

$$B_1 \subset A \subset B_2 \quad \text{und} \quad \lambda_m(B_2) = \lambda_m(B_1).$$

Die Definition der Borel-Algebra als "kleinste σ-Algebra, die alle Quader enthält" gibt keinen unmittelbaren Aufschluß darüber, wie viele Teilmengen von $\mathbb{R}^m$ die Borel-Algebra enthält. Daß nicht alle Teilmengen von $\mathbb{R}$ Borel-Mengen sind, folgt bereits daraus, daß nicht alle beschränkten Teilmengen von $\mathbb{R}$ Lebesgue-meßbar sind. (Wie in Abschnitt 1.2 bemerkt wurde, kann es kein W-Maß geben, das für alle Teilmengen des Einheitsintervalls definiert ist und jeder einpunktigen Menge das Maß 0 zuordnet. Allerdings benutzt dieser Satz die Kontinuumshypothese.) Ein explizites Beispiel einer Teilmenge von $\mathbb{R}$, die nicht Lebesgue-meßbar (und daher auch keine Borel-Menge) ist, gibt Halmos (1964, S. 69, Theorem D). Die Konstruktion dieser Menge benutzt das Auswahl-Axiom. Solovay (1970) hat gezeigt, daß die Aussage "Alle Teilmengen von $\mathbb{R}$ sind Lebesgue-meßbar" nicht im Widerspruch zu den Axiomen der "naiven" Mengenlehre steht.

M.2 Meßbare Funktionen

Wir betrachten Funktionen $f: X \to Y$. Damit wir von "Meßbarkeit" sprechen können, müssen die beiden Räume X, Y mit σ-Algebren $\mathscr{A}$, $\mathscr{B}$ ausgestattet sein: Wir schreiben $(X, \mathscr{A})$ bzw. $(Y, \mathscr{B})$ und nennen f *meßbar* (genauer: $\mathscr{A}$, $\mathscr{B}$-meßbar, wenn Mißverständnisse möglich sind), falls gilt:

(M.2.1) $\quad \{x \in X: f(x) \in B\} \in \mathscr{A} \qquad$ für alle $B \in \mathscr{B}$.

Wir definieren:

$$f^{-1}B := \{x \in X: f(x) \in B\}, \qquad B \subset Y.$$

$f^{-1}B$ heißt *Urbild von B unter f*.

Für ein beliebiges Mengensystem $\mathscr{S} \subset \mathscr{P}(Y)$ bezeichnen wir

$$f^{-1}\mathscr{S} := \{f^{-1}B: B \in \mathscr{S}\}.$$

Dann können wir (M.2.1) konziser fassen: f ist $\mathscr{A}$, $\mathscr{B}$-meßbar, wenn

(M.2.1') $f^{-1}\mathscr{B} \subset \mathscr{A}$.

Wir haben damit für Funktionen einen Begriff der "Meßbarkeit" definiert, der nichts mit einem Maß zu tun hat. Er setzt lediglich voraus, daß im Definitionsbereich und im Bildraum σ-Algebren (also Systeme "meßbarer" Mengen) vorgegeben sind.

Da es meist schwierig ist, $f^{-1}B \in \mathscr{A}$ für alle $B \in \mathscr{B}$ nachzuweisen, ist folgendes Kriterium nützlich:

M.2.2 Kriterium: *Wenn $\mathscr{B} = \sigma(\mathscr{S})$, dann folgt die $\mathscr{A},\mathscr{B}$-Meßbarkeit von f bereits aus*

(M.2.3) $f^{-1}\mathscr{S} \subset \mathscr{A}$.

Beweis: Man prüft leicht nach, daß $\mathscr{T} := \{B \subset Y: f^{-1}B \in \mathscr{A}\}$ eine σ-Algebra ist. Wegen (M.2.3) gilt $\mathscr{S} \subset \mathscr{T}$, also auch $\sigma(\mathscr{S}) \subset \mathscr{T}$. Da $\mathscr{B} = \sigma(\mathscr{S})$, ist $f^{-1}B \in \mathscr{A}$ für alle $B \in \mathscr{B}$. □

Den $\mathbb{R}^m$ statten wir stets mit der Borel-Algebra $\mathbb{B}^m$ aus. Eine Funktion $f: X \to \mathbb{R}^m$ ist also meßbar, falls $f^{-1}\mathbb{B}^m \subset \mathscr{A}$. Nach Kriterium M.2.2 genügt hierfür, daß $f^{-1}\mathscr{Q}_m \subset \mathscr{A}$ (d.h. daß das Urbild jedes Quaders meßbar ist). Im Fall $m = 1$ genügt $f^{-1}(-\infty, r] \in \mathscr{A}$ für alle $r \in \mathbb{R}$.

Wir bezeichnen das System aller meßbaren Funktionen $f: (X, \mathscr{A}) \to \mathbb{R}$ mit $\mathscr{M}(X, \mathscr{A})$. Die Funktionen in $\mathscr{M}(\mathbb{R}^m, \mathbb{B}^m)$ nennen wir *Borel-meßbar*. Insbesondere sind alle stetigen Funktionen Borel-meßbar. (Ist f stetig, dann ist $f^{-1}(-\infty, r]$ abgeschlossen, also ein Element von $\mathbb{B}^m$.)

Jede Borel-meßbare Funktion, eingeschränkt auf eine Lebesgue-Menge, ist Lebesgue-meßbar, d.h. meßbar bezüglich des in Abschnitt M.1 definierten Rings der Lebesgue-meßbaren Mengen. (Sei $f: \mathbb{R}^m \to \mathbb{R}$ Borel-meßbar und A eine Lebesgue-Menge. Dann ist $f^{-1}B$ für $B \in \mathbb{B}$ eine Borel-Menge, also $\{x \in A: f(x) \in B\} = A \cap f^{-1}B$ eine Lebesgue-Menge.)

M.2.4 Proposition: *Meßbare Funktionen meßbarer Funktionen sind meßbar: Seien $f: (X, \mathscr{A}) \to (Y, \mathscr{B})$ und $g: (Y, \mathscr{B}) \to (Z, \mathscr{C})$ meßbar. Dann ist $g \circ f: (X, \mathscr{A}) \to (Z, \mathscr{C})$ meßbar.*

Beweis: Es gilt $\{x \in X: g(f(x)) \in C\} = f^{-1}(g^{-1}C))$. Da g meßbar ist, gilt $g^{-1}C \in \mathscr{B}$ für alle $C \in \mathscr{C}$. Da f meßbar ist, gilt dann auch $f^{-1}(g^{-1}(C)) \in \mathscr{A}$. Da $g \circ f(x) = g(f(x))$, gilt

$$\{x \in X: g \circ f(x) \in C\} \in \mathscr{A} \qquad \text{für alle } C \in \mathscr{C}.$$ □

Eine Funktion $f: X \to \mathbb{R}^m$ besteht aus m Komponenten $f_i: X \to \mathbb{R}$; wir schreiben $f = (f_1, \ldots, f_m)$.

M.2.5 Proposition: *Die Abbildung $(f_1, \ldots, f_m): X \to \mathbb{R}^m$ ist genau dann $\mathscr{A}$, $\mathbb{B}^m$-meßbar, wenn jede der Komponenten $f_i: X \to \mathbb{R}$, $i = 1, \ldots, m$, $\mathscr{A}$, $\mathbb{B}$-meßbar ist.*

Beweis: Sei $\bigtimes_{1}^{m} A_i$ ein Quader in $\mathbb{R}^m$. Seine Kanten A_i sind Intervalle. Es gilt:

(M.2.6) $$\left\{x \in X: (f_1(x), \ldots, f_m(x)) \in \bigtimes_{1}^{m} A_i\right\} = \bigcap_{1}^{m} f_i^{-1} A_i.$$

Ist f_i meßbar für $i = 1, \ldots, m$, dann gilt $f_i^{-1} A_i \in \mathscr{A}$, also auch $\bigcap_{1}^{m} f_i^{-1} A_i \in \mathscr{A}$. Da das System aller Quader die Borel-Algebra $\mathbb{B}^m$ erzeugt, ist $(f_1, \ldots, f_m)$ meßbar.

Ist $(f_1, \ldots, f_m)$ meßbar, so gilt wegen (M.2.6) $\bigcap_{1}^{m} f_i^{-1} A_i \in \mathscr{A}$ für beliebige Intervalle A_i. Wir wählen $A_i = \mathbb{R}$ für $i \neq k$ und erhalten $f_k^{-1} A_k \in \mathscr{A}$ für jedes Intervall A_k. Also ist f_k meßbar. □

Der folgende Satz faßt wichtige Eigenschaften von $\mathscr{M}(X, \mathscr{A})$ zusammen.

M.2.7 Satz: *$\mathscr{M}(X, \mathscr{A})$ hat folgende Abgeschlossenheitseigenschaften:*

(a) *Wenn $f_i \in \mathscr{M}(X, \mathscr{A})$ für $i = 1, \ldots, n$, dann gilt:*

(a′) $\sum_{1}^{n} \alpha_i f_i \in \mathscr{M}(X, \mathscr{A})$ *für $\alpha_i \in \mathbb{R}$, $i = 1, \ldots, n$;*

(a″) $\prod_{1}^{n} f_i \in \mathscr{M}(X, \mathscr{A})$.

(b) *Wenn $f_i \in \mathscr{M}(X, \mathscr{A})$ für $i \in \mathbb{N}$, dann gilt:*

(b′) $\sup\{f_i: i \in \mathbb{N}\} \in \mathscr{M}(X, \mathscr{A})$ *und* $\inf\{f_i: i \in \mathbb{N}\} \in \mathscr{M}(X, \mathscr{A})$, *sofern diese Funktionen reellwertig sind;*

(b″) $\lim_{i \to \infty} f_i \in \mathscr{M}(X, \mathscr{A})$, *wenn dieser Limes existiert und eine reellwertige Funktion ist.*

Beweis: (1) Mit $f \in \mathscr{M}(X, \mathscr{A})$ ist $\alpha f \in \mathscr{M}(X, \mathscr{A})$, da $\{x \in X: \alpha f(x) < r\} = \{x \in X: f(x) < r/\alpha\} \in \mathscr{A}$ für $\alpha > 0$ bzw. $= \{x \in X: f(x) > r/\alpha\} \in \mathscr{A}$ für $\alpha < 0$.

(2) Mit $f, g \in \mathscr{M}(X, \mathscr{A})$ ist $f + g \in \mathscr{M}(X, \mathscr{A})$, da

$$\begin{aligned}&\{x \in X: f(x) + g(x) < r\}\\ &= \bigcup_{u \in \mathbb{Q}} \{x \in X: f(x) < u\} \cap \{x \in X: g(x) < r - u\}.\end{aligned}$$

(Beachten Sie: Wenn $f(x) + g(x) < r$, dann ist das Intervall $(f(x), r - g(x))$ nicht leer, enthält also sicher ein Element von $\mathbb{Q}$.)

Aus (1) und (2) folgt (a′).

Da die Funktion $x \to x^2$, $x \in \mathbb{R}$, stetig ist, ist $f^2 \in \mathscr{M}(X, \mathscr{A})$, falls $f \in \mathscr{M}(X, \mathscr{A})$. Wegen (a′) ist also mit $f, g \in \mathscr{M}(X, \mathscr{A})$ auch $fg \in \mathscr{M}(X, \mathscr{A})$, da

$$fg = \frac{1}{4}(f + g)^2 - \frac{1}{4}(f - g)^2.$$

Da $\left\{x \in X: \sup\limits_{i \in \mathbb{N}} f_i(x) > r\right\} = \bigcup\limits_{1}^{\infty} \{x \in X: f_i(x) > r\}$, ist $\sup\limits_{i \in \mathbb{N}} f_i$ meßbar. Wegen $\inf\limits_{i \in \mathbb{N}} f_i = -\left(\sup\limits_{i \in \mathbb{N}} (-f_i)\right)$ folgt die Meßbarkeit von $\inf\limits_{i \in \mathbb{N}} f_i$. Sei $g_k := \sup\limits_{i \geqq k} f_i$. Wegen (b′) ist g_k meßbar für $k \in \mathbb{N}$. Wenn $\lim\limits_{i \to \infty} f_i$ existiert, gilt $\lim\limits_{i \to \infty} f_i = \inf\limits_{k \in \mathbb{N}} g_k$, ist also meßbar nach (b′). □

M.2.8 Definition: Eine Funktion heißt *Treppenfunktion*, wenn sie nur endlich viele Werte annimmt.

Jede reellwertige Treppenfunktion ist darstellbar in der Form $\sum\limits_{1}^{n} a_i 1_{A_i}$ mit paarweise disjunkten Mengen A_i.

M.2.9 Lemma: *Jede meßbare Funktion $f: (X, \mathscr{A}) \to (\mathbb{R}, \mathbb{B})$ läßt sich darstellen als Differenz zweier nicht-negativer meßbarer Funktionen. Die Darstellung $f = f^+ - f^-$ mit*

$$f^+ := f 1_{\{x \in X: f(x) > 0\}}, \qquad f^- := -f 1_{\{x \in X: f(x) < 0\}}$$

ist minimal in dem Sinn, daß für jede andere solche Darstellung $f = g - h$ gilt: $g \geqq f^+, h \geqq f^-$.

(Der Beweis ist klar.)

M.2.10 Satz: *Eine Funktion $f: X \to \mathbb{R}$ gehört genau dann zu $\mathscr{M}(X, \mathscr{A})$, wenn sie Limes einer Folge von Treppenfunktionen in $\mathscr{M}(X, \mathscr{A})$ ist.*

Beweis: a) Nach Satz M.2.7 gehört jeder reellwertige Limes einer Folge von Funktionen aus $\mathscr{M}(X, \mathscr{A})$ wieder zu $\mathscr{M}(X, \mathscr{A})$.

b) Sei $f \in \mathscr{M}(X, \mathscr{A})$; o.B.d.A. sei f nicht-negativ (vgl. Lemma M.2.9). Zu f definieren wir für $n \in \mathbb{N}$

$$f_n(x) := \begin{cases} (k-1)2^{-n} & \text{für } (k-1)2^{-n} \leqq f(x) < k2^{-n},\ k = 1, 2, \ldots, n2^n, \\ n & \text{für } f(x) \geqq n. \end{cases}$$

f_n ist eine Treppenfunktion, da sie nur endlich viele Werte annimmt. Die zugehörigen Mengen sind von der Gestalt $\{x \in X: (k-1)2^{-n} \leqq f(x) < k2^{-n}\}$ bzw. $\{x \in X: f(x) \geqq n\}$, also Elemente aus $\mathscr{A}$. Man prüft leicht nach, daß $f_n \uparrow f$. □

M.3 Das Lebesgue'sche Integral

Wir zitieren einige aus der Analysis bekannte Ergebnisse ohne Beweis:

Es bezeichne λ_m das Lebesgue-Maß auf $\mathbb{R}^m$, definiert für alle Lebesgue-Mengen.

Jeder Borel-meßbaren Funktion f: $\mathbb{R}^m \to [0, \infty)$ ist das Integral (Symbol: $\int f\, d\lambda_m$ oder $\int \ldots \int f(x_1, \ldots, x_m)\, dx_1 \ldots dx_m$) zugeordnet, das einen Wert in $[0, \infty]$ annimmt. Dieses Integral hat folgende Eigenschaften:

(M.3.1) *Für Lebesgue-meßbare Mengen A gilt*
$\int 1_A\, d\lambda_m = \lambda_m(A)$;

(M.3.2) $\int af\, d\lambda_m = a \cdot \int f\, d\lambda_m$ *für jedes* $a \geqq 0$;

(M.3.3) $\int (f + g)\, d\lambda_m = \int f\, d\lambda_m + \int g\, d\lambda_m$ für *meßbare Funktionen* f, g: $\mathbb{R}^m \to [0, \infty)$;

(M.3.4) $f(x) \leqq g(x)$ *für alle* $x \in \mathbb{R}^m$ *impliziert* $\int f\, d\lambda_m \leqq \int g\, d\lambda_m$.

(M.3.5) *Für jede nicht fallende Folge Borel-meßbarer Funktionen* f_k: $\mathbb{R}^m \to [0, \infty)$, $k \in \mathbb{N}$, *mit reellwertigem Limes gilt*
$$\int \left(\lim_{k \to \infty} f_k\right) d\lambda_m = \lim_{k \to \infty} \int f_k\, d\lambda_m.$$

Wir bemerken, daß das Integral durch die Eigenschaften (M.3.1)–(M.3.5) eindeutig bestimmt ist.

Borel-meßbare Funktionen f: $\mathbb{R}^m \to \mathbb{R}$ mit $\int f^+\, d\lambda_m < \infty$ und $\int f^-\, d\lambda_m < \infty$ heißen *Lebesgue-integrierbar*. Für diese definieren wir

(M.3.6) $\int f\, d\lambda_m := \int f^+\, d\lambda_m - \int f^-\, d\lambda_m$.

Man zeigt leicht, daß das durch (M.3.6) definierte Integral folgende Eigenschaften hat: Es gelten (M.3.1), (M.3.2) für beliebige $a \in \mathbb{R}$, (M.3.3) und (M.3.4). Außerdem gelten die folgenden Sätze von Lebesgue und Levi.

M.3.7 Satz von der dominierten Konvergenz: *Ist eine konvergente Folge Lebesgue-meßbarer Funktionen* f_k, $k \in \mathbb{N}$, *von oben und von unten durch Lebesgue-integrierbare Funktionen beschränkt, dann ist* $\lim_{k \to \infty} f_k$ *Lebesgue-integrierbar, und es gilt*

$$\int \left(\lim_{k \to \infty} f_k\right) d\lambda_m = \lim_{k \to \infty} \int f_k\, d\lambda_m.$$

(Vgl. Barner und Flohr (1982b), S. 276.)

M.3.8 Satz von der monotonen Konvergenz: *Ist* f_k: $\mathbb{R}^m \to [0, \infty)$, $k \in \mathbb{N}$, *eine nicht fallende Folge Borel-meßbarer Funktionen und gilt* $\lim_{k \to \infty} \int f_k\, d\lambda_m < \infty$,

dann ist $\lim_{k \to \infty} f_k$ *Lebesgue-integrierbar und es gilt*

$$\int \left(\lim_{k \to \infty} f_k\right) d\lambda_m = \lim_{k \to \infty} \int f_k\, d\lambda_m.$$

(Vgl. Barner und Flohr (1982b), S. 276.)

M.3.9 Bemerkung: Eine Menge $A \subset \mathbb{R}^m$ heißt *Lebesgue-Nullmenge*, wenn $\lambda_m(A) = 0$. Eine Aussage über Elemente aus $\mathbb{R}^m$ gilt "Lebesgue-fast überall", wenn sie für alle Elemente aus $\mathbb{R}^m$ außerhalb einer Lebesgue-Nullmenge gilt.

Mit dieser Sprechweise ist klar, daß die Aussagen dieses Abschnitts entsprechend gelten, wenn man "für alle $x \in \mathbb{R}^m$" durch "für Lebesgue-fast alle $x \in \mathbb{R}^m$" ersetzt.

M.4 Eindeutigkeit und Fortsetzung von Maßen

Abgesehen von dem mathematisch trivialen Fall diskreter Maße betrachten wir in diesem Buch nur W-Maße $P|\mathbb{B}^m$ mit Dichten p: $\mathbb{R}^m \to [0, \infty)$ bezüglich des Lebesgue-Maßes:

(M.4.1) $P(A) := \int p 1_A \, d\lambda_m$.

Da $\int p \, d\lambda_m = 1$, ist $P(A)$ durch (M.4.1) für alle Borel-Mengen A definiert. Daß $P|\mathbb{B}^m$ die Kolmogorov'schen Axiome erfüllt, wurde bereits in Abschnitt 1.4B) bewiesen.

Wir benötigen noch den folgenden

M.4.2 Eindeutigkeitssatz: *W-Maße auf $\mathbb{B}^m$, die auf allen abgeschlossenen unteren Quadranten übereinstimmen, stimmen auf $\mathbb{B}^m$ überein.*

Dies folgt aus dem viel allgemeineren Satz M.4.7 durch Anwendung für $\mathscr{S}$ = System aller abgeschlossenen unteren Quadranten. Da der Beweis des allgemeineren Satzes durchsichtiger ist, beweisen wir diesen.

M.4.3 Definition: Ein Mengensystem $\mathscr{D} \subset \mathscr{P}(X)$ heißt *Dynkin-System*, wenn es folgende Eigenschaften besitzt:

(a) $A, B \in \mathscr{D}, B \subset A$ impliziert $A \cap \bar{B} \in \mathscr{D}$;
(b) $A, B \in \mathscr{D}, A \cap B = \emptyset$ impliziert $A \cup B \in \mathscr{D}$;
(c) $A_n \in \mathscr{D}$ und $A_n \subset A_{n+1}$ für $n \in \mathbb{N}$ impliziert $\bigcup_1^\infty A_n \in \mathscr{D}$.

Da der Durchschnitt beliebig vieler Dynkin-Systeme wieder ein Dynkin-System ist, gibt es zu jedem Mengensystem ein von diesem erzeugtes Dynkin-System.

M.4.4 Hilfssatz: *Ist $X \in \mathscr{S}$ und $\mathscr{S}$ $\cap$-abgeschlossen, dann ist das von $\mathscr{S}$ erzeugte Dynkin-System identisch mit der von $\mathscr{S}$ erzeugten σ-Algebra.*
Beweis: Es bezeichne $\delta(\mathscr{S})$ das von $\mathscr{S}$ erzeugte Dynkin-System. Da jede

σ-Algebra ein Dynkin-System ist, gilt

(M.4.5) $\quad \sigma(\mathscr{S}) \supset \delta(\mathscr{S})$.

Wir zeigen, daß $\delta(\mathscr{S})$ $\cap$-abgeschlossen ist, wenn $\mathscr{S}$ $\cap$-abgeschlossen ist. In diesem Fall ist $\delta(\mathscr{S})$ eine σ-Algebra und es gilt in (M.4.5) Gleichheit.

Für beliebiges $B \subset X$ ist

$$\mathscr{D}_B := \{A \subset X: A \cap B \in \delta(\mathscr{S})\}$$

ein Dynkin-System. Ist $B \in \mathscr{S}$ und $\mathscr{S}$ $\cap$-abgeschlossen, dann gilt $\mathscr{S} \subset \mathscr{D}_B$, also

(M.4.6) $\quad \delta(\mathscr{S}) \subset \mathscr{D}_B \qquad$ für alle $B \in \mathscr{S}$.

Dies bedeutet: Für alle $A \in \delta(\mathscr{S})$ und alle $B \in \mathscr{S}$ gilt $A \cap B \in \delta(\mathscr{S})$. Daraus folgt $\mathscr{S} \subset \mathscr{D}_B$ für alle $B \in \delta(\mathscr{S})$, so daß (M.4.6) für alle $B \in \delta(\mathscr{S})$ gilt. Also ist $\delta(\mathscr{S})$ $\cap$-abgeschlossen. □

M.4.7 Satz: *Stimmen zwei W-Maße $P_i|\mathscr{A}$, $i = 1, 2$, auf einem $\cap$-abgeschlossenen System $\mathscr{S} \subset \mathscr{A}$ überein, dann stimmen sie auch auf $\sigma(\mathscr{S})$ überein.*
Beweis: $\mathscr{D} := \{A \in \mathscr{A}: P_1(A) = P_2(A)\}$ ist ein Dynkin-System über $\mathscr{S}$. Da $\mathscr{S}$ $\cap$-abgeschlossen ist und ohne Einschränkung $X \in \mathscr{S}$ angenommen werden darf, gilt $\sigma(\mathscr{S}) \subset \mathscr{D}$ nach Hilfssatz M.4.4. □

Abschließend erwähnen wir noch den grundlegenden

M.4.8 Erweiterungssatz: *Ist $\mathscr{R}$ ein Semiring und $P: \mathscr{R} \to [0, \infty)$ σ-additiv mit $P(\emptyset) = 0$, dann besitzt P genau eine σ-additive Fortsetzung auf $\sigma(\mathscr{R})$.*

Die Fortsetzung zu einer σ-additiven Mengenfunktion auf den von $\mathscr{R}$ erzeugten Ring ist einfach. Für die Fortsetzung von einem Ring auf die davon erzeugte σ-Algebra siehe Bauer (1990), S. 28, Satz 5.6.

Eine wichtige Anwendung findet der Erweiterungssatz bei der Einführung von Produktmaßen. Seien die Mengen X und Y mit σ-Algebren $\mathscr{A}$ und $\mathscr{B}$ ausgestattet. Wir führen auf $X \times Y$ das System der *Quader* ein:

$$\mathscr{R} := \{A \times B: A \in \mathscr{A}, B \in \mathscr{B}\}.$$

Die *Produkt-σ-Algebra*, $\mathscr{A} \otimes \mathscr{B}$, ist die von $\mathscr{R}$ erzeugte σ-Algebra.

Offenbar ist $\mathscr{R}$ ein Semiring. Sind $P_1|\mathscr{A}$ und $P_2|\mathscr{B}$ W-Maße, so erfüllt die durch

$$P_1 \otimes P_2(A \times B) := P_1(A)P_2(B), \qquad A \in \mathscr{A}, B \in \mathscr{B},$$

definierte Mengenfunktion die Voraussetzungen des Erweiterungssatzes M.4.8, ist also eindeutig zu einer σ-additiven Mengenfunktion auf $\mathscr{A} \otimes \mathscr{B}$ fortsetzbar. Diese Fortsetzung wird als das *Produktmaß* $P_1 \otimes P_2|\mathscr{A} \otimes \mathscr{B}$ bezeichnet. Bei mehr als zwei Komponenten verfährt man entsprechend.

M.5 Produkte abzählbar vieler Wahrscheinlichkeits-Maße

Wir haben bereits in Abschnitt 4.10 gesehen, daß auch harmlos erscheinende Fragen (z.B. im Zusammenhang mit der Dauer von Glücksspielen) eigentlich nur dann mathematisch sauber behandelt werden können, wenn wir über den Begriff eines Produktmaßes (zumindest) abzählbar vieler Komponenten verfügen.

Obwohl uns ausschließlich der Produktraum $\mathbb{R}^{\mathbb{N}}$ interessiert, schreiben wir ihn als ein Produkt $\mathbb{R}^{\mathbb{N}} := \bigtimes_{1}^{\infty} X_\nu$, weil die Argumentation durch die Unterscheidung der Komponentenräume X_ν, $\nu \in \mathbb{N}$, übersichtlicher wird. X_ν ist mit der Borel-Algebra $\mathscr{A}_\nu := \mathbb{B}$ ausgestattet, auf der ein W-Maß P_ν definiert ist. Wir haben das Ziel, ein unendliches Produktmaß $Q := \bigotimes_{1}^{\infty} P_\nu$ über $\mathbb{R}^{\mathbb{N}}$ zu definieren – auf einem Mengensystem, das möglichst groß ist, doch nur so groß, daß Q dort eindeutig bestimmt ist.

Zu jeder Menge $B_n \in \bigotimes_{1}^{n} \mathscr{A}_\nu$ definieren wir den *Zylinder* in $\mathbb{R}^{\mathbb{N}}$

$$Z(B_n) := \{(x_\nu)_{\nu \in \mathbb{N}} \in \mathbb{R}^{\mathbb{N}}: (x_1, \ldots, x_n) \in B_n\}.$$

Da die Aussage $(x_\nu)_{\nu \in \mathbb{N}} \in Z(B_n)$ nur die ersten n Komponenten von $(x_\nu)_{\nu \in \mathbb{N}}$ betrifft, ist klar, wie Q für Zylinder mit endlich-dimensionaler meßbarer Basis zu definieren ist:

$$\text{(M.5.1)} \qquad Q(Z(B_n)) := \bigotimes_{1}^{n} P_\nu(B_n), \qquad B_n \in \bigotimes_{1}^{n} \mathscr{A}_\nu.$$

Die Basis eines Zylinders ist nicht eindeutig. Es gilt

$$\begin{aligned} Z(B_n) &= \{(x_\nu)_{\nu \in \mathbb{N}} \in \mathbb{R}^{\mathbb{N}}: (x_1, \ldots, x_n) \in B_n\} \\ &= \{(x_\nu)_{\nu \in \mathbb{N}} \in \mathbb{R}^{\mathbb{N}}: (x_1, \ldots, x_n, x_{n+1}) \in B_n \times X_{n+1}\} = Z(B_n \times X_{n+1}). \end{aligned}$$

Da $\bigotimes_{1}^{n+1} P_\nu(B_n \times X_{n+1}) = \bigotimes_{1}^{n} P_\nu(B_n)$, bleibt Definition (M.5.1) von dieser Mehrdeutigkeit unberührt.

Durch (M.5.1) ist Q definiert auf dem System $\mathscr{Z}$ aller Zylinder aus $\mathbb{R}^{\mathbb{N}}$ mit endlich-dimensionaler meßbarer Basis. Da sich jede Relation, die nur endlich viele Zylinder betrifft, auf eine Relation mit einem endlich-dimensionalen Teilraum von $\mathbb{R}^{\mathbb{N}}$ zurückführen läßt, ist $\mathscr{Z}$ ein Ring. Aus dem gleichen Grund ist Q auf $\mathscr{Z}$ additiv. Im folgenden zeigen wir, daß Q auf $\mathscr{Z}$ absteigend stetig ist. Daraus folgt nach Proposition 1.2.21 die σ-Additivität. Nach dem Erweiterungssatz M.4.8 gibt es daher eine – eindeutig bestimmte – σ-additive Fortsetzung von Q auf $\sigma(\mathscr{Z})$.

Sei nun $A_n \in \mathscr{Z}$, $n \in \mathbb{N}$, eine absteigende Folge. Wir zeigen: Aus $\lim_{n \to \infty} Q(A_n) > 0$ folgt $\bigcap_{1}^{\infty} A_n \neq \emptyset$.

Um die Schreibweise zu vereinfachen, nehmen wir ohne Einschränkung der Allgemeinheit an, daß der Zylinder A_n seine Basis in $\bigtimes_1^n X_\nu$ hat.

Sei Q_1 das für meßbare Zylinder-Mengen aus $\bigtimes_2^\infty X_\nu$ definierte Produktmaß $\bigotimes_2^\infty P_\nu$. Auf $\mathscr{Z}$ gilt $Q = P_1 \otimes Q_1$, also nach dem Satz von Fubini H.1

$$Q(A_n) = \int Q_1((A_n)_x) p_1(x)\, dx.$$

(Für diskrete W-Maße tritt wie üblich die Summe an die Stelle des Integrals.)

Da die Folge der Funktionen $x \to Q_1((A_n)_x)$, $n \in \mathbb{N}$, nicht steigend ist, folgt nach dem Satz von der monotonen Konvergenz M.3.8 aus $\lim\limits_{n\to\infty} Q(A_n) > 0$ die Existenz eines $x_1 \in X_1$ mit $\lim\limits_{n\to\infty} Q_1((A_n)_{x_1}) > 0$.

Wir wiederholen diesen Schluß für die Folge von Mengen $(A_n)_{x_1}$, $n \in \mathbb{N}$, und die Folge der Maße P_ν, $\nu = 2, 3, \ldots$, und erhalten ein $x_2 \in X_2$, so daß mit $Q_2 = \bigotimes_3^\infty P_\nu$ gilt: $\lim\limits_{n\to\infty} Q_2((A_n)_{(x_1, x_2)}) > 0$. Die iterative Anwendung ergibt eine Folge $(x_\nu)_{\nu \in \mathbb{N}} \in \mathbb{R}^\mathbb{N}$, so daß $(A_n)_{(x_1, \ldots, x_m)} \neq \emptyset$ für alle $n, m \in \mathbb{N}$. Da $A_n \in \mathscr{Z}$, folgt daraus $(x_\nu)_{\nu \in \mathbb{N}} \in A_n$ für alle $n \in \mathbb{N}$, also $\bigcap_1^\infty A_n \neq \emptyset$.

M.6 Stochastische Konvergenz von Funktionen

Für $n \in \mathbb{N}$ seien P_n ein W-Maß über einem Maßraum $(X_n, \mathscr{A}_n)$ und $f_n: X_n \to \mathbb{R}$ eine meßbare Funktion. In unseren Anwendungen ist $(X_n, \mathscr{A}_n) = (\mathbb{R}^n, \mathbb{B}^n)$ und $P_n = P^n$, doch spielt dies bei den folgenden Hilfssätzen keine Rolle.

M.6.1 Definition: $f_n(\mathbf{x}_n)$, $n \in \mathbb{N}$, *konvergiert stochastisch gegen* 0, wenn für jedes $\varepsilon > 0$

(M.6.2) $\quad P_n\{x \in X_n: |f_n(x)| > \varepsilon\} \to 0.$

M.6.3 Definition: $f_n(\mathbf{x}_n)$, $n \in \mathbb{N}$, ist *stochastisch beschränkt*, wenn es zu jedem $\varepsilon > 0$ ein $c_\varepsilon > 0$ gibt, so daß

(M.6.4) $\quad P_n\{x \in X_n: |f_n(x)| > c_\varepsilon\} < \varepsilon \qquad$ für alle $n \in \mathbb{N}$.

Wir bemerken, daß "(M.6.4) für alle $n \geqq n_\varepsilon$" bereits die stochastische Beschränktheit impliziert.

Jede stochastisch gegen 0 konvergente Folge ist auch stochastisch beschränkt.

Beachten Sie, daß stochastische Konvergenz eine sehr schwache Form der Konvergenz ist. Sie besagt eigentlich nur, daß sich die induzierte Verteilung

$P_n * f_n$ mit $n \to \infty$ um den Punkt 0 zusammenzieht. Sie sagt nichts über die Konvergenz der Funktionenfolge f_n, $n \in \mathbb{N}$, gegen 0.

M.6.5 Beispiel: Sei $P_n = R$, die Gleichverteilung über $[0, 1)$. Für $k \in \{0, \dots, 2^m - 1\}$ sei $A_{m,k} := [k2^{-m}, (k+1)2^{-m})$. Es gilt $R(A_{m,k}) = 2^{-m}$. Jedes $n \in \mathbb{N}$ ist eindeutig darstellbar in der Form $n = 2^m + k$ mit $k \in \{0, \dots, 2^m - 1\}$. Wir bezeichnen die dadurch bestimmten Zahlen als $m(n)$ und $k(n)$. Sei $f_n = 1_{A_{m(n),k(n)}}$. Es gilt:

$$R\{x \in (0, 1): f_n(x) \neq 0\} = R(A_{m(n),k(n)}) = 2^{-m(n)} \to 0.$$

Für alle $x \in [0, 1)$ bis auf abzählbar viele enthält die Folge $f_n(x)$, $n \in \mathbb{N}$, jedoch unendlich viele Nullen und Einsen, d.h. für diese x konvergiert $f_n(x)$, $n \in \mathbb{N}$, nicht gegen 0.

M.6.6 Proposition: *Ist $(X_n, \mathscr{A}_n, P_n) = (X, \mathscr{A}, P)$ für $n \in \mathbb{N}$ und konvergiert die Folge f_n, $n \in \mathbb{N}$, punktweise gegen 0, dann konvergiert auch $f_n(\mathbf{x})$, $n \in \mathbb{N}$, stochastisch gegen 0.*

Beweis: $f_n(x_0) \xrightarrow[n\to\infty]{} 0$ heißt: Für jedes $\varepsilon > 0$ gilt $|f_n(x_0)| < \varepsilon$ ab einem bestimmten Index n_ε. Anders ausgedrückt heißt dies:

$$x_0 \in \bigcup_{n=1}^{\infty} \bigcap_{m=n}^{\infty} \{x \in X: |f_m(x)| \leqq \varepsilon\} \qquad \text{für jedes } \varepsilon > 0.$$

$f_n(x) \xrightarrow[n\to\infty]{} 0$ für alle $x \in X$ impliziert daher

$$\bigcup_{n=1}^{\infty} \bigcap_{m=n}^{\infty} \{x \in X: |f_m(x)| \leqq \varepsilon\} = X \qquad \text{für jedes } \varepsilon > 0,$$

also

$$P\left(\bigcup_{n=1}^{\infty} \bigcap_{m=n}^{\infty} \{x \in X: |f_m(x)| \leqq \varepsilon\}\right) = 1 \qquad \text{für jedes } \varepsilon > 0.$$

Wegen

$$P\left(\bigcup_{n=1}^{\infty} \bigcap_{m=n}^{\infty} A_m\right) = \lim_{n\to\infty} P\left(\bigcap_{m=n}^{\infty} A_m\right) \leqq \varliminf_{m\to\infty} P(A_m)$$

folgt daraus

$$\lim_{m\to\infty} P\{x \in X: |f_m(x)| \leqq \varepsilon\} = 1 \qquad \text{für jedes } \varepsilon > 0.$$

Daher konvergiert $f_n(\mathbf{x})$, $n \in \mathbb{N}$, stochastisch gegen 0. □

M.6.7 Hilfssatz: *Seien $f_n, g_n: X_n \to \mathbb{R}$, $n \in \mathbb{N}$. Konvergiert $f_n(\mathbf{x}_n)$, $n \in \mathbb{N}$, stochastisch gegen 0 und ist $g_n(\mathbf{x}_n)$, $n \in \mathbb{N}$, stochastisch beschränkt, dann konvergiert $f_n(\mathbf{x}_n)g_n(\mathbf{x}_n)$, $n \in \mathbb{N}$, stochastisch gegen 0.*

Beweis: Sei $\varepsilon > 0$, $\delta > 0$ beliebig. Wir wählen $c_{\delta/2}$ so, daß

$$P_n\{x \in X_n\colon |g_n(x)| > c_{\delta/2}\} < \delta/2 \qquad \text{für alle } n \in \mathbb{N}.$$

Dann gilt:

$$\begin{aligned}
&P_n\{x \in X_n\colon |f_n(x)g_n(x)| > \varepsilon\} \\
&\leqq P_n\{x \in X_n\colon |g_n(x)| > c_{\delta/2}\} + P_n\{x \in X_n\colon |f_n(x)|c_{\delta/2} > \varepsilon\} \\
&< \delta/2 + P_n\{x \in X_n\colon |f_n(x)| > \varepsilon/c_{\delta/2}\} < \delta
\end{aligned}$$

für n hinreichend groß. □

M.7 Konvergenz von Maßen

M.7.1 Definition: Eine Folge von W-Maßen $P_n|\mathscr{A}$, $n \in \mathbb{N}$, *konvergiert mengenweise* gegen $P|\mathscr{A}$, wenn $P_n(A) \to P(A)$ für alle $A \in \mathscr{A}$.

Für jede meßbare Funktion $f\colon (X, \mathscr{A}) \to (Y, \mathscr{B})$ ist $f^{-1}(B) \in \mathscr{A}$ für alle $B \in \mathscr{B}$. Daraus folgt:

Wenn P_n, $n \in \mathbb{N}$, mengenweise gegen P konvergiert, dann konvergiert auch $P_n * f$, $n \in \mathbb{N}$, mengenweise gegen $P * f$ für jede meßbare Funktion f.

Der Begriff der mengenweisen Konvergenz ist natürlich, für die meisten asymptotischen Betrachtungen jedoch zu stark, weil die Konvergenz $P_n(A) \to P(A)$ nicht für alle Mengen $A \in \mathscr{A}$ stattfindet, sondern nur für besonders "einfache" Mengen. So konvergiert die Folge der Verteilungen standardisierter Summen auf allen Intervallen (im Mehrdimensionalen auf allen konvexen Mengen) gegen eine Normalverteilung, aber im allgemeinen nicht auf allen Borel-Mengen. Solche schwächeren Formen der Konvergenz reichen für viele Anwendungen aus.

In diesem Abschnitt beschränken wir uns auf einige Hilfsmittel betreffend die sogenannte schwache Konvergenz von Maßen über $\mathbb{R}$.

M.7.2 Definition: Eine Folge von W-Maßen $P_n|\mathbb{B}$, $n \in \mathbb{N}$, *konvergiert schwach* gegen ein W-Maß $P|\mathbb{B}$, wenn für die zugehörigen Verteilungsfunktionen F_n bzw. F gilt:

$$F_n(t) \to F(t) \qquad \text{für alle } t, \text{ an denen } F \text{ stetig ist.}$$

Konvergiert die Folge der induzierten Verteilungen $P_n * f_n$ schwach gegen Q, sagt man einfacher: $f_n(x)$ ist *asymptotisch nach Q verteilt* (wenn klar ist, welche Folge P_n, $n \in \mathbb{N}$, gemeint ist).

Wir werden die schwache Konvergenz hauptsächlich für stetige Grenzmaße P benötigen (bei denen die Einschränkung auf die Stetigkeitsstellen von F entfällt). Dennoch eine kurze Erläuterung der Einschränkung auf die

Stetigkeitsstellen von F: Sei P_n die Gleichverteilung über $(0, \frac{1}{n})$, und $P\{0\} = 1$. Man würde diese Form der Konvergenz von P_n gegen P ausschließen, wollte man $F_n(t) \to F(t)$ für alle t verlangen, da $F_n(0) = 0$ für alle $n \in \mathbb{N}$, aber $F(0) = 1$.

M.7.3 Satz: *Sei F stetig. Dann folgt aus $F_n(t) \to F(t)$ für alle $t \in \mathbb{R}$, daß*

$$\sup_{t \in \mathbb{R}} |F_n(t) - F(t)| \to 0.$$

Beweis: Da F stetig ist, gibt es zu jedem $\varepsilon > 0$ eine Unterteilung von $\mathbb{R}$ durch Punkte $t_1 < \cdots < t_m$, so daß $F(t_1) < \varepsilon/2$, $F(t_{k+1}) - F(t_k) < \varepsilon/2$ für $k = 1, \ldots, m-1$ und $1 - F(t_m) < \varepsilon/2$.

Für $t \in [t_k, t_{k+1})$, $k = 1, \ldots, m-1$, gilt

$$F_n(t_k) - F(t_k) - \varepsilon/2 < F_n(t) - F(t) < F_n(t_{k+1}) - F(t_{k+1}) + \varepsilon/2.$$

Für $t < t_1$ gilt

$$-\varepsilon/2 < F_n(t) - F(t) < F_n(t_1) - F(t_1) + \varepsilon/2.$$

Für $t \geqq t_m$ gilt

$$F_n(t_m) - F(t_m) - \varepsilon/2 < F_n(t) - F(t) < \varepsilon/2.$$

Daraus folgt:

$$\text{(M.7.4)} \quad \sup_{t \in \mathbb{R}} |F_n(t) - F(t)| \leqq \varepsilon/2 + \sup_{k=1,\ldots,m} |F_n(t_k) - F(t_k)|.$$

Da $F_n(t) \to F(t)$ für alle $t \in \mathbb{R}$, gibt es ein n_ε, so daß $|F_n(t_k) - F(t_k)| < \varepsilon/2$ für $k = 1, \ldots, m$ und alle $n \geqq n_\varepsilon$. Wegen (M.7.4) folgt daraus

$$\sup_{t \in \mathbb{R}} |F_n(t) - F(t)| < \varepsilon \qquad \text{für alle } n \geqq n_\varepsilon.$$

□

M.7.5 Proposition: *Konvergiert $P_n|\mathbb{B}$, $n \in \mathbb{N}$, schwach gegen $P|\mathbb{B}$, dann konvergiert $P_n * f|\mathbb{B}$, $n \in \mathbb{N}$, schwach gegen $P * f|\mathbb{B}$ für jede stetige Funktion $f: \mathbb{R} \to \mathbb{R}$.*

Beweis: Wir schreiben den Beweis an unter der Voraussetzung, daß $P_n * f$ und $P * f$ stetig sind. Er gilt allgemein. Sei p_n eine Dichte von P_n und q_n eine Dichte von $P_n * f$. Sei p eine Dichte von P und q eine Dichte von $P * f$. Wegen Satz M.8.2 folgt für jede stetige und beschränkte Funktion g

$$\int g(y) q_n(y)\, dy = \int g(f(x)) p_n(x)\, dx \to \int g(f(x)) p(x)\, dx$$
$$= \int g(y) q(y)\, dy,$$

da $x \to g(f(x))$ stetig und beschränkt ist. Die Behauptung folgt nun, indem man Satz M.8.2 in umgekehrter Richtung anwendet. □

M.7.6 Proposition: *Sei $(X_n, \mathscr{A}_n, P_n)$ für $n \in \mathbb{N}$ ein W-Raum und $f_n: X_n \to \mathbb{R}$ für $n \in \mathbb{N}$.*

(a) *Konvergiert $P_n * f_n$, $n \in \mathbb{N}$, schwach gegen ein W-Maß, dann ist die Folge $f_n(\mathbf{x}_n)$, $n \in \mathbb{N}$, stochastisch beschränkt.*

(b) *Ist das Grenzmaß im Punkt $\{0\}$ konzentriert, dann konvergiert die Folge $f_n(\mathbf{x}_n)$, $n \in \mathbb{N}$, stochastisch gegen* 0.

Beweis: Bezeichne Q das Grenzmaß.

(a) Zu $\varepsilon > 0$ wählen wir $c_\varepsilon > 0$ so, daß $Q\{-c_\varepsilon\} = Q\{c_\varepsilon\} = 0$ und $Q[-c_\varepsilon, c_\varepsilon] \geqq 1 - \varepsilon/2$. Es gilt $P_n\{x \in X_n : |f_n(x)| \leqq c_\varepsilon\} = P_n * f_n[-c_\varepsilon, c_\varepsilon] \to Q[-c_\varepsilon, c_\varepsilon] \geqq 1 - \varepsilon/2$. Daher gilt

(M.7.7) $$P_n * f_n[-c_\varepsilon, c_\varepsilon] \geqq 1 - \varepsilon \qquad \text{für } n \geqq n_\varepsilon.$$

(b) Ist $Q\{0\} = 1$, gilt (M.7.7) für j e d e s $c_\varepsilon > 0$, also $P_n\{x \in X_n : |f_n(x)| \leqq c\} \to 1$ für jedes $c > 0$. □

M.7.8 Lemma (Sluckiĭ): *Sei $(X_n, \mathscr{A}_n, P_n)$ für $n \in \mathbb{N}$ ein W-Raum, $f_n, g_n : X_n \to \mathbb{R}$ und $Q|\mathbb{B}$ ein W-Maß. Die Folge der induzierten Maße $P_n * f_n$, $n \in \mathbb{N}$, konvergiere schwach gegen ein W-Maß Q.*

Konvergiert $g_n(\mathbf{x}_n) - f_n(\mathbf{x}_n)$, $n \in \mathbb{N}$, stochastisch gegen 0, dann konvergiert auch $P_n * g_n$, $n \in \mathbb{N}$, schwach gegen Q.

Beweis: Wir halten ein beliebiges $t \in \mathbb{R}$ mit $Q\{t\} = 0$ fest und zeigen: $\lim_{n\to\infty} P_n * g_n(-\infty, t] = Q(-\infty, t]$.

a) Für $s > t$ gilt

$$\begin{aligned} P_n * g_n(-\infty, t] &= P_n\{x \in X_n : g_n(x) \leqq t\} \\ &\leqq P_n\{x \in X_n : f_n(x) \leqq s\} + P_n\{x \in X_n : g_n(x) \\ &\quad - f_n(x) \leqq -(s - t)\}. \end{aligned}$$

Wählen wir s so, daß $Q\{s\} = 0$, folgt

$$\overline{\lim_{n\to\infty}}\, P_n * g_n(-\infty, t] \leqq Q(-\infty, s].$$

Da $s \to Q(-\infty, s]$ rechtsseitig stetig ist, folgt

$$\overline{\lim_{n\to\infty}}\, P_n * g_n(-\infty, t] \leqq Q(-\infty, t].$$

b) Für $s < t$ gilt

$$\begin{aligned} P_n * f_n(-\infty, s] &= P_n\{x \in X_n : f_n(x) \leqq s\} \\ &\leqq P_n\{x \in X_n : g_n(x) \leqq t\} \\ &\quad + P_n\{x \in X_n : f_n(x) - g_n(x) \leqq -(t - s)\}. \end{aligned}$$

Wählen wir s so, daß $Q\{s\} = 0$, folgt

$$Q(-\infty, s] \leqq \underline{\lim_{n\to\infty}}\, P_n * g_n(-\infty, t].$$

Wegen $Q\{t\} = 0$ ist $s \to Q(-\infty, s]$ im Punkt t auch linksseitig stetig, und es folgt

$$Q(-\infty, t] \leqq \varliminf_{n \to \infty} P_n * g_n(-\infty, t]. \qquad \square$$

M.7.9 Hilfssatz: *Sei F_n, $n \in \mathbb{N}$, eine Folge von Verteilungsfunktionen. Für alle Stetigkeitsstellen t einer Verteilungsfunktion F gelte*

$$F_n(t) \to F(t).$$

Ist F in t_0 stetig, dann gilt für jede Folge $t_n \to t_0$

(M.7.10) $F_n(t_n) \to F(t_0)$.

Beweis: Zu jedem $\varepsilon > 0$ gibt es Stetigkeitsstellen $t'_\varepsilon < t_0 < t''_\varepsilon$, so daß

$$F(t_0) - \varepsilon < F(t'_\varepsilon) \leq F(t_0) \leq F(t''_\varepsilon) < F(t_0) + \varepsilon.$$

Wegen $t_n \to t_0$ gilt $t_n \in (t'_\varepsilon, t''_\varepsilon)$ für n hinreichend groß, also

$$F_n(t'_\varepsilon) \leq F_n(t_n) \leq F_n(t''_\varepsilon).$$

Daraus folgt

$$F(t_0) - \varepsilon \leq \varliminf_{n \to \infty} F_n(t_n) \leq \varlimsup_{n \to \infty} F_n(t_n) \leq F(t_0) + \varepsilon.$$

Da $\varepsilon > 0$ beliebig war, folgt (M.7.10). $\square$

M.7.11 Hilfssatz: *Sei F eine nicht-ausgeartete Verteilungsfunktion. Gilt*

(M.7.12) $F(a + bt) = F(t)$ *für alle* $t \in \mathbb{R}$,

dann ist $a = 0$ und $b = 1$.

Beweis: Offensichtlich kann (M.7.12) nur mit $b > 0$ gelten. Angenommen, es wäre $b \neq 1$. Aus (M.7.12) folgt durch Induktion für alle $n \in \mathbb{N}$ und alle $t \in \mathbb{R}$

(M.7.13) $$F(t) = F\left(\frac{b^n - 1}{b - 1} a + b^n t\right),$$

also

(M.7.14) $$F(t) = \begin{cases} 1 \\ 0 \end{cases} \text{für } t \begin{matrix} \geq \\ < \end{matrix} -\frac{a}{b-1}.$$

Um (M.7.14) aus (M.7.13) zu folgern, benutze man, daß

$$\lim_{n \to \infty} \left(\frac{b^n - 1}{b - 1} a + b^n t\right) = \begin{cases} \infty \\ -\infty \end{cases} \quad \text{für } t \begin{matrix} > \\ < \end{matrix} -\frac{a}{b-1}, \quad \text{falls } b > 1,$$

und

$$\lim_{n\to\infty}\left(\frac{b^n - 1}{b-1}a + b^n t\right) = -\frac{a}{b-1} \qquad \text{für alle } t \in \mathbb{R}, \quad \text{falls } b \in (0,1).$$

(M.7.14) widerspricht der Annahme, daß F nicht-ausgeartet ist. Also ist $b = 1$, und wir erhalten aus (M.7.12) durch Induktion für alle $n \in \mathbb{N}$ und alle $t \in \mathbb{R}$

$$F(t) = F(na + t).$$

Dies ist jedoch nur mit $a = 0$ verträglich. □

M.7.15 Satz: *Sei F_n, $n \in \mathbb{N}$, eine Folge von Verteilungsfunktionen. Es gebe eine Verteilungsfunktion F und Folgen $a_n \in \mathbb{R}$, $b_n \in \mathbb{R}_+$, $n \in \mathbb{N}$, so daß für alle Stetigkeitsstellen t von F*

(M.7.16′) $F_n(a_n + b_n t) \to F(t)$.

Ferner gebe es eine nicht-ausgeartete Verteilungsfunktion $\hat{F}$ und Folgen $\hat{a}_n \in \mathbb{R}$, $\hat{b}_n \in \mathbb{R}_+$, $n \in \mathbb{N}$, so daß für alle Stetigkeitsstellen t von $\hat{F}$

(M.7.16″) $F_n(\hat{a}_n + \hat{b}_n t) \to \hat{F}(t)$.

Dann existieren

(M.7.17′) $A := \lim_{n\to\infty} (\hat{a}_n - a_n)/b_n$

und

(M.7.17″) $B := \lim_{n\to\infty} \hat{b}_n/b_n$

und es gilt

(M.7.18) $\hat{F}(t) = F(A + Bt)$ *für alle* $t \in \mathbb{R}$.

Umgekehrt folgt aus (M.7.16′) *und* (M.7.17) *die Beziehung* (M.7.16″), *mit* $\hat{F}$ *definiert durch* (M.7.18). (*Die Voraussetzung, daß* $\hat{F}$ *nicht ausgeartet ist, wird hierbei nicht benötigt.*)

Beweis: Es genügt, den Satz für den Spezialfall $a_n \equiv 0$, $b_n \equiv 1$ zu beweisen. Daraus folgt der allgemeine Fall durch Anwendung auf die Verteilungsfunktion $G_n(t) = F_n(a_n + b_n t)$.

Wir beweisen zunächst die Umkehrung. Sei also $F_n(t) \to F(t)$ für alle Stetigkeitsstellen t von F, und es gelte $\hat{a}_n \to A$, $\hat{b}_n \to B$. Ist t eine Stetigkeitsstelle von $\hat{F}$, also $A + Bt$ eine Stetigkeitsstelle von F, dann gilt $F_n(A + Bt) \to F(A + Bt) = \hat{F}(t)$. Da $t_n := \hat{a}_n + \hat{b}_n t \to A + Bt$, folgt $F_n(\hat{a}_n + \hat{b}_n t) \to \hat{F}(t)$ nach Hilfssatz M.7.9.

Um den Hauptteil zu beweisen, setzen wir voraus, daß für alle Stetigkeitsstellen t von F bzw. $\hat{F}$

(M.7.19′) $F_n(t) \to F(t)$

und

(M.7.19″) $F_n(\hat{a}_n + \hat{b}_n t) \to \hat{F}(t)$.

Da $\hat{F}$ nach Voraussetzung nicht ausgeartet ist, gibt es $t_0 \in \mathbb{R}$ mit $\hat{F}(t_0) \in (0, 1)$. Da $\hat{F}$ rechtsseitig stetig ist, gibt es $t_1 > t_0$ mit $\hat{F}(t_0) \le \hat{F}(t_1) < 1$.

Seien $t_0', t_1' \in (t_0, t_1)$ Stetigkeitsstellen von $\hat{F}$ mit $t_0' < t_1'$.

Falls $\lim_{n\to\infty} F_n(t_n) \in (0, 1)$, dann ist die Folge t_n, $n \in \mathbb{N}$, wegen (M.7.19′) beschränkt. Da $\lim_{n\to\infty} F_n(\hat{a}_n + \hat{b}_n t_i') = \hat{F}(t_i') \in (0, 1)$ sind die beiden Folgen $\hat{a}_n + \hat{b}_n t_i'$, $n \in \mathbb{N}$, $i = 0, 1$, beschränkt. Da $t_0' \ne t_1'$, sind auch die Folgen $\hat{a}_n$ und $\hat{b}_n$, $n \in \mathbb{N}$, beschränkt. Also enthält jede Teilfolge $\mathbb{N}_0 \subset \mathbb{N}$ eine Teilfolge $\mathbb{N}_1 \subset \mathbb{N}_0$, so daß

(M.7.20) $A := \lim_{n \in \mathbb{N}_1} \hat{a}_n$ und $B := \lim_{n \in \mathbb{N}_1} \hat{b}_n$

existieren. Daher folgt aus (M.7.19″) mittels der oben bewiesenen Umkehrung, daß für alle Stetigkeitsstellen t von $\hat{F}$

(M.7.21) $\lim_{n \in \mathbb{N}_1} F_n(A + Bt) = \hat{F}(t)$.

Ferner folgt aus (M.7.19′) für alle $t \in \mathbb{R}$, für welche F an der Stelle $A + Bt$ stetig ist, die Beziehung

(M.7.22) $\lim_{n\to\infty} F_n(A + Bt) = F(A + Bt)$.

Aus (M.7.21) und (M.7.22) folgt

(M.7.23) $F(A + Bt) = \hat{F}(t)$

für alle $t \in \mathbb{R}$, in denen sowohl die Funktion $\hat{F}$, als auch die Funktion $t \to F(A + Bt)$ stetig ist. Dies sind alle $t \in \mathbb{R}$ bis auf höchstens abzählbar viele. Da F und $\hat{F}$ rechtsseitig stetig sind, gilt (M.7.23) für alle $t \in \mathbb{R}$.

Bisher waren A und B als Limites von Teilfolgen definiert. Sie sind jedoch nach Hilfssatz M.7.11 auf Grund von (M.7.23) eindeutig bestimmt, also für jede konvergente Teilfolge gleich. Daher gelten (M.7.20) auch für die vollen Folgen $\hat{a}_n$, $\hat{b}_n$, $n \in \mathbb{N}$. □

M.8 Konvergenz von Integralen

Dieser Abschnitt enthält einige Ergebnisse über den Zusammenhang zwischen der Konvergenz von Maßen und der Konvergenz der zugehörigen Integrale.

M.8.1 Satz: *Eine Folge von W-Maßen konvergiert mengenweise (Definition M.7.1) dann und nur dann, wenn für jede meßbare und beschränkte Funk-*

tion die Folge der Integrale gegen das Integral bezüglich des Grenzmaßes konvergiert.

Beweis: Wir schreiben den Beweis für stetige W-Maße über $\mathbb{R}$ an.

1_A ist beschränkt und für $A \in \mathscr{A}$ auch meßbar. Daher ist die eine Richtung trivial.

Wegen der Darstellung $f = f^+ - f^-$ genügt es, nicht-negative Funktionen zu betrachten. Für diese gilt nach Proposition 6.2.10:

$$\int f(x)p_n(x)\,dx = \int_0^c P_n\{x \in X : f(x) \geqq t\}\,dt,$$

falls $0 \leqq f \leqq c$. Wegen der mengenweisen Konvergenz folgt daraus die Behauptung nach dem Satz von der dominierten Konvergenz M.3.7. □

M.8.2 Satz: *Eine Folge von W-Maßen über $\mathbb{R}$ konvergiert schwach (Definition M.7.2) dann und nur dann, wenn für jede stetige und beschränkte Funktion die Folge der Integrale gegen das Integral bezüglich des Grenzmaßes konvergiert.*

Wie leicht zu sehen ist, genügt es für die schwache Konvergenz, daß die Integrale jeder beschränkten und beliebig oft differenzierbaren Funktion mit beschränkten Ableitungen gegen das Integral bezüglich des Grenzmaßes konvergieren.

Beweis: Wir formulieren den Beweis unter der Voraussetzung, daß die W-Maße P und P_n stetig sind.

a) Es gelte $\int f(x)p_n(x)\,dx \to \int f(x)p(x)\,dx$ für jede stetige und beschränkte Funktion. Zu zeigen ist: $F_n(t) \to F(t)$ für alle Stetigkeitsstellen t von F. Ist F in t stetig, dann gibt es zu jedem $\varepsilon > 0$ ein $t_\varepsilon < t$, so daß $F(t) - \varepsilon < F(t_\varepsilon)$. Sei f_ε: $\mathbb{R} \to [0, 1]$ eine stetige Funktion mit

$$f_\varepsilon(x) = \begin{cases} 1 & x \leqq t_\varepsilon \\ 0 & x \geqq t \end{cases}.$$

Dann gilt $1_{(-\infty, t_\varepsilon]}(x) \leqq f_\varepsilon(x) \leqq 1_{(-\infty, t]}(x)$ für alle $x \in \mathbb{R}$, also

$$F(t_\varepsilon) \leqq \int f_\varepsilon(x)p(x)\,dx$$

und

$$\int f_\varepsilon(x)p_n(x)\,dx \leqq F_n(t) \qquad \text{für alle } n \in \mathbb{N}.$$

Wegen $\int f_\varepsilon(x)p_n(x)\,dx \to \int f_\varepsilon(x)p(x)\,dx$ folgt daraus $F(t_\varepsilon) \leqq \varliminf_{n\to\infty} F_n(t)$, wegen $F(t) - \varepsilon \leqq F(t_\varepsilon)$ also $F(t) \leqq \varliminf_{n\to\infty} F_n(t)$. Ein analoges Argument liefert $\varlimsup_{n\to\infty} F_n(t) \leqq F(t)$, so daß $\lim_{n\to\infty} F_n(t) = F(t)$.

b) Es gelte $F_n(t) \to F(t)$ für alle Stetigkeitsstellen t von F. Zu zeigen ist: $\int f(x)p_n(x)\,dx \to \int f(x)p(x)\,dx$ für jede stetige und beschränkte Funktion f.

Für die nach (3.2.8) definierten Funktionen F_n^{-1}, F^{-1} gilt $F_n^{-1}(u) \to F^{-1}(u)$ für alle – bis auf höchstens abzählbar viele – $u \in (0,1)$. Ist f stetig, gilt für diese u auch $f(F_n^{-1}(u)) \to f(F^{-1}(u))$, also nach dem Satz von der dominierten Konvergenz M.3.7:

$$\int_0^1 f(F_n^{-1}(u))\,du \to \int_0^1 f(F^{-1}(u))\,du.$$

Nach (3.2.9) hat das von $\lambda|\mathbb{B} \cap (0,1)$ und F_n^{-1} induzierte Maß die Verteilungsfunktion F_n, ist also P_n. Entsprechendes gilt für F^{-1}. Daher folgt nach Proposition 3.5.1

$$\int f(x)p_n(x)\,dx \to \int f(x)p(x)\,dx. \qquad \square$$

Die Sätze M.8.1 und M.8.2 erlauben es, aus der Konvergenz von Maßen auf die Konvergenz von Integralen beschränkter Funktionen zu schließen. Liegt eine unbeschränkte Funktion vor, muß über die Existenz der Integrale hinaus noch eine "gleichgradige" Integrierbarkeit verlangt werden, um aus der Konvergenz der Maße auf die Konvergenz der Integrale schließen zu können. Wir schreiben die Definition für W-Maße mit Dichten an.

M.8.3 Definition: Die Funktion f ist bezüglich $P_n, n \in \mathbb{N}$, *gleichgradig integrierbar*, wenn es zu jedem $\varepsilon > 0$ ein c_ε gibt, so daß

$$\int_{\{x \in \mathbb{R}: |f(x)| > c_\varepsilon\}} |f(x)|\,p_n(x)\,dx < \varepsilon \qquad \text{für alle } n \in \mathbb{N}.$$

Die Funktion f ist insbesondere dann gleichgradig integrierbar, wenn es ein $\delta > 0$ gibt, so daß

$$\sup_{n \in \mathbb{N}} \int |f(x)|^{1+\delta} p_n(x)\,dx < \infty.$$

Ist $f\colon \mathbb{R} \to \mathbb{R}$ gleichgradig integrierbar, dann sind alle Funktionen $g\colon \mathbb{R} \to \mathbb{R}$ mit $|g| \leqq |f|$ gleichgradig integrierbar.

M.8.4 Satz: *Konvergiert eine Folge von W-Maßen mengenweise [schwach], dann konvergiert die Folge der Integrale für jede meßbare [stetige] Funktion, die gleichgradig integrierbar ist.*

Zusatz: Ist die Funktion nicht-negativ, dann ist die Bedingung der gleichgradigen Integrierbarkeit auch notwendig.

Beweis: Wir formulieren den Beweis unter der Voraussetzung, daß die W-Maße P_n und P stetig sind. Wir nehmen o.B.d.A. an, daß $f \geqq 0$ und definieren

$$f_c(x) = \begin{cases} f(x) \\ c \end{cases} \qquad f(x) \begin{matrix} \leqq \\ > \end{matrix} c.$$

Es gilt:

$$\int f(x)p_n(x)\,dx = \int f_c(x)p_n(x)\,dx + \int (f(x) - f_c(x))p_n(x)\,dx.$$

Da f_c beschränkt [und stetig] ist, gilt $\int f_c(x)p_n(x)\,dx \to \int f_c(x)p_0(x)\,dx$.

a) Ist f gleichgradig integrierbar, können wir $\int (f(x) - f_c(x))p_n(x)\,dx$ durch Wahl von c simultan für alle $n \in \mathbb{N}$ klein machen. Daher folgt

$$\int f(x)p_n(x)\,dx \to \int f(x)p(x)\,dx. \tag{M.8.5}$$

b) Umgekehrt folgt aus (M.8.5), daß

$$\int (f(x) - f_c(x))p_n(x)\,dx \to \int (f(x) - f_c(x))p(x)\,dx.$$

Da wir $\int (f(x) - f_c(x))p(x)\,dx$ durch Wahl von c beliebig klein machen können, können wir auch $\int (f(x) - f_c(x))p_n(x)\,dx$ simultan für alle $n \in \mathbb{N}$ beliebig klein machen. Daher ist f gleichgradig integrierbar. □

Um Satz M.8.4 im Zusammenhang mit dem Zentralen Grenzwertsatz anwenden zu können, benötigen wir noch den folgenden Satz.

M.8.6 Satz: *Sei P ein W-Maß über* $\mathbb{R}$ *mit* $\mathscr{E}(P) = 0$, $\mathscr{V}(P) = 1$ *und endlichem r. Moment,* $r > 2$. *Dann gilt*

$$\lim_{n\to\infty} \int \left| n^{-1/2} \sum_1^n x_\nu \right|^r \prod_1^n p(x_\nu)\,dx_1 \dots dx_n$$
$$= \int |u|^r \varphi(u)\,du.$$

Ein Beweis findet sich zum Beispiel bei Michel (1976), S. 104, Theorem 6.

H. Anhang: Hilfsresultate

H.1 Satz (Fubini): *Ist $f: \mathbb{R}^m \times \mathbb{R}^n \to [0, \infty)$ $\mathbb{B}^m \otimes \mathbb{B}^n$-meßbar, so sind auch*

$$y \to \int_{\mathbb{R}^m} f(x, y)\, d\lambda_m(x)$$

und

$$x \to \int_{\mathbb{R}^n} f(x, y)\, d\lambda_n(y)$$

($\mathbb{B}^n$- bzw. $\mathbb{B}^m$-) meßbar; es gilt:

$$\int_{\mathbb{R}^n} \left(\int_{\mathbb{R}^m} f(x, y)\, d\lambda_m(x) \right) d\lambda_n(y)$$

$$= \int_{\mathbb{R}^m \times \mathbb{R}^n} f(x, y)\, d\lambda_m \otimes \lambda_n(x, y)$$

$$= \int_{\mathbb{R}^m} \left(\int_{\mathbb{R}^n} f(x, y)\, d\lambda_n(y) \right) d\lambda_m(x).$$

(Hierbei ist der Wert ∞ zugelassen; die Endlichkeit eines Terms impliziert jedoch die der anderen beiden.)

Vgl. Bauer (1990), S. 157, Satz 23.6.

H.2 Satz (Transformationssatz): *Sei $V \subset \mathbb{R}^m$ Lebesgue-meßbar und $h: V \to \mathbb{R}^m$ eine injektive und differenzierbare Funktion. Sei $g: f(V) \to \mathbb{R}$. Bezeichne $\partial h(x)$ den Wert der Jacobi'schen Funktionaldeterminante von h in $x \in V$.*

Dann ist mit g auch $(g \circ h) \cdot |\partial h|$ Lebesgue-meßbar und umgekehrt. Existiert eines der beiden folgenden Integrale, so auch das andere, und es gilt in diesem Fall

$$\int_{h(V)} g\, d\lambda_m = \int_V (g \circ h) \cdot |\partial h|\, d\lambda_m.$$

Vgl. Dombrowski (1959), Satz 4, Seite 148. Unter weniger allgemeinen Voraussetzungen findet sich der Beweis des Transformationssatzes in Barner und Flohr (1982b), S. 314.

H.3 Satz: *Sei $P|\mathbb{B}^m$ ein W-Maß mit Lebesgue-Dichte p. Dann gilt für λ_m-fast alle $x \in \mathbb{R}^m$:*

Für jede Folge B_n, $n \in \mathbb{N}$, von offenen Würfeln, die x enthalten und deren Durchmesser gegen 0 konvergiert, ist

$$\lim_{n\to\infty} \frac{P(B_n)}{\lambda_m(B_n)} = p(x).$$

Vgl. Ash (1972), S. 75, Theorem 2.3.8.

H.4 Satz (Cauchy'sche Funktional-Gleichung): *Für $I = \mathbb{R}$ und $I = (0, \infty)$ gilt: Erfüllt eine stetige Funktion $f\colon I \to \mathbb{R}$ für alle $x, y \in I$ die Beziehung*

(H.4.1) $\quad f(x + y) = f(x) + f(y),$

dann gilt

(H.4.2) $\quad f(x) = cx, \qquad x \in I.$

Der Beweis ist fast trivial: Aus (H.4.1) folgt sofort $f(nx) = nf(x)$ für alle $n \in \mathbb{N}$ und alle $x \in I$. Die Anwendung für $x = 1$ liefert $f(n) = nf(1)$ für $n \in \mathbb{N}$. Die Anwendung für $x = \frac{m}{n}$ liefert $f\left(\frac{m}{n}\right) = \frac{1}{n} f(m) = \frac{m}{n} f(1)$, also $f(r) = rf(1)$ für alle positiven rationalen Zahlen r. Da f stetig ist, folgt daraus $f(x) = xf(1)$ für alle $x > 0$ und daher (im Fall $I = \mathbb{R}$) auch $f(0) = 0$. Aus (H.4.1), angewendet für $y = -x$, folgt $f(-x) = -f(x)$. Daher gilt (H.4.2) für alle $x \in \mathbb{R}$. □

Tieferliegende Untersuchungen zeigen, daß die Schlußfolgerung (H.4.2) bereits dann gilt, wenn f auf einer Menge positiven Maßes von oben oder von unten beschränkt ist.

Vgl. Aczél (1966), Abschnitt 2.1.

H.5 Satz (Assoziativitäts-Gleichung): *Sei I ein offenes, nicht notwendig beschränktes Intervall. Die Funktion $\varphi\colon I^2 \to I$ sei stetig und kürzbar, d.h. es gelte für alle $x, y', y'' \in I$*

$$\varphi(x, y') = \varphi(x, y'') \quad \textit{impliziert} \quad y' = y''$$

und für alle $x', x'', y \in I$

$$\varphi(x', y) = \varphi(x'', y) \quad \textit{impliziert} \quad x' = x''.$$

Erfüllt φ für alle $x, y, z \in I$ die Funktional-Gleichung

$$\varphi(\varphi(x, y), z) = \varphi(x, \varphi(y, z)),$$

dann gibt es eine stetige und monotone Funktion ψ, so daß für alle $x, y \in I$

(H.5.1) $\quad \varphi(x, y) = \psi(\psi^{-1}(x) + \psi^{-1}(y)).$

Die Funktion ψ ist eindeutig in folgendem Sinn: Ist η eine andere Funktion, die eine Darstellung (H.5.1) liefert, dann gilt $\eta(x) = \psi(cx)$ für alle x.

Vgl. Aczél (1966), Abschnitt 6.2.

H.6 Cauchy-Schwarz'sche Ungleichung: *Ist $P|\mathbb{B}$ ein W-Maß mit Dichte p, und sind f und g reellwertige Funktionen, für die*

$$\int f(x)^2 p(x)\,dx < \infty, \qquad \int g(x)^2 p(x)\,dx < \infty,$$

so gilt

$$\left(\int |f(x)g(x)|\,p(x)\,dx\right)^2 \leqq \int f(x)^2 p(x)\,dx \cdot \int g(x)^2 p(x)\,dx,$$

wobei Gleichheit genau dann vorliegt, wenn es $a, b \in \mathbb{R}$ gibt, die nicht beide gleich 0 sind, mit $P\{x \in X : af(x) \neq bg(x)\} = 0$.

Vgl. Bauer (1990), S. 85, Satz 14.1.

H.7 Stirling'sche Formel: *Für $n \in \mathbb{N}$ gilt:*

$$n! = n^n e^{-n} \sqrt{2\pi n}\, e^{\theta_n/12n} \qquad \text{mit } 0 \leqq \theta_n \leqq 1.$$

Vgl. Feller (1971), S. 52.

H.8 Lemma: *Sei $g: \mathbb{R} \to \mathbb{R}$ eine Funktion mit den Eigenschaften*

$$g(x) \begin{matrix} \leqq \\ \geqq \end{matrix} 0 \quad \textit{für} \quad x \begin{matrix} < \\ > \end{matrix} x_0$$

und

$$\int g(x)\,dx = 0 \qquad (\textit{mit} \int |g(x)|\,dx < \infty).$$

Dann gilt für jede nicht fallende Funktion $m: \mathbb{R} \to \mathbb{R}$

$$\int m(x)g(x)\,dx \geqq 0.$$

Beweis: Für alle $x \in \mathbb{R}$ gilt

$$(m(x) - m(x_0))g(x) \geqq 0,$$

also

$$m(x)g(x) \geqq m(x_0)g(x).$$

Daraus folgt die Behauptung durch Integration über x. □

H.9 Korollar: *Sind die Funktionen $m_i: \mathbb{R} \to \mathbb{R}$ nicht fallend, dann gilt für jedes W-Maß $P|\mathbb{B}$ mit Dichte p:*

$$\mathscr{E}(m_1(\mathbf{x})m_2(\mathbf{x})) \geqq \mathscr{E}(m_1(\mathbf{x}))\mathscr{E}(m_2(\mathbf{x})),$$

(sofern diese Erwartungswerte existieren).
Beweis: Anwendung von Lemma H.8 für $g(x) = (m_1(x) - \mathscr{E}(m_1(\mathbf{x})))p(x)$ und $m(x) = m_2(x)$. □

H.10 Lemma: *Sei $P|\mathscr{B}$ ein stetiges W-Maß mit Verteilungsfunktion F und $m: \mathbb{R} \to \mathbb{R}$ eine stetig differenzierbare Funktion. Sei $\bar{F}(x) := 1 - F(x)$, $x \in \mathbb{R}$.*

a) *Wenn* $\lim_{t \uparrow \infty} m(t)\bar{F}(t) = 0$, *dann gilt*

$$\int_t^\infty m(x)p(x)\,dx = m(t)\bar{F}(t) + \int_t^\infty m'(x)\bar{F}(x)\,dx.$$

b) *Wenn* $\lim_{t \downarrow -\infty} m(t)F(t) = 0$, *dann gilt*

$$\int_{-\infty}^t m(x)p(x)\,dx = m(t)F(t) - \int_{-\infty}^t m'(x)F(x)\,dx.$$

Beweis: Diese Relationen folgen unmittelbar durch partielle Integration. □

Zusatz: Ist $\int |m(x)|\,p(x) < \infty$, und ist $x \to m(x)$ für hinreichend große $|x|$ monoton, dann gelten $\lim_{t \uparrow \infty} m(t)\bar{F}(t) = 0$ und $\lim_{t \downarrow -\infty} m(t)F(t) = 0$.
Beweis: Ist $|m(t)|$ für $t \to \infty$ beschränkt, folgt $\lim_{t \uparrow \infty} m(t)\bar{F}(t) = 0$ sofort aus $\lim_{t \uparrow \infty} \bar{F}(t) = 0$. Ist $|m(t)|$ für große t nicht fallend, gilt für alle hinreichend großen t

$$|m(t)|\,\bar{F}(t) \leqq \int_t^\infty |m(x)|\,p(x)\,dx,$$

also

$$\overline{\lim_{t \uparrow \infty}}\, |m(t)|\,\bar{F}(t) \leqq \lim_{t \uparrow \infty} \int_t^\infty |m(x)|\,p(x)\,dx = 0.$$ □

Durch Anwendung von Lemma H.10 für $m(x) = x$ und $t = 0$ folgt aus der Existenz der Erwartungswerte:

$$\mathscr{E}(P) = \int_0^\infty (\bar{F}(x) - F(-x))\,dx,$$

$$\mathscr{E}(P_1) - \mathscr{E}(P_2) = \int_{-\infty}^{+\infty} (F_2(x) - F_1(x))\,dx.$$

H.11 Lemma (Hoeffding): *Ist* $(\mathbf{x}, \mathbf{y})$ *eine nach* $P|\mathbb{B}^2$ *verteilte Zufallsvariable, ist* $F(x, y) := P((-\infty, x] \times (-\infty, y])$, $x, y \in \mathbb{R}$, *und bezeichnen wir mit* F_1, F_2 *die Verteilungsfunktionen der 1. und 2. Randverteilung von* P, *so gilt*

$$\mathscr{E}(\mathbf{xy}) - \mathscr{E}(\mathbf{x})\mathscr{E}(\mathbf{y}) = \int_{-\infty}^{+\infty} \int_{-\infty}^{+\infty} (F(x, y) - F_1(x)F_2(y))\,dx\,dy,$$

sofern die genannten Erwartungswerte existieren.
Beweis: Sind $(\mathbf{x}_1, \mathbf{y}_1)$ und $(\mathbf{x}_2, \mathbf{y}_2)$ unabhängig voneinander nach P verteilt, so gilt

$$\mathscr{E}(\mathbf{x}_1\mathbf{y}_1) - \mathscr{E}(\mathbf{x}_1)\mathscr{E}(\mathbf{y}_1) = \frac{1}{2}\mathscr{E}((\mathbf{x}_1 - \mathbf{x}_2)(\mathbf{y}_1 - \mathbf{y}_2))$$

$$= \frac{1}{2}\mathscr{E}\left(\int_{-\infty}^{+\infty}\int_{-\infty}^{+\infty} (1_{[\mathbf{x}_2,\infty)}(u) - 1_{[\mathbf{x}_1,\infty)}(u)) \right.$$

$$\left. \times (1_{[\mathbf{y}_2,\infty)}(v) - 1_{[\mathbf{y}_1,\infty)}(v))\, du\, dv\right).$$

Dies läßt sich, wegen der Existenz der Erwartungswerte, umformen zu

$$= \frac{1}{2}\int_{-\infty}^{+\infty}\int_{-\infty}^{+\infty} \mathscr{E}((1_{(-\infty,u]}(\mathbf{x}_2) - 1_{(-\infty,u]}(\mathbf{x}_1))$$

$$\times (1_{(-\infty,v]}(\mathbf{y}_2) - 1_{(-\infty,v]}(\mathbf{y}_1)))\, du\, dv$$

$$= \int_{-\infty}^{+\infty}\int_{-\infty}^{+\infty} (F(u,v) - F_1(u)F_2(v))\, du\, dv. \qquad \square$$

Literaturverzeichnis

Abbé, E. (1863): Über die Gesetzmässigkeit in der Verteilung der Fehler bei Beobachtungsreihen. Dissertation zur Erlangung der Venia Docendi bei der Philosophischen Fakultät Jena. Gesammelte Abhandlungen, Band 2, Jena.

Aczél, J. (1966): Lectures on functional equations and their applications. New York.

Ash, R. B. (1972): Real analysis and probability. New York.

Barlow, R. E. und Proschan, F. (1965): Statistische Theorie der Zuverlässigkeit. Frankfurt.

Barner, M. und Flohr, F. (1982a): Analysis I. (2. Auflage), Berlin.

Barner, M. und Flohr, F. (1982b): Analysis II. Berlin.

Batschelet, F. (1981): Circular statistics in biology. London.

Bauer, H. (1990): Maß- und Integrationstheorie. Berlin.

Bauer, H. (1991): Wahrscheinlichkeitstheorie. (4. Auflage), Berlin.

Bayes. T. (1763/64): An assay towards solving a problem in the doctrine of chances. Philos. Trans. Roy. Soc. London 53, 370–418 und 54, 298–310.

Bernoulli, D. (1730/31): Notationes de aequationibus, quae progrediuntur in infinitum earumque resolutione per methodum serierum recurrentium. Commentarii Academiae Scientiarum Imperialis Petropolitanae Vol. 5.

Bernoulli, D. (1735): Quelle est la cause physique de l'inclinaison des plans des orbites des planètes par rapport au plan de l'équateur de la revolution du soleil autour de son axe. Preisverleihung 1734.

Bernoulli, D. (1760): Essai d'une nouvelle analyse de la mortalité causée par la petite vérole, et des avantages de l'inoculation pour la prévenir. Mémoires de mathématiques et de physique de l'Académie royale des sciences de Paris.

Bernoulli, D. (1777): Di iudicatio maxime probalis plurium observationum discrepantium atque versimilia inductio inde formanda. Acta Acad. Petrop. St. Petersburg, 3–23. (Englische Übersetzung in Biometrika 48 (1961), 3–13).

Bernoulli, Jakob (1713): Ars conjectandi, Opus posthumum. Basel.

Bernoulli, N. (1709): De usu artis conjectandi in jure. Basel.

Berry, A. C. (1941): The accuracy of the Gaussian approximation to the sum of independent variates. Trans. Amer. Math. Soc. 49, 122–136.

Bertrand, J. (1907): Calcul des Probabilités. Paris.

Billingsley, P. (1986): Probability and measure. (2. Auflage), New York.

Bolz, N. (1977): Eine statistische computerunterstützte Echtheitsprüfung von The Repentance of Robert Greene. Frankfurt/Main.

Bühlmann, H. (1970): Mathematical methods in risk theory. Heidelberg.

Buffon, G. (1777): Essai d'arithmétique morale. Supplément a l'histoire naturelle, Vol 4.

Cantor, M. (1880–1908): Vorlesungen über Geschichte der Mathematik. 4 Bände, Leipzig.

Čebyšev, P. L. (1890): Sur deux théorèmes relatifs aux probabilités. Acta Math. 14, 305–315.

Chow, Y. S. und Teicher, H. (1988): Probability Theory. (2. Auflage), New York.

Cole, N. S. (1973): Bias in selection. J. Educ. Meas. 10, 237–255.

Condorcet, M. (1785): Essai sur l'application de l'analyse à la probabilité des décisions rendues à la pluralité de voix. Paris.

Crofton, M. W. (1868): On the theory of local probability. Philos. Trans. Roy. Soc. London 158, 181–199.

Cruz-Orive, L. M. (1976): Particle size-shape distributions: the general spheroid problem. Journal of Microscopy 107, 235–253.

Czuber, E. (1884): Geometrische Wahrscheinlichkeiten und Mittelwerte. Leipzig.

David, H. A. und Moeschberger, M. L. (1978): The theory of competing risks. Griffin's Stat. Monogr. London.

Delésse, A. (1848): Procéde mécanique pour déterminer la composition des roches. Annales Mines Belg. 13, 379–388.

Dembowski, P. (1970): Kombinatorik. Mannheim.

de Moivre, A. (1718): The doctrine of chance.

de Moivre, A. (1733): Approximatio ad summam ferminorum binomii $(a + b)^n$ in seriem expansi. Supplementum II zu Miscellanae Analytica, 1–7.

de Montmort, P. R. (1713): Essai d'analyse sur les jeux de hazard. Paris.

Devroye, L. (1986): Non-Uniform Random Variate Generation. Springer.

Dombrowski, P. (1959): Über punktal-dehnungsbeschränkte und (total) differenzierbare Abbildungen. Arch. Math. 10, 144–150.

Droste, W. und Wefelmeyer, W. (1986): Asymptotic concentration of estimators and dispersivity. Statist. & Dec. 4, 75–84.

Dubins, L. E. und Savage, L. J. (1965): How to gamble if you must. New York.

Engel, A. (1973–1976): Wahrscheinlichkeitsrechnung und Statistik. 2 Bände, Stuttgart.

Esséen, C.-G. (1942): On the Liapounoff limit of error in the theory of probability. Arkiv foer Matematik, Astronomi och Fysik 28 A, 1–19.

Feichtinger, G. (1973): Bevölkerungsstatistik. Berlin.

Feichtinger, G. (1979): Demographische und populations-dynamische Modelle. Wien.

Feller, W. (1971): Probability theory and its applications I. New York.

Ferschl, F. (1978): Deskriptive Statistik. Würzburg.

Finkelstein, M. O. und Levin, B. (1990): Statistics for Lawyers. New York.

Fischer, G. (1974): Einführung in die Theorie psychologischer Tests. Bern.

Fisher, N. I., Lewis, T. und Embleton, B. J. J. (1987): Statistical analysis of spherical data. Cambridge.

Fisher, R. A. und Tippett, L. H. C. (1928): Limiting forms of the frequency distributions of the largest or smallest number of a sample. Proc. Cambridge Philos. Soc. 24, 180–190.

Fisher, R. A. (1930): Contributions to mathematical statistics. Proc. Cambridge Philos. Soc. 26.

Fisher, R. A. (1936): Has Mendel's work been rediscovered? Ann. Sci. 1, 115–137.

Fréchet, M. (1927): Sur la loi de probabilité de l'écart maximum. Ann. de la Soc. polonaise de Math. (Crakow) Bd. 6, 93–116.

Freedman, D., Pisani, R. und Purves, R. (1978): Statistics. New York.

Gaede, K.-W. (1977): Zuverlässigkeit mathematischer Modelle. München.

Gaenssler, P. und Stute, W. (1977): Wahrscheinlichkeitstheorie. Berlin.

Galambós, J. und Kotz, S. (1978): Characterizations of probability distributions. Heidelberg.

Galambós, J. (1987): The asymptotic theory of extreme order statistics. Malabar.

Galton, F. (1886): Family likeness in stature. Roy. Soc. Proc. 40, 42–66.
Gauss, C. F. (1816): Bestimmung der Genauigkeit der Beobachtungen. Zeitschrift für Astronomie und verwandte Wissenschaften 1, 185–197.
Gosset, W. S. (1908): The probable error of a mean. Biometrika 6, 1–25.
Graetzer, J. (1883): Edmund Halley und Caspar Neumann. Breslau.
Gumbel, E. J. (1958): Statistics of extremes. New York.

Hald, A. (1990): A History of Probability and Statistics and Their Applications before 1750. New York.
Halley. E. (1693): An estimate of the degree of the mortality of mankind drawn from curious tables of the births and funerals at the city of Breslaw. Philos. Trans. Roy. Soc. London.
Halmos, P. R. (1964): Measure theory. Princeton.
Hampel, F. R., Ronchetti, E. M., Rousseeuw, P. J. und Stahel, W. A. (1986): Robust statistics. New York.
Hartung, J. (1989): Statistik. (7. Auflage) München.
Heilmann, W. R. (1987): Grundbegriffe der Risikotheorie. Karlsruhe.
Helmert, F. R. (1876): Über die Genauigkeit der Formel von Peters zur Berechnung des wahrscheinlichen Beobachtungsfehlers directer Beobachtungen gleicher Genauigkeit. Astronomische Nachrichten 88.
Hewitt, E. und Stromberg, K. (1965): Real and abstract analysis. New York.
Hilbert, D. (1901); Mathematische Probleme. Archiv f. Math. u. Phys., 3. Reihe, Bd. I, 44–63, 213–237.
Hipp, C. und Michel, R. (1990): Risikotheorie: Stochastische Modelle und Statistische Methoden. Schriftenreihe Angewandte Versicherungsmathematik. Heft 24. Karlsruhe.
Huygens, C. (1657): De Ratiociniis in Ludo Aleae.

Ibragimov, I. A. und Linnik, Yu. V. (1971): Independent and stationary sequences of random variables. Groningen.
Isaacson, D. L. und Madsen, R. W. (1978): Markov Chains: Theory and Applications. New York.

Jacobs, K. (1969): Die kombinatorischen arcsin-Gesetze von G. Baxter und J. P. Imhof. Selecta mathematica I, hrsg. v. K. Jacobs. Heidelberg.
Jacobs, K. (1970): Turing-Maschinen und zufällige 0-1-Folgen. Selecta mathematica II, hrsg. v. K. Jacobs. Heidelberg.
Jacobs, K. (1978): Measure and integral. New York.
Jacobs, K. (1983): Einführung in die Kombinatorik. Berlin.
Johnson, N. L. und Kotz, S. (1969–1972): Distributions in Statistics. 4 Bände, Boston.

Kagan, A. M., Linnik, Yu. V. und Rao, C. R. (1973): Characterization problems in mathematical statistics. New York.
Kahan, B. C. (1961): A practical demonstration of a needle experiment to give a number of concurrent estimates for π. J. R. Statist. Soc. A 124, 227–239.
Kalven, H. und Zeisel, H. (1966): The American jury. Boston.
Kendall, M. G. und Moran, P. A. P. (1963): Geometrical probability. London.
Keyfitz, N. (1985): Applied mathematical demography. New York.
Klein, I. (1984): Das Problem der Auswahl geeigneter Maßzahlen in der deskriptiven Statistik. Würzburg.

Knuth, D. E. (1980): The Art of Computer Programming. Vol. 2: Seminumerical Algorithms. Reading, Mass.
Kolmogorov, A. N. (1933): Grundbegriffe der Wahrscheinlichkeitsrechnung. Berlin. ((1977) 2.Nachdruck der Erstauflage von 1933)
Kremer, E. (1985): Einführung in die Versicherungsmathematik. Göttingen.
Krengel, U. (1990): Einführung in die Wahrscheinlichkeitstheorie und Statistik. (2. Auflage), Braunschweig.
Kütting, H. (1981): Didaktik der Wahrscheinlichkeitsrechnung. Freiburg.

Lagrange, J. L. (1775): Recherches sur les suites recurrentes dont les termes varient de plusieurs manières différentes, ou sur l'intégration des équations linéaires aux différences finies et partielles; et sur l'usage de ces équations dans la théorie des hazards. Nouveaux Mémoires de l'Académie Royale des Sciences et belles lettres. Berlin, 183–272.
Landers, D. und Rogge, L. (1981/82): The natural median. Ann. Prob. 9, 1041–1042 und Correction note. Ann. Prob. 10, 1092.
Laplace, P. S. (1774): Mémoire sur la probabilité des causes par les événements. Ouevres Completes Vol. 8 (1891), Paris.
Laplace, P. S. (1778): Memoire sur les probabilités. Ouevres Complètes Vol. 9 (1893), Paris.
Laplace, P. S. (1820): Théorie analytique des Probabilités. (3. Auflage). (1. Auflage 1812, 2. Auflage 1814).
L'apunov, A. (1901): Nouvelle forme du théorème sur la limite de probabilité. Mém. Acad. St. Petersb., Serie VII, 12, 1–22.
Leadbetter, M. R., Lindgren, G. und Rootzén, H. (1983): Extremes and related properties of random sequences and processes. New York.
Lord, F. M. und Novick, M. R. (1974): Statistical theories of mental test scores. Reading.

Mardia, K. V. (1972): Statistics of directional data. London.
Martin-Löf, P. (1969): The literature on von Mises' Kollektivs revisited. Theoria Bd. 35, 12–37.
McIntyre, G. A. (1953): Estimation of plant density using line transects. Ecology 41, 319–330.
Mendel, G. (1965): Experiments in plant hybridisation. Edinburgh.
Michel, R. (1976): Nonuniform central limit bounds with applications to probabilities of deviations. Ann. Prob. 4, 102–106.
Moran, P. A. P. und Saunders, I. W. (1978): On the quantiles of the gamma and the F distributions. J. Appl. Prob. 15, 426–432.
Mosteller, F. und Wallace, D. L. (1984): Applied Bayesian and classical inference. The case of the federalist papers. New York.

Natanson, I. P. (1969): Theorie der Funktionen einer reellen Veränderlichen. Berlin.
Netto, E. (1901): Lehrbuch der Combinatorik. (1. Auflage), (2. Auflage 1927), New York.
Neyman, J. und Pearson, E. S. (1933): On the problem of most efficient tests of statistical hypotheses. Philos. Trans. Roy. Soc. London A 231, 289–337.
Neyman, J. (1937): Outline of a theory of statistical estimation based on the classical theory of probability. Philos. Trans. Roy. Soc. London A 236, 330.

Oxtoby, J. C. (1971): Maß und Kategorie. Berlin.

Pearson, K. (1900): On the criterion that a given system of deviations from the probable in the case of a correlated system of variables is such that it can be reasonably supposed to have arisen from random sampling. Philosophical Magazine, V. Serie, 1, 157–175.

Pfeifer, D. (1989): Einführung in die Extremwertstatistik. Stuttgart.

Poisson, S. D. (1837): Recherches sur la probabilité des jugements en matière criminelle et en matière civile, précédes des règles générales du calcul des probabilités. Paris.

Pólya, G. (1930): Eine Wahrscheinlichkeitsaufgabe zur Kundenwerbung. Z. Angew. Math. Mech. 10, 96–97.

Reiß, R.-D. (1974): On the accuracy of the normal approximation for quantiles. Ann. Prob. 2, 741–744.

Reiß, R.-D. (1989): Approximate distributions of order statistics. With applications to nonparametric statistics. New York.

Rutsch, M. und Schriever, K. H. (1974): Aufgaben zur Wahrscheinlichkeit. Mannheim.

Santaló, L. A. (1976): Integral geometry and geometric probability. Reading.

Sazonov, V. V. (1981): Normal approximation—some recent advances. Lecture Notes in Mathematics 879, Berlin.

Schneider, I., Hrsg. (1988): Die Entwicklung der Wahrscheinlichkeitstheorie bis 1933. Einführungen und Texte. Darmstadt.

Schnorr, C. P. (1971): Zufälligkeit und Wahrscheinlichkeit. Eine algorithmische Begründung der Wahrscheinlichkeitstheorie. Lecture Notes in Mathematics 218, Berlin.

Simpson, T. (1757): An attempt to show the advantage arising by taking the mean. Miscellaneous tracts on some curious, and very interesting subjects in mechanics, physical-astronomy, and speculative mathematics. London.

Solovay, R. M. (1970): A model of set theory in which every set of reals is Lebesgue measurable. Ann. Math. 92, 1–56.

Stigler, S. M. (1986): The history of statistics: the measurement of uncertainty before 1900. Harvard.

Störmer, H. (1983): Mathematische Theorie der Zuverlässigkeit. (2. Auflage) München.

Stoyan, D. und Mecke, J. (1983): Stochastische Geometrie. Berlin.

Stoyan, D., Kendall, W. S. und Mecke, J. (1987): Stochastic geometry and its applications. Chichester.

Tippett, L. H. C. (1925): On the extreme individuals and the range of samples taken from a normal population. Biometrika 17, 364–387.

Underwood, E. E. (1970): Quantitative stereology. Reading.

Valentine, F. A. (1968): Konvexe Mengen. Mannheim.

van Beek, P. (1972): Fourier methods for sharpening the Berry-Esséen inequality. Z. Wahrsch. Verw. Gebiete 23, 187–196.

Ville, J. (1939): Etude critique de la notion de collectif. Paris.

von Bortkiewicz, L. (1898): Das Gesetz der kleinen Zahlen. Leipzig.

von Mises, R. (1919): Grundlagen der Wahrscheinlichkeitsrechnung. Math. Z. 5, 52–99.

Wald, A. (1937): Die Widerspruchsfreiheit des Kollektivbegriffs der Wahrscheinlichkeitsrechnung. Erg. math. Koll. 8, 38–73.

Wald, A. (1938): Die Widerspruchsfreiheit des Kollektivbegriffes, Colloque consacré a la théorie des probabilités. Act. Sci. Ind. 735, Paris.
Watson, G. S. (1983): Statistics on spheres. New York.
Weibel, E. R. (1979): Stereological Methods, Vol. 1. Academic Press.
Weibel, E. R. (1980): Stereological Methods, Vol. 2. Academic Press.
Weibull, W. (1939a): A statistical theory of strength of materials. Ing. Vet. Ak. Handl. 151. Stockholm.
Weibull, W. (1939b): The phenomenon of rupture in solids. Ing. Vet. Ak. Handl. 153. Stockholm.
Weiling, F. (1989): Which points are incorrect in R. A. Fisher's statistical conclusion. Mendel's experimental data agree too closely with his expectations? Angew. Botanik 63, 129–143.
Westergaard, H. (1882): Die Lehre von der Mortalität und Morbidität. Jena. (2. Auflage 1901).
Wicksell, S. I. (1925): The corpuscle problem I. Biometrika 17, 84–99.
Wicksell, S. I. (1926): The corpuscle problem II. Biometrika 18, 151–172.
Wilson, E. B. (1927): Probable inference, the law of succession, and statistical inference. J. Amer. Statist. Ass. 22, 209–212.
Witting, H. (1985): Mathematische Statistik I. Stuttgart.

Zabell, S. L. (1988): The probabilistic analysis of testimony. J. Stat. Plann. Inf. 20, 327–354.

Symbolverzeichnis

Namenverzeichnis

Sachverzeichnis

www.ingramcontent.com/pod-product-compliance
Lightning Source LLC
Chambersburg PA
CBHW050657190326
41458CB00008B/2599
9783110133844